辛의 한 수

생활과 전기전자

신윤기 지음

GS인터비전

머리말

걷잡을 수 없이 발전해 나가는 전기전자 공학의 위력은 삼척동자도 실감하고 있는 판이다. 흔히들 말하는 '생활과 전기'는 사실 '전기전자 속의 생활'이라 해야 옳을 정도이며 이미 '컴맹'이니 '넷맹'이니 하는 용어는 현대문명에 적응하지 못하는 낙오자를 의미하게 되었다. 발전해 나가는 문명과 보조를 맞추기 위해서는 지식 습득이 따라 주어야 하며 현대인은 대부분의 지식을 텔레비전이나 인터넷 등과 같은 전자 기기로부터 얻고 있다. 무엇이든지 알면 알수록 친해지고 모르면 모를수록 두려워지고 멀어진다. 전기전자 공학이 현재의 단계에 머무는 것이 아니라 오히려 발전에 가속도가 붙고 있는 상황에서는 한 번 뒤지면 따라 잡기 어려울 것이다. 한 마디로 전기전자와 멀어지는 것은 문명과 멀어지는 것과 같다. 이러한 현실 속에서 많은 사람들이 다양한 전자 기기의 원리에 대해 알고 싶어하는 것이 사실이지만 비전문가로서 이해하기는 사실 쉽지 않다.

이 책은 4년제 대학과 전문대학의 교양과정 교재로서 뿐아니라 일반인을 위한 교양 서적으로도 사용할 수 있도록 만들었다. 이를 위해 다양한 색상의 삽화를 십분 활용하여 전기전자의 기초부터 최신 기기까지 알기 쉽게 설명하였으며, 고등학교 학력만 있으면 누구나 전기전자와 친해질 수 있도록 노력하였다. 이 책을 읽는 사람들 모두가 편안한 마음으로 전기전자의 세계를 즐길 수 있기를 바라며 이 책의 출판에 애쓰신 GS인터비전 송기수 사장 이하 임직원들께 감사드린다. 그리고 무엇보다 사랑하는 부모님과 식구 그리고 형제들에게 깊이 감사드린다.

저자 신윤기(辛潤炁)

차례

1

전기란 무엇인가?

1-1 전기의 근원 원자의 모형, 쿨롱의 법칙, 전기력선, 이온, 자유전자, 중력장과 전장

1-2 누구나 경험하는 정전기 마찰전기, 정전유도, 번개는 거대한 정전기이다, 오로라도 정전기, 정전기의 이용

1-3 전기를 저장하는 축전지 갈바니의 동물전기, 볼타 전지, 축전지, 이집트 전지, 건전지

1-4 전압과 전류는 빛과 그림자 자연계는 순환한다, 전압, 전류, 옴의 법칙, 저항기, 전력

1-5 길이 없어도 전류가 통한다 커패시터, 커패시터 충전, 커패시터 방전, 커패시터 전류

1-6 분극 분극, 극성 분자

1-7 직렬 결합과 병렬 결합 저항의 결합, 전압원의 결합, 감전

1-1 전기의 근원

원자의 모형

전기에 대해서는 이미 오래전에 알고 있었다. 특히 기록에 남아 있는 바로는 기원전 600년경 그리스 시대에 호박(琥珀)이란 돌을 헝겊으로 문지르면 먼지나 실을 끌어당긴다는 것을 알고 있었다. 그리고 이미 이보다 1000년 전부터 마그네스(magnes)로 불리운 천연 자석인 자철광이 철을 당기는 것도 알려져 있었다. 호박은 그리스어로 'elektron'이라 하며 이로부터 'electricity(전기)'가 유래되었고, 자철광을 의미하는 'magnes'로부터 'magnetism(자기)'이 유래된 것이다.

원자 모형에 대해서는 완전히 알려지지 않아 아직도 연구가 진행 중이다. 그림 1-1은 러더포드에 의해 제안된 것으로 우리에게 익숙한 원자 모형이며 전자는 음전하(電荷는 물체가 띠고 있는 전기), 양성자는 양전하를 띠며 중성자는 질량만 있고 전기적으로는 중성이다. 핵은 양성자와 중성자로 구성되므로 전기적으로는 양이며 이 주위를 음전하를 띤 전자가 돌고 있는 형태이다. 양성자와 중성자 그리고 전자 세 입자의 전하량과 질량은 그림에 표시된 바와 같다. 여기서 단위 [C]는 전하량을 나타내는 단위로 쿨롱(coulomb)이라 부른다. 그림 1-2는 몇 가지 원소에 대한 모형을 예로 보인 것이며 전자가 각 궤도에 배치되는 데는 일정한 규칙을 따른다.

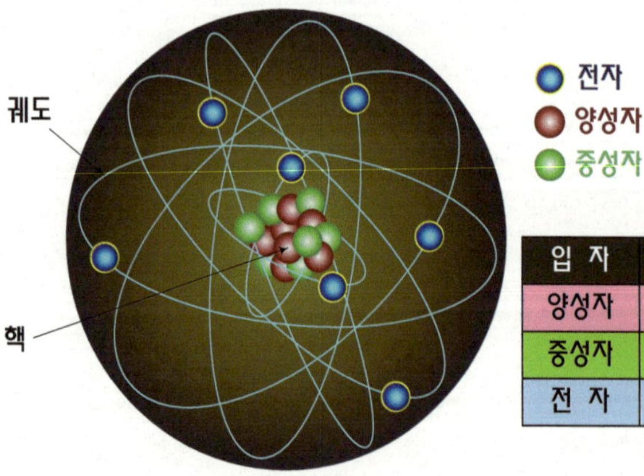

입 자	전하량	질 량
양성자	$+1.60219 \times 10^{-19}$[C]	1.672161×10^{-27}[kg]
중성자	0[C]	1.67491×10^{-27}[kg]
전 자	-1.60219×10^{-19}[C]	9.10956×10^{-31}[kg]

그림 1-1 원자의 모형과 입자의 전하량과 질량

그림 1-2
원자 모형의 예

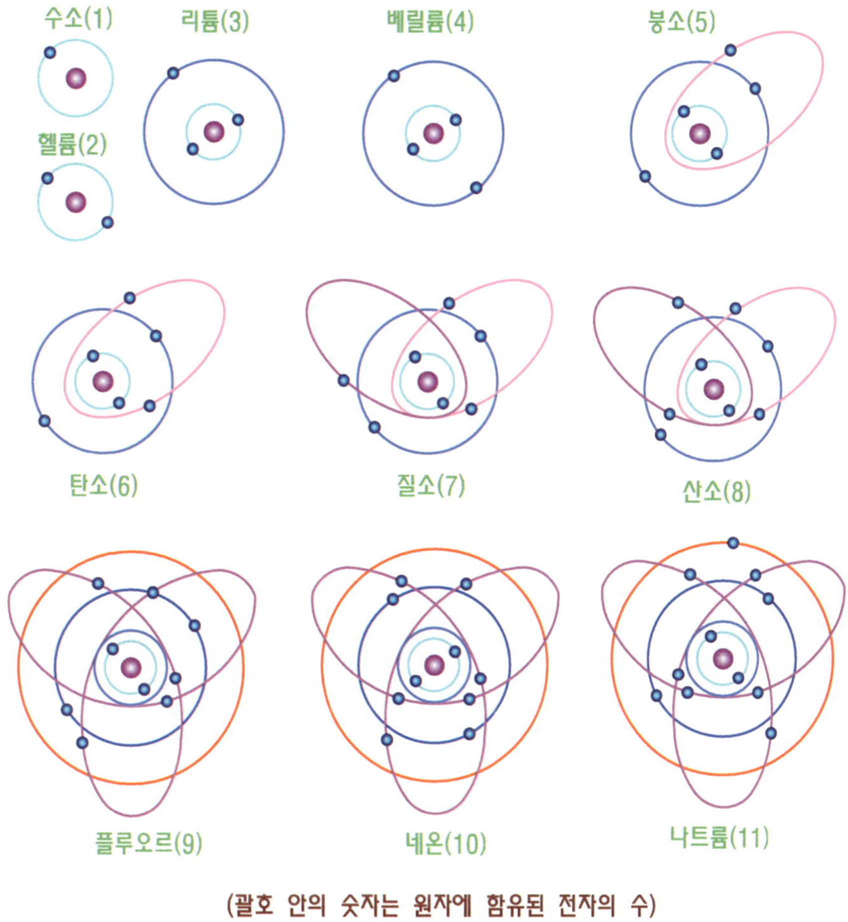

쿨롱의 법칙 두 질량 사이에 뉴턴의 만유인력이 작용하듯이 두 전하 사이에도 힘이 작용하며 이를 쿨롱의 법칙이라 한다. 쿨롱의 힘은 두 전하량의

그림 1-3
쿨롱의 법칙

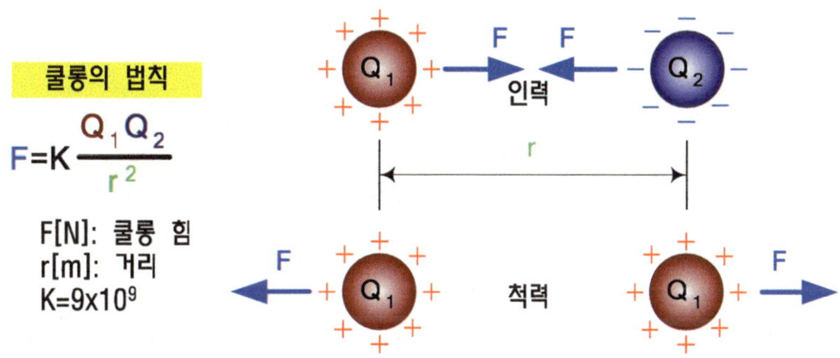

곱에 비례하고 거리의 자승에는 반비례하며, 두 전하가 서로 다른 극성일 때는 인력(引力)이 발생하고 같은 극끼리는 척력(斥力)이 발생한다. 이는 여러분들이 잘 알고 있는 만유인력과 같은 이치이다.

쿨롱(Charles Augustin de Coulomb, 1736-1806)

프랑스의 토목공학자였던 쿨롱은 전기를 띤 물체들 사이에 중력과 마찬가지로 거리의 제곱에 반비례하는 전기력이 존재함을 보이고, 그에 바탕해서 전기 현상을 수학적으로 다룰 수 있는 기초를 닦았다. 쿨롱의 법칙 자체는 이후 맥스웰 방정식의 한 가지로 수학적으로 더욱 정교화 되었고, 이는 전자기학의 가장 기본적인 법칙으로 자리잡았다. 나아가 이 법칙은 여러 전기 법칙을 이끌어 내는 토대로 작용하였다. 오늘날 전하의 양을 표시하는 단위로 쿨롱(C)을 사용하는데 이는 전기력을 처음으로 정식화한 쿨롱의 업적을 기리기 위한 것이다.

전기력선

쿨롱의 힘이 존재하는 영역을 전장(electric field)이라 하며 전장의 방향과 세기를 화살표로 표시한 것을 전기력선(간단히 전력선)이라 한다. 그림 1-4는 여러 가지 경우의 전력선 분포를 예로 보여주며 화살표의 방향이 전력선의 방향이다. 그리고 전력선의 세기는 화살표의 조밀한 정도로 나타낸다. 즉 전력선이 조밀할수록 전장이 세다는 것이며 성길수록 전장의 세기는 약하다. 전장 내에서 양전하는 전장의 방향으로 힘을 받으며 음전하는 전장의 반대 방향으로 힘을 받는다. 전장은 중력장과 여러모로 유사한 성질을 가지며 이에 대해서는 뒤에 설명한다.

그림 1-4
전력선 분포의 예

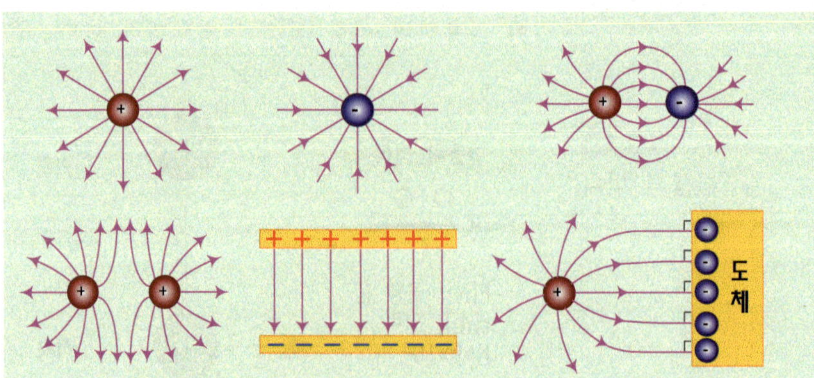

이온(ion)

원자는 원래 전기적으로 중성이지만 전자를 잃거나 얻으면 이온(ion)이라 하며 이 현상을 이온화 또는 전리(電離)라 한다. 원자가 전자를 잃으면 양전기를 띠므로 양이온이라 하고 전자를 얻으면 음전기를 띠므로 음이온이라 한다. 이온을 나타내는 데는 원소기호의 오른쪽 위에 양이온이면 +, 음이온이면 −를 이온값만큼 붙인다. 예를 들면 H^+, Ca^{2+}, Cl^-, SO^{2-} 등이다. 이온화는 마찰과 같은 기계적인 작용과 전해질(電解質)과 같은 화학적인 작용을 비롯하여 빛과 열 등의 작용에 의해 일어나며 대표적인 예는 다음과 같다.

■ **전리층** 지표에서 약 50 km 이상인 고도의 대기는 태양에서 오는 자외선과 X선의 작용에 의하여 이온화되어 전자 또는 양이온이 많이 존재하며 이 부분을 전리층(電離層) 또는 이온층(ionosphere)라고 한다. 전리층은 전자밀도의 수직분포의 모양에 따라서 몇 가지 영역으로 나눌 수 있으며 그림 1-5와 같이 전파를 반사하거나 흡수하므로 무선통신에서 매우 중요한 역할을 한다.

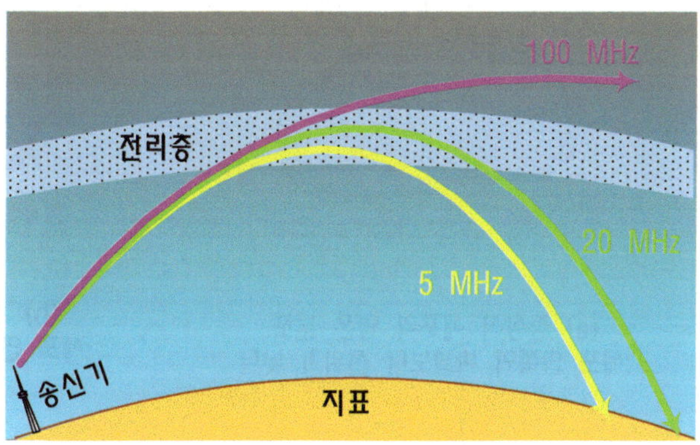

그림 1-5 전리층(ionosphere)

■ **전기분해** 물 등의 극성용매에서 이온화되어 전기를 통하게 하는 물질을 전해질(電解質)이라 하며 전해질은 물에 녹으면 양이온과 음이온으로 무질서하게 전리된다. 그림 1-6과 같이 전해질 수용액에 전극을 부착하여 전압을 가하면 양전하를 띤 입자는 음극으로, 음전하를 띤 입자는 양극으로 이동하여 전류가 흐르며 이를 전기분해(간단히 電解)라 한다. 전기분해는 넓은 분야에서 응용하고 있는데 전기도금이 그 좋은 예이다.

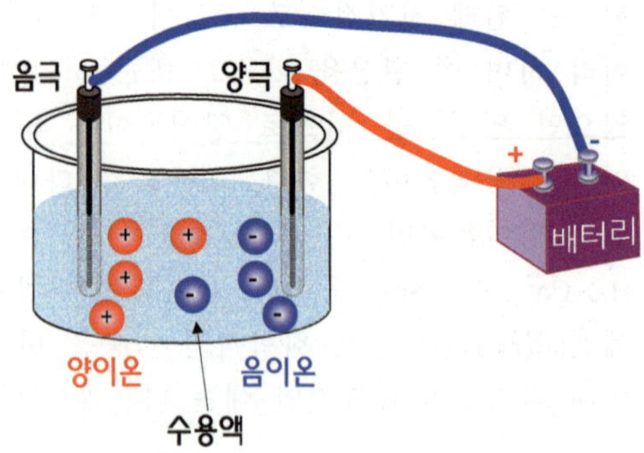

그림 1-6
전기분해

■ **세포의 활동전위** 동물의 세포는 외부 자극을 어떻게 뇌에 전달할까? 동물의 근육이나 신경을 구성하는 세포는 세포막으로 싸여져 있고 그 내부와 외부는 그림 1-7과 같이 이온이 함유된 전해질로 가

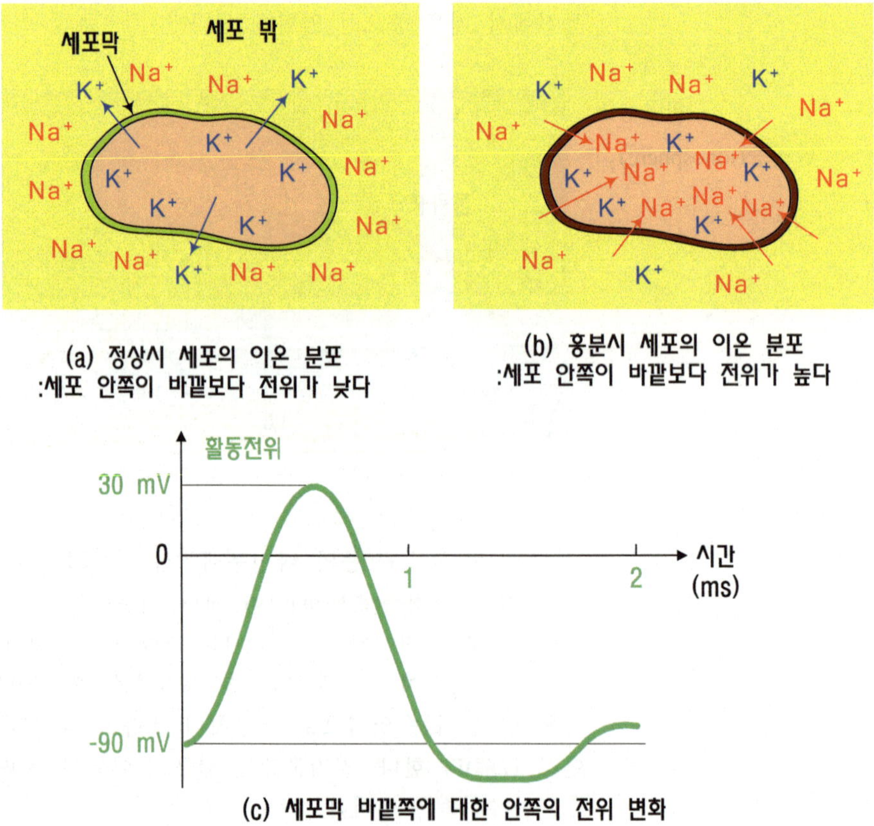

그림 1-7
세포의
활동전위

득차 있으며 내부와 외부의 이온 조성에는 큰 차이가 있다. 일반적으로 갈륨 이온(K^+)은 세포 안이 밖에 비해 30배 정도 많고 나트륨 이온(Na^+)은 세포 밖이 안에 비해 15배 정도 많다(물론 세포 안과 밖은 이와 동량의 음전하도 있지만 나타내지 않았다). 세포에 자극이 없는 보통 때에는 세포막이 Na^+보다도 K^+을 잘 통과시키기 때문에 K^+은 그림 1-7의 (a)와 같이 세포막을 통해 바깥쪽으로 확산하려 한다(擴散은 많은 데서 적은 데로 움직이려는 힘으로 자연계의 일반적인 성질이다). 그 결과 세포 안의 양전하가 감소하여 세포막을 경계로 안쪽이 바깥쪽에 비해 전위(전압)이 낮아지며 이를 정지 막전위(幕電位) 또는 휴지전위라 한다. 휴지전위는 약 65~90 mV(1 mV는 1000분의 1 볼트)이다. 그러나 세포가 외부 자극을 받아 흥분하면 세포막의 성질이 변화하여 K^+보다도 Na^+에 대해 더 높은 투과성을 보이므로 그림 1-7의 (b)와 같이 세포막 밖의 Na^+들이 세포 안으로 한꺼번에 유입되게 된다. 그 결과 세포막 안이 바깥보다 약 30 mV 정도 전위가 높아지는 역전현상이 일어나며 이 전위를 활동전위라 한다. 활동전위는 약 1 ms 정도 내에 이루어지며 역전된 막전위는 그림 1-7의 (c)와 같이 다시 처음의 정지 막전위로 되돌아간다. 이와 같이 활동전위는 일종의 전기 펄스 신호이며 이는 신경 섬유를 통해 초속 100 m 정도의 속도로 뇌에 전달된다. 즉 우리가 일상 느끼는 감각은 모두 전기적인 신호로 바뀌어 뇌로 전달되는 것이다(10장에서 자세히 설명한다).

세포막 전위를 적극적으로 활용하여 생존 무기로 삼은 것이 전기 뱀장어나 전기 가오리이다. 이들의 발전 기관은 횡문근(橫紋筋)이 변화한 것으로 전기판(電氣板)으로 불리우는 다수의 편편한 세포가 규칙적으로 배열되어 전위가 직렬로 더해져서 큰 전압을 얻을 수 있는 것이다. 전기 뱀장어의 발전력은 발전 어류 중 가장 높아 650~850 볼트에 이른다.

자유전자

그림 1-8(a)에서 전자 궤도 중 원자와 가장 먼 최외각 궤도에 있는 전자들은 어느 수준 이상의 외부 에너지(빛, 열)를 받으면 궤도를 이탈할 수 있다. 궤도를 이탈한 전자는 더 이상 원자의 구속을 받지 않으므로 자유전자(free electron)이라 한다. 자유전자는 전장내에서 자유 운동을 할 수 있으며 이것이 곧 전류이다. 반면에 원자에 구속된 전자들은 전류의 전도에 기여할 수 없다. 이를 중력장에 비유하면 그림 1-8(b)와 같다. 즉 가지에서 벗어난 낙과가 자유전자에 비유되며 이는

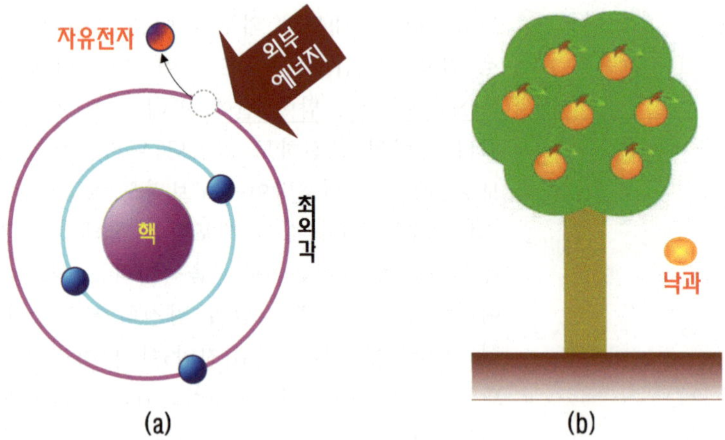

그림 1-8
자유전자의 개념

중력장에서 운동할 수 있지만 가지에 매인 과일들은 운동할 수 없다. 대부분의 전기 현상은 자유전자에 의해 이루어지며 자유전자는 주로 최외각 궤도에서 생성된다. 따라서 최외각에 있는 전자들은 물질의 전기적, 화학적 성질을 결정하는 데 주도적인 역할을 한다.

중력장과 전장은 유사하다

전장은 중력장과 유사점이 많으므로 이해하기 쉽다. 그림 1-9에서 균일한 중력장 G 내에서 질량 m의 물체가 있으면 힘 F=mG를 받는다. 이와 같이 균일한 전장 E 내에서 전하 q의 입자가 있으면 힘 F=qE를 받는다. 따라서 질량과 전하가 구속되어 있지 않으면 가속 운동을 하게 된다.

그림 1-9
중력장과 전장

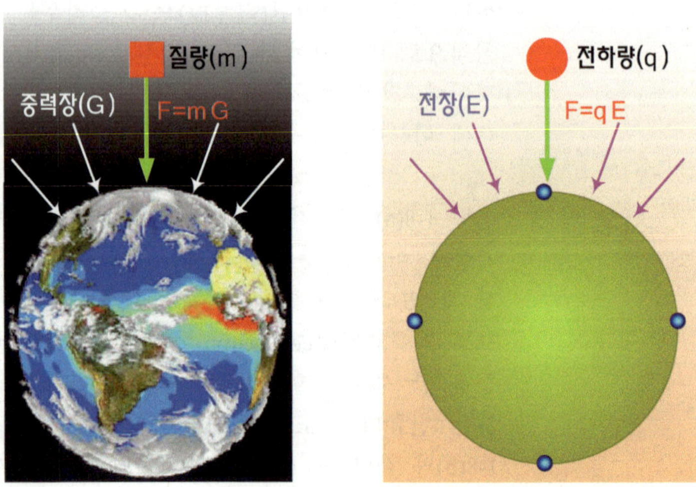

그림 1-10
중력장과 전장

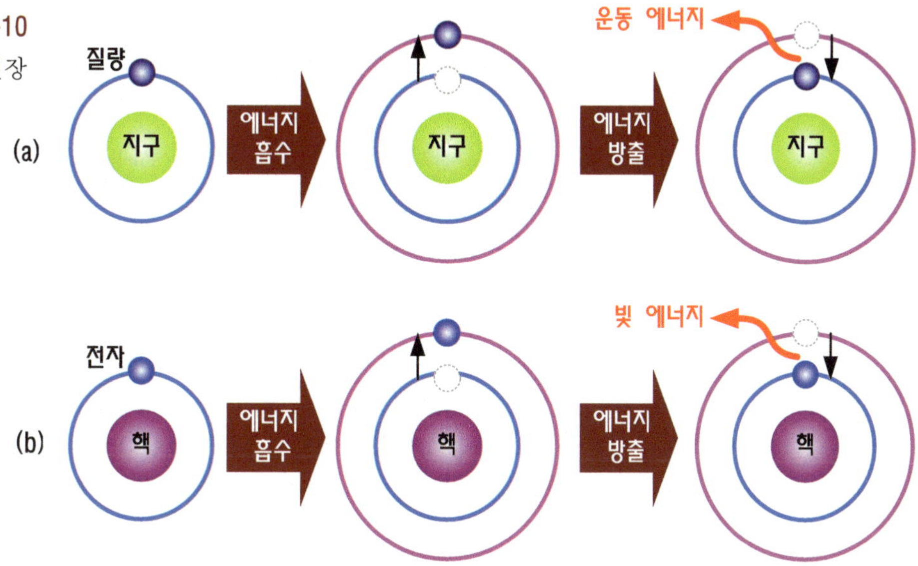

그림 1-10은 중력장과 전장에서 일어나는 또 하나의 유사점을 보여준다. 먼저 그림 (a)의 중력장의 경우 지상에서 높은 위치일수록 위치 에너지가 높다. 따라서 질량을 가진 물체가 보다 높은 궤도로 진입하기 위해서는 외부로부터의 에너지 공급이 필수적이다(로켓을 생각하면 된다). 즉 흡수한 에너지만큼 위치 에너지가 높아지는 것이며 이것이 에너지 보존 법칙이라 한다. 만일 높은 궤도에 있는 질량이 보다 낮은 궤도로 떨어질 경우는 위치 에너지가 감소하면서 그만큼의 운동 에너지를 방출하게 된다(이를 이용한 대표적인 경우가 수력 발전이다). 마찬가지로 그림 (b)의 원자 세계에서도 핵으로부터 먼 궤도에 있는 전자일수록 전기적인 위치에너지(간단히 전위라 한다)가 높다. 따라서 전자가 외부로부터 빛과 열 등의 에너지를 흡수하면 보다 높은 궤도에 진입하게 된다. 반대로 높은 궤도에 있는 전자가 낮은 궤도로 떨어지면 그 전위가 빛 에너지 등으로 방출하게 된다.

그림 1-10(b)에서 전자가 어느 수준 이상의 빛 에너지를 흡수하여 자유전자가 되면 전류를 얻을 수 있을 것이다. 이 원리를 이용하여 빛 에너지로부터 전류를 얻는 장치가 바로 무공해 에너지인 태양 전지(solar cell)이다. 이와 반대로 높은 궤도의 전자를 낮은 궤도로 떨어뜨려 빛을 방출시키는 것이 LED(Light Emitting Diode)이다(태양 전지나 LED에 대해서는 4장에서 자세히 설명할 것이다).

1-2 누구나 경험하는 정전기

일반적으로 전기라 하면 가전 제품에 사용되는 전기나 건전지 등 고마운 전기를 생각한다. 그러나 겨울철 건조한 날에 머리를 빗으면 빗에 머리털이 달라붙어 짜증나게 하거나, 울스웨터를 벗을 때 뿌지직하는 기분 나쁜 소리를 내거나 금속제 손잡이를 잡을 때 찌릿한 아픔을 주는 정전기(靜電氣)도 있다. 정전기와 구별하기 위해 우리가 일반적으로 생각하는 전기를 동전기(動電氣)라 한다. 정전기는 주로 비닐, 플라스틱, 모피, 유리봉 등과 같은 부도체(절연물)에서 주로 발생한다. 이들 내부에서는 전하를 띤 입자들이 움직이지 않고 쌓여 있다가 주위 여건에 따라 한꺼번에 방전된다. 이에 비해 동전기, 즉 전기는 전류가 잘 통하는 금속과 같은 도체에서 전하를 띤 입자가 활발히 움직임으로써 생기는 전기이다.

마찰 전기

정전기는 옛날부터 마찰전기로서 알려져 있었는데, 18세기 후반부터 쿨롱과 그밖의 사람들에 의해 정량적(定量的) 연구가 이루어져 전기의 응용과 전자기학 발전의 기반이 되었다. 정전기는 마찰전기처럼 물체 위에 정지하고 있는 전기를 말한다. 그림 1-11에서 각각 전기적으로 중성인 두 물체를 마찰하게 되면 한쪽 물체의 전자가 떨어져 나가 다른 쪽 물체에 옮아가게 된다. 그 결과 전자가 옮아간 물체는 음전기를 띠고 전자를 잃은 물체는 양전기를 띠게되며 이를 마찰 전기라 한다. 이때 어느 쪽이 음전기를 띠고 양전기를 띠는지는 마찰하는 상대 물체에 따라 결정된다. 이를테면 유리를 비단으로 마찰하면 유리는 양으로 대전(帶電)되나, 모피로 마찰하면 음으로 대전된다. 일반적으로 마찰에 의한 대전의 음과 양에 관하여 물질을 차례로

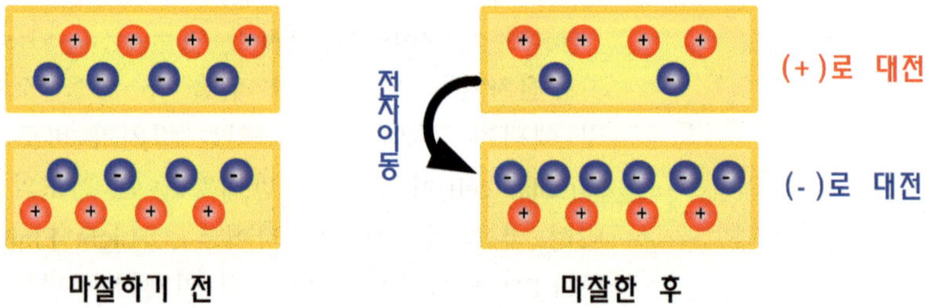

그림 1-11
마찰 전기 발생

늘어놓은 것을 대전열(帶電列)이라 한다. 그 한 예가 다음과 같다:
모피→유리→운모→비단→면→목재→플라스틱→금속→황→에보나이트
위 열의 상위에 있는 물질과 하위에 있는 물질을 마찰시키면 전자는 상위의 물질은 양으로, 하위의 물질은 음으로 대전된다. 이 현상은 BC 600년경 탈레스가 호박을 마찰했을 때 발견한 전기 현상이다.

정전 유도

그림 1-12와 같이 도체(導體) 또는 유전체(誘電體)에 전하를 띤 대전체를 접근시킬 때 전하에 의해 형성된 전장의 영향으로 대전체에 가까운 쪽에 대전체와 다른 종류의 전하가, 반대쪽에 대전체와 같은 종류의 전하가 나타나서 쿨롱 힘에 의해 물체와 대전체가 서로 잡아끌게 되며 이를 정전기 유도(간단히 정전 유도)라 한다.

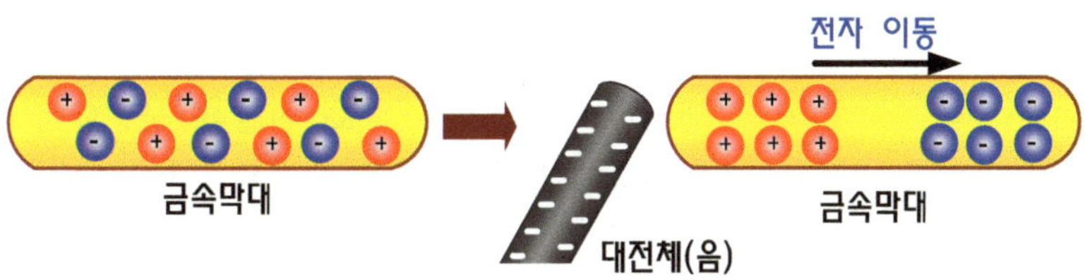

그림 1-12 정전 유도

그림 1-12에서 대전체와 상대 물체가 어느 정도 가까워지면 전하의 급작스러운 이동이 생기며 이를 방전이라 한다. 정전기에 의한 방전은 우리가 통증을 느낄 정도로 고전압일 경우가 있다. 그러나 이들의 전하량은 매우 작아서 겨우 종이 조각을 당길 정도에 불과하다. 예를 들면 두께 수 mm의 플라스틱에서 1 cm^2 당 10^{-7} 쿨롱 정도의 전기량밖에는 빼낼 수 없는 것이다. 만약 이 전구를 연속적으로 뽑아낼 수 있다 할지라도 소형 전구 1개도 켤 수 없다. 그 이유는 예를 들어 1W(100V)의 전구를 켜기 위해서는 10^{-1} 쿨롱 정도의 전기량이 필요하기 때문이다. 따라서 100만 명의 사람이 아침부터 밤까지 유리봉으로 명주를 계속 마찰하지 않으면 1W의 전구도 켤 수 없다.

번개는 거대한 정전기이다

일상 생활 속에서의 정전기의 전하는 매우 미약하지만 놀라울 정도로 거대한 정전기가 있으니 바로 번개이다. 번개를 일으키는 구름을 뇌운(雷雲)이라 하며 그림 1-13과 같이 뇌운의 상층부는 양전하로 대전되며 하층부는 음전하로 대전된다. 이 이유에 대해서는 여러가지 설이 있지만 아직 완전한 이유가 밝혀지지 않고 있다. 그 중 한 가지를 소개하면 다음과 같다: 활발한 상승기류로 인해 물방울이 서로 결

그림 1-13
뇌운과 번개

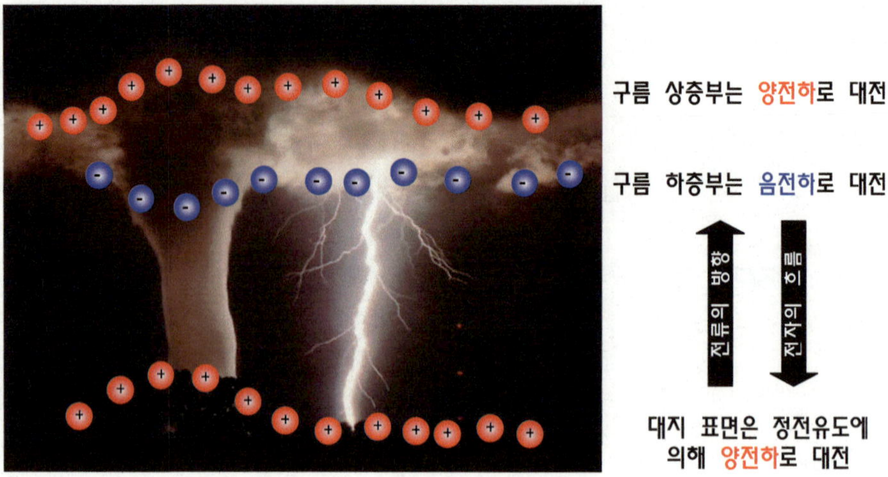

합하여 큰 입자로 되고 이들이 상승함에 따라 주위 온도가 낮아져 얼어붙어 얼음 입자로 변한다. 이들 중 작은 얼음 입자는 위로 날아가지만 큰 입자는 그 무게 때문에 상승 기류를 타지 못하고 아래로 낙하한다. 이들이 떨어지는 과정에서 마찰이나 충돌 등의 복잡한 운동에 의해 양전하가 있는 부분과 음전하가 있는 부분으로 대전된다. 이들 중 일부는 낙하 도중에 녹아서 비를 내리기도 한다. 전하의 분포는 구름의 상층부는 양, 하층부는 음이다. 그 결과 지표는 구름 하층부와의 정전 유도에 의해 양전하로 대전된다. 전하가 어느 한계 이상 늘어나면 공중을 통해 방전이 시작되며 이것이 벼락이다. 그리고 구름 내부에서도 양전와와 음전하 사이에 방전이 일어나기도 하며 이를 운간(雲間) 방전이라 한다.

보통 공기 중에서 양극과 음극 사이에 방전이 일어나기 위해서는 1 cm 당 수천 볼트 이상의 전압이 필요하다. 지표와 구름 사이는 수 km 수준이므로 그 사이에 방전이 일어나기 위해서는 수십억 볼트 수준에 이르러야 한다. 그리고 낙뢰시의 전류는 보통 4만~5만 암페어이며 최고 수준은 수십만 암페어에 이른다. 뿐만 아니라 번개에 의해 가열되는 주위 공기의 온도는 태양표면 온도의 5배에 달하는 섭씨 3만도에 이른다. 한번의 번개가 가지고 있는 에너지를 쉽게 환산하면 100W(100V) 전구 수억 개를 몇 시간 동안 켤 수 있는 정도이다. 이상의 내용은 단 한번의 낙뢰에서 얻어지는 것이다. 그러나 전 지구를 통하면 초당 약 100번의 낙뢰가 생기며 하루로 치면 약 3000만 번

낙뢰가 발생한다. 따라서 단 하루 동안 3000만 번의 낙뢰가 지구에 공급하는 에너지는 말로 표현할 수 없을 정도이다.

번개는 지구상에 막대한 에너지만 제공하는 것이 아니라 지구 대기 중에 있는 유해 전파를 중화시켜 주는 일도 한다. 그래서 번개가 치고 나면 대기가 정화되어 상쾌함을 느끼는 것이다. 뿐만 아니다. 생명체를 구성하는 기본 요소인 단백질은 아미노산이 그 원료이며 아미노산은 질산염으로부터 얻어진다. 공기 중의 질소는 다른 원소와 결합하기 싫어한다. 그러나 번개가 치는 순간 수만 도의 뜨거운 열에 의해 주위의 질소가 산소와 융합되어 질산이 만들어지고 이는 다시 빗물 속에 녹아 질산염이 되어 지상에 공급된다. 따라서 지구상의 아미노산의 많은 양은 번개가 만들어 주고 있다(60% 이상).

오로라도 정전기의 소행

태양의 표면으로부터 방사되는 에너지는 지구 표면에 여러 유형의 전파를 쬐어 준다. 이 중에는 가시광선을 비롯하여 적외선, 자외선, X선 등이 포함되며 이외에도 태양풍이라는 하전(荷電) 입자도 존재한다. 그런데 지구 자체가 하나의 거대한 영구자석으로 되어 있으므로(이에 대해서는 2장에서 설명한다) 지자기(地磁氣)가 가장 강한 자극

그림 1-14 오로라

(磁極)이 있는 남극과 북극 근방에서는 하전 입자가 모이기 쉽게 되어 있다(그림 1-14(a)). 이곳에 양전하와 음전하가 밀집한 결과 하전 입자가 서로 격렬하게 충돌하면서 희미한 빛을 방출하는 것이 오로라(aurora)이다. 오로라의 황홀한 빛깔은 대부분 태양풍의 하전 입자에 의해 이온화된 산소나 질소에 의해 것이다. 각각의 대기는 전기적 성질과 대기와 부딪히는 하전 입자의 강도에 따라 각각의 색깔을 갖고 있다. 높은 곳에 분포하는 산소는 매우 드문 온통 붉은색의 오로라를 발생시키며 낮은 곳의 산소는 가장 밝고 일반적인 화려한 녹색을 만든다. 이온화된 질소 분자는 푸른색을, 중성화된 질소는 붉은색을 만든다. 이는 우리가 도시에서 보는 여러 색깔의 네온사인과 노란색의 나트륨등, 오렌지색의 수은등과 같은 원리로 빛나는 것이다.

정전기의 이용

여러분들은 텔레비전 화면에 유독 먼지가 많이 달라붙는 것을 알고 있을 것이며 그 이유는 그림 1-15와 같다. TV의 브라운관 내부는 진공이며 전자총으로부터 방출되는 전자가 브라운관 표면에 충돌하면 표면에 도포되어 있는 발광 물질을 자극하여 빛을 내게 된다. 이와 같은 원리로 표면에 영상이 만들어지므로 브라운관 안쪽 면은 항상 전자가 모여 정전기를 이루고 있게 된다. 따라서 정전 유도에 의해 브라운관 바깥 쪽 표면에는 공기 중에 있는 양전하의 먼지가 모여드는 것이다. 이러한 원리를 생활에 이롭게 활용한 것이 바로 편리한 복사기와 공기 청정기이다(복사기와 공기 청정기는 6장에서 설명한다). 이와 같이 정전기는 항상 혐오스러운 것만 아니며 잘 활용하면 생활을 이롭게도 할 수 있다.

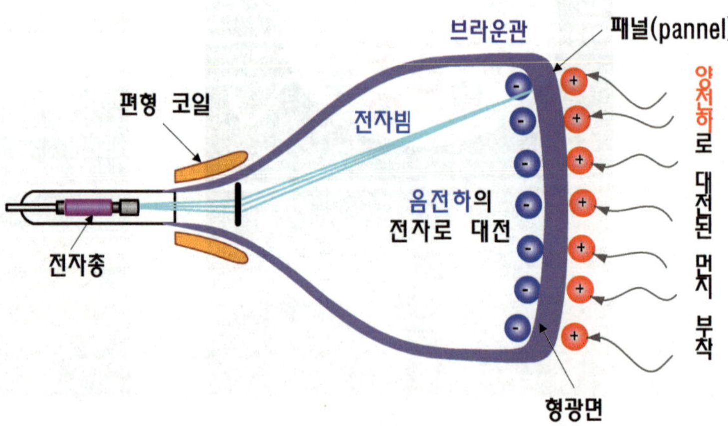

그림 1-15
브라운관은 집진기

1-3 전기를 저장하는 축전지

탱크에 물을 가두어 놓듯이 전하를 특정 용기에 가두어 둔 것을 전지(電池)라 한다. 즉 전지란 전하로 가득찬 풀(pool)이라는 뜻이다. 이미 휴대용 전자 제품의 홍수 속에 사는 여러분들에게 전지의 중요성과 편리함을 새삼 강조할 필요는 없을 것이다.

전기의 흐름은 그림 1-16과 같이 물의 흐름으로 설명할 수 있다. 그림 (a)의 물탱크에서 바닥 수위와 물 표면 수위의 차이인 수위차(水位差)에 의해 물이 흐르게 되며 수위차가 곧 수압(水壓)이 된다. 이와 같은 이치로 그림 (b)의 전지(battery)는 전하를 저장하므로 물탱크에 비유된다. 그리고 음극에 대한 양극의 전위차(電位差)가 물탱크의 수위차에 비유되며 전압(電壓)은 수압에 비유된다. 즉 전위차를 전압이라 부르는 것이다. 이상과 같이 수압에 의해 물이 흐르듯이 전압에 의해 전하가 흐르게 되며 이를 전류(電流)라 한다.

그림 (a)에서 물이 방류(放流)됨에 따라 물 표면의 수위가 점차 낮아지므로 수압이 서서히 떨어지고 물이 고갈되면 더 이상 수압도 물의 흐름도 없어진다. 마찬가지로 그림 (b)의 경우도 전류가 흐름에 따라 전지 내의 전압이 서서히 떨어지게 되며 이를 방전(放電)이라 한다. 여러분들은 이미 전지를 오래 쓸수록 전압이 떨어지는 현상을 경험하였을 것이며 전지 수명이 다했다는 것은 전지의 전하가 고갈되었다는 뜻이다. 그림 (a)에서 탱크에 물을 다시 채우면 수압이 생기고 물이 흐르듯이 그림 (b)에서 전지에 전하를 채우면 전압이 상승하고

그림 1-16
물과 전기

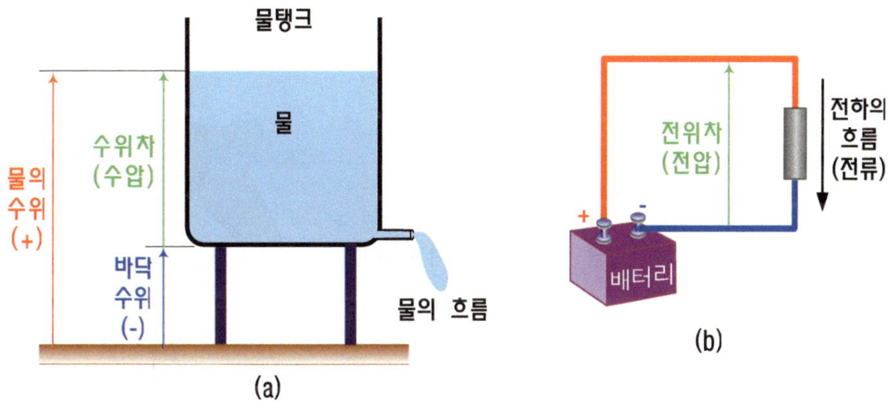

전류가 흐르며 이를 충전(充電)이라 한다. 충전할 수 있는 전지를 축전지라 하며 일반 건전지는 충전되지 않는 것이 많다.

그림 1-17(a)는 물탱크의 바닥을 땅에 접하게 한 경우이며 이는 전기적으로는 그림 (b)와 같고 이를 접지(接地, ground)라 한다. 바다가 지상의 모든 물을 흡수하여도 수위에 변동이 없듯이 지구 내부는 지상의 모든 전하를 받아들여도 넘치는 법이 없다(접지에 대해서는 6장에서 설명한다).

그림 1-17
접지의 원리

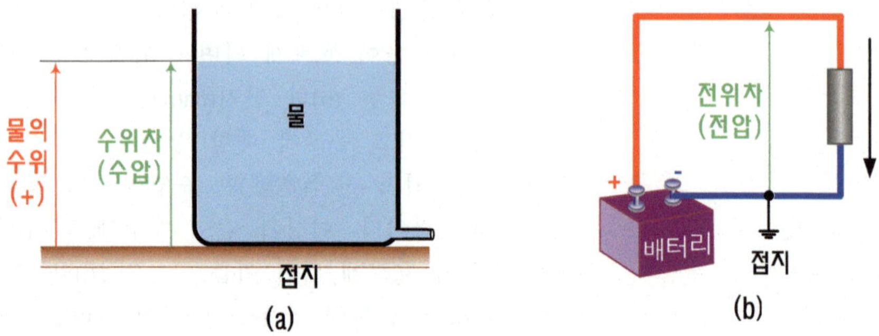

갈바니의 동물전기

전기현상의 실험적 발견에는 해부학자였던 이탈리아의 과학자 갈바니가 그 효시를 이루며 갈바니는 생애의 대부분을 전기연구에 바쳤다. 갈바니는 어느날 그림 1-18과 같이 철사줄에 줄을 지어 매달아 놓은 개구리들의 다리가 바람이 불어 놋쇠 갈고리에 닿을 때마다 팔딱거리며 경련을 일으킨다는 것을 보게 되었다. 갈바니는 신경 속에 숨어 있는 전기를 꺼집어 낸 것이라고 믿고 동물전기라는 이름을 붙였다. 그러나 실제로는 개구리 다리는 묽은 소금 수용액 자루와 같으므로 전해질 역할을 한다. 따라서 철사와 놋쇠 사이를 연결하는 다리

그림 1-18
갈바니의 발견

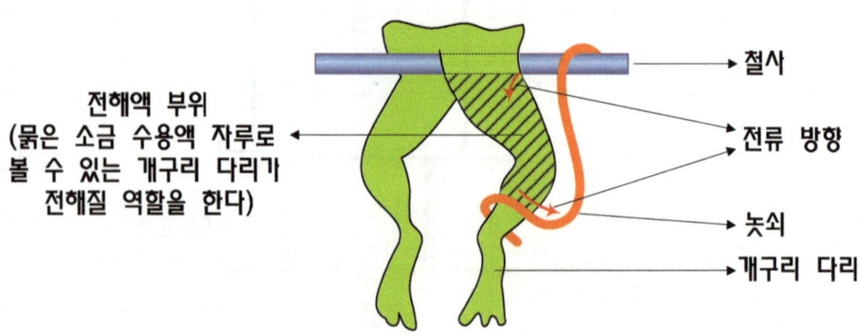

갈바니(Luigi A. Galvani, 1737-1789)

18세기는 라이든 병이 발명되고, 천둥이 전기방전 현상으로 설명되는 등 전기현상에 관한 초기의 연구들에서 많은 일들이 있었던 시기였다. 이 점은 생리학이나 해부학 같은 분야에서도 마찬가지여서 생체에 미치는 전기의 영향, 특히 전기충격이나 전기뱀장어의 충격과 같이 생체가 나타내는 전기현상에 많은 관심이 쏟아지고 있었다. 1791년 볼로냐 대학의 해부학 교수였던 갈바니는 실험실에서 개구리의 다리를 절개하다가, 개구리 다리의 근육신경조직을 두 가지 다른 금속 조각들에 접촉시켜 놓으면 개구리의 다리에 경련이 일어난다는 사실을 발견했다. 이 발견은 당시에 전기 현상에 관심 있던 많은 사람들에게 전류 현상에 대한 착상을 하게 하여 전기에 관한 연구의 방향을 크게 돌리는데 중요한 계기가 되었다. 그러나 해부학자였던 갈바니 자신은 이것을 동물전기 현상의 한 가지이며, 전기뱀장어처럼 개구리의 다리가 전기를 발생시키는 것이라고 생각했다. 그것은 별로 놀라운 일이 아니며 당시의 실험기술은 동물의 신경자극 같은 복잡한 현상의 전기화학적인 성질을 밝히기에는 아직은 너무나 무력한 것이었기 때문이다. 갈바니는 또한 전하에 관한 실험도 하였으며 그를 추모하여 전류를 측정하는 기구 가운데 하나를 갈바노미터(Galvanometer)라 부른다.

부위는 전해질 역할을 하여 전류가 흐르게 된 것이다. 어쨌든 동물전기는 당시에 대단한 화제 거리가 되었으며 여러 사람들이 다투어 실험을 했기 때문에 개구리들은 때 아닌 수난을 당하기도 했다. 그런데 이상하게도 한 종류의 금속만으로는 어떤 방법을 써도 안 되었다. 여기에 의문을 품은 사람이 있었는데 그는 같은 이탈리아 사람인 볼타라는 물리학자였다.

볼타 전지

볼타는 전기의 근원이 생물에 있는 것이 아니라 종류가 다른 두 금속을 접촉하면 일어난다는 사실을 알게 되었다. 그래서 그는 갈바니의 동물전기설을 비판하고 볼타의 전퇴(電堆)라는 것을 발표했는데 이것은 그림 1-19와 같이 은판과 아연판 사이에 소금물이나 알칼리 용액으로 적신 천 조각을 여러 쌍 겹쳐 쌓고 전퇴의 양끝에 전선을 연결하여 전류를 빼내는 것이었다. 그때까지 기전기(起電機; 마찰에 의해 전기를 일으키거나 금속의 정전기유도를 이용해 전기를 집적하는 장치)를 만든 전기는 순간적으로 흘러 없어져 버리는 것이었기 때문에 이것은 대단한 발견이었던 셈이다. 따라서 볼타의 전퇴는 오늘날의 동전기 시대의 개막을 연 셈이다. 이 전퇴의 원리를 이용해서

그림 1-19
볼타 전퇴

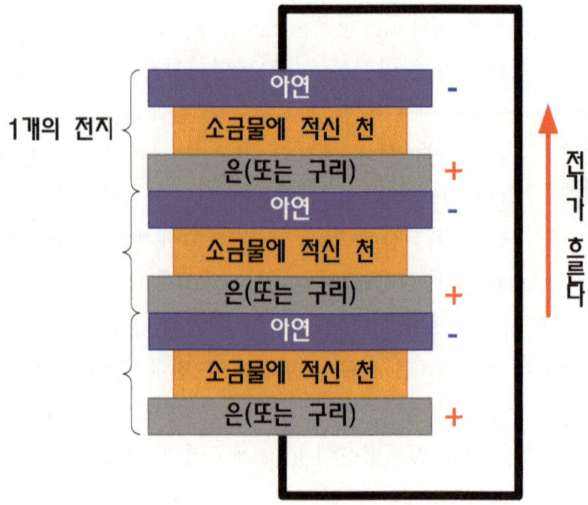

그림 1-20과 같은 구조로 묽은 황산 속에 구리(Cu)와 아연(Zn)을 담근 것을 볼타 전지라고 한다. 그 후 국제 전기화학회가 볼타를 기념하여 전기를 일으키는 힘의 단위를 볼트(volt)로 명명하기로 하였다.

볼타(Alessandro Volta, 1745-1827)

18세기는 초기의 전기현상 연구에서 많은 발견과 발명이 이어진 시기였다. 1745년에 무센브뢰크가 라이든 병을 발명함으로써 정전기현상에 대한 연구가 활발해졌고, 18세기 중엽 프랭클린이 천둥을 전기방전현상으로 설명하였으며, 1780년대에는 쿨롱에 의해 쿨롱의 법칙이 증명되었다. 18세기 말 경 볼타에 의해 처음으로 전지가 만들어짐으로써 전기현상에 대한 연구는 더욱 활성화되었다. 파비아 대학의 물리학 교수였던 볼타는 갈바니가 실험·보고한 개구리 다리의 전기 현상을 갈바니와는 달리 물리적 전기 현상으로 파악했다. 그는 개구리의 다리는 종류가 다른 두 가지 금속의 접합에 의해 발생하는 전기의 민감한 검출기에 불과할 것이라고 생각하고, 여러 종류의 금속을 조합하여 비교하는 실험을 통해 금속의 종류에 따라 전기현상의 효과가 달라진다는 사실을 보임으로써 자신의 생각이 옳음을 확인했다. 이어 1799년에 금속 쌍을 산성 용액에 담그고, 잠기지 않은 두 끝을 연결하면 회로가 생겨 전기가 계속 흐르는 것을 발견하고, 그 원리를 이용해 최초의 화학전지를 발명했다. 볼타가 만든 '전지'는 단발적인 전기 방전을 만드는 데 그치던 당시의 라이든 병과는 달리 전기가 계속적으로 흐르게 하는 장치였다. 그것은 당시 조금씩 생기고 있던 '전류'라는 개념으로 성큼 다가선 것이었다. 전지의 발명에 힘입어 19세기에는 전기에 관한 획기적인 과학적, 기술적 성과들이 쏟아져 나올 수 있었다.

그림 1-20
볼타 전지

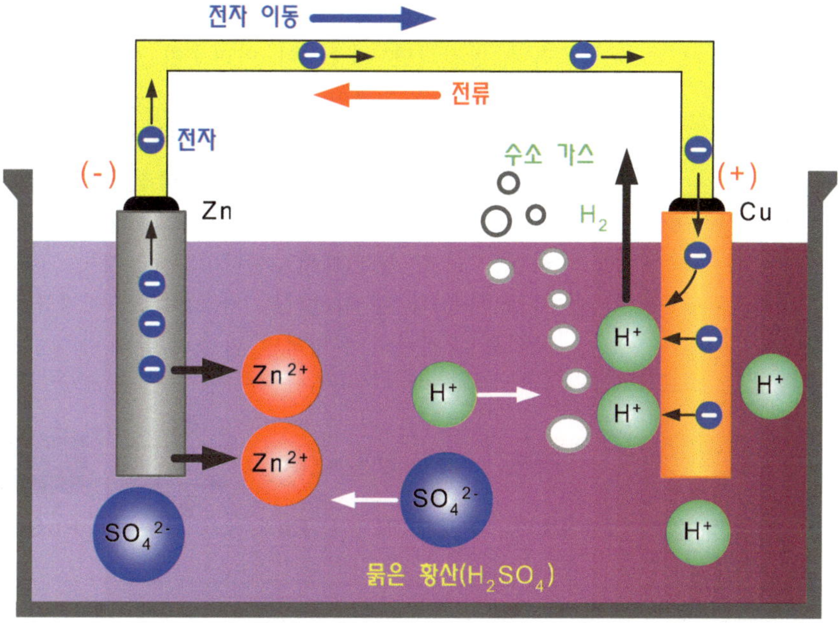

그림 1-20에서 물에 황산(H_2SO_4)을 넣으면 묽은 황산이 되고 이 속에서는 황산이 전리되어 수소 이온(H^+)와 황산 이온(SO_4^{2+})로 먼저 나누어진다. 그리고 구리와 아연 중에서 아연 쪽이 이온화 경향이 크므로 아연이 묽은 황산에 녹아 들어가 아연 이온 Zn^{2+}가 되면서 아연판에 전자를 남긴다. 이 전자들이 도선을 타고 구리판에 이동하여 수소 이온과 결합하여 수소 가스(H_2)로 된다. 따라서 아연판에서 구리판으로 전자가 흘러 전류가 발생하게 되는 것이다. 그 결과로 전지는 이온화 경향이 큰 쪽인 아연이 음극으로 되고 상대적으로 이온화 경향이 작은 쪽이 양극이 된다. 물론 전류가 흐름에 따라 아연판은 서서히 녹아 없어지게 되므로 언젠가는 전지 기능이 멈추게 된다. 만약 양극과 음극에 같은 종류의 금속을 사용하면 이온화 경향이 같기 때문에 전자의 이동이 생길 수 없는 것이며 갈바니는 이것을 몰랐던 것이다. 즉 그림 1-18에서 철선과 놋쇠가 서로 다른 금속이기 때문에 전기가 발생한 것이며 같은 금속을 사용한 사람들은 이유도 모른 채 실패한 것이었다. 이상으로 전지의 기본 원리는, 전자를 내어주고 자신은 산화되는 음극과 전자를 받아 자신은 환원되는 양극으로 이루어진다는 것이다.

축전지 볼타 전지는 화학적 에너지를 전기적 에너지로 바꾸는 것이이다. 그러나 방전되면 재충전이 어려우며 이러한 전지를 1차 전지라 한다. 이에 비해 자동차에 사용되는 전지는 방전하면 재충전할 수 있으며 이를 축전지, 흔히 배터리(battery)라 부른다. 재충전할 수 있는 전지는 2차 전지로 분류한다. 대표적인 축전지의 원리 및 동작은 그림 1-21과 같다. 이산화납(PbO_2)을 양극으로 하고 납(Pb)을 음극으로 하며 전해질은 묽은 황산(H_2SO_4)이다. 납축전지는 그림 1-22와 같이 방전(전기를 사용)과 충전(전기를 저장)이 모두 가능하며 충방전 원리를 화학식으로 간단히 설명하면 다음과 같다.

$$\underset{+}{\text{이산화납}} + \text{묽은 황산} + \underset{-}{\text{납}} \underset{\text{충전}}{\overset{\text{방전}}{\rightleftharpoons}} \underset{+}{\text{황산납}} + \text{물} + \underset{-}{\text{황산납}}$$

$$PbO_2 + 2H_2SO_4 + Pb \rightleftharpoons PbSO_4 + 2H_2O + PbSO_4$$

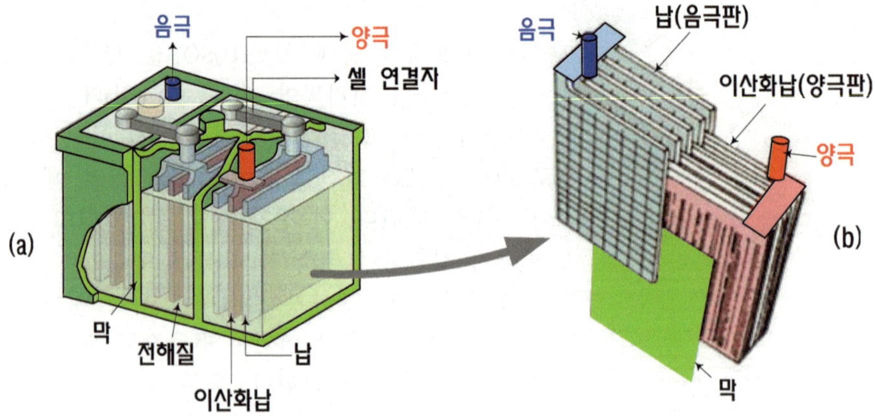

그림 1-21
납축전지 구조

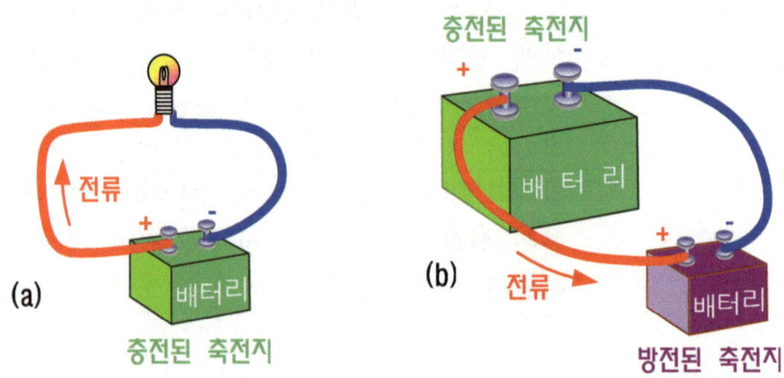

그림 1-22
납축전지의
(a) 충전
(b) 방전

실수로 자동차 배터리를 완전히 방전시키는 경우가 많으며 이 경우는 그림 1-23과 같이 다른 자동차의 충전된 배터리를 이용하여 재충전할 수 있다. 물론 이때 전원을 공급하는 차는 반드시 시동을 건 상태여야 한다. 그런데 축전지라 할지라도 영구적으로 충방전을 반복할 수 있는 것은 아니고 어떤 일정한 횟수를 초과하면 충전 능력이 급격히 떨어진다.

그림 1-23
자동차 배터리 충전

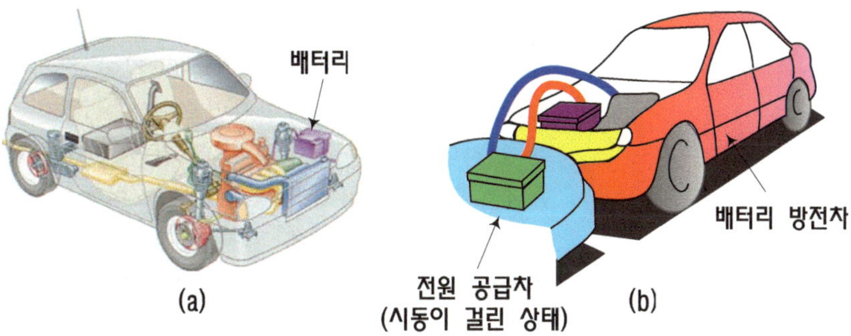

이집트 전지

역사적으로는 1800년의 볼타 전지가 최초라고 공인되고 있다. 그러나 이집트에서 약 2000년 전에 전지로 상용되었던 것으로 추정되는 그림 1-24와 같은 고대 유물이 발굴되었다. 이 단지형 전지는 전지뿐

그림 1-24
이집트 전지

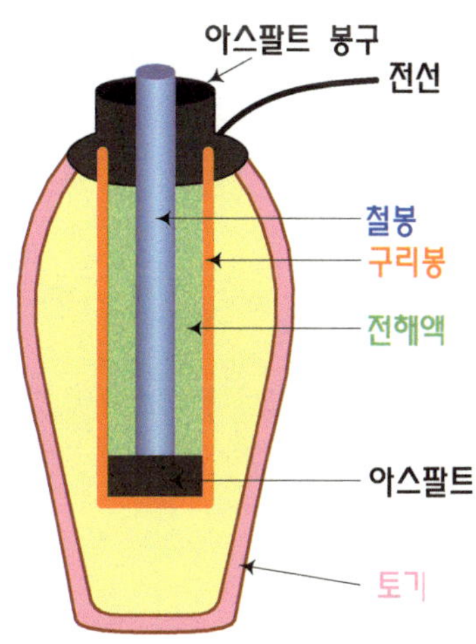

아니라 금은 장식품의 도금용으로도 사용된 것으로 보여진다. 이 단지는 전지와 동일한 구조이며 점토로 만들어진 단지 안에 얇은 구리관을 끼우고 그 가운데 철봉이 있으며 입구는 아스팔트로 봉했다. 전압은 약 1.5~2V이며 전해액은 식초나 포도주 등을 이용하지 않았을까 추측하고 있다.

건전지

현재의 휴대용 전자 기기는 소형화되면서 내부 회로는 오히려 더 복잡해지고 있으므로 부피가 적으면서 오래가는 전지가 필요하다. 건전지(dry cell)는 그림 1-25의 예와 같이 여러 가지 종류가 있다. 이 중 건전지하면 떠올릴만큼 보편화된 것이 망간 전지이며 1877년에 프랑스의 G. 르클랑셰가 고안하였으므로 르클랑셰 전지라고도 불린다. 망간 전지의 구조는 그림 1-26과 같다. 탄소봉을 양극으로 하고 아연을 음극으로 하며, 전해질은 종이에 스며들게 한 염화암모늄이나 염화아연이다. 탄소봉 주위에 밀착된 감극제는 반응 속도가 서서히 일어나게 하는 작용을 한다. 망간 건전지 원리는 다음과 같다.

그림 1-25
여러 가지 건전지

그림 1-26
망간 건전지 구조

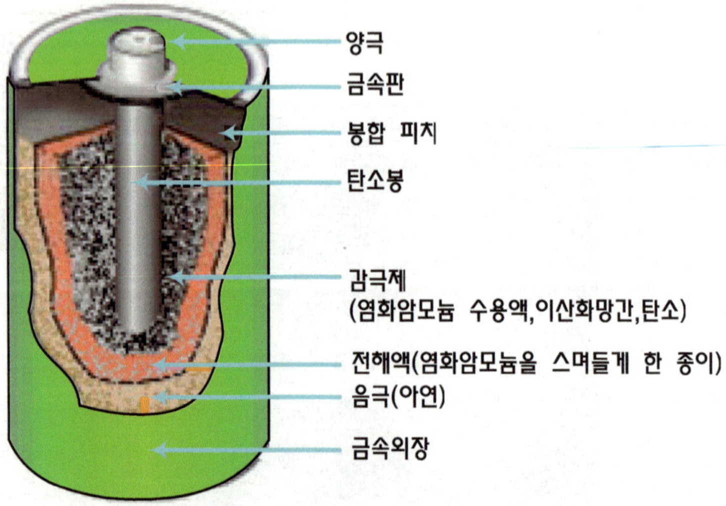

음극(산화 작용)

$$Zn + 2OH^{+} \longrightarrow Zn(OH)_2 + 2e$$

아연+수소이온 → 수산화아연 + 전자

양극(환원 작용)

$$2e + 2MnO_2 + 2H^{+} \longrightarrow 2Mn_2O_3 \cdot H_2O$$

전자+2산화망간 + 수소이온 → 3산화망간

망간 전지와 같이 보편화된 전지로 알카리 전지가 있다. 알카리 전지는 이산화망간과 아연을 다량으로 넣어 고성능이고 오래간다. 망간전지는 소모 전류가 적으면서 오래 사용할 수 있으므로 시계나 장난감 등에 널리 사용된다. 이에 비해 알칼리 전지는 소모 전류가 큰 헤드폰 스테레오, 카메라, 카세트 등에 사용하면 좋다. 다음은 여러 가지 1차 건전지의 특성을 요약해 놓은 것이다.

종류	특성	용도
망간 전지	소모 전류가 작아 오래가므로 중간중간 쉬어가며 사용하면 전압이 회복되는 특징이 있다.	가장 보편적으로 사용된다.
알카리 전지	망간 전지보다 고성능이고 수명이 길다. 최근 무수은 전지로 개발되어 친황경적이다.	헤드폰 스테레오, 카메라, 카세트
버튼(button)형 전지	작은 버튼 형상을 한 전지의 총칭	
1) 산화은 전지	전압이 안정되어 수명이 다하는 직전까지 전압을 유지. 정밀 전자기기에 적합하다.	카메라 노출계, 수정 시계
2) 공기 아연 전지	전지 양극에 산소를 사용하므로 음극에 다량의 아연을 채울 수 있어 작은 크기로 대용량이다.	보청기, 포켓 벨
리튬 전지	소형, 고전압(3.6V), 대전류, 긴 수명. 용도에 따라 여러 형상으로 만들 수 있으므로 사용 범위가 확대 추세에 있다. 하이테크 시대에 중요한 역할을 담당하는 전지이다.	전자수첩, 전자계산기, IC 카드, 완구, 디지털 시계, 리모콘, 무선 시동기, 무선 헤드셋, 컴퓨터, 프린터, 복사기, 팩시밀리, 카메라, 카메라 플래쉬, 디지털 카메라, CD player, MD player, MP3 player.

다음 그림 1-27은 재충전이 가능한 2차 전지에 대한 수요와 시대별 발전 전망을 참고로 소개한 것이다.

그림 1-27

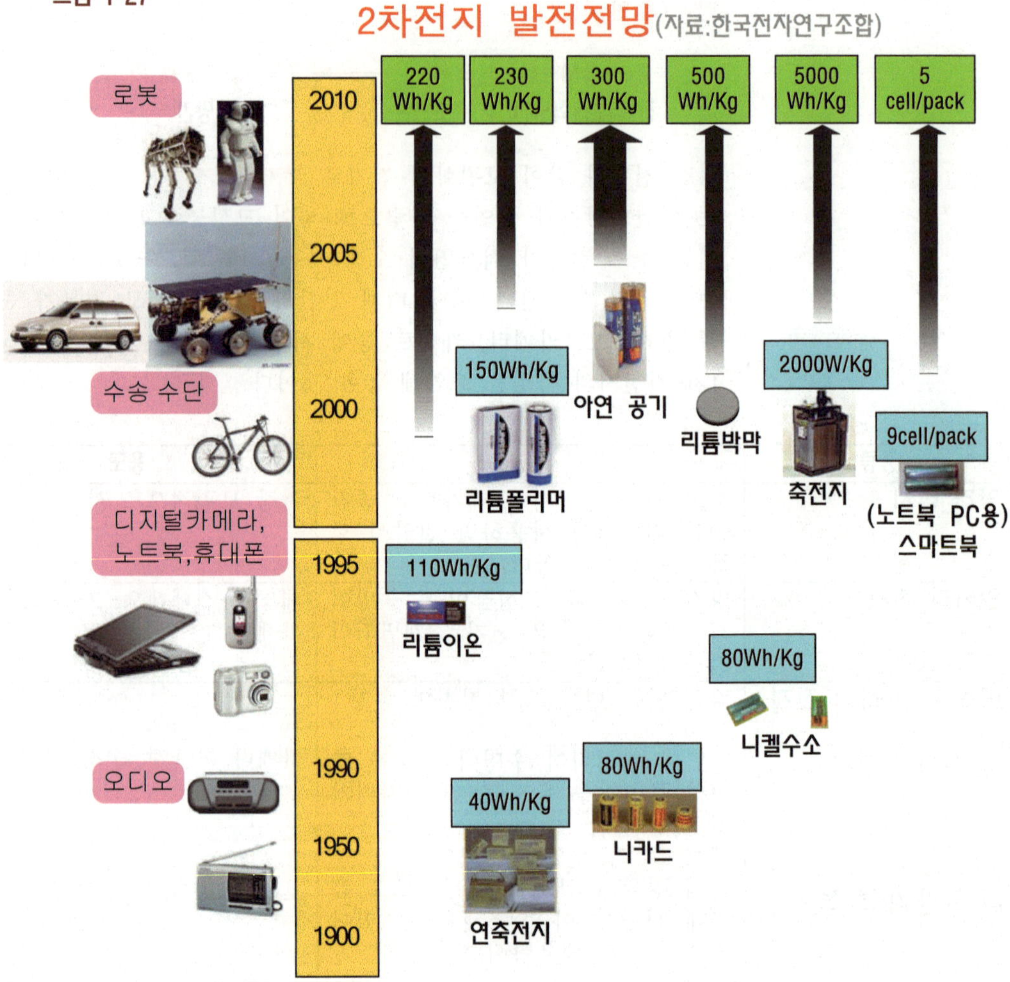

1-4 전압과 전류는 빛과 그림자

자연계는 순환한다

자연계의 보편적인 성질은 순환(circulation)이다. 시간도 봄·여름·가을·겨울 사시(四時)로 끊임없이 순환하며, 하루 일과가 끝나면 반드시 집으로 되돌아 가고 경제도 돈이 제대로 돌아야 한다(옛날 사람들은 그래서 하늘이 둥글다고 한 것이 아닐까?). 그림 1-28은 그 몇 가지 예를 보인 것으로 순환시키는 힘에는 압(壓) 자를 붙여 혈압, 기압, 수압, 전압 등으로 부른다. 특히 전기계에서 사용하는 회로(回路)는 '돈다'는 뜻이며 이에 대한 영어 'circuit'는 'circle'에서 온 말이다. 압(壓)에는 상대적인 차가 중요하므로 압력이 상대적으로 높은 곳을 +로, 낮은 곳을 –로 하여 표현하며 이를 극성(極性)이라 한다.

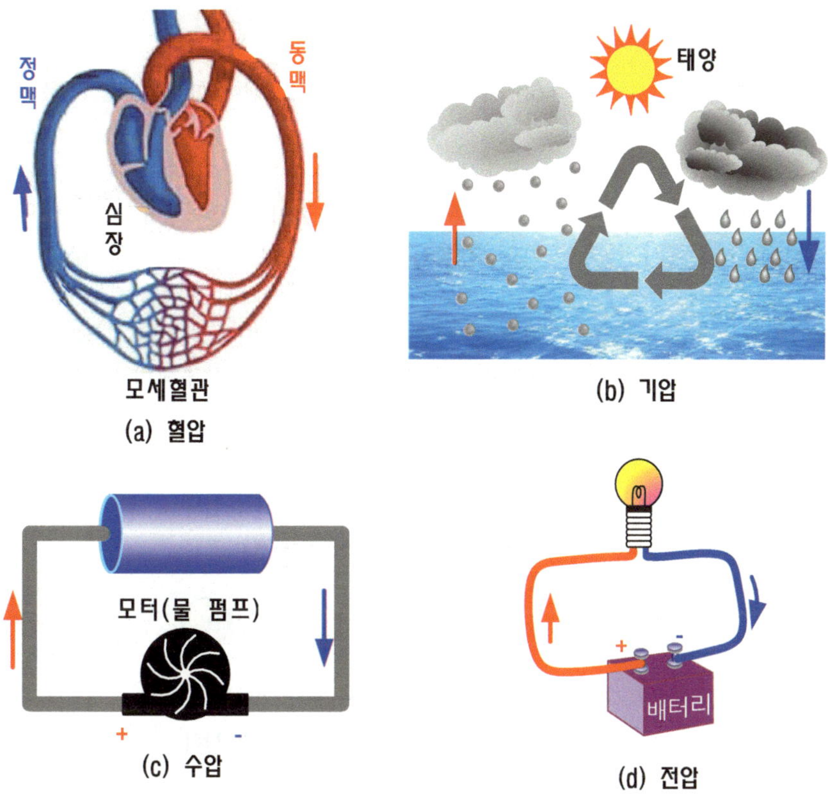

그림 1-28 자연계의 순환작용

전압 회로상에서 임의의 두 점의 전위차를 전압이라 하며 전압의 단위는 볼트이고 기호는 [V]이다. 물의 근원은 수원(水源), 지진의 근원은 진원(震源)이라 하듯이 전기의 근원을 전원(電源)이라 한다. 전원 중에서도 전압을 위주로 전기를 생산하는 것을 전압원(電壓源)이라 하고 전류를 위주로 생산하는 것을 전류원(電流源)이라 한다. 그러나 현실적으로 거의 모든 전원은 전압원이며 전류원은 만들기 어렵다. 즉 우리가 가게에서 쉽게 살 수 있는 전지도 전압원이며 발전소에서 공급되는 전기도 전압원이다. 그리고 전지의 경우와 같이 전압이 일정한 것을 직류(直流)라 하고 발전소 전기와 같이 시간에 따라 교번하는 것을 교류(交流)라 한다. 직류 전압원과 교류 전압원의 기호는 그림 1-29와 같이 표현한다(앞으로는 전압원을 전원으로 부르기로 한다).

그림 1-29 전압원의 회로 기호

(a) 직류 전압원 (b) 교류 전압원

그림 1-30(a)와 같이 전구의 양단에 1.5V 전지를 연결하면 전지의 작용으로 전구의 Ⓐ점이 Ⓑ점에 비해 전위가 높아진다. 즉 두 점 사이의 전압은 1.5V이며 이로 인해 Ⓐ점에서 Ⓑ점으로 전류가 흘러 전구가 켜진다(물이 높은 데서 낮은 데로 흐르듯이). 그림 (a)를 회로 기호를 이용하여 표현하면 그림 (b)의 회로도가 된다. 전구에 흐르는 전류는 전원인 전지로부터 공급된다. 그러나 오랜 시간이 지나 전지 내에 충전된 전하가 고갈되면 더 이상 전류를 제공할 수 없다.

그림 1-30 전압원의 회로 기호

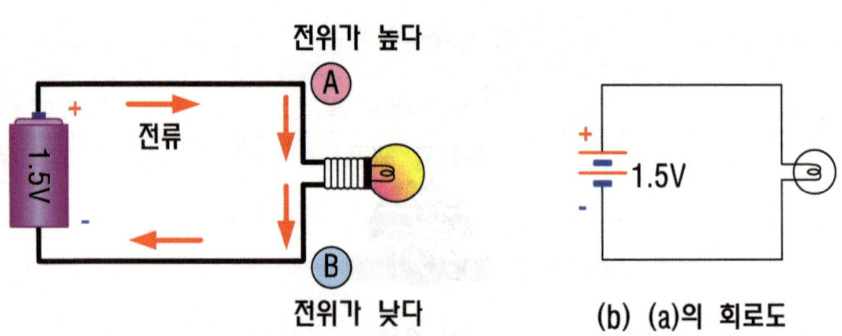

(a) 전압에 의해 전류가 흐른다 (b) (a)의 회로도

반면에 발전소의 전기는 끊임 없이 생산되므로 고갈되지 않는다. 이를 물을 저장하는 댐에 비유하면 그림 1-30과 같다. 먼저 그림 (a)는 수원지로 물(전기에서는 전하)가 계속 공급되는 경우이므로 물을 지속적으로 방류(전기에서는 전류)할 수 있으며 발전소의 경우와 같다. 대신 발전소에서는 계속 전하를 제공해 주기 위해 석탄, 석유, 핵연료, 물 등과 같은 연료를 끊임없이 소비하여야 한다. 그림 (b)는 외부로부터 물이 공급되지 않는 경우로 언젠가는 물의 방류가 멈추게 될 것이며 전지의 경우와 같다.

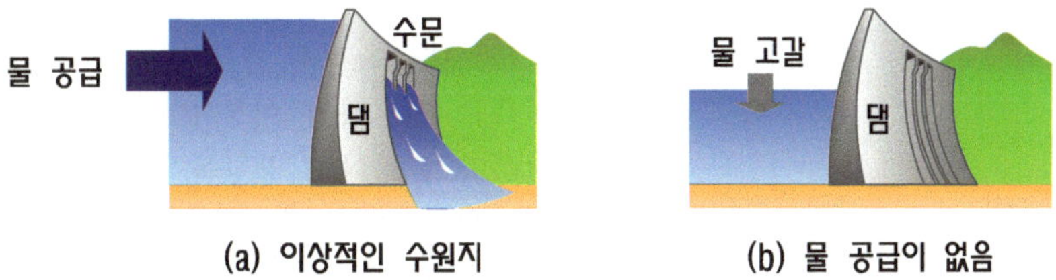

그림 1-31 전원의 비유

소자 양단의 전압을 측정할 때는 소자의 양단에 그림 1-32(a)와 같이 볼트미터(voltmeter, 전압계)를 접속하며 +극성은 + 극성끼리 –극성은 –극성끼리 연결한다. 이를 회로도로 표현한 것이 그림 (b)이며 볼트미터와 측정하고자 하는 소자는 병렬로 결합하여야 한다(병렬 결합은 조금 뒤에 설명한다).

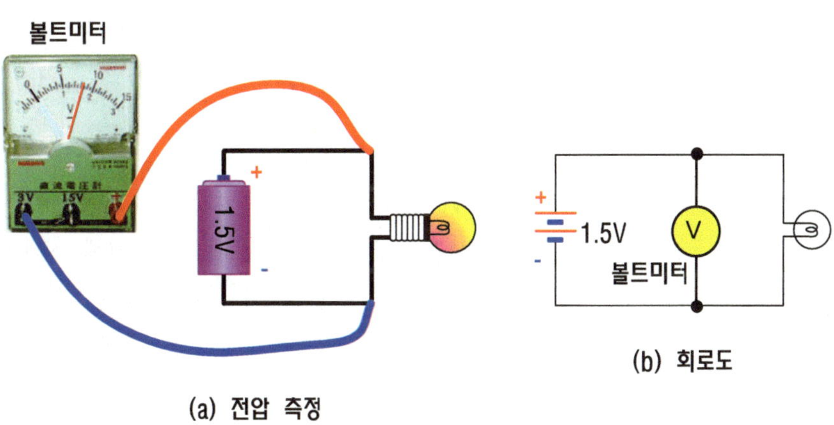

그림 1-32 볼트미터를 이용한 전압 측정

전류 도체 양단에 전압을 가하면 도체 내의 자유전자들이 이동하며 이를 전류라 한다. 그림 1-33의 (a) 경우는 도체 양단에 전압이 가해지지 않은 상태이다. 이때는 도체 내의 자유전자들이 일관성 없이 아무 방향으로 움직이는 소위 브라운(Brown) 운동을 하므로 전자의 평균 이동 거리는 0이다. 따라서 전류가 흐르지 않는다. 반대로 그림 (b)와 같이 양단에 전압이 가해지면 도체 내에서는 양극에서 음극 방향으로 전장이 형성되므로 자유전자들은 전장의 반대 방향으로 일관성 있게 이동한다. 따라서 전류가 흐르게 되며 전류의 세기는 전압에 비례한다. 전압에서는 극성이 중요하듯이 전류는 흐르는 방향이 중요하며 전류 방향은 화살표로 표시한다(화살표는 전압의 +극에서 –극으로 향한다). 1700년대 초기에 아직 전자가 알려져 있지 않은 시기에 과학자들은 전류는 양전하의 이동에 의해 이루어지는 것으로 생각하였으므로 양전하가 움직이는 방향을 전류의 방향으로 정하였다. 그 후 전류는 음전하의 전자에 의해 이루어진다는 것을 알았지만 오랜 세월 동안의 관습을 깰 수 없어 현재까지 그대로 사용하고 있는 것이다.

그림 1-33
도체내의
자유전자 이동

(a) 전류가 흐르지 않을 때 (b) 전류가 흐를 때

물이 흐를 때 세게 흐르기도 하고 약하게 흐르기도 하며 이는 수압뿐 아니라 관의 굵기와 길이와도 관련있다. 이와 같이 전류의 세기도 전압과 도선의 굵기 및 길이에 의해 정해진다. 전류의 세기는 도선의 단면을 따라 1초 동안에 이동하는 전하의 양으로 정의되며 단위는 암페어(Ampere)이고 기호는 [A]를 사용한다. 즉 1A는 1초 동안에 1[C]의 전하가 통과할 때의 세기이다. 도체 내에서 자유 전자의 속도는 어느 정도일까? 많은 사람들이 굉장히 빠르다고 생각하지만 실제로는 초당 mm 수준에 불과하다. 그렇다면 스위치를 켜는 순간에

암페어(Andre Marie Ampere)

1775년 프랑스에서 태어난 암페어는 이미 12살 때에 수학과 기하학을 거의 터득할 정도로 비범하였으며 후에 나폴레옹 황제에 의해 파리 공과대학의 교수로 임명되었다. 1820년 9월 파리에 있는 프랑스 과학 아카데미에서는 덴마크 과학자 크리스찬 에르스텟(H.C.Oersted)이 전기와 자기에 관한 논문을 발표하였을 때 그 강연을 가장 열심히 청강한 사람이 40세의 젊은 과학자 암페어였다. 이후 그는 전류의 세기뿐 아니라, 전류가 흐르는 두 도선 간의 인력과 척력에 관한 논문을 발표하였으며 이 식은 오늘날까지도 변함없이 활용되고 있다. 또 암페어는 자기 효과의 크기는 사용된 코일의 횟수에 따른다는 것을 알아냈고 서로 반대되는 두 자극은 코일의 열린 양쪽 끝에서 생긴다는 사실도 알아냈다. 결론적으로 자기는 자석이나 쇠막대 없이 단지 전기의 힘만으로 발생한다는 사실을 발견하여 전기와 자기의 관계를 명백히 밝혀 주었다. 그는 또 솔레노이드를 써서 쇠바늘을 자화시켜 강력한 영구자석을 만드는데도 성공했다. 그는 전류의 흐름에서 비롯되는 여러 가지 발견들을 정리하여 1823년에 전기와 자기에 관한 이론을 발표하였다. 암페어의 독창적인 연구와 업적에 뒤이어 나온 새로운 발견과 발명은 그의 명성을 더욱 빛나게 하였다. 전파 이론을 정립한 영국의 제임스 클럭 맥스웰은, 두 전류 사이의 역학적 작용에 관한 암페어의 수학적, 물리적 발견과 연구 업적은 과학 발달사에서 가장 빛나는 것 중 하나라고 극찬하였다. 암페어의 위대한 업적을 기리기 위해 그가 세상을 떠난지 60년 후 후세의 과학자들은 전류의 실용적 단위를 그의 이름을 따 '암페어'라고 부르고 있다. 그의 묘비에는 라틴어로 "마침내 나는 행복했다"라고 새겨져 있다.

전기가 바로 들어오는 것은 무슨 이유인가? 이는 그림 1-34로 설명할 수 있다. 도체 내부는 이미 자유전자들로 꽉 차있으므로 그림 (a)와 같이 새로운 전자가 도선의 한 쪽 끝에 들어오면 전자들이 하나씩 밀려 결국 그림 (b)와 같이 다른 쪽 끝에 있는 전자가 밀려 나오나는 형태가 되므로 시간이 거의 걸리지 않는 것이다. 이는 수도관이 물로 차있기 때문에 수도관을 틀면 물이 바로 나오는 이치와 같다.

그림 1-34
도체 내에서의 전하 이동

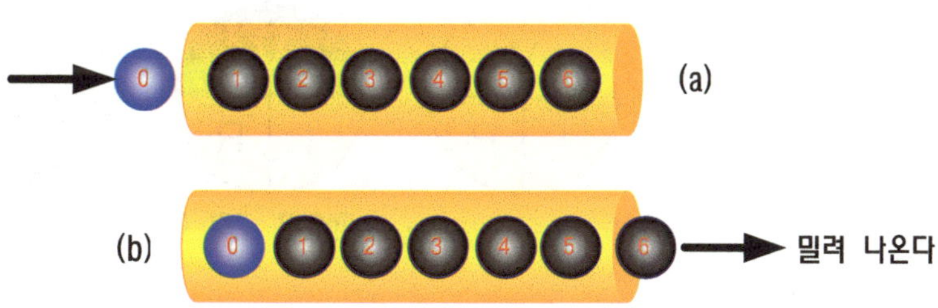

소자에 흐르는 전류를 측정할 때는 그림 1-35(a)와 같이 암페어미터(amperemeter, 전류계)를 도선을 절단한 다음 소자와 직렬이 되도록 접속하여야 하며 이를 회로도로 표현한 것이 그림 (b)이다. 암페어미터는 간단히 암미터(ammeter)라 부른다. 즉 볼트미터는 소자와 병렬로, 암미터는 직렬로 결합하여야 한다.

그림 1-35 암미터를 이용한 전류 측정

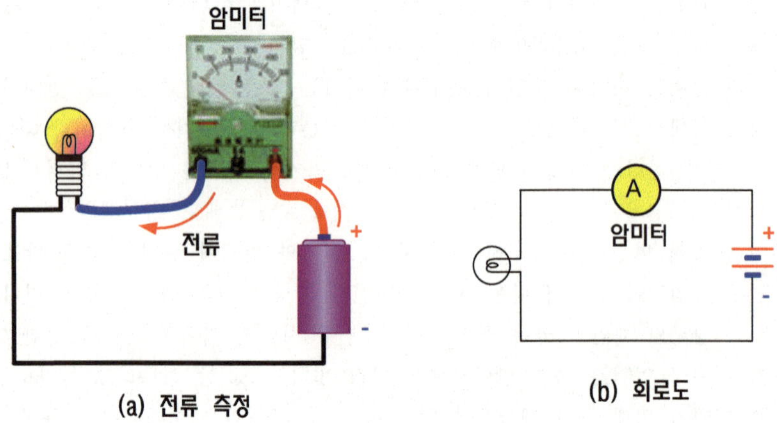

옴의 법칙

도체 양단의 전압에 의해 흐르는 전류는 전압의 세기에 비례한다. 즉 전압 V와 전류 I의 관계는 다음과 같다.

$$V = RI$$

여기서 비례상수 R을 저항이라 하고 단위는 옴[Ω]으로 하며 이 법칙을 옴(Ohm)의 법칙이라 한다. 옴의 법칙은 그림 1-36과 같이 기억하면 편리하며 검은 부분이 구하고자 하는 것이다.

그림 1-36 옴의 법칙

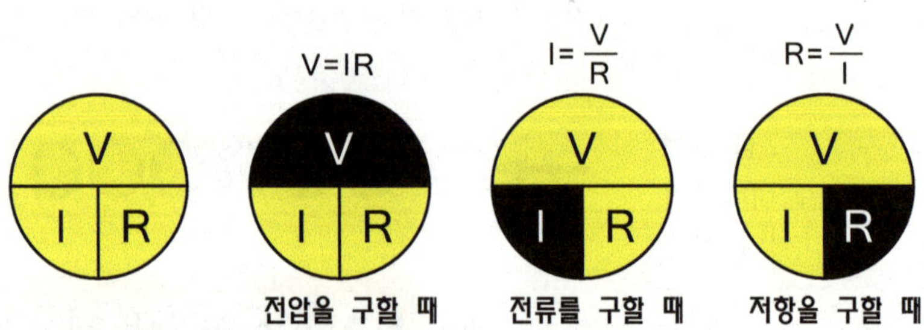

물체의 저항은 물질에 따라 다르다. 전류가 잘 흐르는 도체는 저항이 작으며, 전류가 잘 흐르지 않는 부도체는 저항이 상대적으로 크다. 도체와 부도체의 결정적 차이는 자유전자의 양이며 부도체는 자유전자가 거의 없다. 그런데 물질에는 도체나 부도체에 속하지 않는 제 3의 물질인 반도체(semiconductor)가 있다. 반도체는 실리콘이나 게르마늄 등의 원소가 사용되며 어느 것이나 오늘날의 전자 시대를 떠받치는 중요한 소재이다(4장에서 설명한다). 그림 1-37은 도체와 부도체의 분포를 보여준다(왼쪽으로 갈수록 도체, 오른쪽으로 갈수록 부도체).

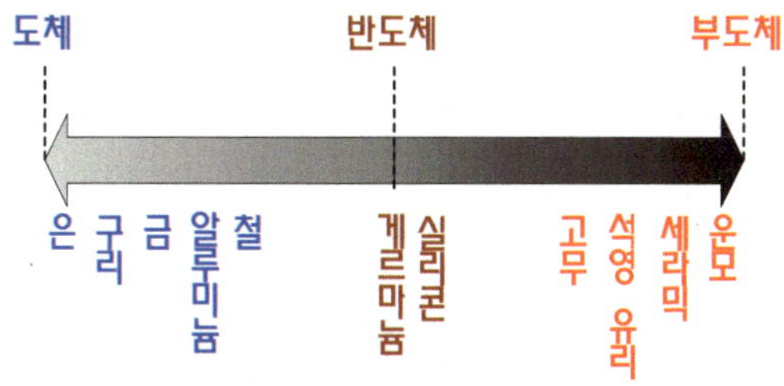

그림 1-37
물질의 전도성

동일한 물질일지라도 길이와 단면적에 따라 저항이 달라지며 이는 수도관의 이치와 같다. 즉 일정한 수압에서는 수도관이 굵을수록 물이 많이 흐르며, 일정한 물이 흐르기 위해서는 수도관의 길이가 길수록 수압이 세어야 한다. 이제 그림 1-38과 같은 도체에서 단면적을 A라 하고 길이를 L이라 하자. 일정한 전압(V)에서는 A가 클수록 전류(I)가 증가하므로 저항(R)은 줄어든다(R=V/I). 또한 일정한 전류에서는 도체의 길이 L이 길수록 전압(V)이 증가해야 하므로 저항(R)은 증가한다(V=RI). 따라서 저항은 다음과 같이 도체의 길이(L)에 비례하고 단면적(A)에 반비례한다(단 ρ는 물질의 저항도를 나타낸다).

$$R = \rho \frac{L}{A}$$

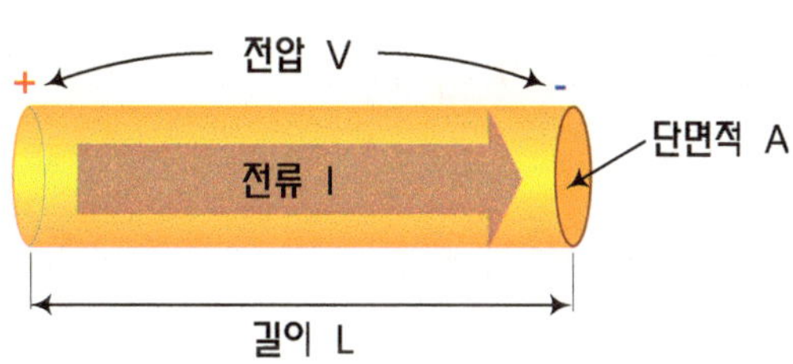

그림 1-38
물질의 저항성

일반적인 물은 도체이며 그림 1-39(a)와 같이 회로를 연결하면 전류가 흐른다. 따라서 비오는 날 낙뢰에 의해 전선이 끊어질 경우 감전되기 쉬우므로 아주 위험하다. 그러나 순수한 물은 절연체(부도체)이므로 그림 (b)와 같이 물 속에서도 소형 전구나 형광등을 켤 수 있다. 그러면 일반적인 물은 왜 도체가 되는가? 그 이유는 보통의 물에는 여러 가지 물질이 혼합되어 일종의 전해액과 같기 때문이다.

그림 1-39
물의 전도성

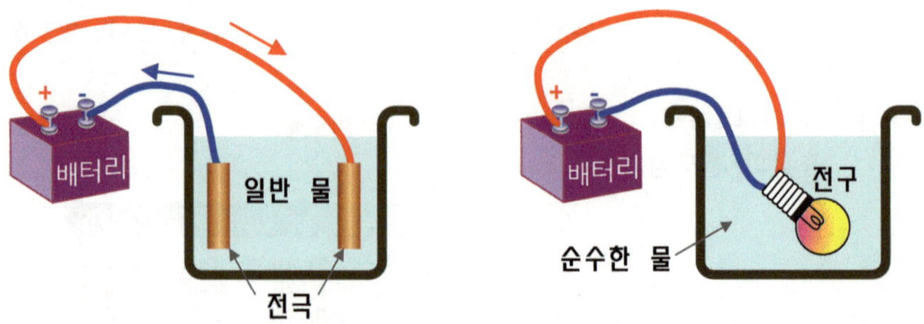

(a) 일반의 물은 도체 (b) 순순한 물은 부도체

금속내에서의 전류 전도와 인체의 전류 전도 차이는 그림 1-40과 같다. 고체인 금속내에서는 이온이 이동할 수 없으므로 자유전자에 의해서만 전류가 전도된다. 그러나 인체의 약 60%가 물로 이루어져 있고 이 수분 중에는 Na^+, K^+, Cl^- 등의 이온이 녹아 있다. 즉 우리 몸은 전해질의 고농도 수용액이 담긴 된 자루와 같으므로 전기를 잘 통하는 도체이다. 인체의 내부 저항은 약 500 Ω 정도로 보며 물에 젖

그림 1-40
금속과 인체의 전류 전도

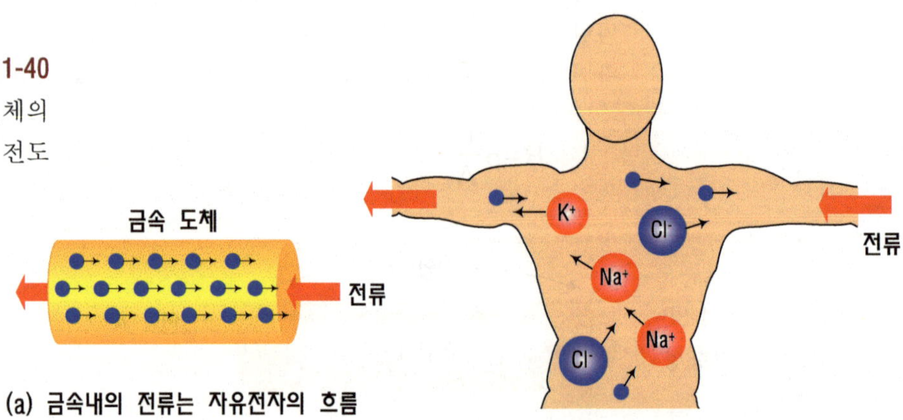

(a) 금속내의 전류는 자유전자의 흐름

(b) 인체내의 전류는 자유전자와 이온의 흐름

을 경우는 저항이 더 작아진다. 지구도 전해질이 용해된 물을 함유하고 있는 흙이나 해수가 있으므로 도체이며 이를 이용한 것이 접지이다(접지에 대해서는 6장에서 자세히 알아본다).

인체 중에서도 피부를 구성하는 세포나 지방세포 등은 전기 저항이 크므로 비교적 전기가 흐르기 어렵고 특히 뼈세포의 경우는 거의 전기가 흐르지 않는다. 그러나 혈액은 저항률이 생체 중에서 가장 작기 때문에 혈액을 다수 포함하는 부위의 근육이나 심장, 간장 등은 저항이 작아 전류가 흐르기 쉽다. 그리고 수분이 풍부한 어린이는 전기 저항이 작으며 노인의 경우는 수분이 말라 피부의 저항이 크다.

저항기

일정한 저항 값을 갖도록 만들어진 소자를 저항기(resistor)라 하며 그림 1-41(a)와 같이 다양한 종류가 있다. 저항기는 보통 저항이라 부르며 회로 기호는 그림 (b)와 같다. 그리고 저항에 표시된 색 띠는 저항값을 나타내며 그 읽는 방법은 그림 1-42와 같다. 먼저 그림 1-42(a)와 같이 4개의 띠가 있는 경우는 첫번째가 첫째 자리, 두번째가 둘째 자리이며 세번째 띠는 이 숫자에 붙는 0의 수(승수)를 나타낸다. 그리고 끝의 띠는 오차 범위(%)를 나타낸다. 예를 들어 그림 (a)의 경우는 첫번째가 적색으로 2이고 두번째가 자색(보라색)으로 7이므로 27이 된다. 그리고 승수가 등색으로 1000이므로 저항값은 27000Ω 또는 27kΩ이다(1kΩ=100Ω). 그리고 오차는 녹색이므로 ±4% 이내이다. 그림 1-43(b)와 같이 띠가 5개일 경우는 자리수가 하나 더 늘어 세 자리수가 되며 읽는 방법은 동일하다.

그림 1-41
여러 가지 저항과 회로 기호

(a) 여러 가지 종류의 저항

(b) 저항의 회로 기호

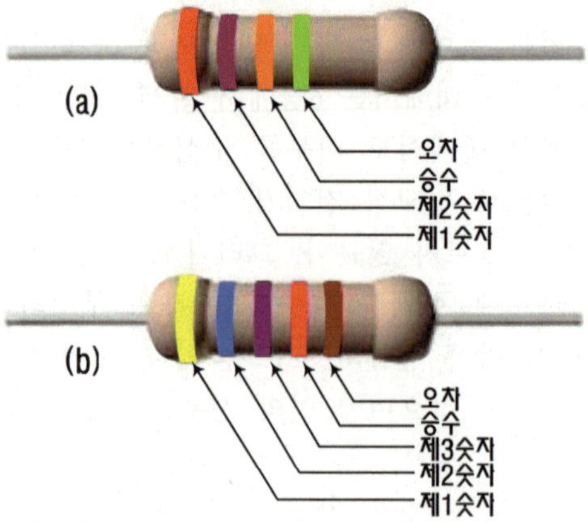

그림 1-42
저항값을 읽는 법

색상	제1숫자	제2숫자	승수	오차
흑색	0	0	1	–
갈색	1	1	10	±1 %
적색	2	2	100	±2 %
등색	3	3	1,000	±3 %
황색	4	4	10,000	±4 %
녹색	5	5	100,000	–
청색	6	6	1,000,000	–
자색	7	7	10,000,000	–
회색	8	8	–	–
백색	9	9	–	–
금색	–	–	0.1	±5 %
은색	–	–	0.01	±10 %
무색	–	–	–	±20 %

전력 도체를 통해 전자를 이동시키기 위해서 단위 시간 동안 한 일을 전력(電力)이라 한다. 도체의 양단 전압이 V이고 전류가 I일 때 전력 P는 전압(V)과 전류(I)의 곱인

$$P = VI$$

로 주어지며 단위는 와트[W]로 한다. 도체의 저항이 R이면 옴의 법칙에 의해 V=RI, 또는 I=V/R이므로 전력은 다음과 같이 표현할 수 있다.

$$P=I^2R=\frac{V^2}{R}$$

예를 들어 100W(100V)의 전구에 흐르는 전류와 저항을 구해보자. 전압(V)이 100[V]이고 전력(P)이 100[W]이므로 전류(I)는

$$I=\frac{P}{V}=\frac{100}{100}=1[A]$$

이며 이로부터 저항(R)을 구하면

$$R=\frac{V}{I}=\frac{100}{1}=100[\Omega]$$

즉 전구는 100[V] 전압에서 1[A] 전류가 흐르는 저항 100[Ω]과 같다.

전력은 단위 시간에 한 전력량이므로 시간 t 동안에 소비한 전력량은 전력에 시간을 곱한 것과 같다. 전력량은 보통 1시간 동안 소비한 전력량으로 하므로 단위를 와트아워[Wh] 또는 킬로와트아워[kWh]로 한다(1kWh=1000Wh). 우리들 가정에서 사용되는 전기 요금은 매달 청구되는데 이것은 사용한 전력량에 대해 계산된다. 전기요금 청구서를 보면 전력량난에 OOkWh라고 명기되어 있다. 예를 들어 100[W]의 전등을 하루 10시간 켜면 1개월(30일)에 사용한 전력량은 다음과 같다.

$$0.1[kW]\times 10[h]\times 30[day]=30[kWh]$$

1-5 길이 없어도 전류가 통한다?

커페시터 (capacitor)

저항은 외부로부터 받은 전력을 열이나 빛 등으로 소모만 할 뿐이지 저장할 수는 없다. 그러나 커페시터(capacitor)라는 또 하나의 중요한 소자는 외부로부터 받은 전력을 그대로 저장하였다가 나중에 도로 반환할 수 있다. 커페시터의 기본 구조는 그림 1-43(a)와 같이 두 개의 금속 평행판에 전극을 부착한 것이며 평행판 사이에는 공기나 절연물 등을 삽입한다. 두 평행판은 모두 전기적으로 중성이며 그림 (b)와 같이 도식적으로 표현할 수 있다. 우리는 여기서 이동할 수 있는 자유전자에 눈여겨 보기로 한다. 이를 위해 전자량을 그림 (c)와 같이 그릇에 담긴 물의 양으로 비유하였다.

그림 1-43
커페시터의
(a) 기본 구조
(b) 도식적인 표현

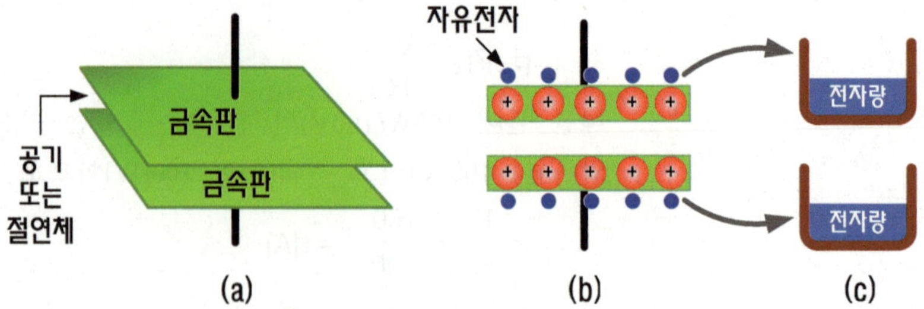

커페시터의 충전 과정

커페시터 양단에 직류 전압을 가했을 때 그 변화 과정을 보인 것이 그림 1-44이다. 먼저 (a)와 같이 전압을 가하면 위쪽 평판에 있는 자유전자들이 전압원의 펌프 작용으로 아래쪽 평판으로 이동하기 시작한다(전자는 음전하이므로). 그 결과 두 평판은 전기적인 중성이 깨지

그림 1-44
커페시터의
충전 과정

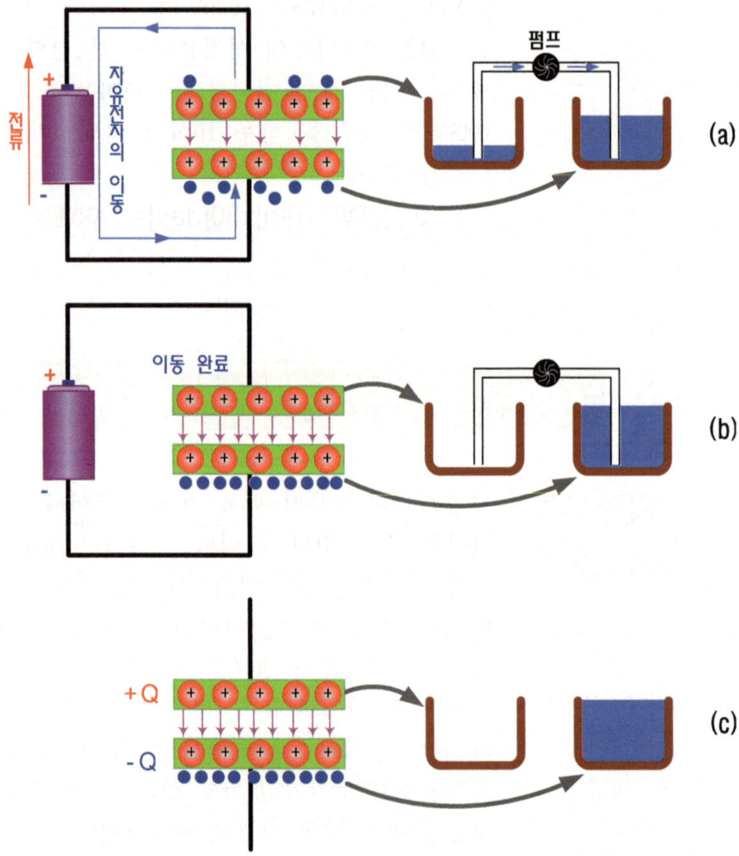

며 위쪽은 양전하, 아래쪽은 음전하로 대전된다. 따라서 두 평행판 사이는 전장이 형성되기 시작한다(위쪽에서 아래쪽으로). 위 평판 전자가 모두 아래 평판으로 모두 이동하고 나면 전자의 이동(전류)는 없어지고 전장의 세기는 최대가 된다(이상이 충전과정이다). 얼마나 많은 전자들을 이동시킬 수있는가를 용량(容量)이라 하며 이는 커페시터를 전하를 담는 그릇(用器)에 빗된 용어이다. 이제 완전히 충전된 커페시터로부터 전원을 떼어내면 그림 (c)와 같이 두 평행판에 있는 전자들은 이동하지 못하므로 그대로 유지된다(평행판 사이는 절연체로 채워져있다). 즉 전하를 저장하는 능력이 있는 것이다.

커페시터의 방전 과정

이제 그림 1-45와 같이 충전된 커페시터 양단에 저항을 연결해보자. 그러면 위쪽 평판과 아래쪽 평판 사이가 저항을 통해 연결되므로 아래쪽에 있는 자유전자들이 위쪽으로 이동하기 시작하므로 전류가 흐르기 시작한다. 충분한 시간이 지나 아래쪽 평판의 전자 수과 위쪽 평판의 전자 수가 같아지면 더 이상 전자가 이동하지 않으므로 전류는 흐르지 않게 된다(이상의 과정이 방전이다). 즉 커페시터는 전원으로부터 받은 에너지를 저장하였다가 때가 되면 외부로 그대로 돌려줄 수 있는 것이다. 이러한 이유로 커페시터를 에너지 저장 소자라 부른다. 전지와 커페시터는 모두 전하를 저장하는 능력이 있지만 전

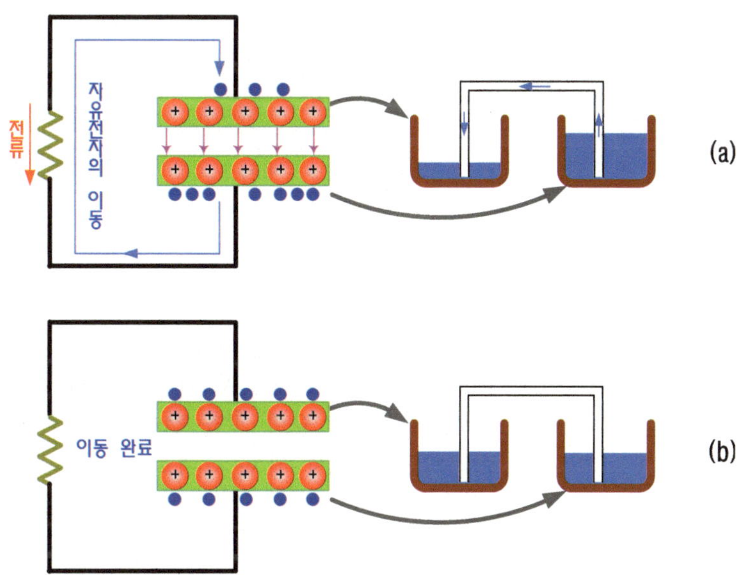

그림 1-45
커페시터의 방전 과정

지는 스스로 전하를 만들어 저장하는 것이고 커페시터는 외부로부터 받아 저장하는 점이 다르다. 즉 전지를 냉장고에 비유하면 커페시터는 아이스 박스와 같다. 커페시터의 기본적인 구조는 그림 1-46(a)와 같이 얇은 두 금속판 사이에 절연체를 넣고 둥글게 말은 형태이다. 커페시터의 용량은 C로 나타내고 단위는 패럿(farad)이며 단위 기호는 [F]이다. 그리고 회로 기호는 그림 (b)와 같으며 그림 (c)는 여러 가지 커페시터의 모습이다..

그림 1-46
커페시터의 구조와 기호

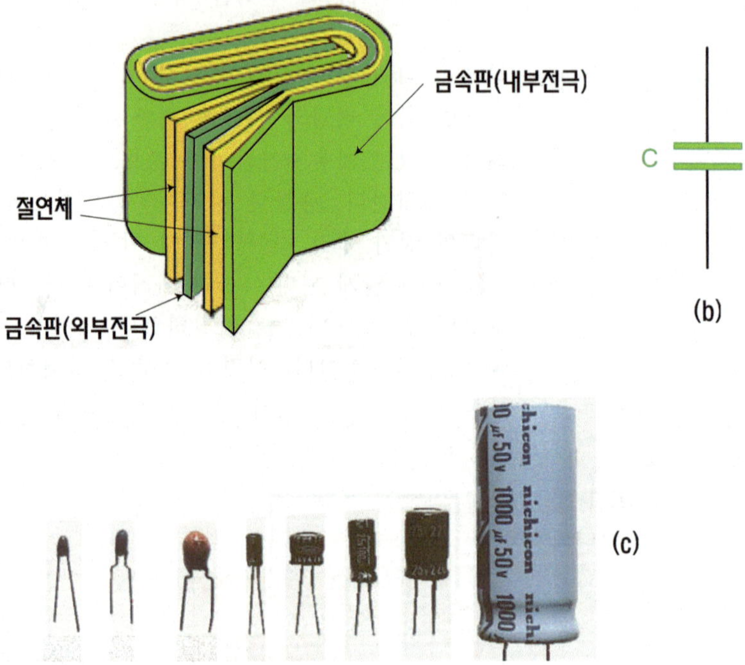

커페시터 전류

그림 1-47(a)와 같이 직류 전원에서는 커페시터에 일시적인 전류가 흐르지만 종래는 멈추고 만다(그림 1-44 참조). 그러나 커페시터 양단에 그림 1-47(b)와 같이 교류 전원을 결합하면 평행판의 전자는 위에서 아래로 아래에서 위로 교대로 이동하므로 지속적인 교류 전류를 얻을 수 있다. 특히 교류의 주파수가 높을수록 더 많은 전류가 흐른다. 따라서 커페시터는 교류 회로에서 매우 중요한 소자이다. 예를 들면

그림 1-47
커패시터 전류
(a) 직류 전압
(b) 교류 전압

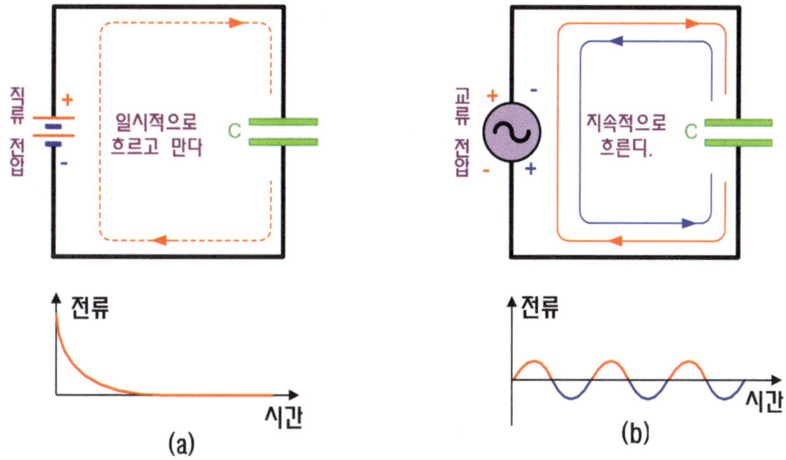

그림 1-48

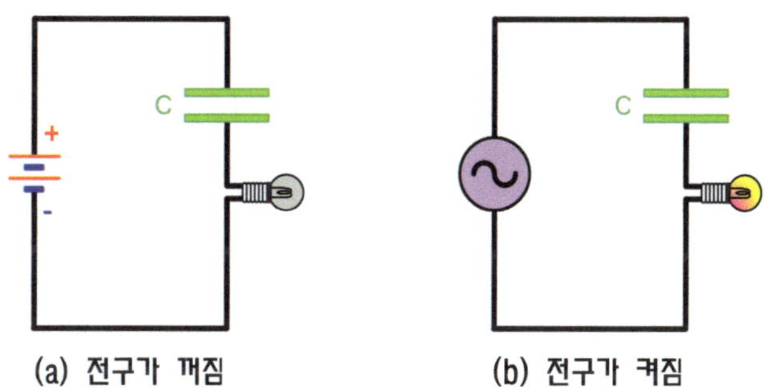

그림 1-48의 (a)에는 전구가 켜지지 않지만(초기에만 잠깐 켜진다) 그림 (b)의 경우는 전구가 계속 점등된다.

1-6 분극(分極)

분극 일반적인 분자들은 양전하와 음전하가 어느 한쪽으로 치우침이 없이 분포되어 있으므로 이들은 전기적으로 중성이다. 예를 들면 그림 1-49의 이산화탄소 경우는 탄소 원자를 중심으로 산소 원자가 대칭적으로 배치되어 있으므로 전하의 분포가 고르다. 이러한 유형의 분자를 무극성 분자라 한다. 그러나 무극성 분자가 그림 1-50(a)와 같이

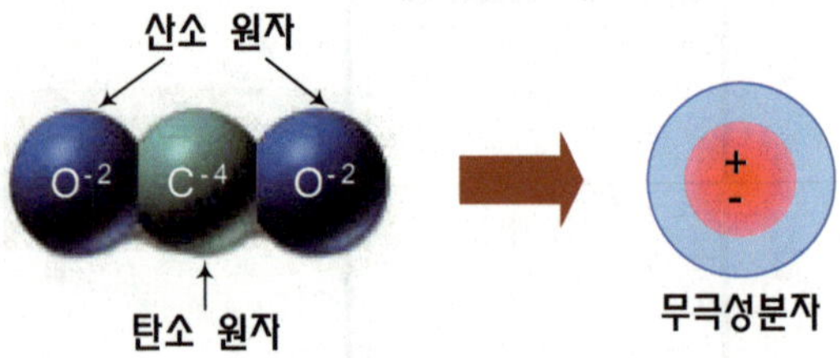

그림 1-49 무극성 분자인 이산화탄소 구조와 도식적인 표현

전장 속에 놓이게 되면 분자의 음전하는 양극 쪽으로, 양전하는 음극 쪽으로 끌리게 된다. 따라서 그림 (b)와 같이 극성을 띠게 되며 이 현상을 분극(分極)이라 하고 분극된 구조를 전기쌍극자(雙極子)라 부른다. 분극을 일으키는 물체를 유전체(誘電體)라 하며 분극의 정도는 물질에 따라 다르다. 그림 1-51은 전장에 놓인 유전체의 쌍극자 배열을 보여준다. 즉 평소에 무질서하게 배치되어 있던 쌍극자들이 전장의 방향에 맞추어 정렬된다. 그 결과 유전체 표면의 전하만 남고 내부 전하들은 상쇄된다. 따라서 정전 유도에 의해 유전체 표면에 생긴

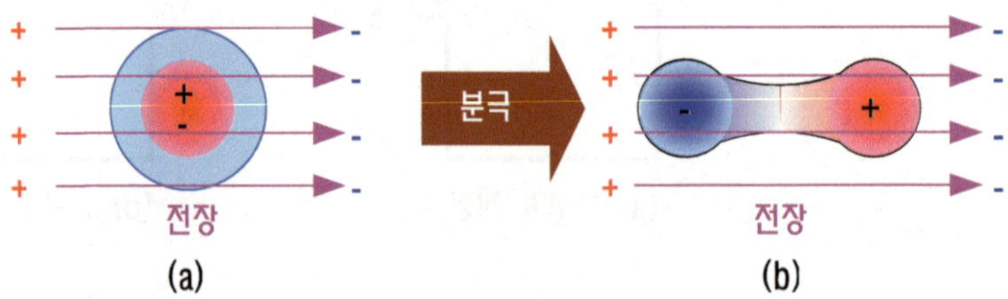

그림 1-50 무극성 분자의 분극

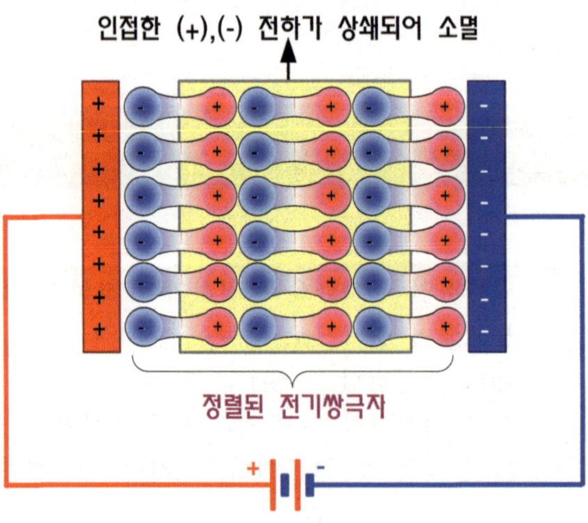

그림 1-51 전장에 놓인 극성 분자의 쌍극자들

음전하는 양극에 더 많은 양전하를 유도하며, 표면의 양전하는 음극에 더 많은 음전하를 유도한다. 이와 같은 이유로 분극이 된 물체는 전기를 유도하므로 유전체라 부르는 것이다.

극성 분자

외부 전장이 아니더라도 선천적으로 분극되어 있는 분자를 극성 분자라 하며 그림 1-52의 물이 대표적인 예이다. 물 분자의 구조는 그림과 같이 음이온인 산소가 한 쪽으로 지우쳐 있고 양이온인 수소 두 개가 또 반대 쪽으로 치우쳐 있기 때문에 음전하와 양전하의 분포가 고르지 못한 것이다. 이와 같이 선천적으로 쌍극자인 경우를 영구 전기쌍극자라 부른다. 물 분자의 경우 평소에는 쌍극자들이 무질서한 방향으로 배치되어 있지만 외부 자장이 가해지면 그림 1-51과 같이 전장 방향과 일치하도록 정렬된다. 따라서 그림 1-51에서 극판의 양단 전압 극성을 반대로 하면 그림 1-53(a)와 같이 물 분자(쌍극자)가 회전하게 된다. 또 다시 전압 극성을 바꾸면 그림 (b)와 같이 반대 방향으로 회전하게 된다. 따라서 극판 양단에 고주파의 교류를 가해주면 물 분자는 쉴새 없이 회전 방향을 바꾸어 가며 격렬한 운동을 할 것이며 주파수가 높을수록 더욱 빠르게 회전한다. 이 과정에서 주위 분자들과의 마찰에 의해 열이 발생하며 이를 이용하는 것이 유전가열이다. 유전 가열은 매우 광범위하게 응용되며 그 중 하나가 우리가 일상 사용하는 전자 레인지이다(6장에서 자세히 알아본다).

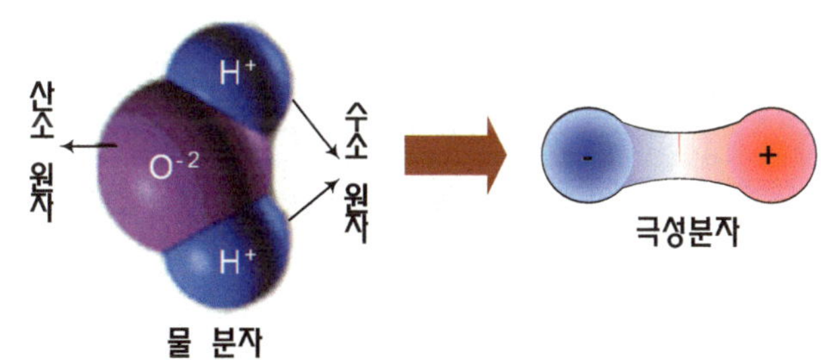

그림 1-52 극성 분자인 물 분자

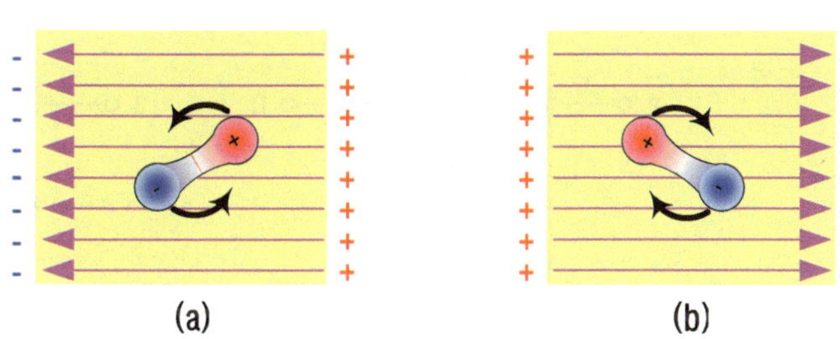

그림 1-53 쌍극자의 회전 운동

1-7 직렬 결합과 병렬 결합

전기 회로는 여러 가지의 전기 부품들의 결합으로 이루어지며 결합 방식은 직렬 결합과 병렬 결합 두 가지가 있다.

저항의 결합

그림 1-54는 n개의 저항에 같은 전류가 흐르도록 결합되어 있으며 이 방식이 직렬 결합이다. 직렬로 결합된 저항을 하나의 저항 R로 나타내면 그림에 표시된 바와 같이 모든 저항을 더한 것과 같다. 그림 1-55는 n개의 저항에 같은 전압이 걸리도록 결합되어 있으며 이 방식이 병렬 결합이다. 병렬로 결합된 저항을 하나의 저항 R로 나타내면 그림에 표시된 바와 같이 R의 역수는 각 저항들의 역수를 모두 더한 것과 같다. 예를 들어 두 저항 R_1, R_2의 병렬 결합을 하나의 저항 R로 표현하면 다음과 같다.

$$R = \frac{R_1 \times R_2}{R_1 + R_2}$$

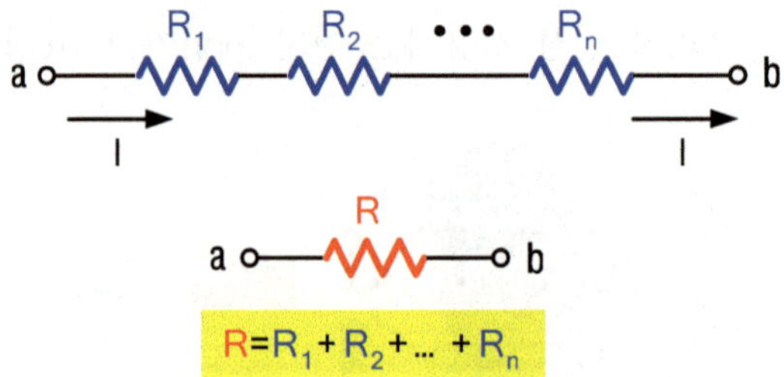

그림 1-54 저항의 직렬 결합

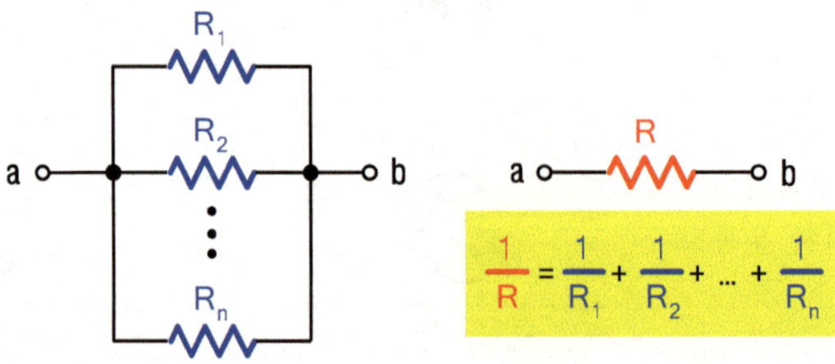

그림 1-55 저항의 병렬 결합

직렬 결합인 그림 1-54에서는 하나의 소자만 망가져도 전체 소자에 전류가 차단된다. 이에 비해 그림 1-55의 병렬 결합에서는 하나의 소자가 망가져도 다른 소자들은 그대로 동작한다. 따라서 발전소 전기는 병렬 결합 방식으로 분배된다. 그림 1-56의 직렬 결합 회로를 예로 들면 전체 저항이 6[Ω]이므로 전류 I=6[V]/6[Ω]=1[A]가 각 저항에 동일하게 흐른다. 각 저항에 걸리는 전압은 그림에 표시된 바와 같이 저항에 비례하며 이들을 모두 합하면 전압원 전압 6[V]와 같아진다.

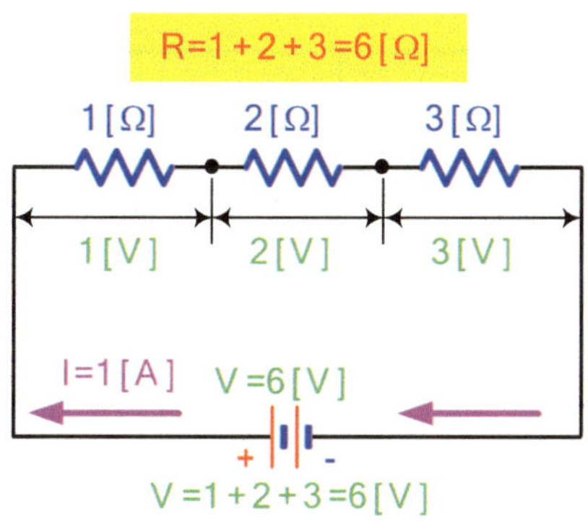

그림 1-56 직렬 결합 회로의 예

전압원의 결합

전압원도 그림 1-57과 같은 방식으로 직렬 및 병렬로 결합하여 쓸 수 있다. 그림 (a)의 직렬 결합에서는 Ⓐ점보다 Ⓑ점이 1.5V 높고 Ⓑ점보다 Ⓒ점이 1.5V 높기 때문에 Ⓒ점은 Ⓐ점에 비해 3V 높다. 따라서 전구에 걸리는 전압은 3V가 된다. 따라서 전지를 하나 사용할 때보다 전구에 흐르는 전류는 2배가 되고 전력은 4배가 된다(전압도 2배이므로). 그러나 두 전지는 하나일 때 비해 두 배의 전류를 흘려주어야 하므로 전지의 수명은 짧아진다.

그림 (b)의 병렬 결합 방식에서는 전구 양단 전압은 여전히 1.5V이므로 전구에 흐르는 전류와 소비 전력은 전지 하나를 사용할 때와 같다(전압과 전류가 같으므로). 그러나 전구에 흐르는 전류는 두 전지가 흘려주는 전류의 두 배이므로 각 전지가 흘려 주어야 하는 전류는 전지 하나를 사용할 때의 절반에 불과하다. 따라서 전지의 수명이 오래간다. 이와 같은 원리를 이용하면 그림 1-58의 관계를 이해할 수 있을 것이다.

그림 1-57

전압원의
(a) 직렬 결합
(b) 병렬 결합

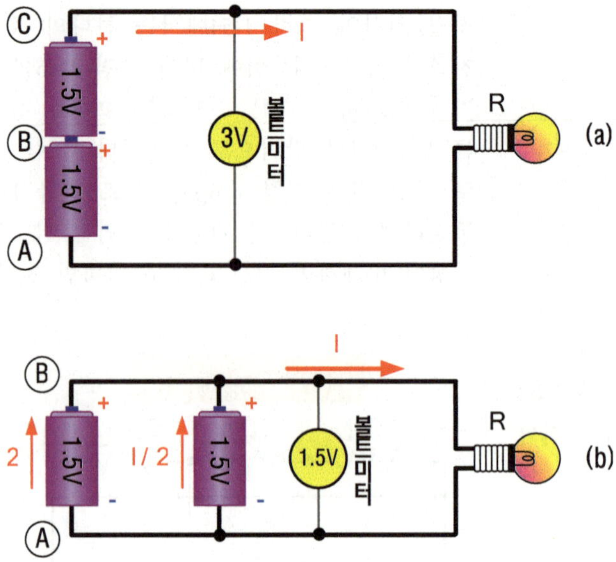

그림 1-58

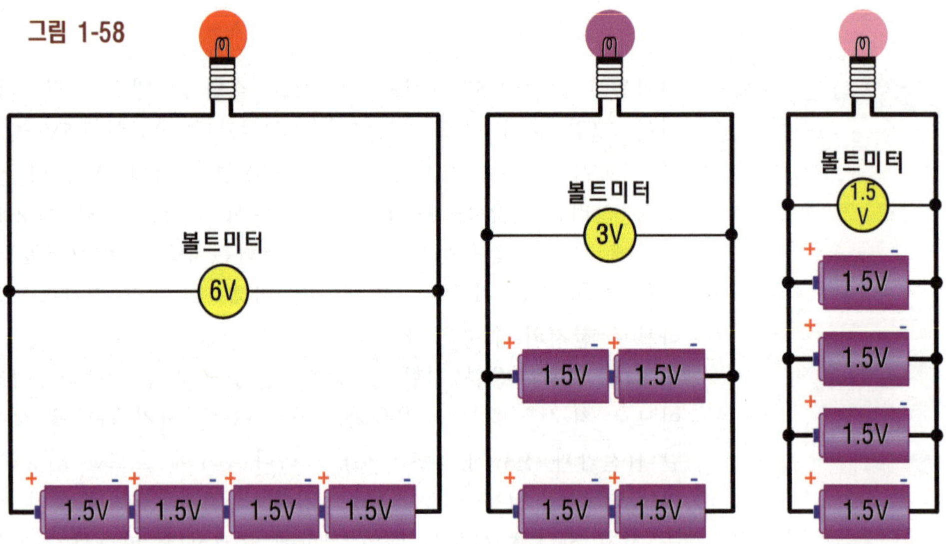

(a) 전압 6V, 수명은 1개분, 전구는 가장 밝다.

(b) 전압 3V, 수명은 2개분, 전구의 밝기는 중간.

(c) 전압 1.5V, 수명은 4개분, 전구는 가장 어둡다.

전기 감전 전기는 매우 편리하지만 잘못 사용하면 감전이라는 큰 대가를 지불해야 한다. 그런데 전선 위의 새들은 왜 감전되지 않을까? 그림 1-59(a)와 같이 고압 전선의 한 쪽 선에 두 발을 딛고 있는 새를 보자. 새 다리 사이의 전선은 전체 전선에 비해 매우 짧기 때문에 저항이 매우 낮다(저항은 길이에 비례하므로). 이에 비해 새의 발은 표피 저항이 비교적 높다. 다리 사이 전선의 저항을 $R_{전선}$이라 하고 새의 전기 저항을 $R_{새}$라 하면 그림 (a)는 회로적으로 그림 (b)와 같이 표현할 수 있다. 즉 $R_{전선}$과 $R_{새}$는 병렬 결합을 이루며 $R_{새}$는 $R_{전선}$에 비해 매우 크다. 따라서 전선을 흐르는 전류는 거의 모두가 $R_{전선}$을 통해 흐르며 새를 통해서는 전류가 거의 흐르지 않게 되어 새는 안전하다. 그러나 그림 1-60(a)와 같이 고양이가 두 전선에 양다리를 걸친 경우는 회로적으로 그림 (b)와 같다. 즉 고양이 전신에는 고전압이 직접 가해지므로 고양이는 감전사할 수 있다. 그러면 그림 1-61과 같이

그림 1-59

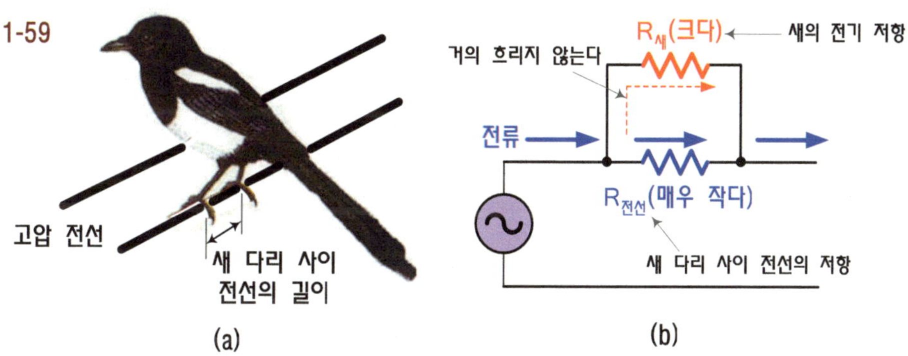

그림 1-60

그림 1-61

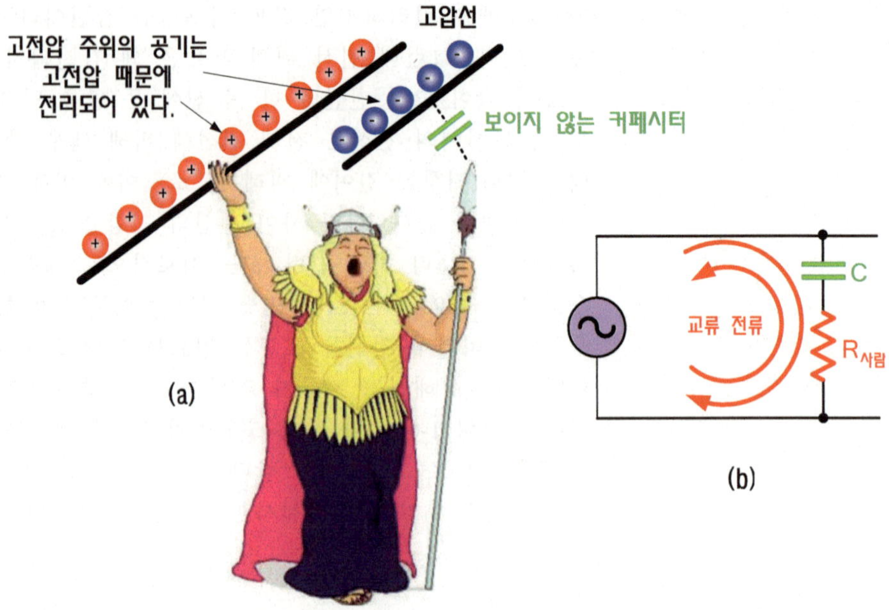

사람이 한 쪽 전선만 손으로 잡을 경우는 안전할까? 그렇지 않다. 왜냐하면 고전압 주위의 공기는 고전압의 강한 자장에 의해 전리되어 있으며 창 끝과 전선 사이에는 눈에 보이지 않는 커패시터가 존재하기 때문이다. 따라서 그림 (a)는 회로적으로는 그림 (b)와 같으며 커패시터는 교류가 통하므로(그림 1-47, 1-48) 사람을 통해 전류가 흐르게 된다. 특히 (a)에서 창 끝이 전선에 가까울수록 커패시터의 용량(C)이 커지므로 전류도 증가한다. 따라서 보이지 않는 커패시터에 의해 감전사할 수 있는 것이다. 사람 내부의 인체 저항은 약 500Ω이며 전기와 접촉할 때의 접촉 저항은 약 20~30kΩ이다. 감전될 때는 전압보다 전류가 더 위험하며 전류의 크기와 감전의 정도는 다음과 같다.

그림 1-62
인체의 감전

전류의 크기[mA]	감전의 정도
1	짜릿하게 느낀다.
5	상당히 통증을 느낀다.
10	참을 수 없을 정도로 고통스럽다.
20	근육이 수축되며 움직일 수 없다.
50	상당히 위험하게 된다.
100	치명적인 장애 내지는 감전사한다.

2

자기란 무엇인가?

2-1 자기력 자기력선, 자력선 정렬, 자기유도

2-2 자기는 전기의 그림자 암페어 법칙, 코일, 지구의 N극과 S극, 철새와 지자기, 전자석

2-3 전기와 자기는 상생한다 보수적인 자기(패러데이 법칙), 변압기 원리, 인덕터, 맴돌이 전류

2-4 전자기가 부리는 조화 플래밍 법칙, 스피커, 이어폰, 마이크로폰, 인터폰, 테스터

2-5 전파는 어떻게 생기나 정보 전달, 전파의 형성, 헤르쯔의 실험, 마르코니의 무선통신

2-1 자기력

자기력선

자기에 대해서는 동서양을 막론하고 오래 전부터 알아왔다. 그러나 본격적으로 연구가 시작된 것은 16세기말 영국의 유명한 의사인 길버트(William Gilbert, 1544-1603)부터이다. 길버트는 1600년 출판한 책 <자석에 대하여>는 근대 자기학과 전기학을 태동시킨 저작으로 평가되고 있다. 자기도 힘을 가지고 있으며 이를 자기력, 간단히 자력이라 한다. 자력은 전력과 마찬가지로 그 세기와 방향을 화살표로 나타내며 이를 자력선이라 한다. 자력이 분포하는 공간을 자장이라 한다.

자력선은 전력선은 달리 그림 2-1(a)와 같이 반드시 닫힌 형태가 된다. 즉 자석의 N극을 떠난 자기는 반드시 S극으로 돌아와야 하는 점이 전력선과 가장 큰 차이이다. 따라서 자력선의 방향은 자석의 외부에서는 N극에서 S극으로 향하지만 내부에서는 반대로 S극에서 N극으로 향한다는 것을 잊어서는 안된다. 그리고 자석은 그림 2-1(b)와 같이 반드시 N극과 S극이 함께 존재하며 따로 분리되어 존재할 수 없다. 즉 자석을 아무리 잘라도 그 속에는 반드시 N극과 S극이 함께 존재하는 것이다. 이는 전기에서 양전하와 음전하 입자가 따로 존재할 수 있는 것과는 큰 차이이다. 그리고 자력선의 다발을 자속(磁束)이라 하는데 자기의 세기를 나타낼 때 많이 사용한다. 그림 2-2는 전력선과 자력선간의 상호 유사점을 보여준다. 즉 전기에서의 쿨롱 힘과 같은 이치로 자석도 같은 극끼리는 당기고 다른 극끼리는 서로 밀어낸다.

그림 2-1
자석의
자기력선

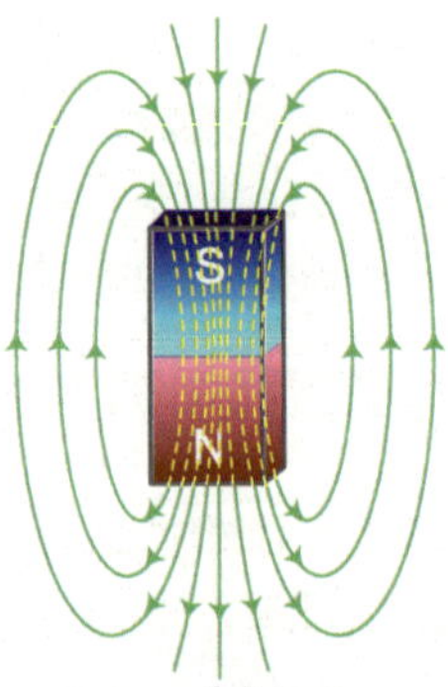

(a)

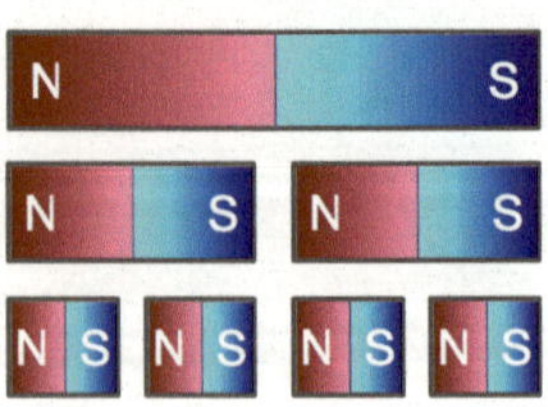

(b)

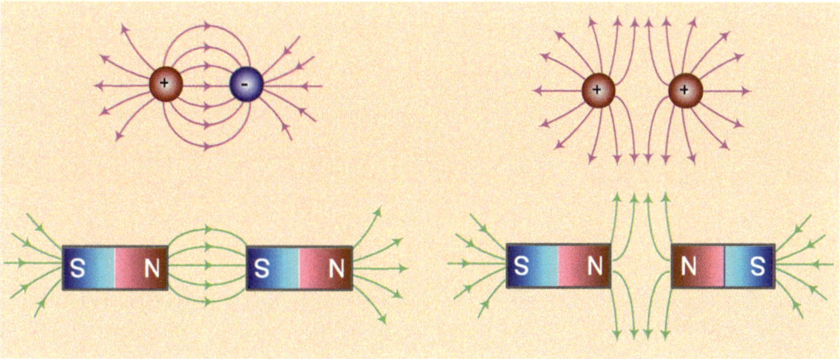

그림 2-2
전력선과 자력선의 유사점

자력선 정렬

두 개의 자석이 가까이 있을 때 각 자석은 상대방의 자장방향에 자신의 자장을 일치하려고 한다. 그림 2-3에서 자석 하나는 고정돼 있고 다른 하나는 회전축을 중심으로 회전할 수 있다 하자. 먼저 그림 (a)의 경우는 고정된 자석의 자장이 회전 자석의 내부를 아래에서 위로 통과한다. 따라서 이 경우는 회전 자석이 그림과 같이 시계방향으로 회전하게 된다. 그리고 그림 (b)의 경우는 고정 자석의 자장이 회

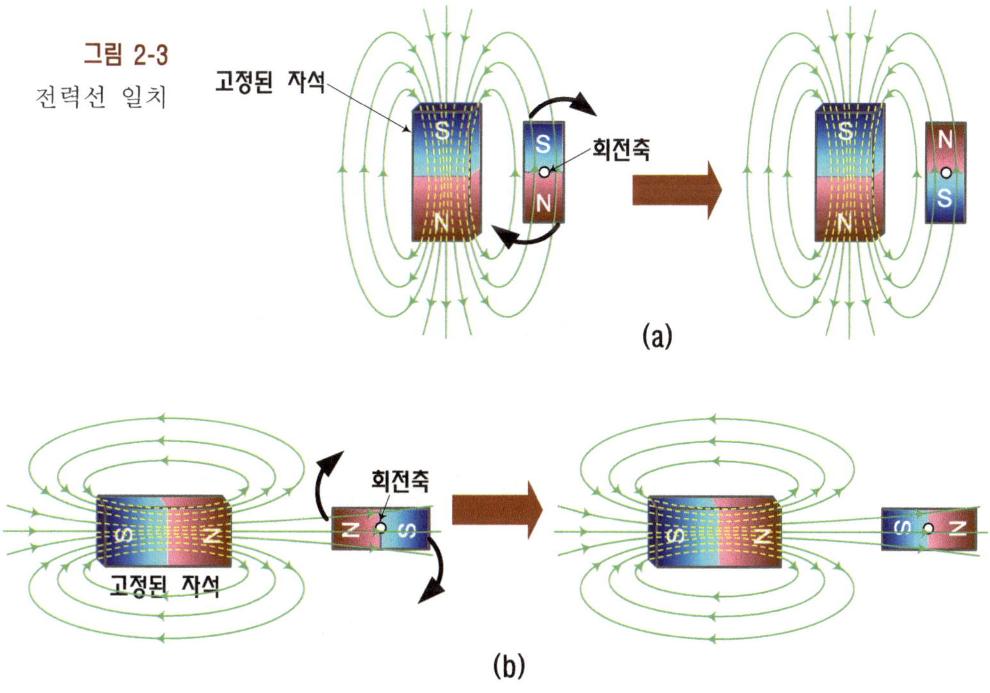

그림 2-3
전력선 일치

전 자석의 내부를 왼쪽에서 오른쪽으로 통과하므로 회전 자석은 시계방향으로 회전하여 그림과 같이 정렬하게 된다. 이러한 힘을 이용한 것이 바로 전동기(motor)인 것이다.

자기유도

자성이 없는 물체가 자석 가까이 가면 그림 2-4와 같이 내부에 자기가 유도되어 일시적으로 자성을 띠게 되는데 이를 자기유도(磁氣誘導)라 한다. 자석에 의해 일시적으로 자성을 띠는 물체를 자성체라 하며 이 경우 "자성체가 자화(磁化)되었다"라고 한다. 자성체들은 실제로 그 속에 분자자석이라 불리는 수많은 '새끼 자석'들로 이루어져 있다(이 원리에 대해서는 다음 장에서 설명한다). 그림 2-5를 보자. 그림 (a)의 경우는 분자자석들이 무질서하게 배치되어 각 분자자석들의 자장이 서로 상쇄된다. 따라서 이러한 물체는 자성을 띠지 않으므로 비자성체라 한다. 이에 비해 그림 (c)의 경우는 분자자석들이 같은 방향으로 정렬되므로 서로의 자장이 합해져 내부에는 강한 자장이 존재하게 된다. 이러한 물체를 강자성체라 하며 전체가 하나의 자석이 된다. 그림 (b)는 (c)에 비해 상대적으로 자성이 약하므로 약자성체라 한다.

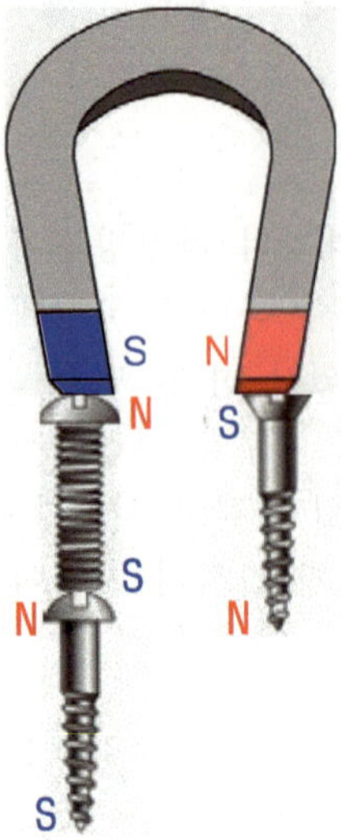

그림 2-4 자기유도

그림 2-6에서 약자성체(그림 (a))를 영구자석을 가까이 하면 자력선을 일치시키는 쪽으로 내부의 분자자석들이 정렬된다. 그 결과 자성체 내부에 보다 강한 자장이 형성되고 여기에 자석의 자장까지 합해져 자장은 다욱 강해지며 이것이 자기유도이다. 자기유도는 전기에서의 정전유도와 흡사하다. 자석이 없어진 후에도 자성이 남아있을 수 있다. 이를 잔류 자기라 하며 잔류 자기가 강한 물체가 영구자석 재료로 사용된다.

그림 2-5 자성체의 유형

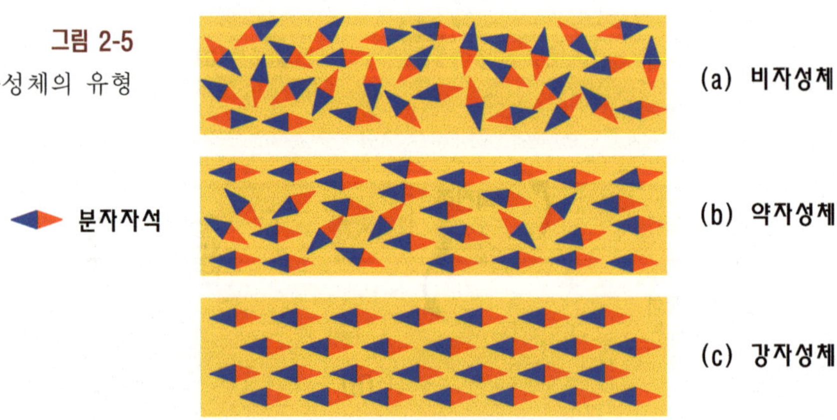

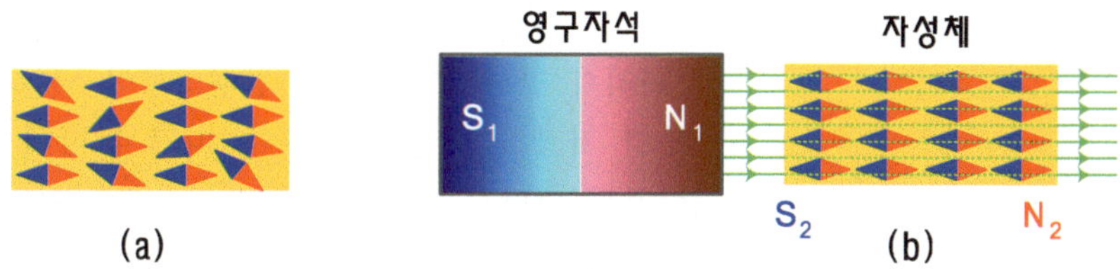

그림 2-6
자기유도

2-2 자기는 전기의 그림자

보통 사람들은 자기는 전기와 별개로 존재하는 것으로 알고 있다. 그러나 암페어에 의해 자기는 전기의 흐름에 의해 만들진다는 놀라운 사실이 알려지게 되었다(암페어에 대해서는 1-4절을 참조).

암페어 법칙

그림 2-7과 같이 도선에 전류가 흐르면 그 주위에 자장이 형성되며 이를 발견한 암페어의 이름을 따 암페어 법칙이라 한다. 자장의 방향(H)은 오른손의 엄지 손가락을 전류의 방향으로 하여 오른손의 나머지 손가락으로 도선을 감쌀 때 감싼 손가락들의 방향이 자장의 방향이 된다. 자장은 도선을 중심으로 원을 그리며 그 세기는 원의 반지름에 반비례한다. 즉 도선에서 멀수록 자장은 약해진다. 그림에서 보

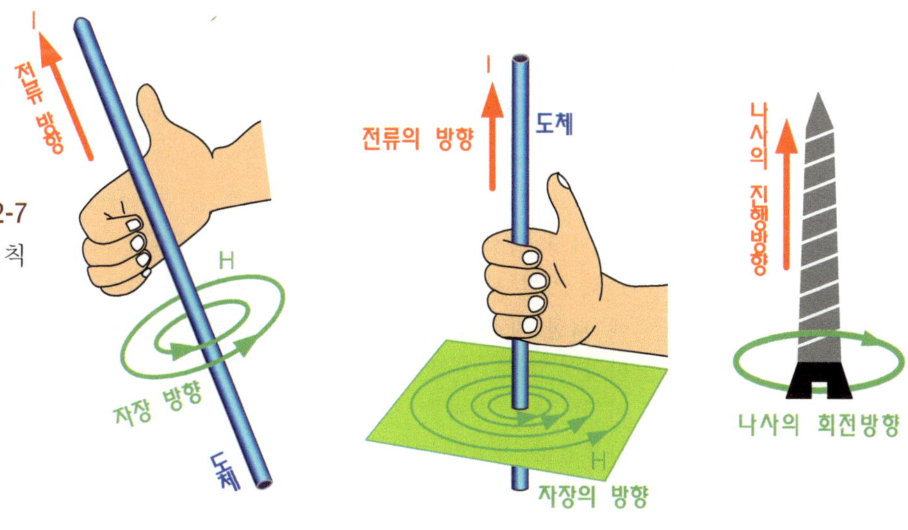

그림 2-7
암페어 법칙

이는 오른 나사의 나사 회전방향과 진행방향은 방금 설명한 오른손의 원리와 같다. 즉 나사의 진행방향이 전류의 방향이고 나사의 회전방향이 자장의 방향인 것이다. 따라서 암페어 법칙을 오른나사 법칙이라고도 한다. 예를 들어 그림 2-8과 같이 철가루를 뿌린 판지를 관통하는 도선에 전류를 흘려보자. 주위에 생기는 자장에 의해 판지 위의 철가루는 그림과 같이 동심원 형태를 이루게 되며 이를 통해 암페어 법칙을 확인할 수 있다. 암페어 법칙에 의하면, 이 세상에서 모든 전류가 흐르지 않게 되면 자장은 존재하지 않게 되는 셈이다. 즉 자기는 전기의 그림자와 같다.

그림 2-8
암페어 법칙의 실험

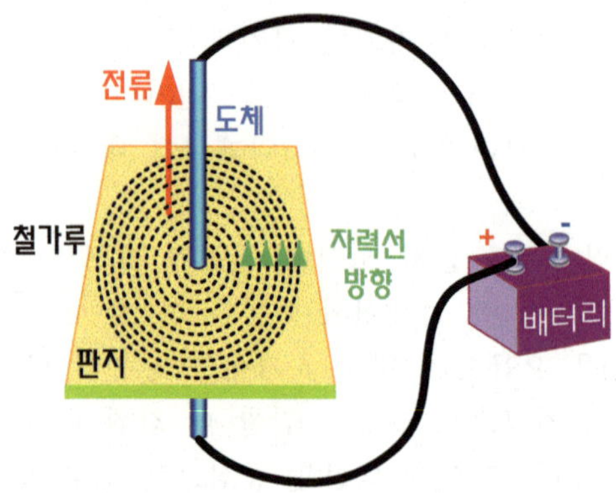

코일(coil)

곡선은 직선보다 여러모로 유용하다. 그림 2-9의 (a)와 같이 도선을 둥글게 만든 것을 코일이라 하며 코일에 전류를 흘려주면 암페어 법칙에 의해 그림과 같은 형태로 자장이 형성된다. 하나의 코일로 강한 자장을 만들기 위해서는 큰 전류를 흘려주어야 한다. 따라서 그림 (b)와 같이 여러 개의 코일을 연결하면 주어진 전류하에서 코일의 감은 수에 비례하여 자장의 세기를 크게 할 수 있다. 그림 (c)는 그림 (b)의 자장 형성을 설명한 것이다. 코일 외부의 자장은 이웃끼리 상쇄되므로 거의 무시할 정도가 된다. 반면에 코일 내부에서는 각각의 코일에 의한 자장의 방향이 같아 서로 합해지므로 강한 자장이 형성된다. 따라서 내부 자장의 세기는 코일을 감은 회수, 즉 권선수(卷線數)에 비례하므로 원하는 자장을 얻기에 매우 편리하다. 코일은 전자석으로 사용될뿐 아니라 전기 소자로도 사용하며 이를 인덕터(inductor)라 한다. 인덕터는 저항 및 커페시터와 함께 가장 중요한 소자로 사용된다.

그림 2-9
코일

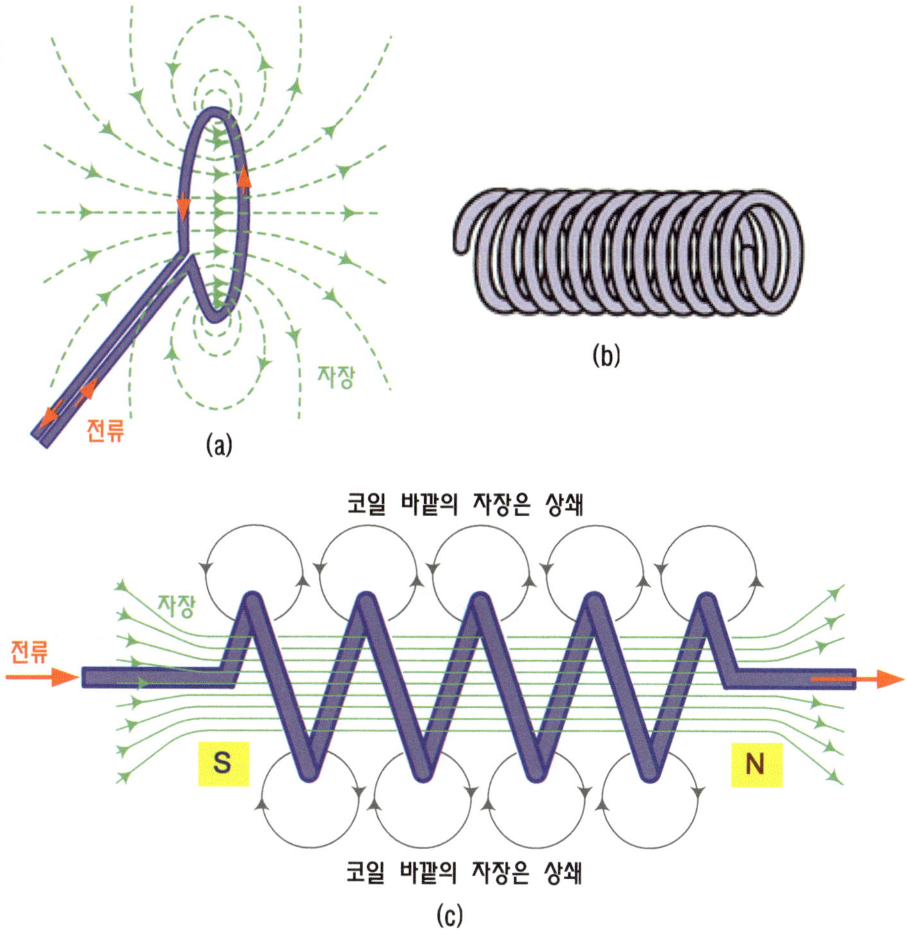

인간들이 코일을 이용하여 인위적으로 전자석을 만들어 이용하고 있지만 자연계는 이미 시작부터 전자석이 존재하고 있었으며 그림 2-10이 이를 보여준다. 먼저 그림 (a)는 앞서 설명한 코일에 의한 전자석이다. 물질의 전자는 핵 주위를 공전할뿐 아니라 자전도 한다(이를 스핀(spin)이라 부른다). 그림 (b)는 공전하는 전자에 의한 전자석이다. 즉 전자의 회전은 바로 전류가 되므로 전자의 공전 궤도가 코일과 같은 작용을 한다. 다음으로 그림 (c)는 자전하는 지구에 형성되 있는 지자기(地磁氣)이다. 여기서 지리적으로 북극이 자기적으로는 S극이고 남극이 자기적으로는 N극으로 표시돼 있으며 이에 대해서는 조금 뒤에 설명한다. 그림 (d)는 전자의 자전에 의한 전자석이며 공전에 의한

그림 2-10
여러 유형의 코일

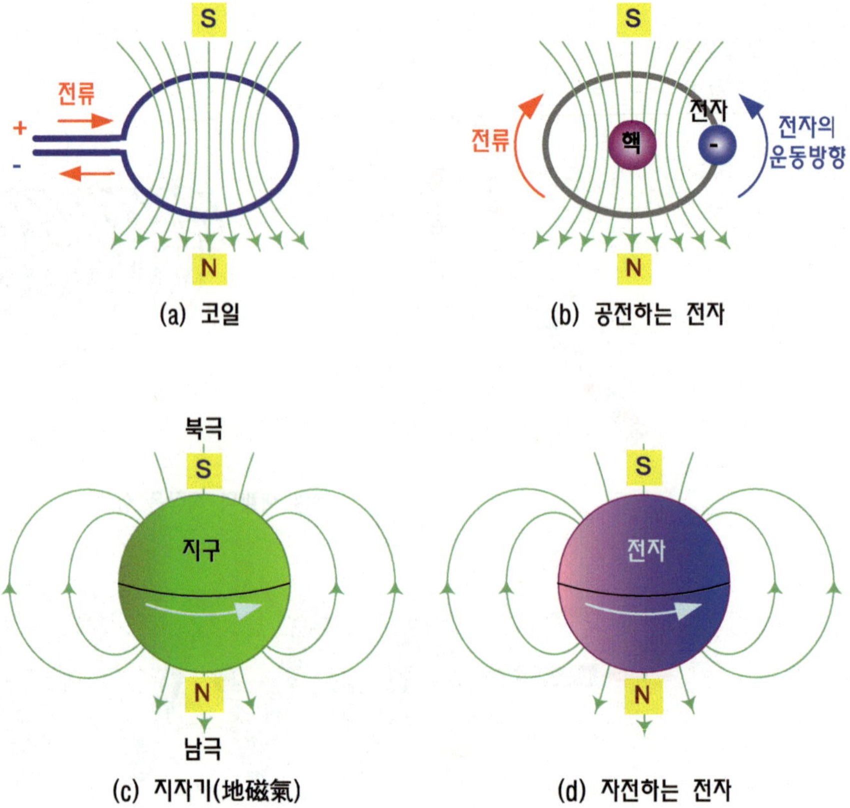

자장보다 훨씬 강한 것으로 알려져 있다. 전자의 자전에 의한 자장이 최소 단위의 자기량이므로 이를 자자(磁子)라 부르기도 한다. 전기에서는 전자의 전하가 전기량의 최소 단위이듯이 자기에서도 전자에 의한 자자가 최소 단위의 자기량이다. 이러한 자자들이 분자 단위로 뭉쳐 만들어 내는 것이 앞서 언급한 분자자석인 것이다.

지구의 N극과 S극

옛날에는 양전하에 의해 전류가 생긴다고 생각하였듯이 나침반의 N극이 북쪽을 가리키는 것으로 생각하였다. 그러나 실제로는 그림 2-11과 같이 지자기 내에 나침반이 놓이면 자력선 정렬의 이치에 의해 (그림 2-3(a) 참조) 나침반의 N극이 가리키는 북극은 사실상 자기적으로는 S극인 것이다. 따라서 지구의 자력선은 지리적 남극에 있는 자기적 북극에서 나와 지리적 북극에 있는 자기적 남극으로 들어가는 것이다. 자장의 단위는 가우스[G]로 하며 지자기의 세기는 평균적으

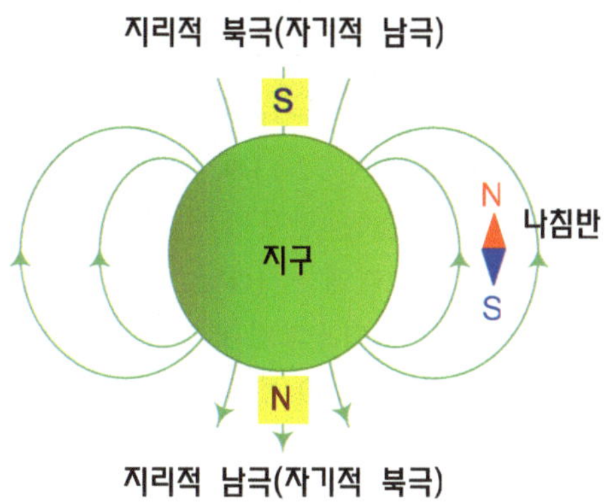

그림 2-11
지구의 자극

로 약 0.3~0.5G 정도이다. 병원에서 인체의 단층을 촬영하는 NMR(핵자기 공명) CT에서는 5~20kG(1kG=1000G)의 자기장 안에 신체를 눕히므로 지자기의 수만배에 달하는 자기장에 노출되는 셈이다.

철새와 지자기

철새는 어떻게 그 먼길을 정확한 방향으로 비행할 수 있을까? 학자들이 연구한 결과 철새는 지자기를 이용해 방향을 잡아나간다는 것이 밝혀졌다(그림 2-12는 일본의 한 연구소에서 슈퍼컴퓨터로 합성한 지자기의 자력선 그림이다). 즉 철새의 머리 부분에는 세포 속에 자철광(자성을 띈 철) 성분이 포함되어 있으며 이것이 자석 역할을 한다는 것이다. 예를 들어 지자기를 차단하는 철제로 된 새장 속에 철새

그림 2-12
지자기 모습

를 가두면 새들이 더 이상 특정한 방향으로 향하지 않는다. 아울러 코일을 이용해 주위의 자장을 바꾸면 새들은 오히려 틀린 방향을 향하게 된다. 1971년 코넬 대학의 윌리엄 키튼은 장거리 비행을 하는 비둘기를 이용해 그림 2-13과 같은 실험을 하였다. 먼저 그림 (a)와 같이 비둘기의 눈에는 반투명 콘택트 렌즈를 끼워 흐린 날씨의 효과를 내며 비둘기 머리에는 1G의 자석을 부착시켰다. 그 결과 이 새는 집을 찾아가지 못했다. 그런데 그림 (b)와 같이 자석 없이 렌즈만 착용한 비둘기는 물경 240 킬로미터를 비행해 실수 없이 자기 둥지로 날아갔다. 이외도 지렁이와 같은 작은 생물부터 사람에 이르기까지 지자기에 의해 생체 활동이 크게 영향을 받는다는 것이 계속 밝혀지고 있다. 그러나 지자기의 근본 이유는 아직 완전히 밝혀지지 않았다.

그림 2-13

(a) 집으로 돌아가는 길을 못찾는다 (b) 240km를 날아 집에 돌아온다

전자석

전자석의 원리는 이미 자연계에 존재하고 있었으며 우리 인간들은 그림 2-14와 같이 코일을 이용해 전기로부터 자기를 얻는다. 코일 내부에 자성체인 철을 삽입하면 자장의 세기가 증가하며 이를 철심 또는 자심(磁芯, magnetic core)이라 한다. 전자석의 용도는 셀 수 없이 많지만 그 중 한 예가 그림 2-15의 솔레노이드(solenoid)이다. 그림 (b)는 솔레노이드의 내부 구조이다. 왼쪽에 있는 철심은 고정되어 있고 이와 스프링을 통해 오른쪽에 이동하는 철심이 연결되어 있다. 전압을 걸어주지 않으면 그림 (b)와 같이 이동 철심(이를 plunger라 한다)은 바깥으로 돌출되어 있다. 그러나 그림 (c)와 같이 전압을 걸어주면 코일의 내부에는 오른쪽에서 왼쪽으로 자장이 형성된다. 따라서 고정 철심과 이동 철심은 그림과 같이 자화되어 이동 철심은 고정 철심에

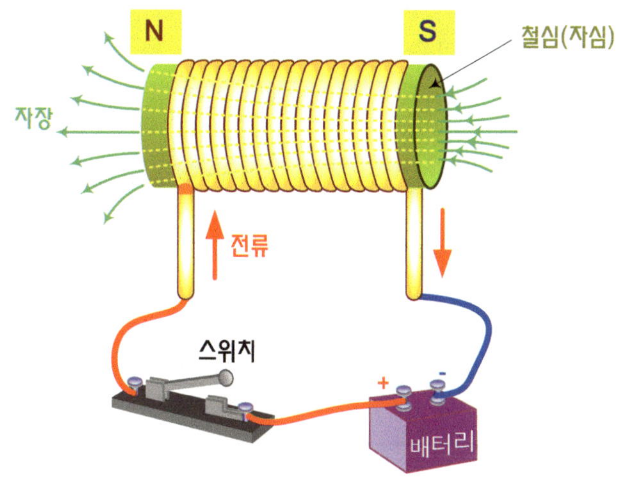

그림 2-14
전자석

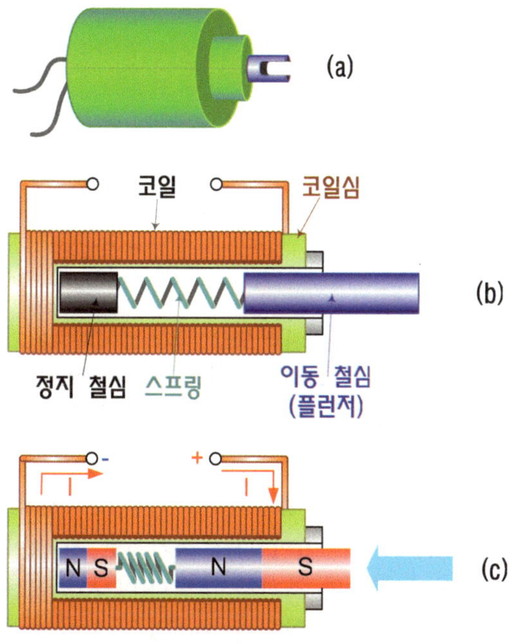

그림 2-15
솔레노이드의 구조와 동작

끌려 가게 된다. 즉 플런저는 솔레노이드 안으로 들어간다. 솔레노이드는 밸브를 개폐시키는데 유용하다. 특히 그림 2-16의 (a)와 같이 위험한 고전압 회로의 스위치를 사람이 직접 열고 닫을 때 감전의 위험이 있어 위험하다. 그러나 그림 (b)와 같이 솔레노이드를 이용하여 스위치를 개폐하면 안전하다. 솔레노이드를 이용해 스위치를 이어주는 기기를 릴레이(relay) 또는 계전기(繼電器)라 부른다.

그림 2-15
계전기

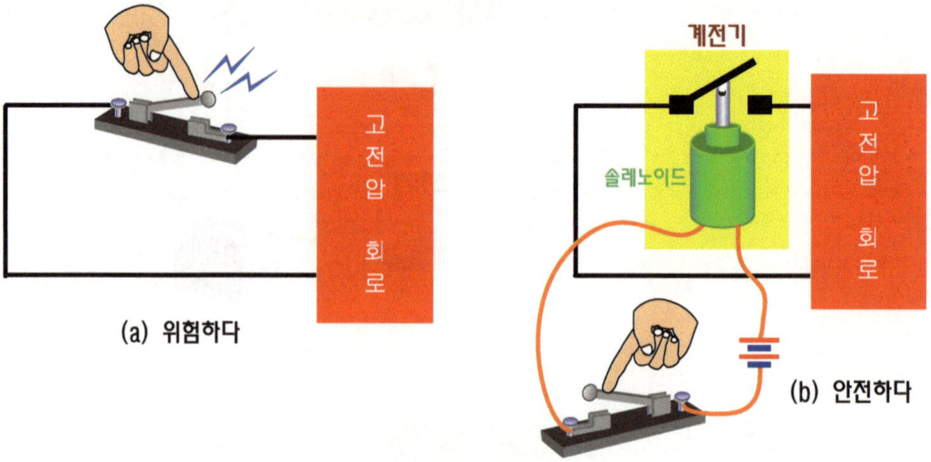

2-3 전기와 자기는 상생한다

전기와 자기는 여러모로 대조적이다. 전기는 음전하와 양전하가 따로 존재할 수 있지만 자기는 음극과 양극이 항상 같이 있어야 한다. 그리고 그림 2-16과 같이 전기는 무한히 직선적으로 뻗어 나가지만 자기는 반드시 출발점으로 되돌아오는 곡선을 그린다. 따라서 전기는 동적(陽)이므로 남성적이고, 자기는 정적(陰)이므로 여성적이다. 전기(아담)에서 자기(이브)가 생기지만 전기(아담)는 다시 자기(이브)와 결합하여 무수한 조화를 부린다(아담과 이브의 후손들). 만일 이브가 없었다면 아담은 영원히 혼자였을 것이다. 즉 전기는 자기의 도움이 없었다면 열이나 빛을 만드는 단순한 기능 밖에는 없을 것이다. 자기의 도움이 있었기에 전기 에너지는 열, 빛, 소리, 영상, 동력 등 무수히 많은 에너지 형태로 변환될 수 있는 것이다. 그 응용이 바로 현대 문명의 핵심을 이루는 발전기, 전동기, 전파 등등이다.

그림 2-16
전장과 자장의 특성상 차이점

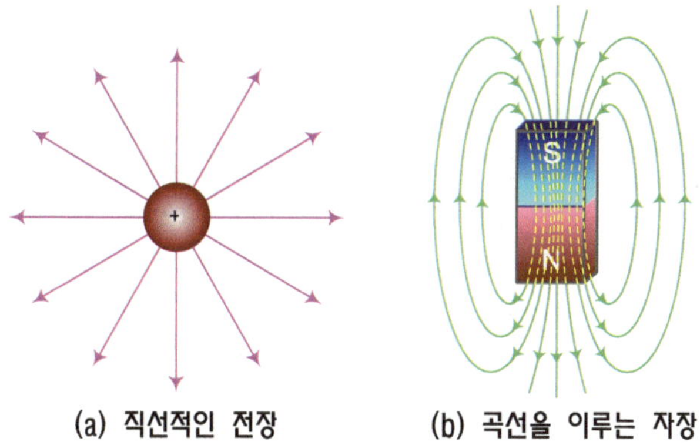

보수적인 자기 (패러데이 법칙)

여성적인 자기는 대단히 보수적으로서 변화를 매우 싫어한다. 그림 2-17을 보자. 가만 있는 코일에 자석이 멀어졌다 가까워졌다 하면 코일 내부를 관통하는 자속(자력선 다발)에 변화가 생긴다. 그러면 변화를 싫어하는 자기는 이러한 자속에 변화에 반발하여 조치를 취하게 되며 이를 패러데이(Faraday) 법칙이라 한다. 먼저 자석이 코일에 접근하면(빨간 화살표) 코일 내부 자속이 늘어나므로(방향은 위에서 아

그림 2-17
패러데이 법칙

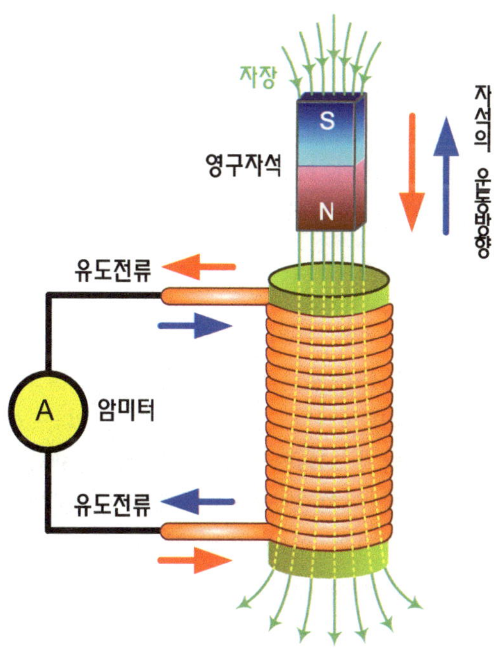

패러데이(Michael Faraday, 1791-1867)

1831년 영국의 과학자 패러데이는 전자기 유도 현상을 발견했다. 1820년 덴마크의 물리학자 외르스테드는 전류가 자기장을 움직이게 한다는 사실을 발견했으며 패러데이는 여기서 한 걸음 더 나아가 자석을 움직여 주면 전류가 흐른다는 사실을 알아낸 것이다. 전자는 전동기의 원리이고 후자는 전기 에너지를 얻을 수 있는 원천인 발전기의 원리이다.

전자기 유도법칙이 중요한 이유는 그것이 발전기의 발명을 가능하게 했다는 것에 머물지 않는다. 이것은 전기와 자기가 본질적으로 연결되어 있다는 것을 보여주었고, 전자기장(electromagnetic field)이라는 독특하고 중요한 물리 개념을 가져오는 데 큰 역할을 했다. 이 개념과 전자기 법칙에 대한 수학적 정식화는 패러데이의 후배 물리학자 맥스웰에 의해 이루어졌다. 한편 패러데이는 1834년 전기분해 실험을 통해 '패러데이 법칙'을 발견했는데, 이것은 전기화학의 가장 기본적인 법칙이다. 전해질 용액에 전류를 흘려줄 때 전극에서 생성되는 물질의 양은 화학 당량의 정수배가 되는데 1당량은 흘려준 전기량과 관련있다는 것이다. 우리는 그를 기념하여 '패럿(farat)'이라는 단위로 전기분해할 때의 전기량을 표시하고 있다.

래로) 코일은 이를 상쇄시키기 위해 아래에서 위로 향하는 자속을 자체적으로 만들어 낸다. 그 결과 암페어 법칙에 의해 코일에는 빨간 화살표 방향으로 전류가 흐르는 것이다. 물론 이 전류는 외부에서 공급되는 것이 아니고 코일에서 자체적으로 유도되는 것이므로 유도 전류라 한다. 그리고 이 유도 전류를 흘리는 전압은 유도 전압이다. 다음으로 자석이 코일로부터 멀어지면(파란색 화살표) 같은 원리로 코일에는 파란 화살표 방향으로 전류가 유도된다. 이와 같이 유도 전류는 항상 자기의 변화에 반발하는 쪽으로 만들어지므로 패러데이 법칙을 청개구리 법칙이라 하기도 한다(동화에 나오는 청개구리는 항상 반대로 행동하므로). 그러면 왜 이런 현상이 생길까? 아쉽게도 패러데이 법칙은 뉴턴의 중력의 법칙이나 암페어 법칙 등과 함께 실험 법칙이며 근본적인 이유는 밝혀지지 않고 있다(물리계의 많은 법칙들이 실험 법칙이다. 인간은 우주에 있는 물질의 4%에 대해서만 알고 있고 나머지 23%는 암흑 물질이며 73%는 암흑 에너지라 한다). 자기는 전기에 의해 만들어지지만 다시 전기를 만들어 내는 작용이 있다. 자기와 전기의 이와 같은 상생 관계를 설명하는 분야가 전자기학(電磁氣學, electromagnetics)이며 앞으로는 전기와 자기를 합쳐 전자기라 부르기로 한다.

변압기 원리

이제 그림 2-17에서 영구자석 대신 그림 2-18과 같이 전자석을 이용한 경우를 보자. 위쪽 코일에 전류가 흐르지 않을 때는 자속이 없으므로 아래쪽 코일에도 내부 자속이 없다. 배터리 스위치를 닫는 순간 위쪽 코일에 전류가 흐르면서 자석이 되므로 아래쪽 코일에는 이를 상쇄하는 쪽으로 전류가 흐른다(그림에 표시된 방향으로). 이제 어느 정도 시간이 지나면 위쪽 자속이 일정하게 변화가 없으므로 아래쪽 코일에는 유도 전류가 흐르지 않는다. 다음에 스위치를 열면 갑자기 위쪽 코일의 자속이 없어지므로 아래쪽 코일은 다시 이를 상쇄하는 쪽으로 전류가 흐른다(그림에 표시된 화살표와 반대쪽). 그리고 어느 정도 시간이 지나면 위쪽 코일의 자속이 0으로 일정하므로 아래쪽 코일에서는 유도 전류가 흐르지 않는다. 즉 스위치를 열고 닫고 하는 순간에만 유도 전류가 흐른다. 만일 직류 대신 교류 전원을 사용하여 자속의 크기와 방향을 교변시키면 아래쪽 코일에도 계속적으로 교류 전류가 유도되며 이것이 변압기 원리이다. 변압기는 전압의 크기를 코일의 상대적인 권선수로 조절할 수 있는 매우 중요한 기기이다. 그러나 위에서 설명한 바와 같이 변압기는 직류는 전달하지 못하고 교류만 전달한다.

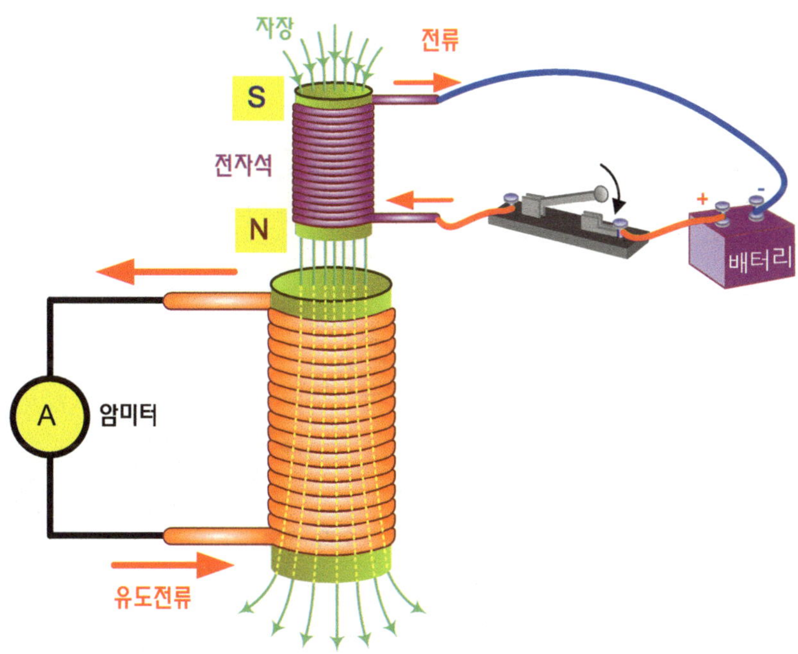

그림 2-18
변압기 원리

변압기 실제 구조는 그림 2-19와 같다. 유도 효과를 높이기 위해 두 코일을 공기로 결합하는 대신 자성체인 철심으로 결합한다. 변압기에서 전원이 공급되는 쪽의 코일을 일차측 코일이라 하고 부하가 결합되는 코일을 이차측 코일이라 한다. 일차측 전압과 전류 및 이차측 전압과 전류의 관계는 다음과 같이 권선수의 비에 의해 결정된다.

$$\frac{V_2}{V_1} = \frac{n_2}{n_1} \qquad \frac{I_2}{I_1} = \frac{n_1}{n_2}$$

즉 전압은 권선비에 비례하고 전류는 반비례한다. 왜 전류는 권선비에 반비례할까? 1-4절에서 설명한 바와 같이 전력(P)는 전압(V)와 전류(I)의 곱이다. 따라서 전원이 변압기의 일차측에 공급한 전력은 V_1I_1이며 이는 이차측의 부하에 공급된 전력 V_2I_2와 같다. 변압기는 전력을 전달만 할 뿐 생산하는 것이 아니다. 따라서 전압은 권선비에 비례하지만 전류는 반비례하여야 이치적으로 맞다.

변압기는 승압과 감압에 매우 편리하지만 교류에만 적용된다. 전기를 처음 발명한 에디슨은 직류 전원을 상업화하였다. 한편 동시대의 특이한 인물인 니콜라스 테슬라는 교류 전기를 만들었으며 이 두 사람은 전기의 상업화를 놓고 치열하게 경쟁하였다. 그러나 에디슨이 패배하고 말았으며 그 이유는 직류에는 변압기를 사용할 수 없었기 때문이었다. 변압기는 자기가 전기를 도와주는 대표적인 사례이다.

그림 2-19
변압기 구조

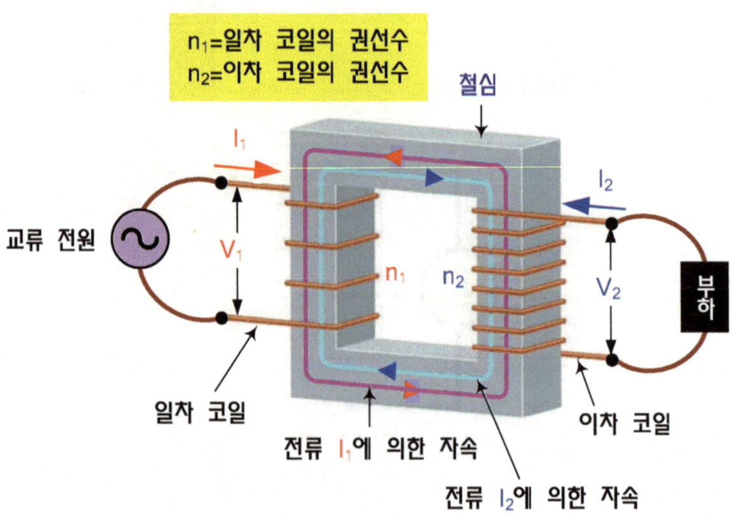

인덕터 (inductor)

코일을 전기 소자로 사용한 것을 인덕터(inductor)라 하며 회로 기호는 그림 2-20의 (a)와 같다. 그림 (b)와 같이 교류 전원에 의해 인덕터에 흐르는 전류가 변하면 이에 비례하여 자속이 변한다(자속은 전류에 비례한다). 인덕터는 패러데이 법칙에 의해 자속의 변화를 막고자 하므로 이는 결국 전류의 변화를 방해하고자 하는 저항과 같다. 즉 교류의 주파수가 높을수록 전류(자속)의 변화가 빠르므로 방해하는 힘(저항)도 따라서 커지게 된다. 그러나 그림 (c)의 직류 전원에서는 전류(자속)의 변화가 없으므로 인덕터는 전류의 흐름을 전혀 방해하지 않는다.

이상으로 인덕터는 1-5절에서 설명한 커페시터와 완전히 반대 성질이다. 인덕터는 기호 L로 나타내며 단위는 헨리[H]이다. 저항(R)과 커페시터(C) 그리고 인덕터(L) 세 가지는 전기 회로의 3대 소자이다. 그리고 저항은 주파수에 관계 없으며, 커페시터는 주파수에 비례하여 저항이 작아지고 인덕터는 주파수에 비례하여 저항이 커진다.

그림 2-20
인덕터 소자

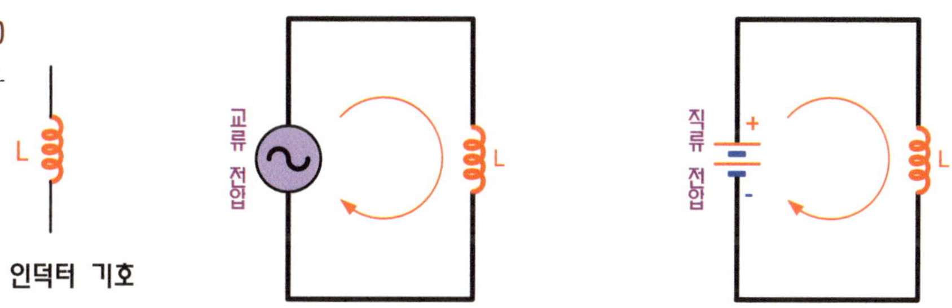

(a) 인덕터 기호

(b) 주파수가 높을수록 전류가 잘 흐르지 않는다.

(c) 전류에 전혀 방해되지 않는다

맴돌이 전류

암페어 법칙과 패러데이 법칙은 상호 대칭적이다. 그림 2-21을 보자. 먼저 그림 (a)는 암페어 법칙을 설명한 것이며 그림 (b)는 패러데이 법칙을 설명한 것이다. 두 그림을 비교해보면 전류와 자속의 역할이 반대인 것을 알 수 있다. 즉 암페어 법칙은 전류(①)에 의해 자속(②)이 형성되며, 패러데이 법칙은 자속의 변화(①)에 의해 전류(②)가 유도된다. 그림 (a)에서 판지 위의 철가루 분포는 그림 2-8에서 설명한 것이다. 이제 그림 (b)의 철판 위에서 일어나는 현상을 보자. 철판은 수많은 동심원 형태의 코일이 모인 것으로 볼 수 있다. 따라서 시간에 따라 변하는 자속이 철판을 투과하면 그림과 같이 철판 위의 무수한 가상의 코일들에 유도 전류가 발생하며 이를 맴돌이 전류라 한다.

그림 2-21
암페어 법칙과 패러데이 법칙의 대칭적인 관계

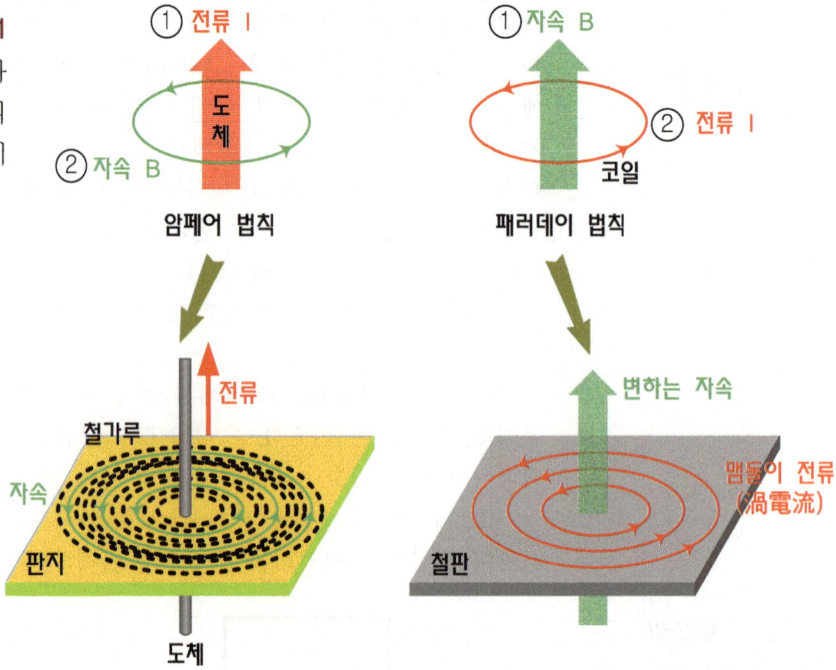

(a) 암페어 법칙 (b) 패러데이 법칙

(맴돌이 전류는 와전류(渦電流)라 하기도 한다). 따라서 철판에서는 전류의 흐름에 의해 열이 발생하며 이를 유도가열(誘導加熱)이라 한다. 물론 자속 변화의 주파수가 높을수록 더 많은 전류가 흐르므로 열이 더 많이 발생한다. 그림 2-22는 고주파를 이용한 유도가열의 예를 보여준다. 유도가열을 흔히 IH(Induction Heating)이라 하며 불을 때

그림 2-22
맴돌이 전류를 이용한 유도가열

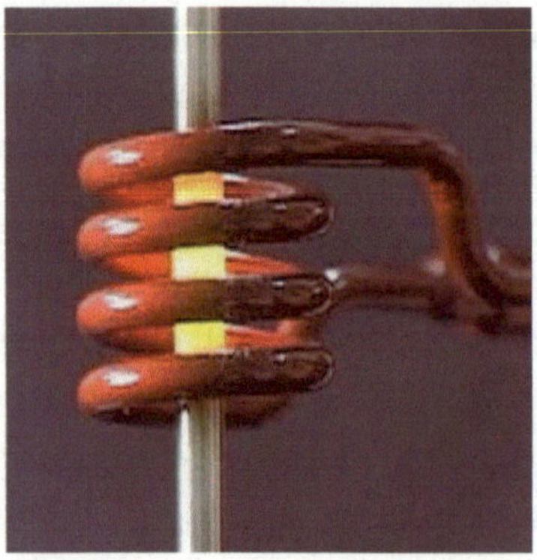

지 않고 열을 만들므로 전기 밥솥에 사용된다. 여러분들이 흔히 듣는 IH 전기 밥솥이 바로 맴돌이 전류 원리이다(6장에서 자세히 알아본다). 그러나 변압기의 경우는 맴돌이 전류에 의해 전력 소모가 생기므로 오히려 손해가 된다. 즉 변압기의 철심(그림 2-19 참조)이 그림 2-23의 (a)와 같이 일체형일 때는 맴돌이 전류에 의해 전력이 열 발생으로 낭비된다. 이에 대한 대책으로 그림 (b)와 같이 얇은 철판을 여러 장 겹친 철심을 사용하면 맴돌이 전류의 통로(가상 코일의 길이)가 짧아지므로 전력 손실을 줄일 수 있다.

그림 2-23
변압기의 철심

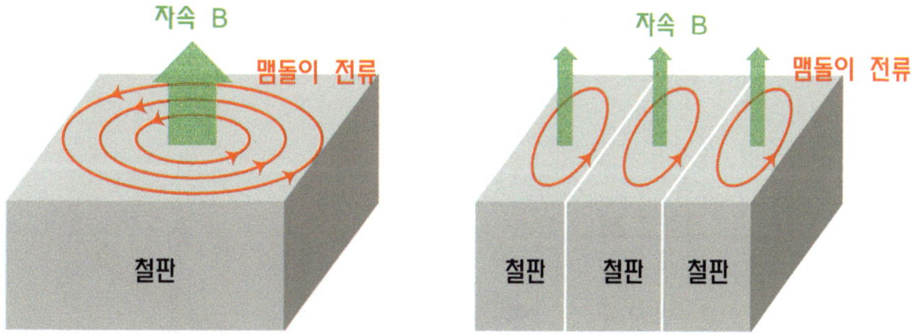

(a) 일체형 철심 (b) 겹친 철심

2-4 전자기가 부리는 조화

플래밍 법칙

이제 전자기가 부리는 조화에 들어가 보자. 그림 2-24는 자장 속에서 전류가 흐르면 도선에 가해지는 힘이 생기며(그림 (a)), 반대로 자장 속의 도선에 힘을 가해 이동시키면 도선에 전류가 유도된다(그림 (b))는 유명한 플래밍의 법칙을 보여준다. 그림 (a)는 왼손 법칙이라 하며 전류가 주어질 때 유도되는 힘의 방향을 찾는데 사용한다. 그리고 그림 (b)는 오른손 법칙이라 하며 힘이 주어질 때 유도되는 전류의 방향을 찾는데 사용된다. 이 법칙을 이용한 실험이 그림 2-25이다. 그림 (a)는 오른손 법칙이며 바로 발전기 원리이다. 그리고 그림 (b)는 왼손 법칙으로 전동기(motor)의 원리이다. 자장의 자속을 B라 하고 도선의 길이를 L이라 하며 전류를 I라 할 때 오른손 법칙과 왼손 법칙의

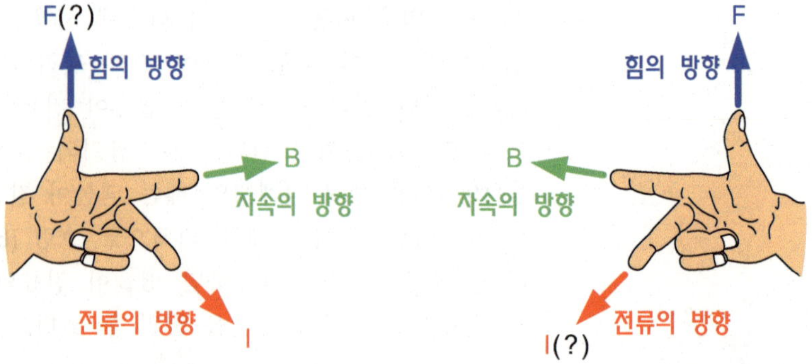

(a) 왼손 법칙
(힘(F)의 방향을 알고자 할 때)

(b) 오른손 법칙
(전류(I)의 방향을 알고자 할 때)

그림 2-24 플레밍의 오른손 법칙과 왼손 법칙

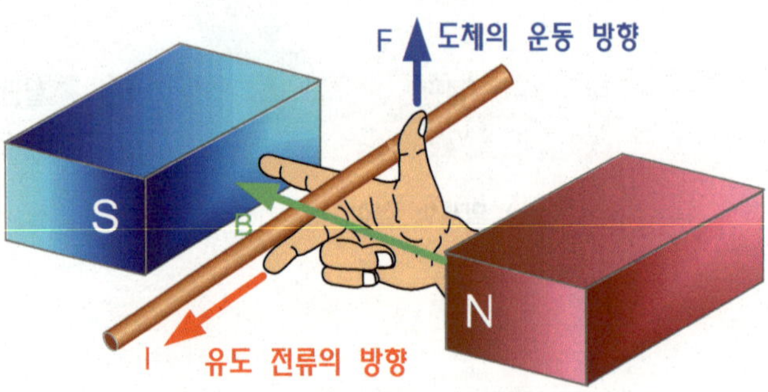

(a) 오른손 법칙(발전기 원리)

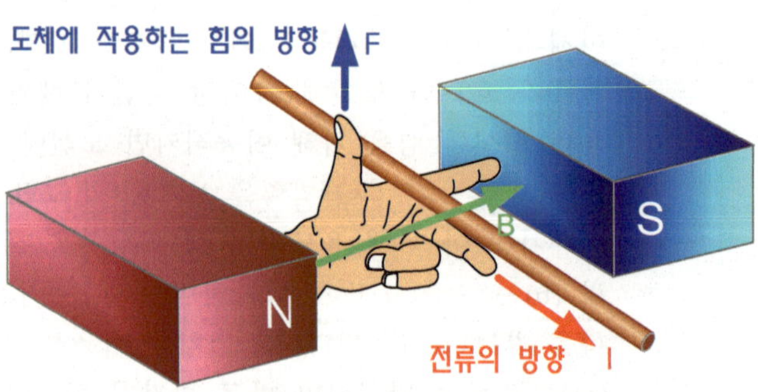

(b) 왼손 법칙(전동기 원리)

그림 2-25 오른손 법칙과 왼손 법칙의 이용

공식은 다음과 같다.

오른손 법칙: (영어 단어 'BLUE'를 연상하자)

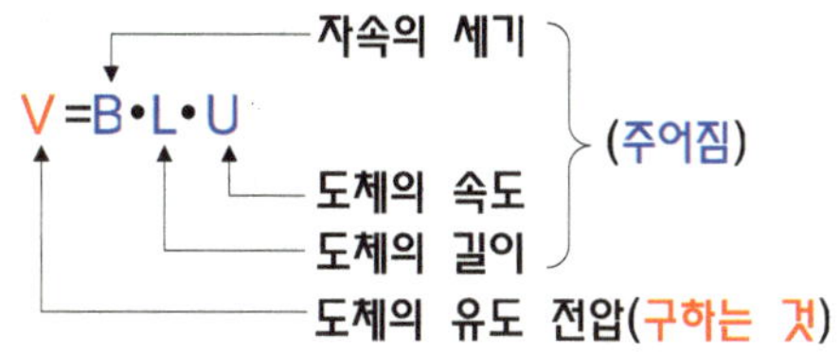

왼손 법칙: (사람 이름 'BILL'을 연상하자)

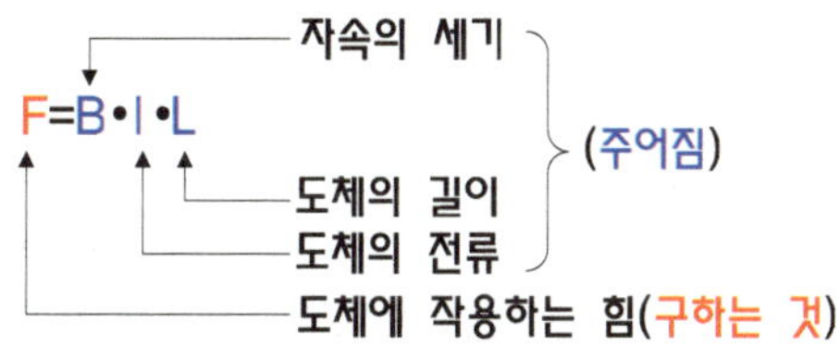

위의 두 공식이 전자기가 조화를 부리는 원리이다. 그림 2-25의 경우는 직선 도체의 직선 운동이므로 한계가 있다. 직선 운동 대신 회전 운동을 하도록 한 것이 우리가 일상 사용하는 회전 전동기와 발전기이며 그림 2-26과 같다. 여기서 토크(torque)는 회전력을 의미한다. 발전기와 전동기에 대해서는 다음 장에서 자세히 설명하기로 한다.

그림 2-26
회전 운동을 하는 발전기와 전동기

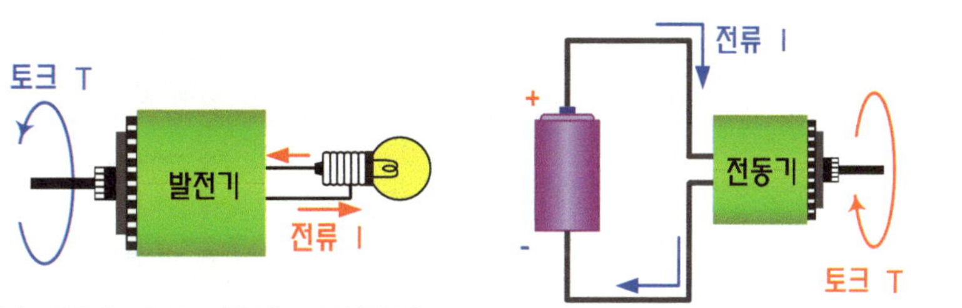

(a) 입력은 토크, 출력은 전압(전류)

(b) 입력은 전압(전류), 출력은 토크

스피커 전화기, 라디오, 텔레비전 등 소리가 필요한 곳에는 반드시 스피커가 있다. 스피커는 전기 에너지를 음향 에너지로 변환시키는 장치이며 이 역시 자기의 도움 없이는 안된다. 스피커는 플래밍의 왼손 법칙을 이용한 것으로 원리는 그림 2-27과 같다. 먼저 그림 (a)에서 코일은 N극 자석에 매여있지 않고, 진동판과 결합되어 함께 움직인다. 코일에 전류를 흘리면 코일은 진동판과 함께 좌우로 운동하게 되어 음파가 만들어진다. 위쪽 S극과 N극 사이에 놓여 있는 코일 도선의 운동을 보여주는 것이 그림 (b), (c)이다. 먼저 그림 (b)는 코일 전류가 지면 뒤에서 앞으로 흐르는 경우로서 왼손 법칙에 의해 왼쪽으로 힘이 발생한다. 그리고 그림 (c)는 전류의 방향이 반대로 지면 앞에서 뒤로 향하는 경우로서 힘은 오른쪽으로 작용한다. 즉 음성신호에 의한 전류의 방향에 따라 코일은 좌우로 움직이는 것이며 이를 음성코일(voice coil)이라 부른다. 음성코일의 실물은 그림 (d)와 같다. 그리고 그림 (a)에서 N극과 아래쪽 S극 사이에 있는 코일 도선에 대해서도 원리는 같다. 그림 2-28은 실제 스피커의 내부와 각 부분의 명칭이다. 입력단자(④)로 음성 전기신호가 입력되어 금사선(⑤)을 통해 음성코일(③)에 전류를 흘려준다. 음성코일에 연결된 콘지(corn)의 진동으로 음파가 만들어지며 이 유형을 무빙코일(moving coil)형 스피커라 한다.

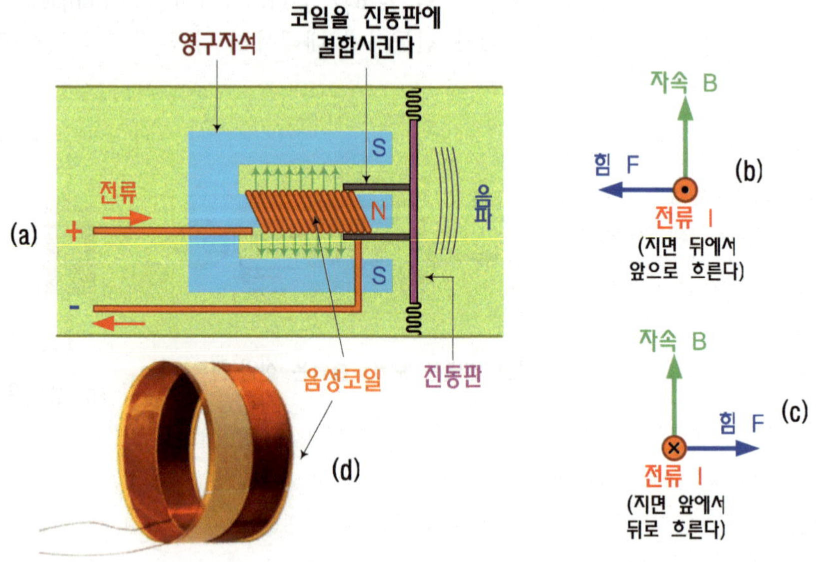

그림 2-27 스피커의 구조와 동작 원리

그림 2-28
스피커의
실제 구조와 명칭

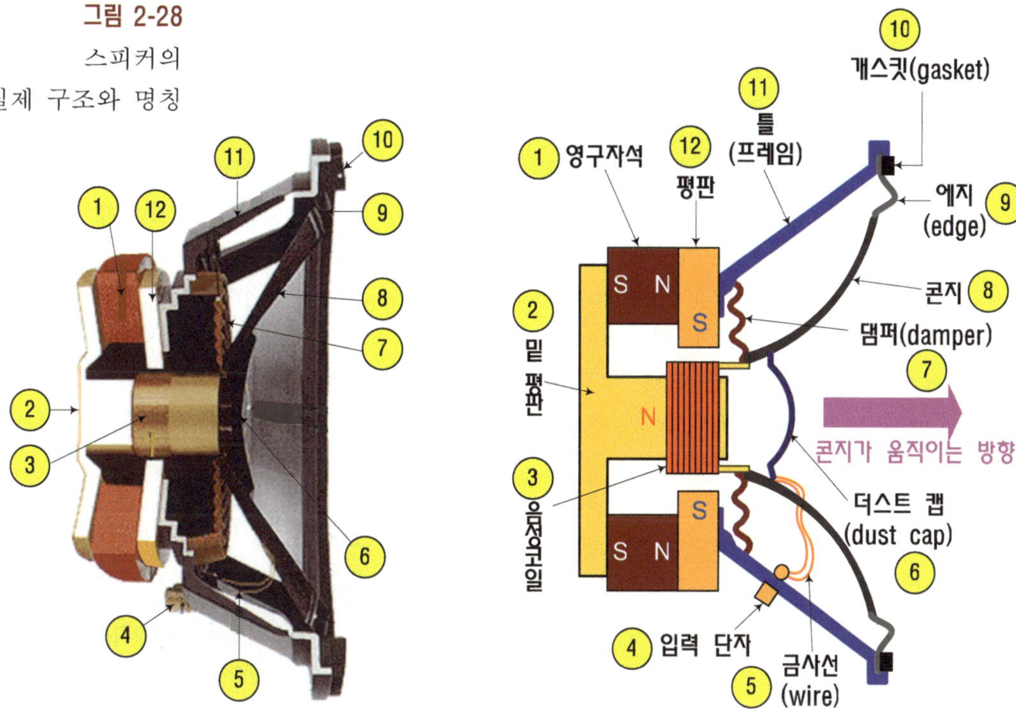

(a) 스피커 구조 (b) 도식화한 구조와 명칭

스피커 종류는 그림 2-29와 같다. 그림 (a)는 앞에서 설명한 콘(corn)형 스피커이며 그림 (b)는 나팔관처럼 생겨 혼(horn)형이라 한다. 그리고 그림 (c)는 콘 스피커의 콘 부분에 돔(dome)을 붙힌 형태이므로 돔형 스피커라 한다. 콘형 스피커는 높은 주파수에서는 콘지의 진동이 코일의 진동을 따라가지 못하므로 음색이 나빠진다. 이에 비해 혼형 스피커는 개구면이 좁아 저주파 특성이 나쁘다. 그리고 돔형 스

그림 2-29
스피커의 종류

(a) 콘(corn) 스피커 (b) 혼(horn) 스피커 (c) 돔(dome) 스피커

피커는 중고음용으로 많이 사용되며 흔히 보는 2way 스피커의 고음 스피커를 돔형 스피커라 보면 된다.

이어폰 귀에 꽂고 혼자 들을 수 있는 이어폰 역시 스피커와 동작 원리가 같다. 다만 소형화를 위한 기술이 필요할 뿐이다. 그림 2-30의 (a)는 이어폰 구성의 한 예이다. 코일이 감겨져 있는 접극자(接極子, armature)는 전자석으로 동작하며 그 한 끝은 고정되어 있고 다른 끝은 움직이게 되어 있다. 코일에 흐르는 전류의 방향에 따라 움직이는 끝이 N극이 되었다 S극이 되었다 하므로 영구자석과 작용하여 아래 위로 움직이게 되는 것이다. 이에 따라 접극자에 매여 있는 진동판이 진동하여 음파가 발생한다. 그림 (b)는 여러 가지 유형의 이어폰을 소개한 것이다.

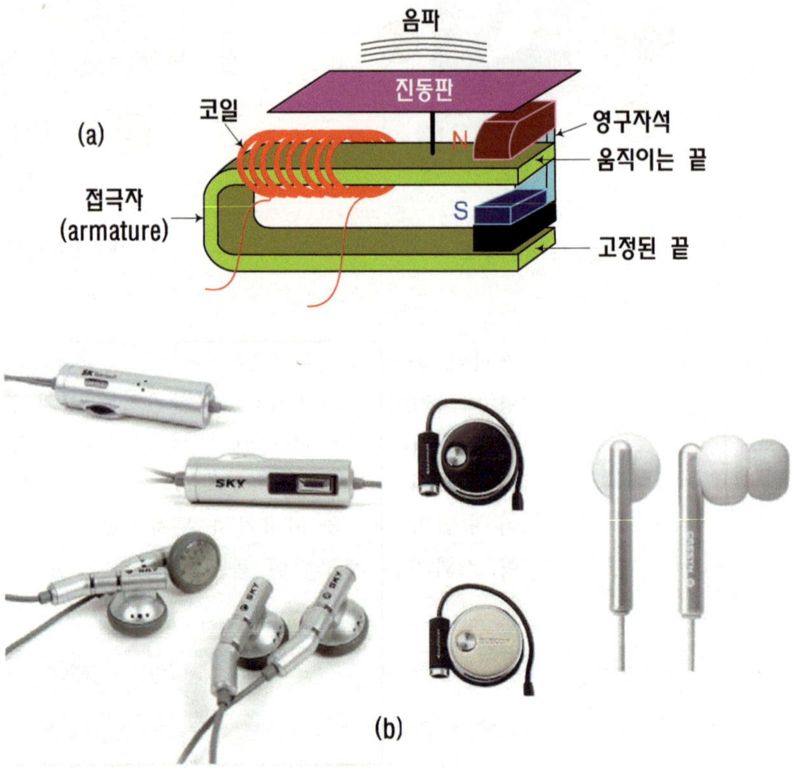

그림 2-30
이어폰의 구조와 여러 가지 유형

마이크로폰 보통 우리가 마이크라 부르는 마이크로폰(microphone)은 그림 2-31(a)와 같은 구조로서 스피커 동작과 반대이며 프래밍의 오른손 법칙을 이용한다. 소리에 의한 진퐁판의 진동은 코일을 자장 내에서 좌우로 운동하게 함으로써 유도 전압이 만들어지는 것이다. 이와 같은 원리의 마이크를 다이나믹(dynamic) 마이크로폰이라 한다.

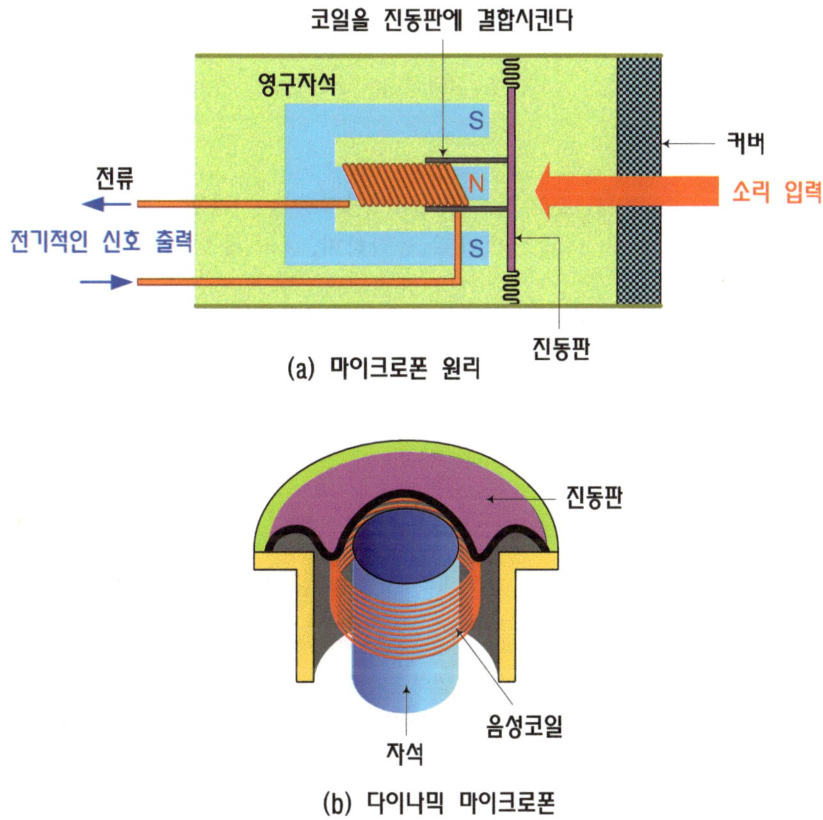

(a) 마이크로폰 원리

(b) 다이나믹 마이크로폰

그림 2-31 마이크로폰 원리와 다이나믹 마이크로폰

마이크는 그림 2-32와 같이 다이나믹 마이크로폰 외에도 콘덴서 마이크로폰과 압전효과를 이용하는 크리스탈 마이크로폰 등이 있다(압전효과에 대해서는 5장에서 설명한다). 그리고 이 외에도 여러 가지 특수 용도의 마이크가 있다.

그림 2-32 여러 가지 유형의 마이크로폰

인터폰 스피커는 마이크로도 사용할 수 있다. 그림 2-31에서 스피커 A는 스피커로 동작하며, A의 출력 음파에 의해 스피커 B의 진동막이 울려 전기가 출력된다. 즉 A는 스피커로, B는 마이크로 동작한다. 스피커를 마이크로 겸용하는 좋은 예가 그림 2-32와 같이 일반 가정의 현관 등에 설치된 인터폰(interphone)이다(인터폰은 음질이 그리 좋을 필요가 없다). 인터폰은 하나의 부품을 두 가지 용도로 사용하는 것이다.

그림 2-31
스피커는 마이크 기능도 한다

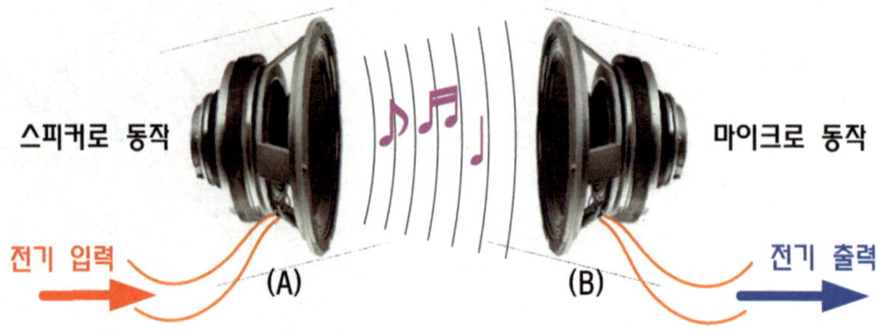

그림 2-32
인터폰

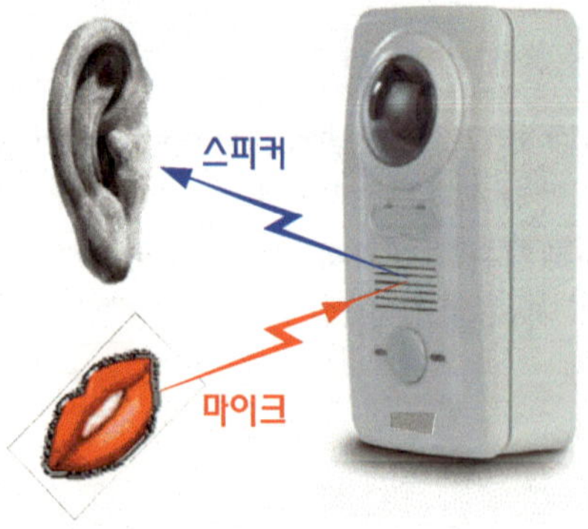

테스터 그림 2-33(a)의 테스터(tester)는 전압, 전류 및 저항 모두를 쉽게 측정할 수 있으므로 전기 설비자들이 항상 가지고 다니며 심지어는 한방(韓方)에서도 사용한다. 저항체는 열이 많이 날수록 저항이 높아진다. 사람의 인체도 저항이 있으며 열이 나는 특정 부분은 주위에 비해 저항이 높아지기 때문에 테스터로 쉽게 알아볼 수 있는 것이다. 테스터 역시 스피커의 원리인 플래밍의 왼손 법칙을 이용하며 그 구조는 그림 2-33(b)와 같다. 코일의 전류가 0일 때 지침은 가장 왼쪽에 위치한다. 코일에 전류가 흐르면 그림에서 보는 바와 같은 극성으로 전자석이 된다. 따라서 자석끼리의 척력에 의해 코일이 감긴 원통에 달린 지침이 오른쪽으로 회전하게 되며 회전력(토크)는 전류에 비례한다. 토크가 와권(渦捲) 스프링의 장력과 일정한 회전각에서 평형을 이루면 이 지점에서 지침이 고정되며 회전각은 전류에 비례한다. 만일 와권 스프링이 없다면 전류가 조금만 흘러도 지침은 모두 눈금의 오른쪽 끝에 가버리고 만다. 이 장치는 1880년대에 프랑스 사람 Aesene D'Arsonval에 의해 고안되었다.

그림 2-33
테스터의 원리

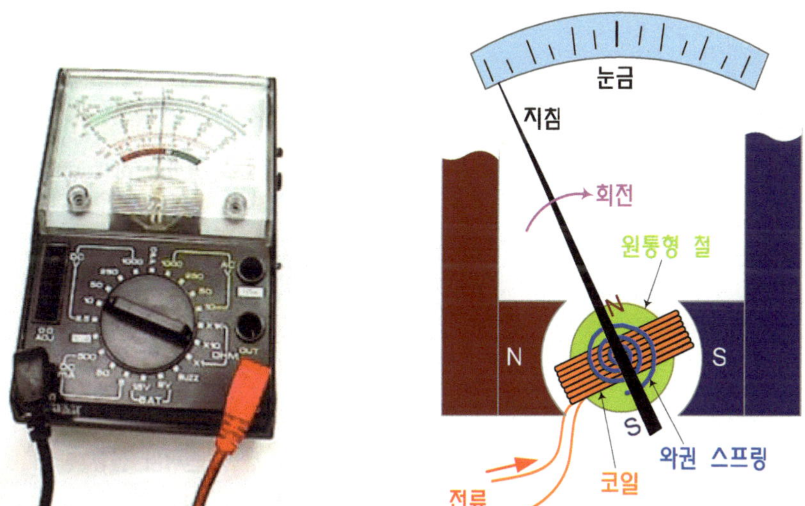

(a) 테스터 (b) 동작 원리

2-5 전파는 어떻게 생기나

정보 전달 지금까지 전자기의 요술에 대해 알아보았다. 전파 역시 전자기가 만들어 내는 환성적인 작품이다. 전파는 빛 속도로 허공을 가로지르며 무수한 정보를 전달해주니 통신의 수단으로 이를 덮을 것이 없다. 음파의 속도는 공기 중에서 초속 약 300m 정도이지만 빛 속도는 물경 30십만 km이다. 그림 2-34(a)는 물결파의 진행을 설명한다. 한 쪽에서 물체를 물에 넣었다 뺐다 하면 그 진동이 옆으로 전해져 다른 쪽에 있는 종이배를 움직이게 된다. 이때 물체의 진동과 종이배의 진동은 같은 형태가 되며 이것이 정보 전달의 원리이다. 전파의 정보 전달 원리도 이와 같다(그림 (b)). 송신측인 도체 A 양단에 교류 전압을 가해주면 이에 맞추어 도체의 전자들이 진동하며 전파가 형성된다. 이 전파는 공중을 통해 수신측의 도체 B에 도달하여 전파의 변화와 같은 양상으로 도체 B의 전자들을 운동시킨다. 전자의 운동은 곧 전압이므로 도체 B의 양단에는 도체 A 양단 전압과 동일한 형태의 전압이 유도된다.

그림 2-34
물결파와 전파

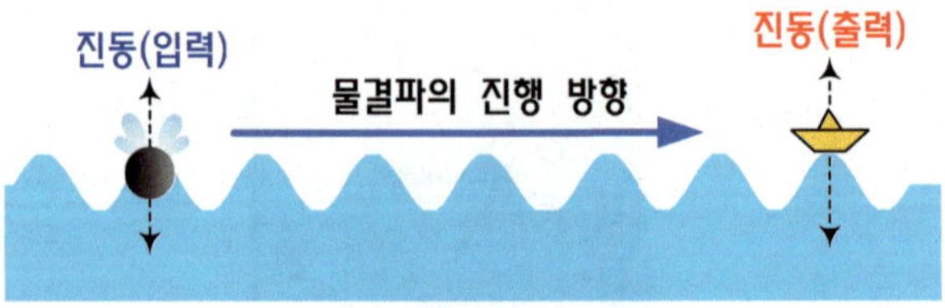

(a) 음파(종파)

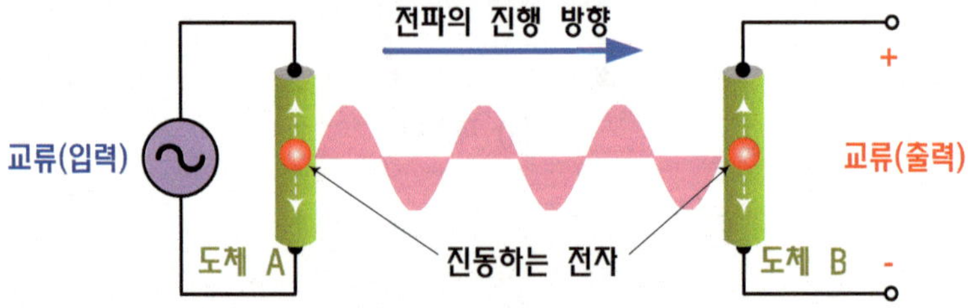

(b) 전파(횡파)

전파의 형성 종파인 음파나 물결파와는 달리 전파는 횡파이다. 그러나 무엇보다도 중요한 점은 전장 단독으로는 전파를 만들 수 없고 그림 2-35와 같이 반드시 자장의 도움이 필요하다는 것이다. 전파의 자장과 전장은 서로 수직이며 나아가 이 둘 모두가 진행 방향에 수직이다. 전장의 변화는 암페어의 법칙에 의해 자장의 변화를 일으키고, 자장의 변화는 패러데이 법칙에 의해 다시 전장의 변화를 일으키는 과정이 연속적으로 반복되어 전파가 생성된다. 따라서 전파의 정식 이름은 전자기파(electromagnetic wave)이며 간단히 전파라 부르는 것이다. 암페어 법칙과 패러데이 법칙을 종합하여 전파의 발생 원리를 규명한 사람이 맥스웰이며 맥스웰에 의해 빛도 전자기파의 일종임이 밝혀졌다.

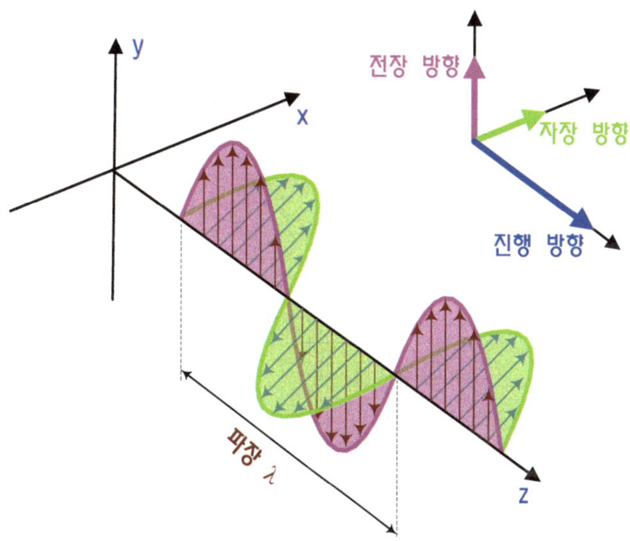

그림 2-35 전파

참고로 그림 2-34(b)에서 전파를 수신하는 부분의 신호 처리 과정을 개괄적으로 설명한 것이 그림 2-36이다. 수신된 전파에 의해 진동하는 전자가 만드는 전류는 인덕터 L_a 양단에 전압을 유도한다(패러데이 법칙). 이 유도 전압은 변압기의 이차 코일인 L에 전달된다(코일 L_a는 변압기의 일차 코일이다). 공중에는 무수한 전파가 공존하므로 이 중 원하는 주파수 성분만 공진(共振) 회로(L, C, R)에 의해 선택되며 이를 동조(同調, tuning)이라 한다(여러분들이 라디오 다이얼을 돌리는 것은 모두 동조 작업이다). 취사 선택된 신호는 증폭기를 통해 충분히 증폭된 다음 스피커를 구동한다. 안테나에 유도되는 전압은

맥스웰(James Clerk Maxwell, 1831-1879)

오늘날 사용하는 모든 전자기 기술은 물론 전자기학의 모든 법칙의 기본이 맥스웰 방정식에서 비롯된다고 해도 과언이 아니다. 뉴턴 물리학과는 달리 '장(field)'이라는 개념에 입각하여 영국의 물리학자 맥스웰(James Clerk Maxwell, 1831-1879)이 정식화한 4개의 방정식은 이후 전자기학의 토대를 제공하였다. 맥스웰 방정식은 전기와 자기를 측정 가능한 단일한 힘으로 합쳤다. 이 방정식에 의해 전자기파의 존재가 예언되었고 빛도 전자기파의 일종임이 밝혀졌다. 모든 전자기 법칙은 맥스웰 방정식에서 시작된다고 해도 과언이 아닌 것이다. 전자기학뿐만 아니라 색깔론, 천체 역학, 기체 분자 운동론 등에서 많은 업적을 남긴 맥스웰은 패러데이의 고전적 장 개념을 발전시켜 장이론과 자신의 방정식을 정식화하였다. 그는 패러데이의 역선 개념에서 벗어나 전류가 흐르면 도선 주위의 공간의 성질이 바뀐다고 생각했고, 이를 위해 당시 공간을 채우고 있다고 믿어진 에테르를 이용해서 전자기 현상을 설명했다. 에테르의 개념은 이후 잘못된 것으로 판명됐지만 맥스웰 방정식은 자연계의 가장 중요한 방정식의 대열에서 굳건히 그 자리를 지키고 있다. 아인슈타인의 상대성 이론도 맥스웰 방정식이 제시하는 물리량의 수학적 형태가 물체의 운동에 변함없이 그대로 적용되어야 한다는 생각에서 출발했다.

그림 2-36 전파의 수신과정

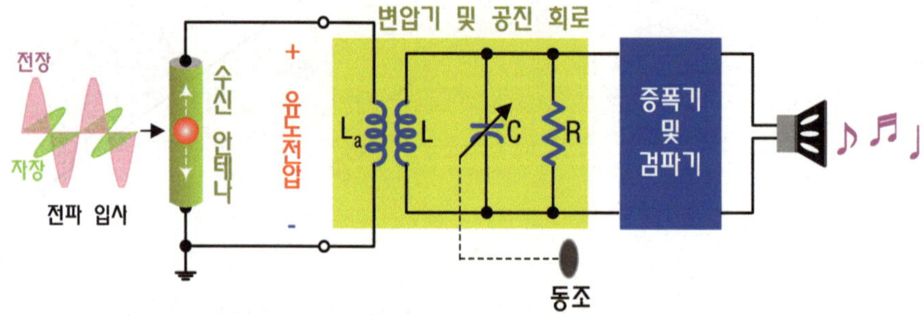

μV(1μV=10^{-6}V) 수준에 불과하며 테이프의 헤드에서 검출되는 전압은 mV(1mV=10^{-3}V) 수준이므로 증폭기로 충분히 증폭하여야 들을 수 있다. 그리고 그림 2-36에서 유의할 점은 수신 안테나의 방향이다. 자장은 전파의 전파(傳播)에 필수적이지만 실제 전압을 유도하는 것은 전장이다. 따라서 안테나는 항상 전장의 방향과 수평이 되도록 설치하여야 한다. 만일 자장의 방향으로 안테나를 배치하면 유도 전압을 얻을 수 없다.

헤르쯔의 실험

맥스웰이 전파를 규명하는데 사용한 방정식은 4가지이며 이 중 두 가지가 암페어 법칙과 패러데이 법칙이다. 맥스웰이 수학적으로 예언한 전파는 독일 사람 헤르쯔(Hertz)에 의해 실험적으로 입증되었다. 오늘날 사용하는 주파수 단위 헤르쯔[Hz]는 헤르쯔를 기념하기 위한 것이다. 그림 2-37이 헤르쯔가 한 실험이다. 먼저 한 변의 길이가 40

그림 2-37
헤르쯔의 실험

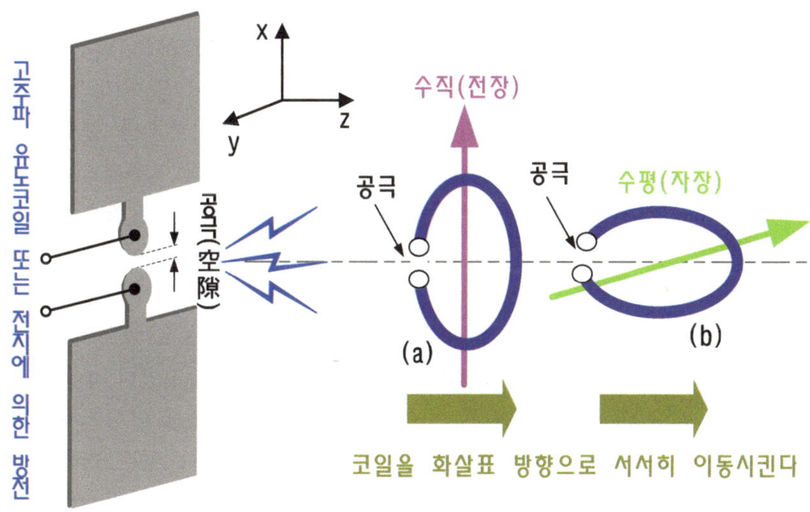

맥스웰(James Clerk Maxwell, 1831-1879)

1860년대 초 맥스웰은 이전까지와는 약간 다른 방식을 이용해서 오늘날에도 전자기학의 뼈대가 되는 네 개의 맥스웰 방정식을 만들어 내었다. 맥스웰이 만들어낸 방정식들을 연립해서 풀면 파동 방정식이 나오는데 맥스웰은 그 파동의 속도를 계산해내었다. 계산 결과는 전자기파의 속도가 빛의 속도와 같다는 것이었다. 그 결과를 바탕으로 그는 전자기파가 존재한다고 예언하고, 빛은 전자기파의 일종이며 따라서 빛과 전자기파는 본질적으로 같은 것이라고 주장하였다. 맥스웰이 전자기파를 예언한 후, 1888년 독일의 물리학자 헤르츠는 이러한 전자기파가 존재하는 것을 실험적으로 증명하였다. 그는 전자기파를 발생시키는 장치(진동자)와 전자기파를 받는 장치(공진자)를 만들었다. 포물선 반사경을 사용하여 평행하게 진행하는 전자기파를 만들어 반사, 굴절, 회절, 간섭 등의 실험을 하여 전자기파와 빛이 같은 성질의 것임을 증명하였다. 이로써 맥스웰의 전자기파 방정식의 옳음이 증명되었다. 맥스웰의 전자기 이론과 그에 따른 헤르츠의 실험은 원격적인 중심력을 기초로 한 뉴튼적 자연관을 대신하여 전자기적 자연관이 과학사상에 새로이 등장하게 함으로써 자연 인식의 역사에 하나의 전환점을 형성하였다.

cm인 정사각형 금속판을 두 장 만들고 그 간격을 60cm로 하였다. 그런 다음 다시 양쪽의 극판 끝에 둥근 전극을 설치하고 두 극판 간격을 2~3cm로 하였다. 그리고 굵은 구리선을 지름 70cm의 코일 형태로 하여 하나는 수직(x축 방향)으로, 하나는 수평(y축 방향)으로 놓았다. 이제 두 원형 극판 사이에 고주파 전압을 가하여 극판 사이에 방전이 일어나도록 하였다(이것이 전파인 것이다). 이 상태에서 두 구리 코일을 z축 방향으로 서서히 이동시키면 코일의 공극 사이에 불꽃이 발생하는 곳과 발생하지 않는 곳을 발견하였다. 즉 두 코일에는 전압이 없었는데도 전압이 유도된 것이며 그것은 방전으로 생긴 전파가 전달되어 온 것이다. 코일의 공극에 불꽃이 일어나는 곳과 일어나지 않는 곳이 생기는 이유는 그림 2-35와 같이 전자기파는 강한 곳과 약한 곳이 있는 파이기 때문이다. 이상으로 헤르쯔는 전파는 전달되며 또한 파의 형태라는 것을 밝힌 것이다.

마르코니의 무선 통신

헤르쯔가 발견한 전파를 최초로 통신에 이용한 사람은 이탈리아의 귀리엘리모 마르코니(G. Marconi)였다. 1895년 마르코니는 이탈리아 볼로냐의 자기 집 근방에서 2.4km 떨어진 곳으로 무선 전파 신호를 보내는 데 성공했다. 1898년 유진 뒤크리테와 에르네스트 로제는 파리 시를 가로질러 무선 송신을 하였으며 1899년 3월 28일에는 마르코니가 영국의 도버에서 프랑스의 위메레까지 50km를 지나는 무선 통신에 성공하였다. 마르코니는 이어 2년 뒤인 1901년 12월 12일, 영국의 폴두에서 뉴펀들랜드까지 무려 3380km 떨어진 곳에서 최초로 대륙간 무선 통신에 성공하였다. 그림 2-39는 전파 분류를 소개한 것이다.

그림 2-38
마르코니 무선기

(a) 무선 송신기

(b) 무선 수신기

그림 2-39
전파의 분류

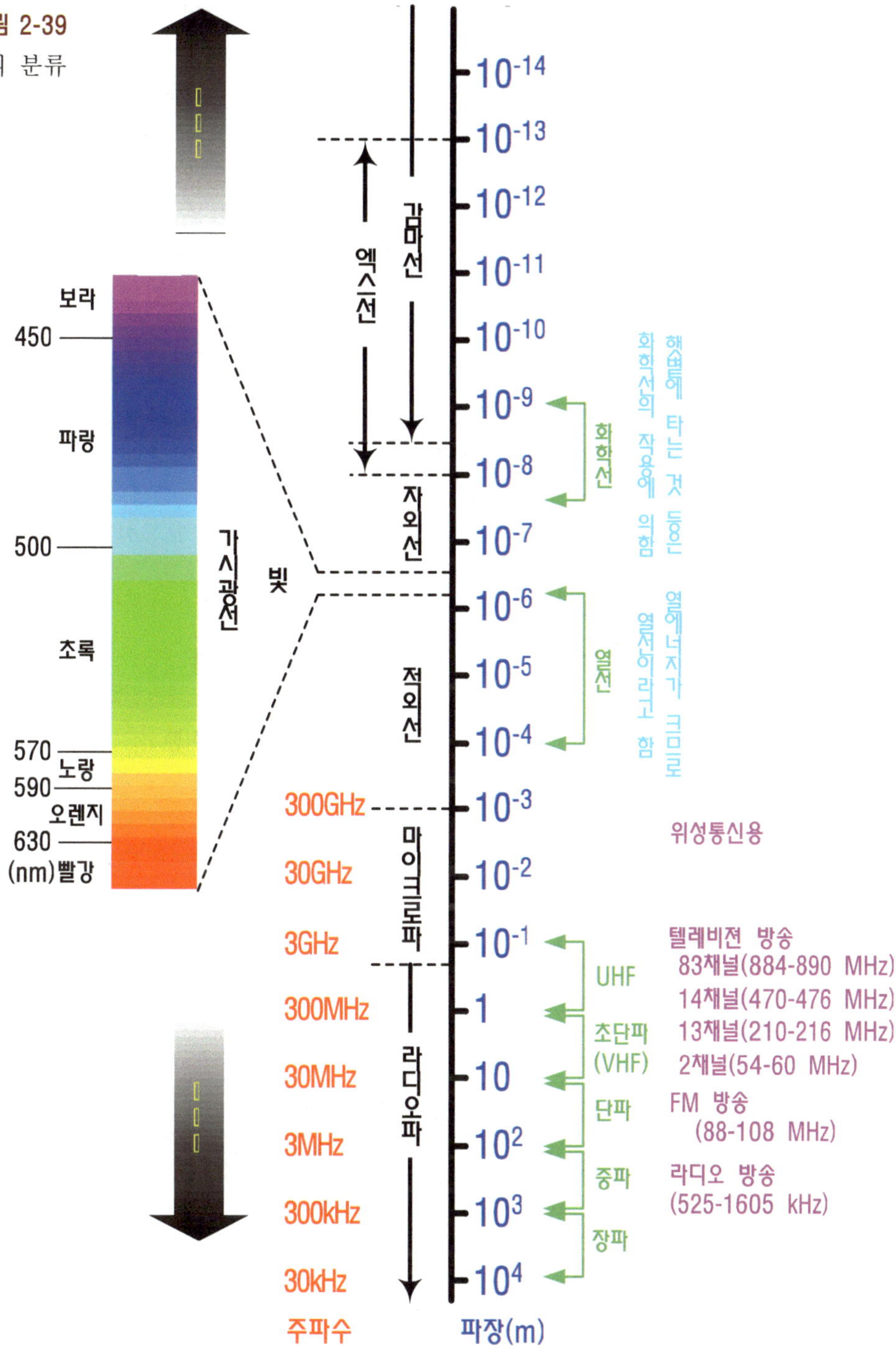
보라
450
파랑
500
초록
570
노랑
590
오렌지
630
(nm)빨강
가시광선
빛
엑스선
감마선
자외선
적외선
마이크로파
라디오파
300GHz
30GHz
3GHz
300MHz
30MHz
3MHz
300kHz
30kHz
주파수
10-14
10-13
10-12
10-11
10-10
10-9
10-8
10-7
10-6
10-5
10-4
10-3
10-2
10-1
1
10
10²
10³
10⁴
파장(m)
화학선
열선
UHF
초단파
(VHF)
단파
중파
장파
햇볕에 타는 것 등은
화학선의 작용에 의함
열에너지가 크므로
열선이라고 함
위성통신용
텔레비전 방송
83채널(884-890 MHz)
14채널(470-476 MHz)
13채널(210-216 MHz)
2채널(54-60 MHz)
FM 방송
(88-108 MHz)
라디오 방송
(525-1605 kHz)

안테나

안테나는 전파의 송신과 수신에 필수적인 장치이며 수신 안테나는 전파의 전장과 같은 방향으로 배치한다. 그 이유는 안테나의 전하를 진동시키는 것은 자장이 아닌 전장이기 때문이다. 안테나에는 다양한 형태가 있으며 그림 2-40은 일반 가정에서 설치하는 텔레비전 수신 안테나 모습이다. 실제 안테나 역할은 급전선이 달린 부분이 담당하며 나머지 가로 막대는 보조적인 역할을 한다. 즉 앞 부분의 짧은 가로 막대는 입사 전파의 에너지를 높혀주는 도파기(導波器)이며, 맨 뒤의 긴 막대는 반사기로서 안테나를 통과한 전파를 다시 안테나로 되돌려줌으로써 입사 전파의 에너지를 높혀준다. 전장의 방향이 지면에 대해 수평인 전파를 수평편파(偏波)라 하고 수직인 전파를 수직편파라 한다. 때로는 파가 진행되면서 그림 2-41과 같이 편파축이 한 파장마다 360도씩 회전하는 파를 원편파라 한다. 원편파는 원편파된 안테나뿐 아니라 수직편파나 수평편파된 안테나 모두에 의해 수신될 수 있으므로 FM 방송에 사용되는 것이 보통이다.

그림 2-40
안테나 구조

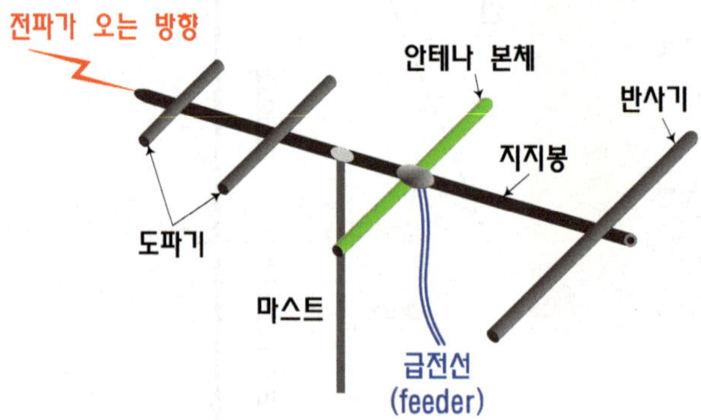

그림 2-41
원편파 전파

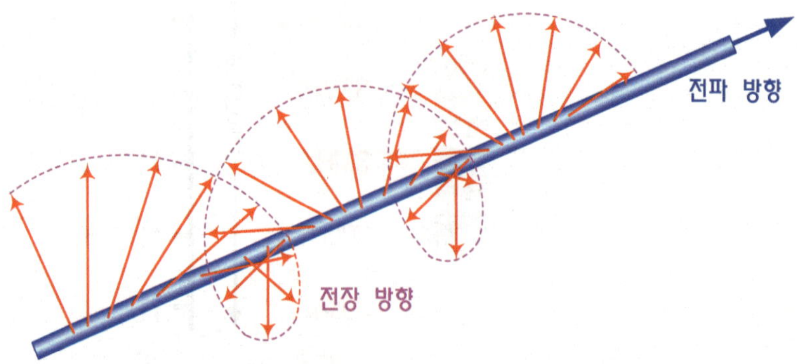

3

발전기와 전동기

3-1 발전기 교류 발전기, 직류 발전기, 3상 교류발전기

3-2 전동기 직류 전동기, 교류 동기전동기, 아라고 원판, 교류 유도전동기, 스텝 전동기, 직선형 전동기

3-3 자기부상 열차(Maglev) 자기부상, 안내, 추진, 초전도 자석

3-4 자기는 어떻게 측정하나?

3-1 발전기

2장에서는 전기와 자기의 상호 작용에 대해 알아보았다. 이제 전자기의 가장 대표적인 응용인 발전기와 전동기에 대해 알아보도록 하자.

교류 발전기

그림 3-1에서 코일은 자속 내에서 회전 운동을 하므로 코일이 이루는 단면을 수직으로 통과하는 자속이 시간에 따라 변한다. 즉 코일이 그림과 같이 수평일 때는 자속이 코일 단면을 수직으로 관통하는 자속이 0이며, 코일이 수직일 때는 관통하는 자속이 최대가 된다. 따라서 여러분들은 코일이 수직일 때 가장 큰 전압이 유도된다고 생각할지 모른다. 그러나 패러데이 법칙에 의하면 코일을 관통하는 자속의 변화율에 비례하여 전압이 유도된다. 실제로는 코일이 수평일 때 통과 자속은 0이지만 이 부근에서 자속의 변화가 가장 심하므로 최대 전압이 유도된다. 반대로 코일이 수직일 때는 통과 자속은 최대지만 자속 변화율은 0이므로 전압은 유도되지 않는다.

코일의 두 끝은 각각 다른 링(ring)에 고정되어 있으며 링은 코일과 함께 회전한다. 그리고 링은 고정된 브러쉬(brush)를 통해 외부 단자와 접속된다. 코일의 회전각 변화에 따른 유도 전류의 방향을 단계별로 설명한 것이 그림 3-2이다. 플래밍의 오른손 법칙을 이용하여 전류의 방향을 조사해 보면 쉽게 알 수 있을 것이다. 그리고 코일이 수직일 때는 유도 전류가 0이고 수평일 때 최대가 됨을 유의하라. 이상으로 그림 3-1은 교류 전류를 얻을 수 있는 교류 발전기이다.

그림 3-1
교류 발전기

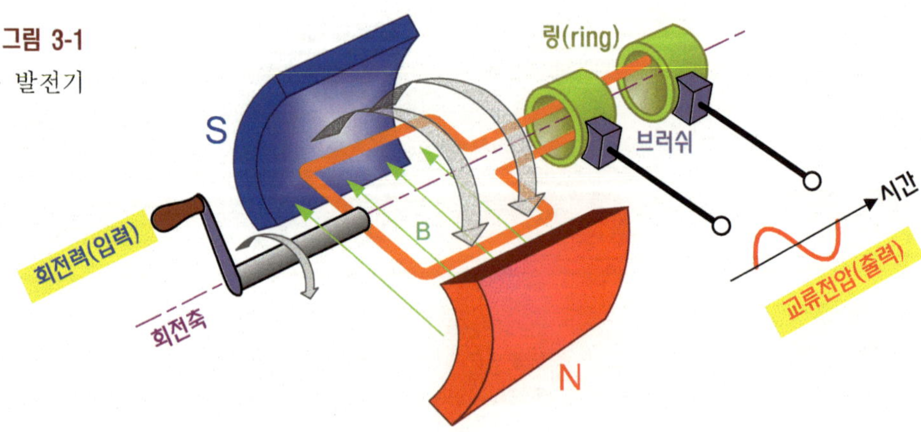

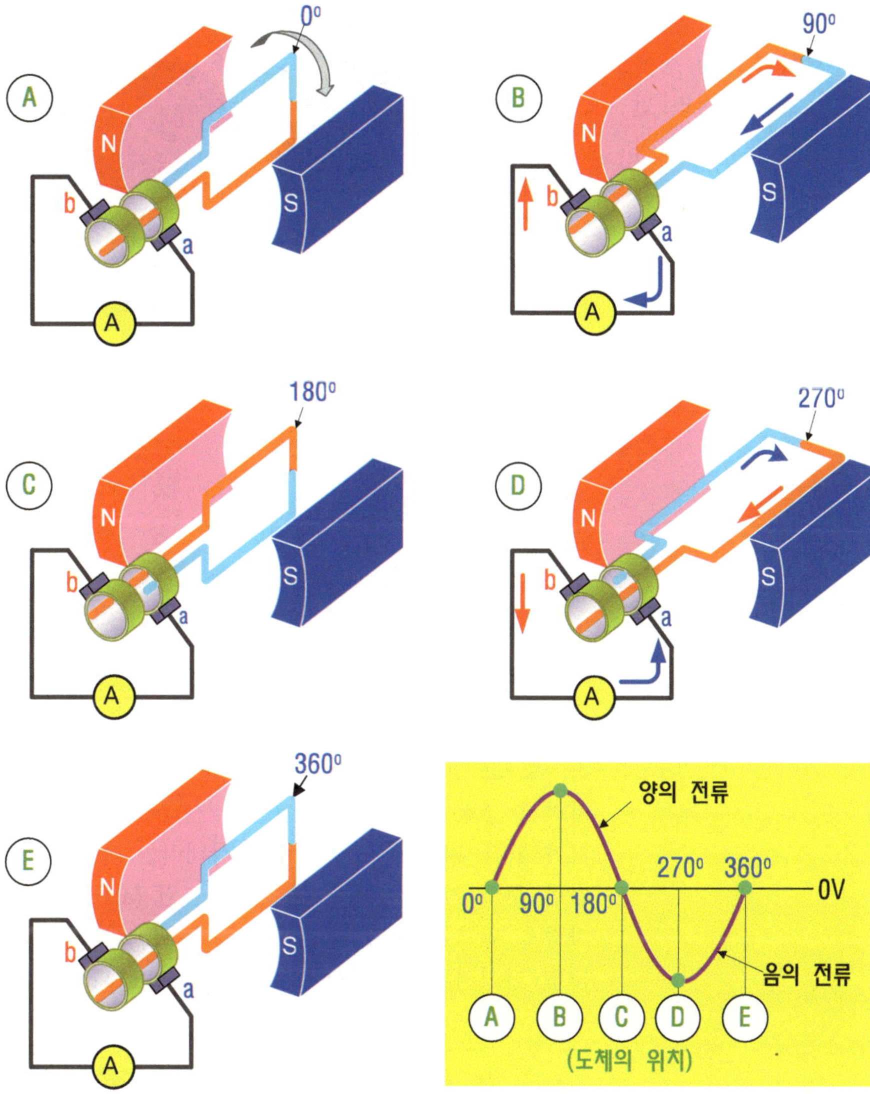

그림 3-2
단계별 해석

코일은 그림 3-3과 같이 회전하는 드럼 상에 감으며 유도 전압을 높이기 위해 코일을 여러 번 감는다. 그러면 코일의 권선수에 비례하여 유도 전압을 높일 수 있다. 발전기나 전동기에서 회전하는 부분을 통칭하여 회전자(回轉子, rotor)라 하고 고정되어 움직이지 않는 부분을 고정자(固定子, stator)라 한다. 발전기(전동기)는 반드시 다음 세 가지를

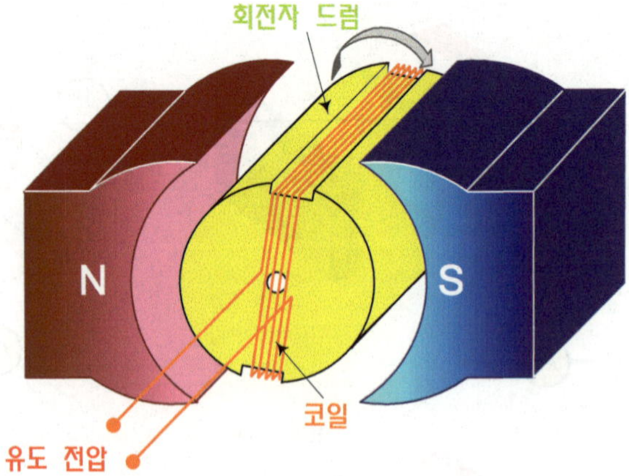

그림 3-3
회전자 드럼 상에 코일을 여러 번 감은 교류 발전기

갖추어야 한다:

1. 자장이 반드시 있어야 한다.
2. 자장 내에 도체가 반드시 있어야 한다.
3. 자장과 도체 사이에는 상대적인 속도가 반드시 있어야 한다.

그리고 발전기(전동기)에서 자장을 만들어 주는 부분을 계자(界磁, field)라 부르고 전기가 만들어지는 곳을 전기자(電氣子, armature)라 부른다. 따라서 그림 3-3에서는 회전자가 전기자이며 계자인 영구자석은 고정자가 된다. 자장과 도체 사이에 상대적인 속도를 얻는 데는 그림 3-4와 같이 두 가지 방법이 있다. 먼저 그림 (a)는 앞에서 설명한 방법으로 자장을 만드는 계자가 영구자석으로서 고정돼 있고 전기를 생산하는 코일(전기자)이 회전한다. 즉 전기자가 회전자이며 계자는 고정자

그림 3-4
교류 발전기 유형

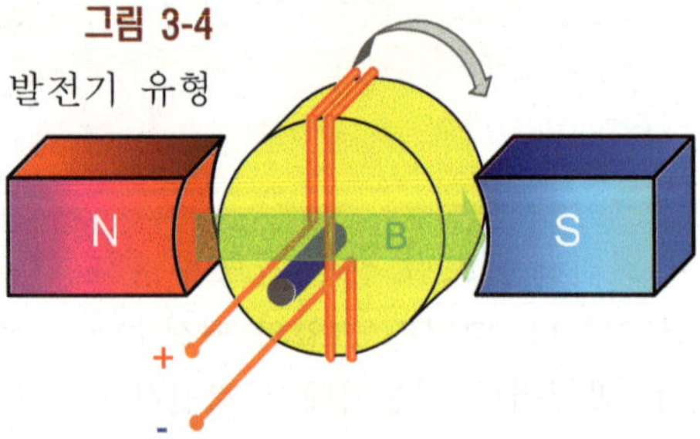

(a) 전기자 회전(회전자), 계자 고정(고정자)

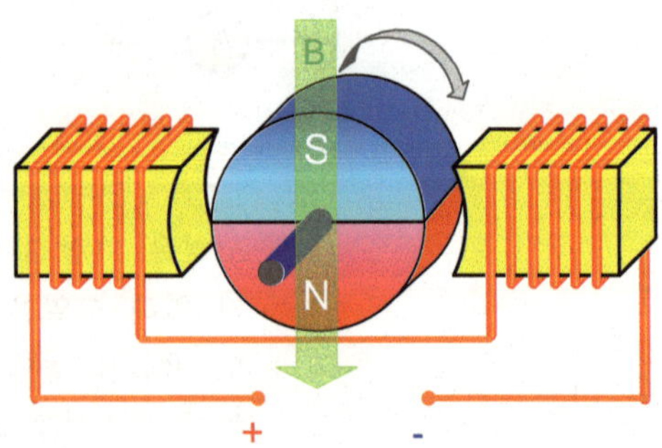

(b) 전기자 고정(고정자), 계자 회전(회전자)

이다. 이에 비해 그림 (b)는 전기를 생산하는 코일(전기자)이 고정되어 있고 계자인 영구자석이 회전한다. 따라서 전기자가 고정자이고 계자가 회전자이다. 그리고 두 방법 모두 영구자석을 전자석으로 대체할 수 있다.

직류 발전기

직류 발전기는 교류 발전기를 근간으로 하여 만들며 이를 위해 먼저 파형의 종류에 대해 알아볼 필요가 있다. 그림 3-5의 (a)는 여러분들이 잘 아는 교류이며 평균(직류 성분)이 0이다. 교류에서 음의 값을 양으로 반전시킨 그림 (b)를 맥류(脈流)라 하며 평균(직류 성분)이 존재하게 된다. 맥류를 더욱 세밀하게 하면 그림 (c)와 같이 정류(整流)된 파형을 만들 수 있으므로 점차 직류에 가까워진다. 교류로부터 그림 (c)와 같은 파형을 얻도록 하는 것을 정류기(整流器, commutator)라 하며 정류기를 교류 발전기와 결합시킨 것이 직류 발전기이다.

그림 3-5
파형

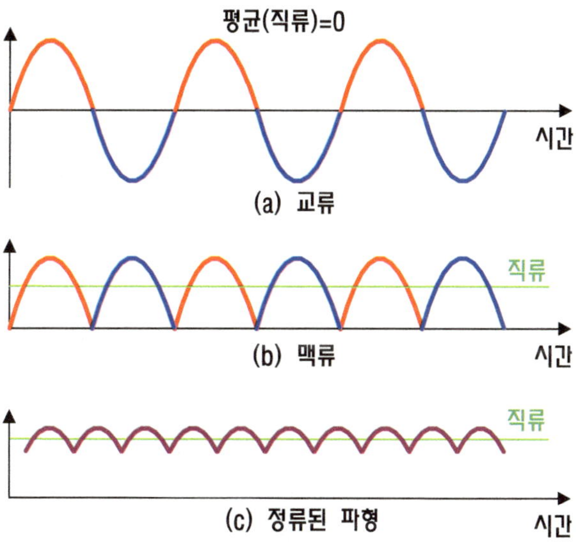

그림 3-6은 정류기의 원리이다. 교류 발전기는 교류 전원으로 표시하고 있으며 저항은 발전기의 부하를 의미한다. 발전기의 전압 극성이 그림 (a)와 같은 경우는 저항의 Ⓐ 부분이 Ⓑ에 비해 (+)이다. 이제 발전기 전압이 그림 (b)와 같이 역전될 때 저항의 결선을 그림과 같이 바꾸어버리면 저항의 Ⓐ 부분은 여전히 Ⓑ에 비해 (+)이다.

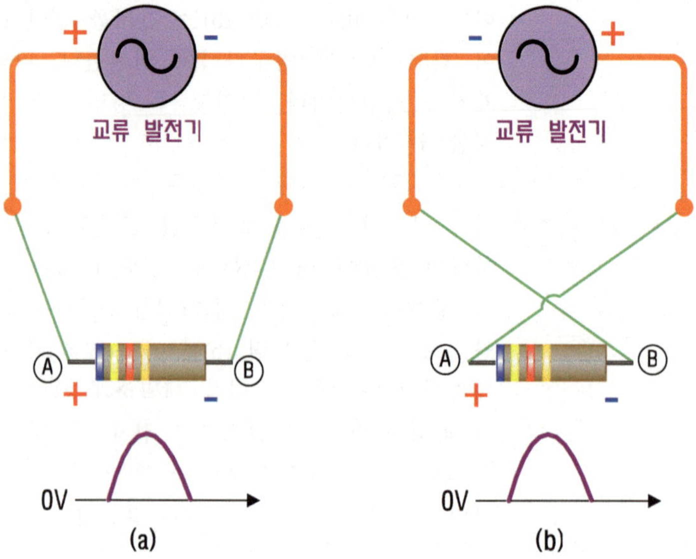

그림 3-6
정류 작용

따라서 부하 저항 양단 전압은 그림 3-5(b)의 맥류가 된다. 이상을 바탕으로 직류 발전기의 구조를 소개하면 그림 3-7과 같다. 정류자는 하나의 링을 절반씩 나눠 코일 끝 부분에 하나씩 결합한다. 이해를 돕기 위해 단일 코일을 두 가지 색으로 표현하였으며 같은 색의 코일 부분과 정류자 부분이 결합된다. 정류자가 180도 회전할 때마다

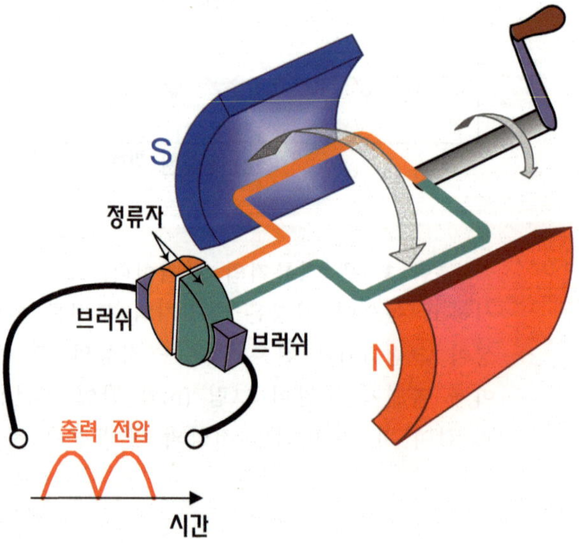

그림 3-7
직류 발전기

브러쉬에 접촉되는 부분이 뒤바뀌므로 그림 3-6의 녹색선과 같은 역할을 한다. 따라서 출력 전압은 그림과 같이 맥류가 되는 것이다. 이상으로 교류 발전기와 직류 발전기의 차이를 요약해서 보여주는 것이 그림 3-8이다. 직류 발전기의 정류자를 더 세분하여 쪼개면 출력 전압은 더욱 직류에 가까워진다.

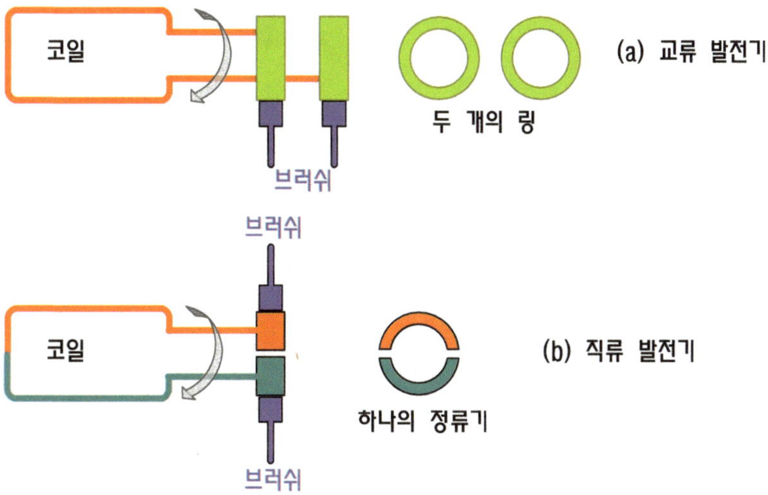

그림 3-8 교류 발전기와 직류 발전기의 구조상 차이점

3상 교류발전기

우리들의 가정에서 사용하는 전기 기구는 대부분 두 개의 전선을 사용하며 이런 전기를 단상(單相) 교류라 한다(그림 3-5(a)). 따라서 일반 가정에 설치된 전선은 두 가닥이다. 그러나 발전소에서는 위상이 120도씩 차이가 나는 세 가지 교류, 즉 3상 교류를 만들어 보내므로 철탑에 있는 송전선은 반드시 세 가닥 전선이 한 조로 되어있다. 3상 교류는 단위 시간당의 전력 공급률이 높고 전력의 변동도 적기 때문에 공장이나 철도 기타 대전력 소비지 등에 공급되고 있다.

3상 교류 발전기의 원리도 그림 3-4의 단상 교류 발전기와 같다. 다만 그림 3-9와 같이 세 가지 코일을 120도 간격으로 배치하며 그림 3-9의 (a)와 (b)는 각각 그림 3-4의 (a)와 (b)에 대응된다. 그림 3-9(a)에서 초록색 코일은 120도 후에 파란색 코일 자리에 오며, 빨간색 코일 역시 120도 후에 초록색 코일 자리에 온다. 따라서 세 코일의 출력 전압은 그림 (c)와 같이 위상이 120도씩 차이가 나게 되는 것이다.

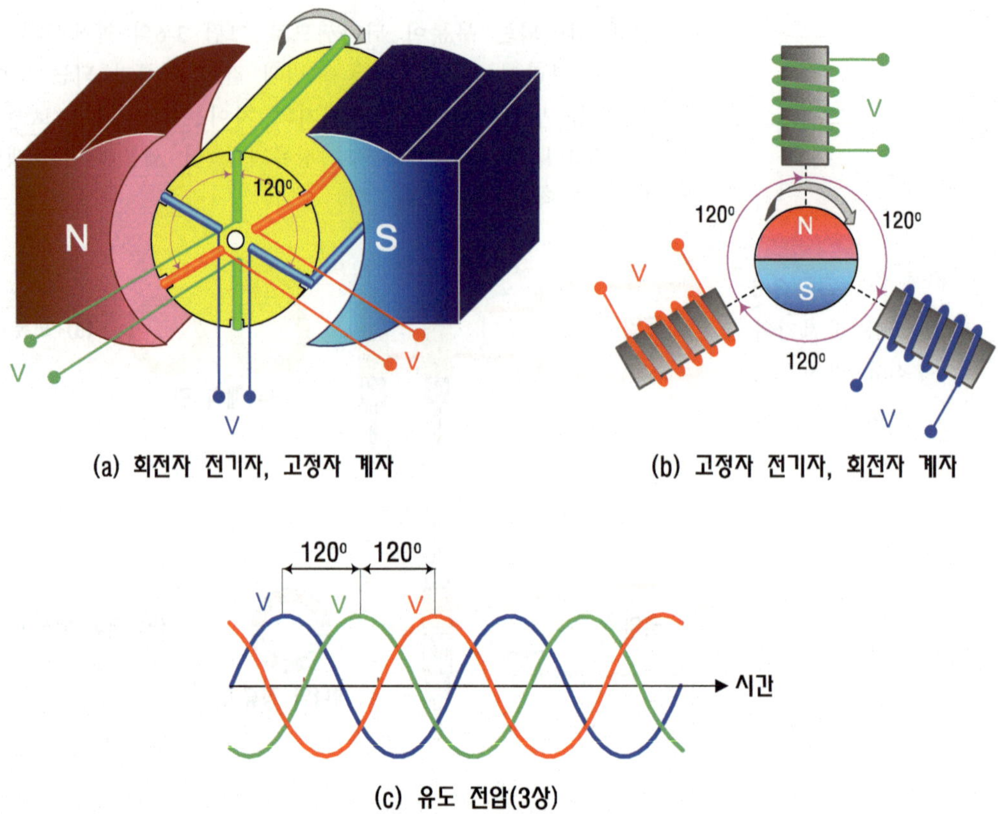

(a) 회전자 전기자, 고정자 계자

(b) 고정자 전기자, 회전자 계자

(c) 유도 전압(3상)

그림 3-9 3상 교류 발전기의 구성 및 출력 전압

3-2 전동기

직류 전동기

전동기는 근본적으로 발전기와 압력과 출력이 뒤바뀐 형태이다. 따라서 그림 3-7의 직류 발전기에서 입력(회전력)과 출력(전압)을 맞바꾼 형태인 그림 3-10이 직류 전동기이다. 자속내의 도체 전류(I)와 자속(B)의 상호 작용은 그림에 표시된 방향으로 힘(F)을 만들어 낸다. 원 안의 (A)와 (B)는 각각 주홍색 도선과 녹색 도선에 발생하는 힘을 플래밍의 왼손 법칙으로 설명한 것이다. 여기서 주의할 점은 도선 중에서 자속(B)와 수직인 도선에만 힘이 작용하고, 자속과 평행인 도선에

그림 3-10
직류 전동기

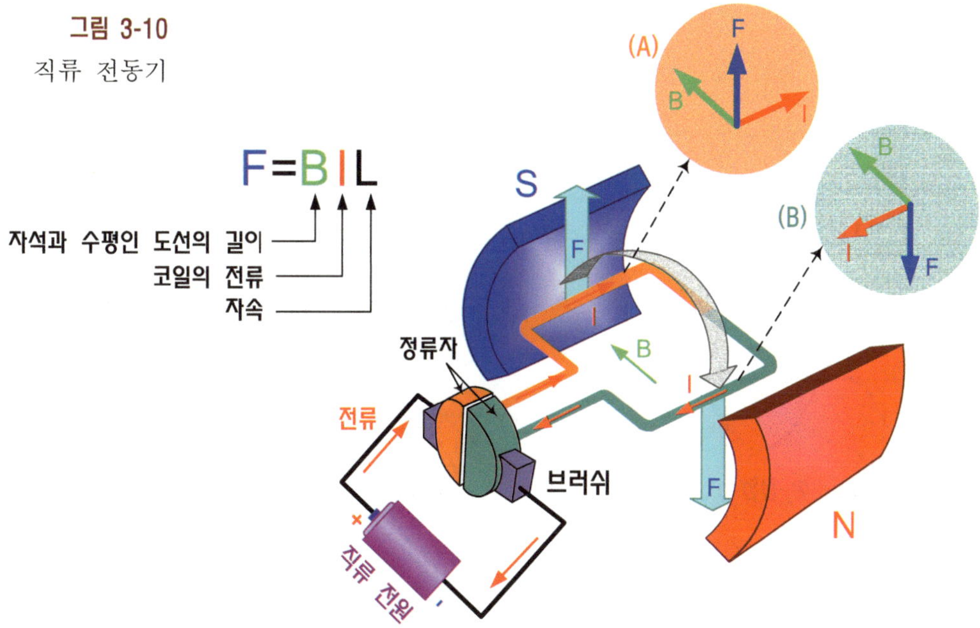

는 힘이 작용하지 않는다는 것이다. 이상으로 코일은 두 가지 반대 방향의 힘으로써 회전하게 된다.

교류 동기전동기

3상 교류를 이용하면 계자를 움직이지 않고도 회전하는 자장을 만들 수 있으며 이를 회전 자장이라 한다. 즉 그림 3-11과 같이 원통상에 120도 간격으로 배치된 3상 코일을 고정시켜 놓은 상태에서 각 코일에 3상 전류중 한 가지씩 흘려주면, 세 코일의 자속을 합성한 전체 자속 B는 시간에 따라 회전한다. 이때 자장의 회전 속도는 3상 교류의 주파수와 같다. 그러나 이 원리는 초보자에는 비교적 복잡하므로 설명을 생략하기로 한다. 결론적으로 회전 자장은 계자나 회전자를 기계적으로 움직이지 않고 전기적으로 회전시키며, 그 회전 속도는 교류 주파수와 같이 일정하므로 대단히 유용하다.

그림 3-12(a)는 회전 자장을 이용한 교류 전동기의 단면도이며, 고정자에는 3상 코일이 설치돼 있다. 여기에 3상 전류를 흘려주면 그림에 표시된 바와 같이 회전하는 자속이 생기므로 회전자인 영구자석이 회전 자장을 따라 같은 속도로 돌게 된다. 즉 회전 자장과 회전자의 속도는 교류 주파수와 같이 일정하므로 동기(同期) 전동기라 한다.

그림 3-11
회전 자장

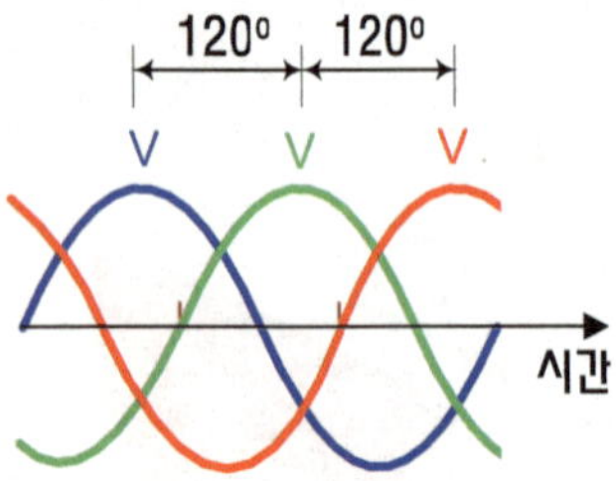

(a) 3상 전압

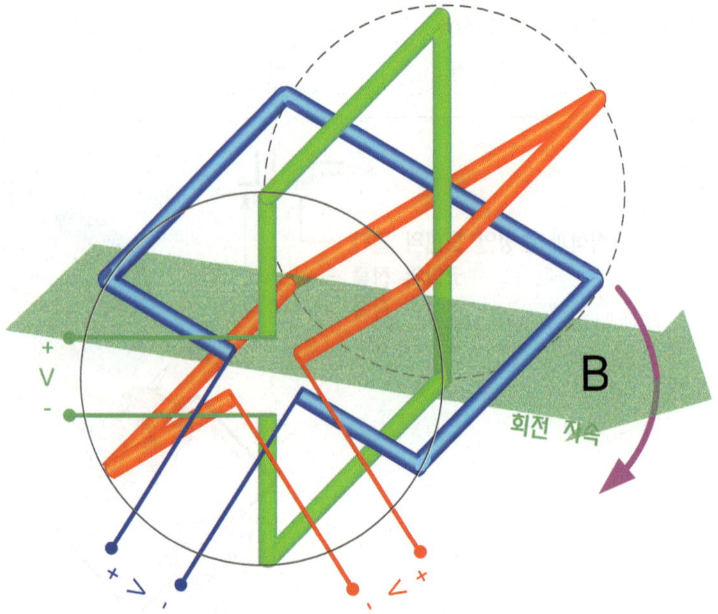

(b) 3상 코일에 3상 전류를 흘리면 회전 자장이 생긴다.

그림 3-12
동기 전동기의 구조와 원리

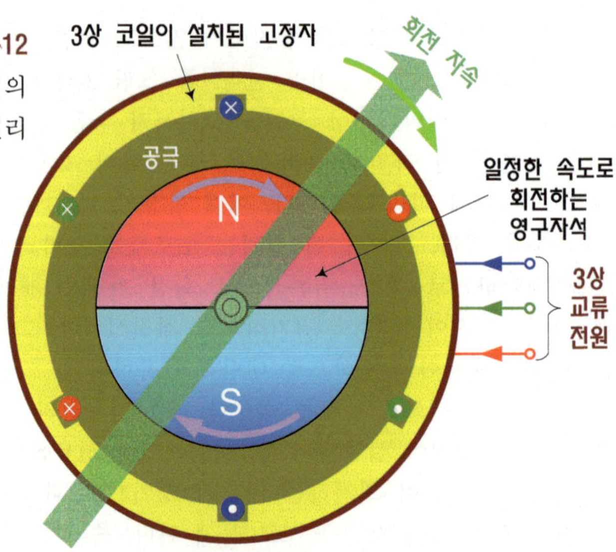

(a) 동기 전동기 원리

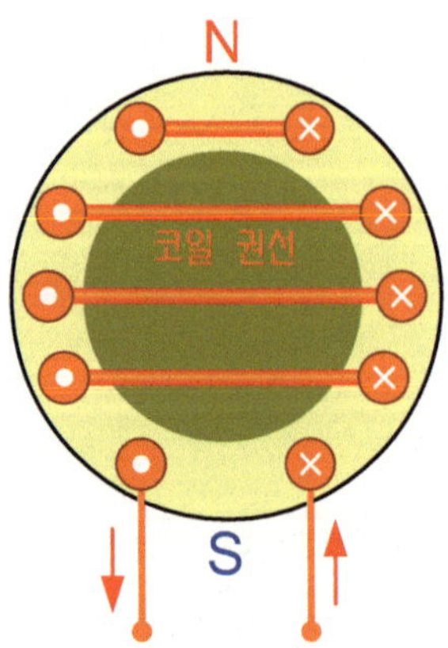

(b) 회전자 코일(전자석)

그림 3-12(a)에서 회전자인 영구자석은 그림 (b)와 같이 전자석으로 대체할 수 있으며 이는 원통 주위에 코일을 감아 직류 전류를 흘려주면 된다. 영구자석의 자장은 세기를 조절할 수 없다. 그러나 그림 (b)의 회전자는 코일의 권선수와 흐르는 직류 전류를 조절하면 자장의 세기를 쉽게 조절할 수 있으며 동력을 제어할 수 있다(교류 전동기의 일반적인 구조는 그림 3-13과 같다). 다만 직류 전압원이 따로 필요하다는 것이 단점이다. 만일 그림 3-12(b)에서 직류 전압원을 사용하지 않는다면 어떨까? 여러분들은 전동기가 회전하지 않을거라 생각할 것이다. 그러나 전동기는 회전하며 이것이 다음에 설명할 유도 전동기이다.

그림 3-13
교류 동기전동기의 일반적인 구조

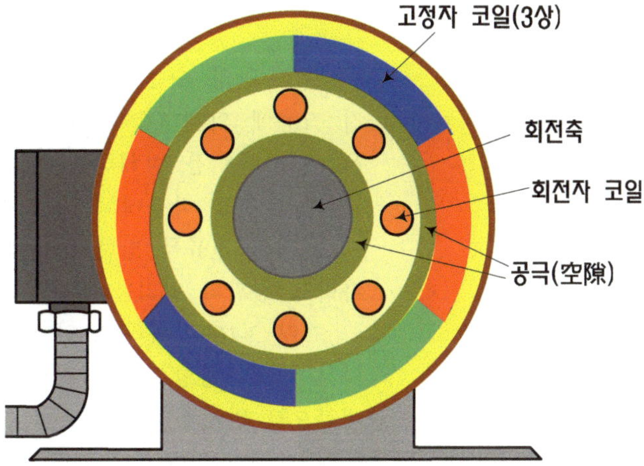

아라고 원판

유도 전동기를 설명하기 전에, 유도 전동기의 원리를 보여주는 그림 3-14를 보자. 그림과 같이 회전하는 원판 위에서 자석을 회전시키면 원판이 이를 좇아 회전한다. 이는 1824년에 프랑스의 물리학자 아라고가 발견했으므로 아라고(Arago) 원판이라 하며 아라고는 그 이유를 해명하지 못했다. 사실상 전동기에서는 전동기 현상뿐 아니라 발전기 현상도 같이 일어난다. 물론 발전기에서도 발전기 현상뿐 아니라 전동기 현상도 동시에 일어나며 그 이유는 다음의 그림 3-15와 같다.

그림 3-14 아라고 원판

그림 3-15

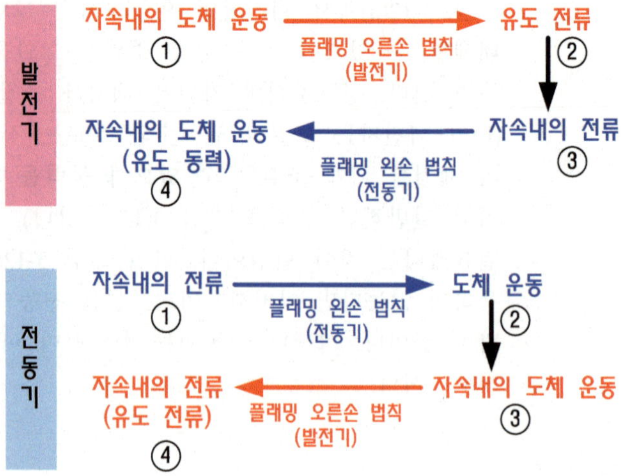

단 괄호 안의 수는 발생 단계를 의미한다. 발전기의 경우는 먼저 발전 작용에 의해 다시 전동 작용이 일어나며 이때 생기는 유도 동력은 원래 동력을 방해하는 쪽으로 생긴다(역동력). 그리고 전동기에서는 먼저 전동 작용에 의해 다시 발전 작용이 일어나며 이 유도 전류는 원래의 전류를 방해하는 쪽으로 흐른다(역기전력(逆起電力)). 이제 아라고 원판의 원리를 알아보면서 위의 원리를 터득해 보자.

그림 3-16은 아라고 원판의 원리를 단계적으로 보여주는 것이다. 자석이 시계방향으로 회전하는 것으로 하면 원판은 자석에 대해 상대적으로 반시계 방향으로 회전하게 된다. 그리고 편의상 자석 밑 부분에 가상의 막대형 도체를 생각하기로 한다(원판에는 수많은 코일이나 직선 도체들이 있다). 그림 (a)는 자장 속에서 도체(가상 도체)가 운동하므로 발전기 원리인 오른손 법칙에 의해 가상 도체에는 그림 (b)와 같은 방향으로 유도 전류(I)가 생긴다(여기서는 N극 밑에 일어나는 것만 보였으며 S극에서도 동일하다). 그 결과 그림 (b)는 자장 속에 전류가 흐르는 형국이므로 전동기 원리인 왼손 법칙에 의해 그림 (c)와 같이 된다(여기서는 S극 밑에 일어나는 것만 보였으며 N극에서도 동일하다). 결과적으로 회전판의 가상 도체가 받는 힘은 시계 방향이며 자석의 방향과 같으므로 원판은 자석의 방향을 좇아 회전하게 되는 것이다. 아라고 원판에서는 발전 현상과 전동 현상이 모두 일어나며 유도 전동기는 바로 이 원리를 이용한다.

그림 3-16
아라고 원판의 원리

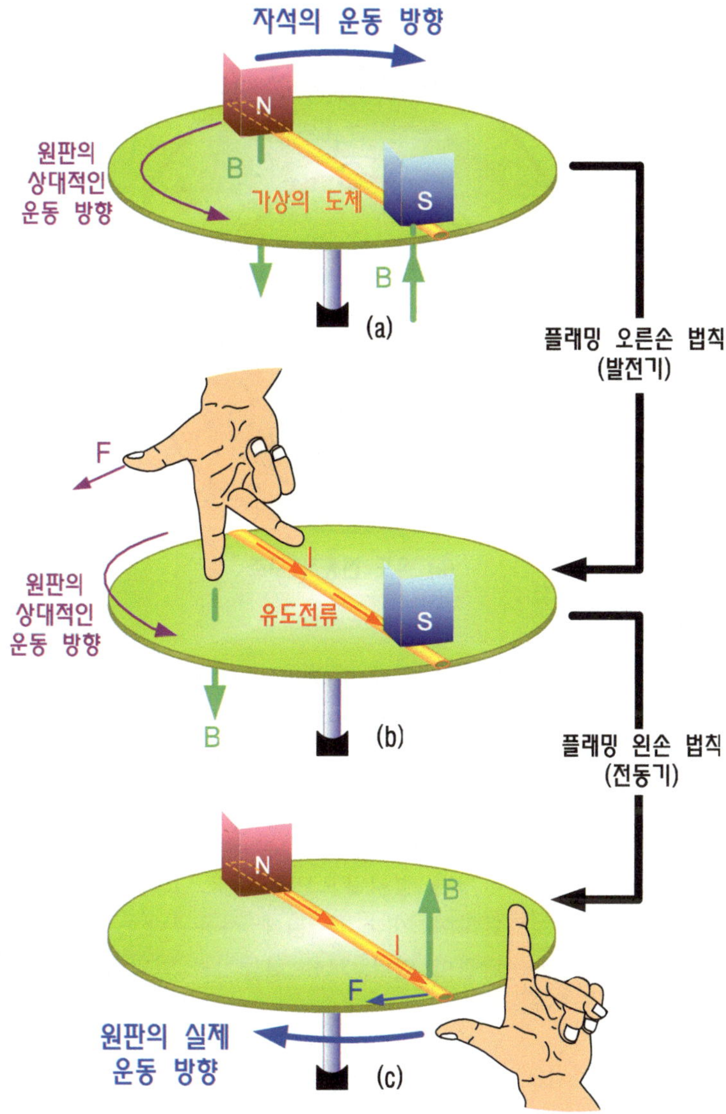

교류 유도전동기

유도 전동기는 그림 3-12의 동기 전동기에서 회전자(그림 (b))의 직류 전압만 제거하면 되므로 간단하다. 구조는 그림 3-17(a)와 같으며 회전자에 있는 코일의 모든 도체 막대를 단락 링(ring)으로 이은 형태이다. 고정자가 만든 회전 자장이 도체 막대들을 통과해 회전하면 아라고 원판과 같이 발전에 이어 전동 현상이 일어나 회전자가 회전한다.

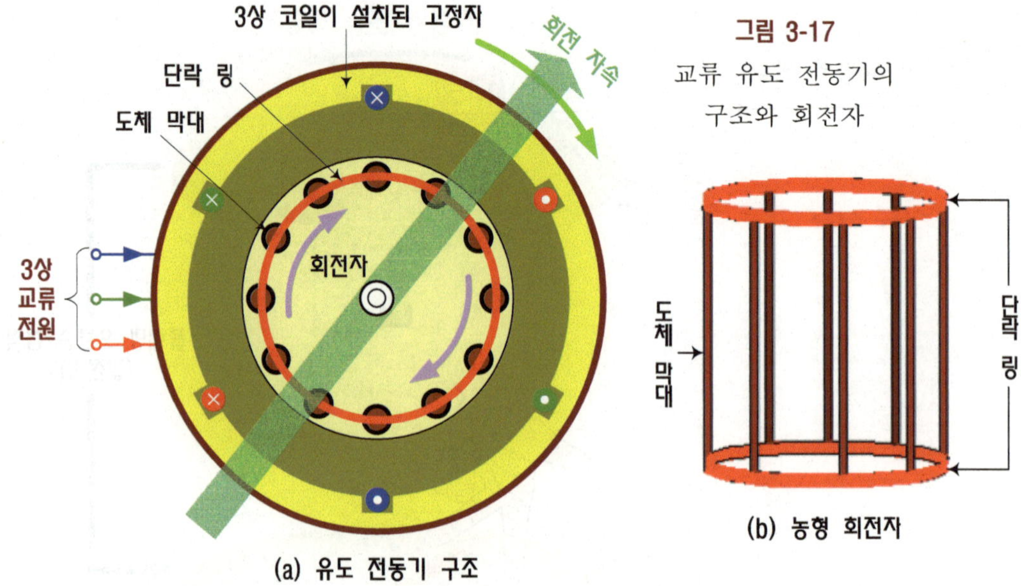

그림 3-17
교류 유도 전동기의 구조와 회전자

그리고 그림 3-17(b)는 회전자의 한 형태이며 이를 농형(籠型, squirrel cage)라 한다. 이제 전동기의 특성을 요약해 보자. 직류 전동기는 배터리를 사용하므로 소형에 적합하지만 강한 동력을 낼 수 없다. 동기 전동기는 회전 속도가 일정하므로 정밀한 속도를 요구하는데 적합하다. 그러나 속도가 교류 전원의 주파수와 같으며, 전원 주파수를 바꾸기가 쉽지않으므로 속도 조절이 어렵다. 유도 전동기는 구조가 간단하여 가장 폭 넓게 사용된다. 그러나 회전 속도가 일정하지 않은 단점이 있다. 교류 전동기는 일반적으로 그림 3-18과 같은 구조이다.

그림 3-18
교류 전동기의 일반적인 구조

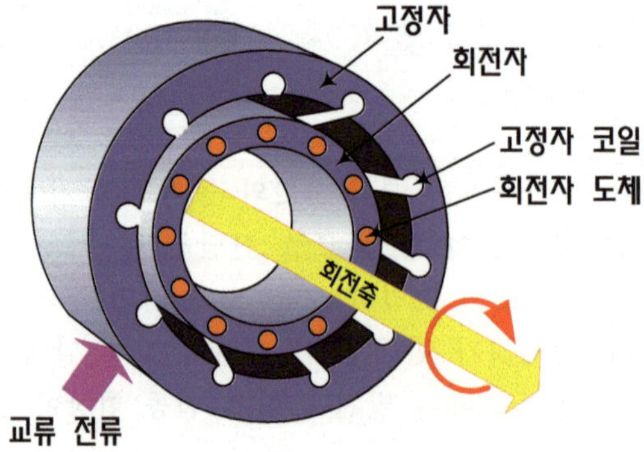

스텝 전동기

흔히 스텝 모터(step motor)라 부르는 스텝 전동기는 전기 펄스를 사용하여 회전각을 임의로 제어할 수 있는 특수한 전동기이다. 즉 펄스가 한 번씩 가해질 때마다 회전축이 일정한 각만큼씩 회전한다. 따라서 컴퓨터로 제어되는 많은 기계들을 구동하는 서보모터(servomotor)로 중요하게 사용된다. 그림 3-19는 스텝 전동기의 한 예이며 4개의 코일로 90도씩 제어된다. 네 단자 a, b, c, d 중 하나에 전압을 가하면 해당 코일이 자화되어 그 쪽으로 회전자 자석이 회전하는 원리이다. 만일 n개의 코일을 균등한 간격으로 배치하면 제어할 수 있는 회전각은 360/n도이다.

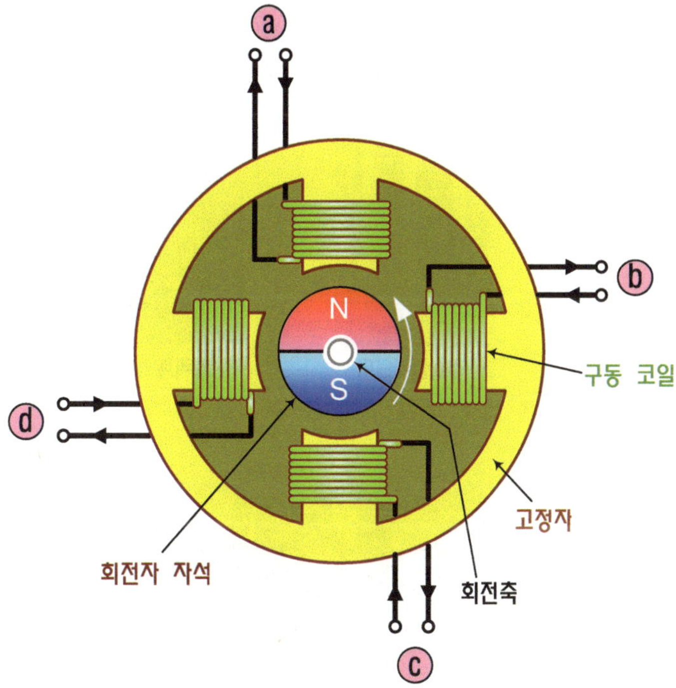

그림 3-19
스텝 전동기

직선형 전동기

그림 3-20은 가까이 접하고 있는 전동기의 응용 예이다. 지금까지 설명한 전동기는 모두 회전 동력을 얻는데 사용된다. 그러나 실제로는 직선적인 동력이 필요한 경우도 대단히 많다. 대표적인 예로는 FA (factory automation) 기기, OA(office automation) 기기, 가전 및 멀티미디어 기기 등등이며 가까이는 에스컬레이터, 자동문 등이 있다. 이제 직선형 전동기의 적용 범위는 그 경계가 허물어지고 있는 상황이다.

그림 3-20
전동기 응용예

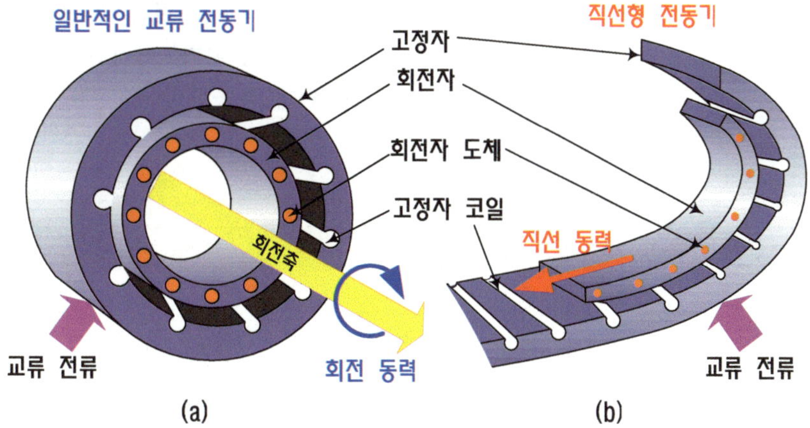

그림 3-21
직선형 전동기

그림 3-21은 직선형 전동기의 원리를 보여준다. 그림 (a) 구조의 일반 교류 전동기의 한 부분을 절단하여 펼치면 그림 (b)와 같은 직선형 전동기를 얻을 수 있으며 고정자의 길이는 원하는대로 조절할 수 있다. 예를 들어 3상 교류를 이용하는 교류 유도전동기(그림 3-17)을 펼칠 경우 그림 3-22와 같은 직선형 전동기가 된다. 유도 전동기에서는 회전 자장이 생기지만 이를 펼친 직선형 전동기에서는 자장이 직선적으로 이동하므로 이동 자장이라 한다. 고정자의 이동자속이 이동자를 관통하여 이동하면 자장내에서 고정자 도체의 상대적 운동에 의해 전류가 유도된다(오른손 법칙). 다음으로 자장속의 전류 운동에 의해

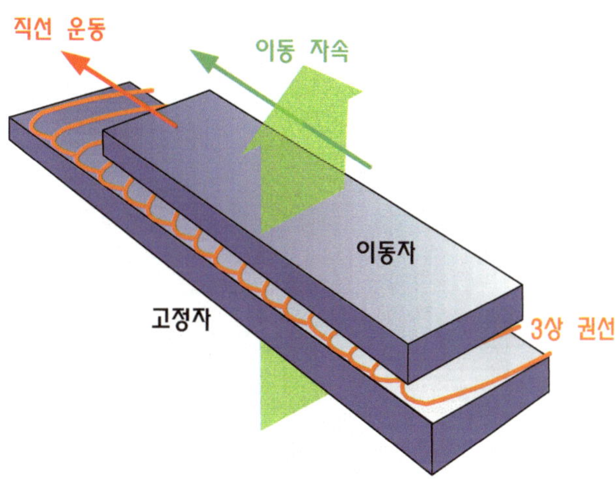

그림 3-22
유도전동기에 대한 직선형 전동기

고정자 도체는 힘을 받게 되며(왼손 법칙) 이동자속의 방향과 같은 방향으로 추진력을 얻게 된다. 이러한 원리는 바로 다음에 설명할 자기부상열차(Maglev)에 적용된다.

3-3 자기부상 열차(Maglev)

자기부상열차(磁氣浮上列車)는 보통 마그레브(Maglev)라 부르며 이는 'magnetic levitation'의 준말이다. 마그레브는 그림 3-23과 같이 자석의 힘으로 부양되고 추진되므로 바퀴가 없어 소음이 없으며, 연료를 사용하지 않으므로 공해가 없고 대단히 빠르기까지 한 꿈의 운송 수단이다. 그림 (a)는 다른 자극끼리의 흡입력을 이용하여 부상하는 흡입식이며 가이드웨이(guideway)가 T자형이다. 그리고 그림 (b)는 같은 극끼리의 반발력으로 부상하는 반발식이며 가이드웨이는 U자형이다. 우리는 U자형에 대해 알아보기로 한다. 마그레브의 원리를 쉽게 이해

그림 3-23 자기부상열차 (마그레브)

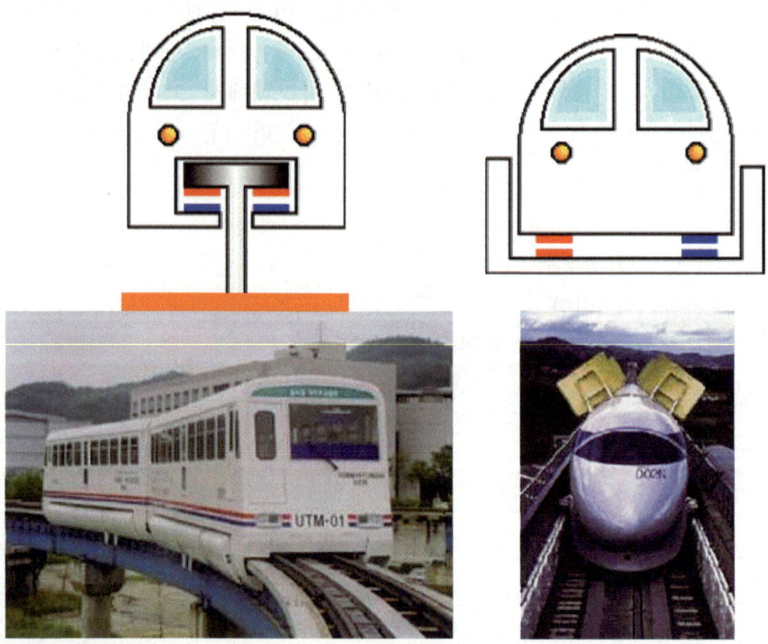

(a) 흡입식　　(b) 반발식

할 수 있도록 자기의 법칙들을 그림 3-24를 통해 다시 한번 정리해보자. 그림 3-24를 모두 사용하는 간단한 실험이 그림 3-25이며 이는 앞으로 설명할 마그레브의 기본 원리와도 같다. 그림 3-25의 (a)는 수직 벽면에 단단히 부착된 코일 앞을 그림과 같이 N극 자석이 지나가는 것을 보여준다. 도체는 자장 내에서 자석의 반대방향으로 움직이는 것과 같으므로 플래밍 오른손 법칙에 의해 반시계 방향으로 전류가 유도된다. 다음 단계로 저장속의 전류에 의한 왼손 법칙에 의해 코일은 자석이 이동하는 방향으로 힘을 받게 된다. 그러나 코일은 벽면에 고정돼 있으므로 움직이지는 않는다. 이상으로 코일은 자석쪽으로 N극으로 자화되며 코일과 자석 사이에는 반발력이 생긴다. 그림 (b)의 경우도 같은 원리로 하면 코일을 자석쪽으로 S극으로 자화된다. 즉 두 경우 모두 자석과 같은 자극이 유도되며 서로 반발한다.

그림 3-24
자기를 지배하는 법칙들

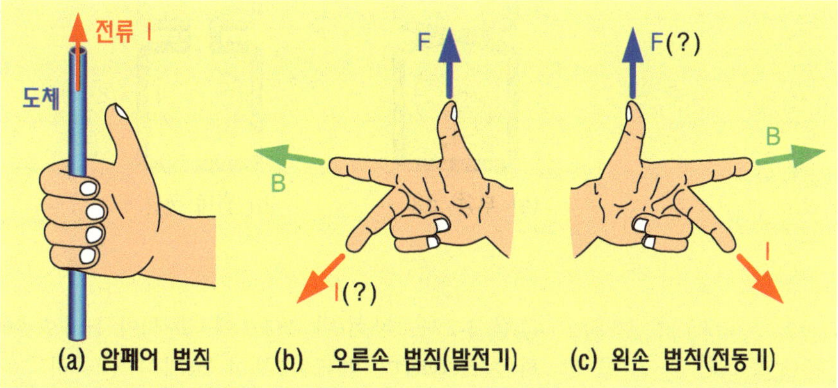

그림 3-25
기본적인 실험

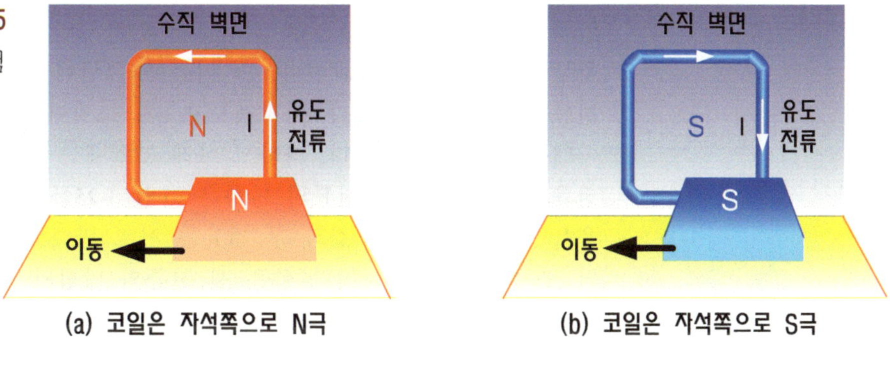

U자형 마그레브를 구동하기 위해서는 세 가지가 필요하다. 첫째 차체를 공중으로 부양시키는 것(levitation), 둘째 차체가 진행 중에 벽과 충돌하지 않도록 안내하는 것(guide), 셋째 차체를 앞으로 추진시키는 것(propulsion)이다. 이 세 가지 작용은 그림 3-25의 원리를 바탕으로 하여 그림 3-26의 두 자기 코일을 이용한다. 그림 (a)는 두 코일의 단자를 서로 엇갈리게 연결한 것이며 전류 방향 관계는 그림과 같다. 이 코일은 마그레브를 부상시키는데 이용되므로 부상 코일이라 한다. 그리고 그림 (b)는 두 코일의 단자를 엇갈리지 않게 연결한 것이며 마그레브를 안내할 때 이용되므로 안내 코일이라 한다. 이 두 코일은 '8'과 같으므로 간단히 8자 코일이라 부르기도 한다.

그림 3-26
8자 코일

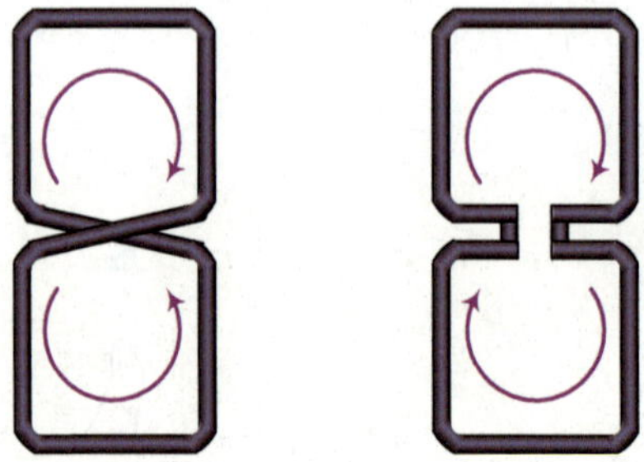

자기 부상

그림 3-27은 자석(마그레브에 부착)이 U자형 가이드웨이를 따라 진행하는 모습이며 벽에는 부상 코일이 단단히 고정되어 있다. 물론 8자 코일은 일정한 간격으로 계속 설치되어 있으며 여기서는 하나만 보인 것뿐이다. 부상 코일이 마그레브를 부상시키는 원리는 그림 3-28이과 같다(그림 3-25를 잘 참조할 것). 그림 (a)는 마그레브가 8자 코일의 중앙보다 아래에 있을 경우로서 8자 코일의 아래 부분은 N극, 윗부분은 S극으로 자화된다. 그 이유는 그림에 표시된 코일의 유도 전류를 보면 알 수 있다. 마그레브가 8자 코일이 마주 대하는 면적은 아래쪽이 위쪽보다 넓다. 따라서 아래 코일에는 위 코일보다 더 많은 전류가 유도되며 각 전류의 방향은 그림 3-25를 참조하면 그림과 같음을 알 수 있다. 그 결과 두 전류는 서로 반대 방향이 되므로 전류의 크기는 서로 빼지며 방향은 센 전류의 방향과 같다. 따라서 암페어 법칙에 의해 위 코일은 마그레브에 대해(정면에서 봤을 때) S극,

그림 3-27
가이드웨이의
벽면에 고정된
부상 코일

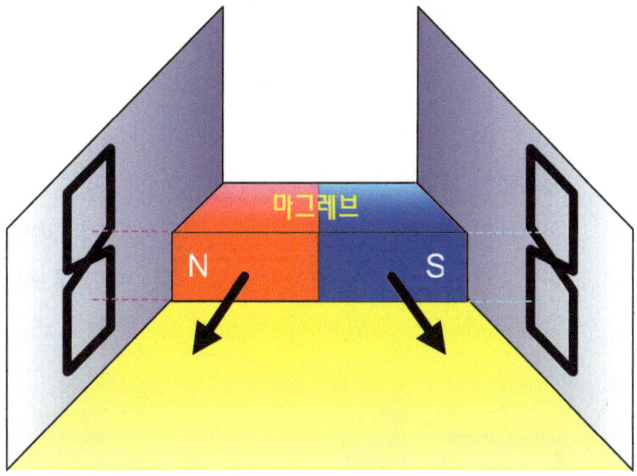

그림 3-28
부상 코일의
작용

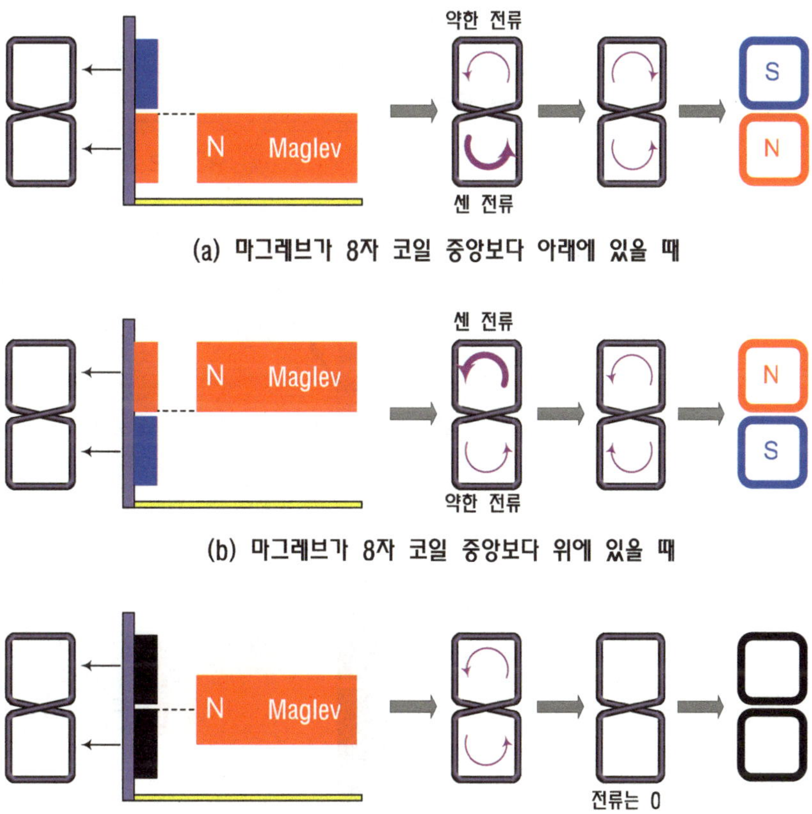

(c) 마그레브가 8자 코일 중앙에 있을 때

아래 코일은 N극이 된다. 이제 반대로 그림 (b)는 마그레브가 8자 코일의 중앙보다 위에 있을 경우로서 유도 전류 관계가 (a)와 반대이다. 따라서 8자 코일의 아래 부분은 S극, 윗부분은 N극으로 자화된다. 그리고 마그레브가 8자 코일의 중앙에 있을 때는 아래 코일과 위 코일에 유도되는 전류는 크기가 같으므로 서로 상쇄되어 전체 전류는 0이 된다. 따라서 8자 코일은 자화되지 않는다. 이상의 결과를 종합하면 그림 3-29와 같으며 이로부터 마그레브가 부상되는 이치를 한눈에 알 수 있다. 그림에서 마주보는 화살표는 당기는 힘이고, 서로 등진

그림 3-29
부상 코일에 의한 부상 원리

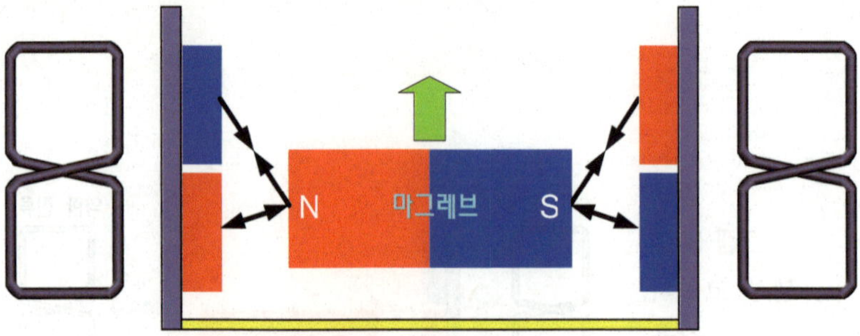

(a) 마그레브 위치가 낮을 때

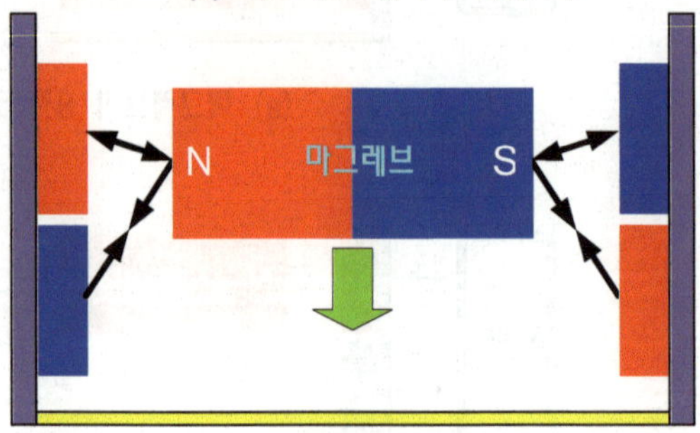

(b) 마그레브 위치가 높을 때

(c) 마그레브 위치가 정상일 때

화살표는 미는 힘을 나타낸다. 특히 마그레브가 정상 위치에서 운행 중일 때는 부상 코일이 자화되지 않아 유리하다. 그림 (a)는 마그레브를 양옆에서 끌어 당겨(drag) 부상시키는 방법이다(독일식, 일본식). 또 하나의 부상 방법은 그림 3-23과 같이 가이드웨이 바닥에 설치한 자석과 마그레브 바닥에 부착된 자석간의 반반력을 이용하는 것이다.

안내(guide)

마그레브가 고속으로 운행 중 가이드웨이의 벽과 충돌하는 것을 막는 안내 작용은 그림 3-30과 같이 안내 코일에 의해 이루어진다. 양쪽 벽에 설치된 안내 코일은 서로 마주보는 코일끼리 그림과 같이 연결되어 있다(위쪽의 연결선도 실제로는 가이드웨이 아래쪽으로 연결된다). 이 그림의 원리를 경우별로 설명하는 것이 그림 3-31이며 8자 코일 중 아래쪽 부분메 대해서만 설명한다(위쪽 부분도 원리가 같다). 먼저 그림 (a)는 마그레브가 왼쪽으로 치우쳤을 때이므로 당연히 왼쪽 코일이 오른쪽 코일보다 더 많은 전류가 유도된다(전류의 방향은 그림 3-25를 참조). 두 전류는 서로 반대로 흐르므로 결과 전류의 크기는 그 차이이며 방향은 센 전류 쪽이다. 따라서 양쪽 코일 모두 N극으로 자화된다(마그레브 쪽으로). 따라서 마그레브가 가까운 쪽에서는 반발력이 생기고 먼 쪽에서는 흡입력이 생기므로 마그레브는 중앙선 쪽으로 밀려난다. 그리고 그림 (b)는 (a)와 반대 경우로서 원리는 동일하다. 끝으로 마그레브가 가이드웨이 정중앙에 위치할 때는 양쪽 코일 모두 유도 전류가 같으므로 서로 상쇄되어 코일은 자화되지 않는다. 즉 마그레브는 정위치에 머물게 된다. 이상으로 안내 코일은 가까운 쪽에서는 반발력을, 먼 쪽에서는 흡입력을 발생시켜 마그 레브가 항상 가이드웨이 중앙에

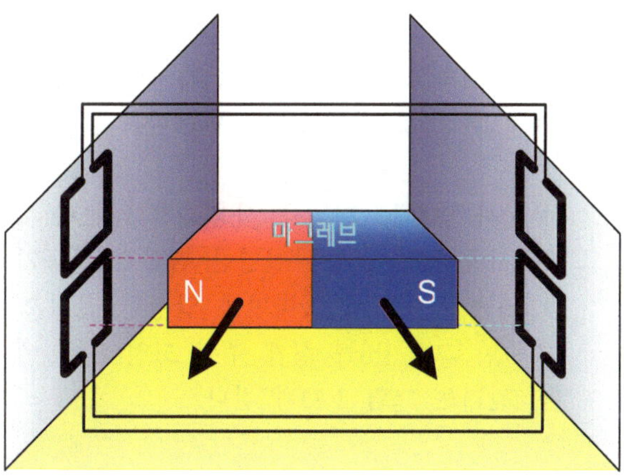

그림 3-30 가이드웨이의 벽면에 고정된 안내 코일

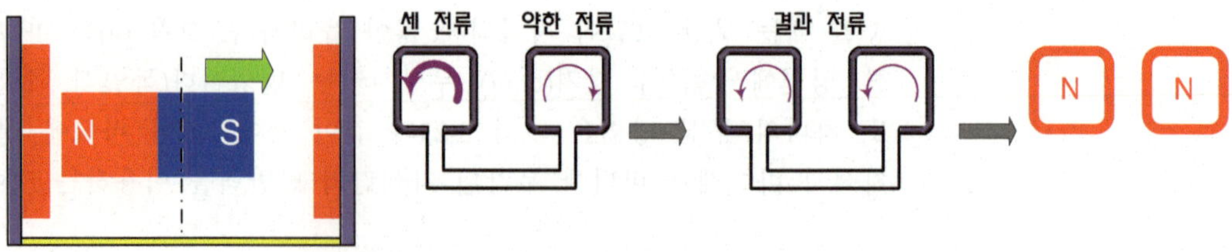

(a) 마그레브가 중앙선보다 왼쪽으로 치우칠 때

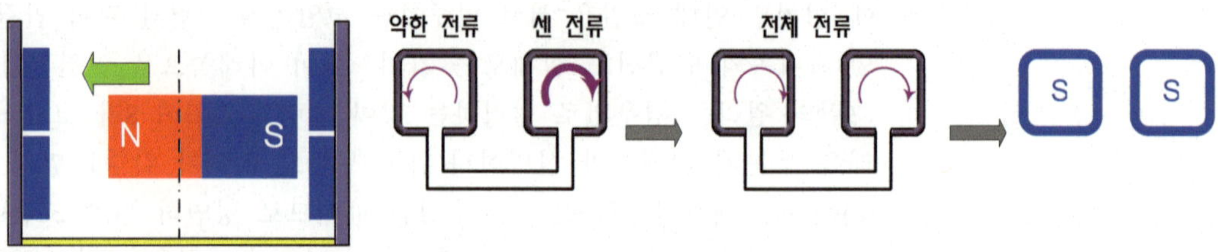

(b) 마그레브가 중앙선보다 오른쪽으로 치우칠 때

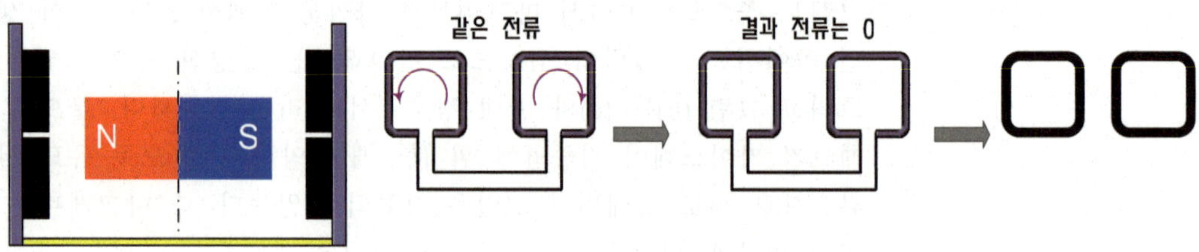

(c) 마그레브가 중앙선에 위치할 때

그림 3-31 안내 코일에 의한 안내 원리

서 진행하도록 안내한다. 실제 구조에서는 부상 코일과 안내 코일 두 개를 한 조로 일체화시켜 만든다.

추진 부상과 안내는 전력을 사용하지 않는다. 그러나 추진력은 교류 전원을 사용하여 앞에서 설명한 직선형 전동기 원리를 이용한다. 그림 3-32(a)는 가이드웨이 벽면에 일정한 간격으로 설치된 추진 코일을 보여주며 그림 (b)는 실제 추진 코일의 한 예이다. 추진 코일에 의한 추진 원리는 그림 3-33과 같다.

그림 3-32
가이드웨이의 벽면에 고정된 추진 코일과 실물

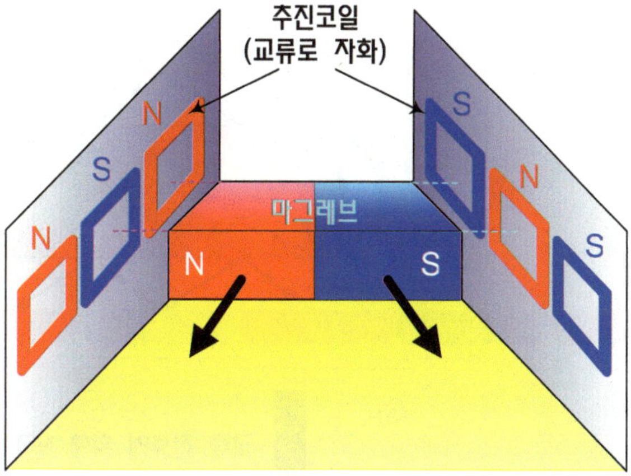

(a) 가이드웨이 벽면에 설치된 추진코일

(b) 실제 추진코일의 한 형태

그림 3-33에서 보듯이 추진 코일은 하나 건너 같은 자극으로 자화되도록 교류 전원을 연결하여 N, S극이 교대로 나타나게 한다. 그리고 교류 전류에 의해 코일의 자극은 교류의 반주기마다 반전된다. 그림 (a)에서 마그레브의 자석의 앞에는(진행 방향으로 봤을 때) 다른 극이 있어 끌어주고 마그레브 자석의 뒤에는 같은 극이 있어 밀어주므로 마그레브를 추진시킨다. 마그레브가 진행하는 동안 교류의 극성이 반전되어 추진 코일의 자극이 바뀜으로써 그림 (b)와 같이 된다. 따라서 여전히 (a)와 같은 방식으로 추진된다. 그림 3-34는 일본에서 개발한 야마나쉬(Yamanashi) 시험 주행선을 소개한 것이다. 가이드웨이는 설비하기 편하도록 빔 방식으로 하였으며 부상 코일과 안내 코일은 2개를 한 조로 하여 0.9m 간격으로 설치하였다. 추진 코일은 앞뒤로 겹친 형태로 하여 1.8m 간격으로 설치하며, 이중으로 겹친 이유는 주행 중에서 일어날 수 있는 마그레브 자석의 위험한 진동을 방지하기 위함이다.

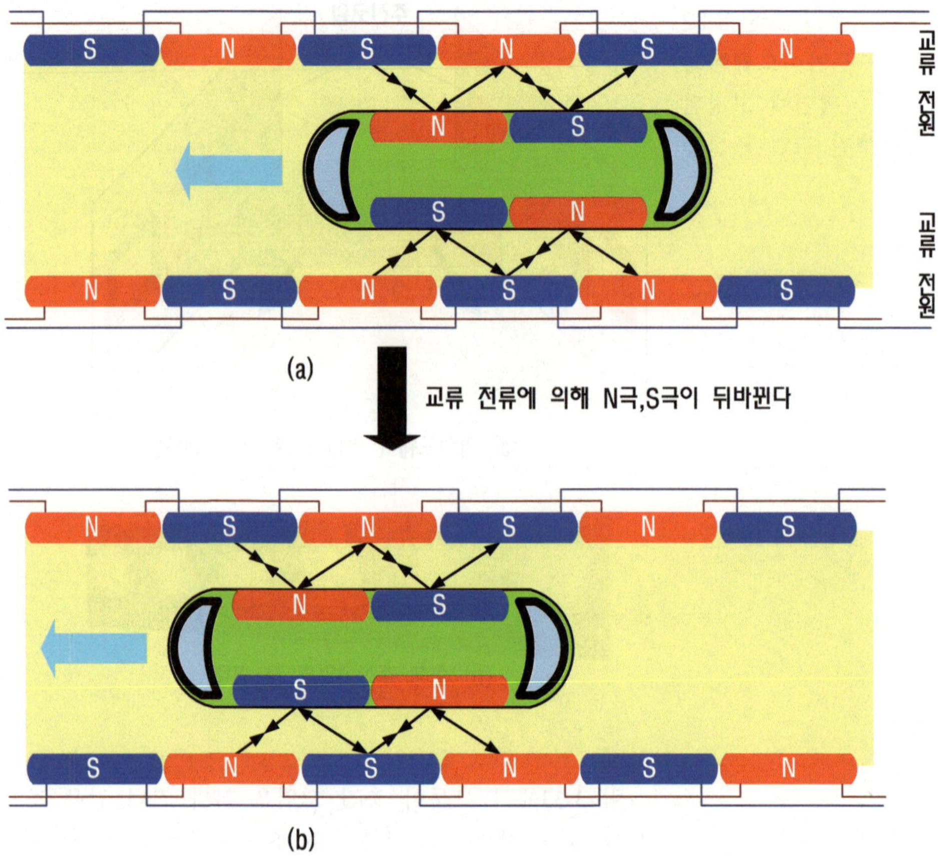

그림 3-33 추진 코일에 의한 추진 원리

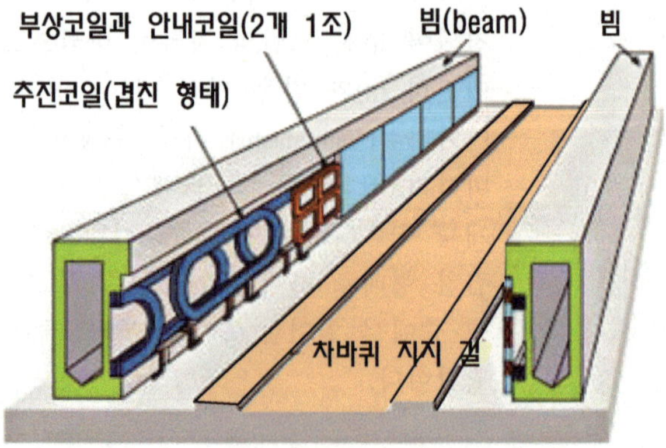

그림 3-34
U자형 가이드웨이 구성 예

초전도 자석

기존의 열차는 바퀴와 레일의 마찰력을 이용해 추진되며 현재까지 가장 빠른 고속철도의 경우도 실제 운행 속도는 시속 250~300km에 머문다. 마그레브는 바퀴를 사용하지 않고 떠서 달리기 때문에 매우 빠르며 앞으로 기술이 향상되면 운행 속도를 500km까지 높일 수 있을 것으로 전망된다. 대형 점보제트기의 운항속도가 500~800km 정도인 점을 감안하면 마그레브가 얼마나 빨리 달리는지 알 수 있다. 그러나 마그레브의 엄청난 차체를 부상시키고 추진시키기 위해서는 대단한 자력이 필요하다. 가이드웨이에 설치된 자석을 통틀어 지상코일(ground coil)이라 하며 일반적인 도체로 구성된다. 따라서 마그레브에 장착되는 전자석은 강력한 자속을 만들 수 있어야 하므로 초전도 자석(superconducting magnet)을 사용한다. 초전도 자석은 초전도체(超傳導體)를 코일로 한 전자석이며, 초전도체란 어떤 온도 이하로 되면 도체의 전기 저항이 급격하게 감소되어 0이 되는 물질의 총칭이다. 초전도 현상은 네델란드 과학자 온네스에 의해 1911년에 발견되었다. 최초에 초전도 현상이 관측된 것은 수은이며, 수은을 절대온도 4°K(−269°C)인 액체 헬륨 속에 넣었더니 전기 저항이 0이 되는 것이 확인되었다. 현재 초전도체 연구는 조금이라도 더 높은 온도에서 초전도체를 만드는데 주력하고 있다. 초전도 현상의 내용은 매우 복잡하고 난해한 부분이 많으므로 간단하게 개념만 설명하면 그림 3-35와 같다. 상온(25°C)에서의 일반적인 도체내에서는 원자 격자의 진동 등과 같이 전자의 흐름을 방해하는 요소가 많다(그림 (a)). 따라서 일반 도체에서는 내부를 전자가 통과할 때 많은 장애물과 충돌하므로 전류가 제한된다. 뿐만 아니라 전자와 방해물 간의 충돌로 인해 열이 발생하며 열은 다시 원자 격자의 진동을 더 격렬하게 하여 전자와 더 많은 충돌을 일으킨다. 그러나 그림 (b)의 초전도체 경우는 전자의 흐름을 방해하는 것이 없다. 그 이유는 절대 온도 0도에서는 모든 원자격자의 진동이 중지되기 때문이다(사람도 추우면 움추러든다). 따라서

그림 3-35 일반도체와 초전도체

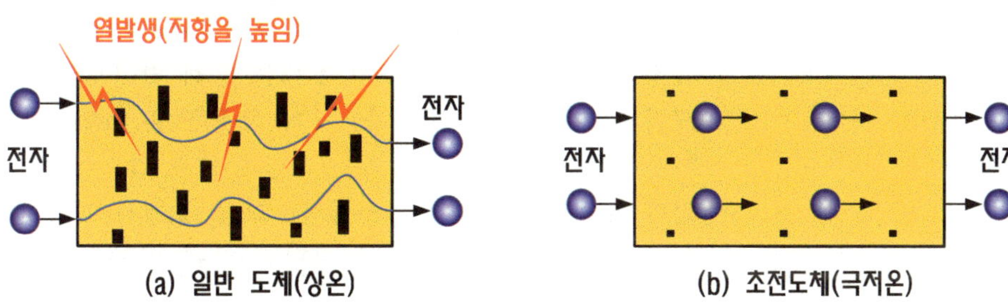

전류를 방해하는 저항이 사라지게 되는 것이다. 그러나 초전도체도 전류가 무한히 흐를 수 있는 것은 아니며 임계전류라 하는 제한 전류값이 존재한다. 초전도체에는 니오비움(Niobium; Nb)과 납(Pb)과 같이 단체로 초전도를 나타내는 것과, 니오브-티탄(Titanium)계나 납-비스무스(bismuth)계와 같은 금속 화합물로 된 것 등이 있다. 현재의 마그레브 전자석은 그림 3-36과 같이 니오브-티탄(NbTi)을 액체 헬륨(helium)과 액체 니트로겐(Nitrogen)으로 냉각시켜 초전도체로 사용하고 있다.

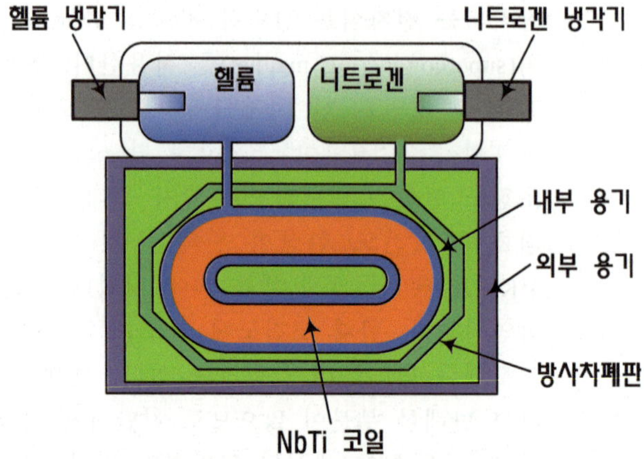

그림 3-36 마그레브의 초전도 자석

3-4 자기는 어떻게 측정하나?

사람들은 전기, 전자, 전파, 가전 제품 등 전기에 대해서는 매우 익숙해 있지만 자기의 위력에 대해서는 잘 인식하지 못하고 있다. 이제 여러분들은 자기의 엄청난 역할을 알았을 것이며, 자기의 내조가 없었다면 전기는 이렇게 화려한 위용을 보이지 못했을 것이다. 전기의 측정 원리에 대해서는 그림 2-33을 통해 알아보았다. 그러면 자기의 세기는 어떻게 측정하는가? 자기 측정은 홀(Hall)이 발견한 홀효과를 이용하여 측정한다. 홀효과는 그림 3-37과 같으며 이 역시 전동기 원리와 유사하다(플래밍 왼손법칙). 그림 (a)에서 자장이 아래에서 위로 도체를 관통하는 상태에서 그림과 같은 방향으로 전류를 흘려주면

그림 3-37
홀효과

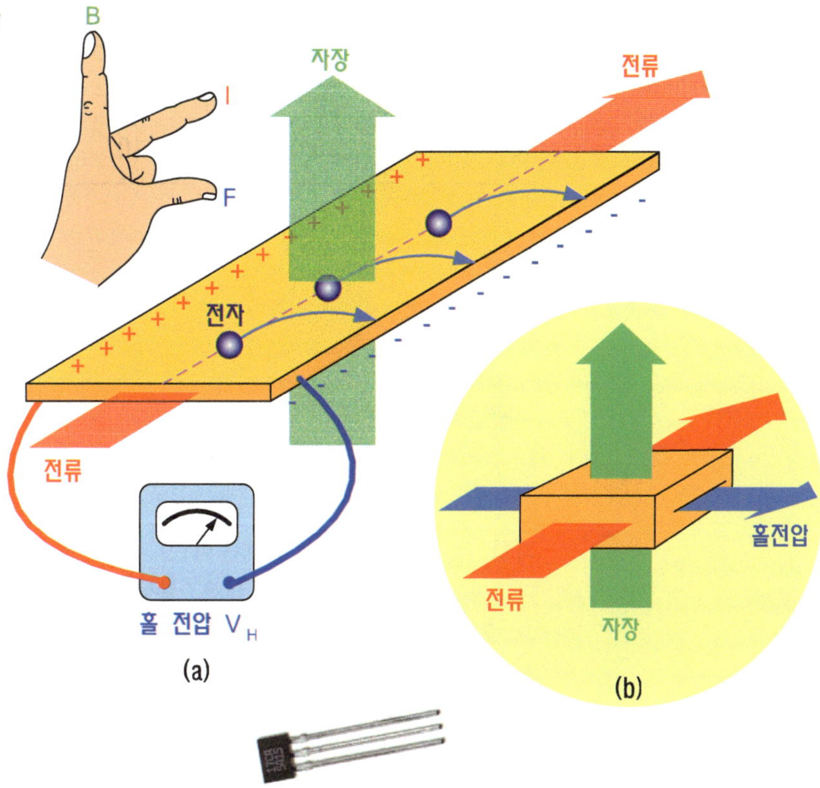

(c) 홀효과 센서

전자는 왼손법칙에 의해 엄지 손가락 방향으로 힘을 받는다. 따라서 음전하인 전자는 양극에서 음극으로 흐르면서(전류와 반대 방향) 한편으로는 도체의 오른쪽 가장자리로 몰리게 된다. 그 결과 도체의 오른쪽이 왼쪽에 비해 전압이 낮아지며 이를 홀전압이라 한다. 홀전압(V_H)는 자속(B)과 흐르는 전류의 곱에 비례하므로 다음과 같다.

$$V_H = kIB$$ (k는 비례 상수)

따라서 주어진 전류 I에서 홀전압 V_H만 측정하면 자속 B를 구할 수 있는 것이다. 그림 (b)는 홀효과를 알기 쉽게 도식화한 것이며 그림 (c)는 홀효과를 이용한 자기 센서 소자의 실제 모습이다. 홀효과 센서보다 더 감도가 높은 측정 장치로는 SQUID(초전도 양자간섭 장치)를 이용한 것이 있다. 다음의 그림 3-38은 자장의 세기와 그 환경을 정

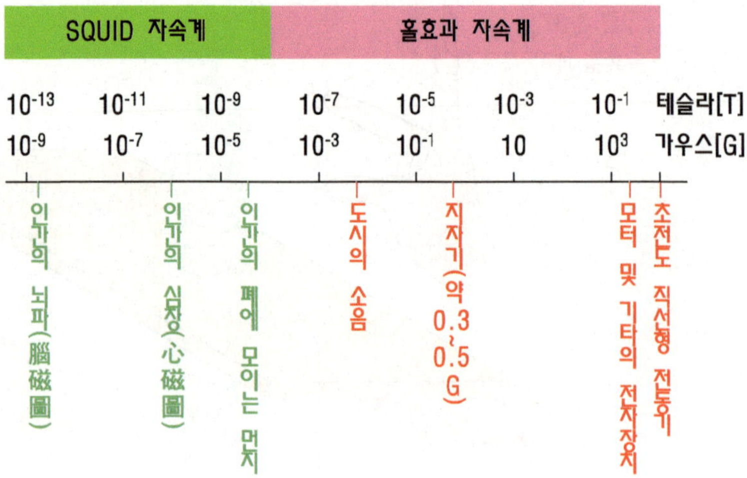

그림 3-38
자장의 세기

리한 것이다. 여기서 T(테슬라)는 자기 세기의 단위로 1T=10,000G이다. 자기 센서는 대단히 많은 분야에서 쓰이고 있으며 지폐 인식도 그 중 한 가지이다. 즉 자기 센서는 지폐에 인쇄된 자기 잉크의 패턴을 정확히 판독하므로(자기 잉크의 자기는 매우 미약하다) 자동 판매기, 지폐 교환기, 현금 예입기 등에 사용되고 있다.

4

두 얼굴의 반도체

4-1 반도체란 무엇인가? 공유결합, 불순 반도체

4-2 다이오드는 일방통행 반도체 다이오드, 2극관, 다이오드 내부, 다이오드 동작, 정류기

4-3 전기를 빛으로 바꾸는 LED LED, 레이저 다이오드

4-4 빛을 전기로 바꾸는 광다이오드 광다이오드, 태양전지, CCD, 컬러 CCD

4-5 열로 전기를 만든다 열전 효과, 제벡 효과와 펠티에 효과,

4-6 트랜지스터는 확대 복사기 트랜지스터 구조, 트랜지스터 동작

4-1 반도체란 무엇인가?

지금까지 우리가 설명한 물질은 전기를 잘 흐릴 수 있는 도체와 전기가 흐르지 않는 부도체 두 종류뿐이지만 여기서는 반도체에 대해 소개한다. 반도체 산업은 그 나라의 국력을 좌우할 정도가 되었으며 여러분들은 이미 반도체란 용어에 익숙해져 있다. 반도체가 중요한 이유는 최첨단 전자 장치의 핵심이 되는 트랜지스터 등의 소재가 되기 때문이다.

공유결합

물질은 그 구조에 따라 결합하는 방식이 이온결합, 금속결합, 수소결합 등 다양하다. 반도체는 원소 주기율 상에서 4족 원소에 속하는 실리콘(Si), 게르마늄(Ge)이 재료가 되며 이들은 공유(共有)결합을 한다. 현재의 모든 반도체 재료는 실리콘을 주로 하지만 초기에는 게르마늄으로 시작하였다. 특히 게르마늄은 반도체 재료로서뿐 아니라 식용으로도 사용되는 매우 다재다능한 물질이다. 공유결합은 문자 그대로 원자들이 서로의 전자들을 공유함으로써 결합을 이루는 것이며 그림 4-1은 실리콘 원자와 그들간의 공유결합을 보여준다. 실리콘 원자는 그림 (a)에서 보듯이 최외각 전자가 4개이며, 일반적인 원자들은 최외각 전자가 8개가 되어 안정되고자 한다. 따라서 실리콘은 그림 (b)와 같이 동서남북 사방에 있는 실리콘 원자들과 자기들의 전자를 공유함으로써 최외각을 8개의 전자로 채우는 효과를 얻는다. 즉 공유결합은 사회주의 방식에 비유할 수 있으며 결속력이 강하다. 이와 같이 순수한 4족 원소로만 된 결정을 순수 반도체, 또는 진성(眞性) 반도체라 한다. 그러나 지나치게 맑은 물에는 고기가 살지 않듯이 반도체의 진짜 위력은 순수 반도체에 있는 것이 아니다. 순수 반도체에 5족이나 3족 원소를 미량 첨가한 불순 반도체가 진정한 반도체 기능을 나타낸다. 이때 3족이나 5족 원소를 불순물이라 부르며 4족 원소 수십억 개당 불순물 원자 한 개 정도로 섞는다. 불순물을 섞는 것을 도우핑(doping)이라 한다.

불순 반도체

그림 4-2의 (a)는 5족 원소인 비소(arsenic; As)의 원자 모형이며 비소를 순수한 실리콘 결정에 미량 섞으면 그림 (b)와 같은 현상이 일어난다. 즉 비소 원자는 사방의 실리콘 원자와 공유결합하고 나면 전자

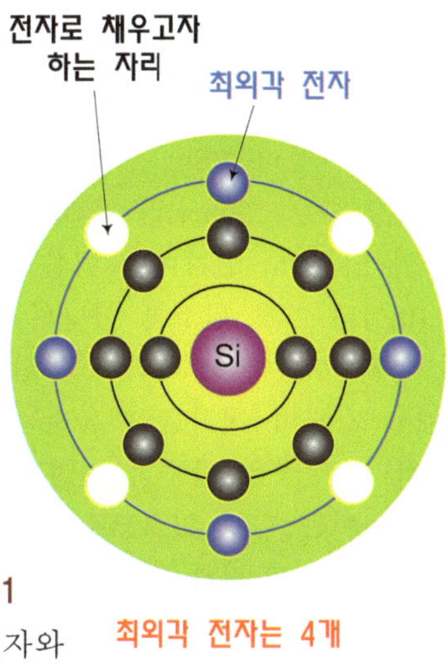

(a) 실리콘 원자

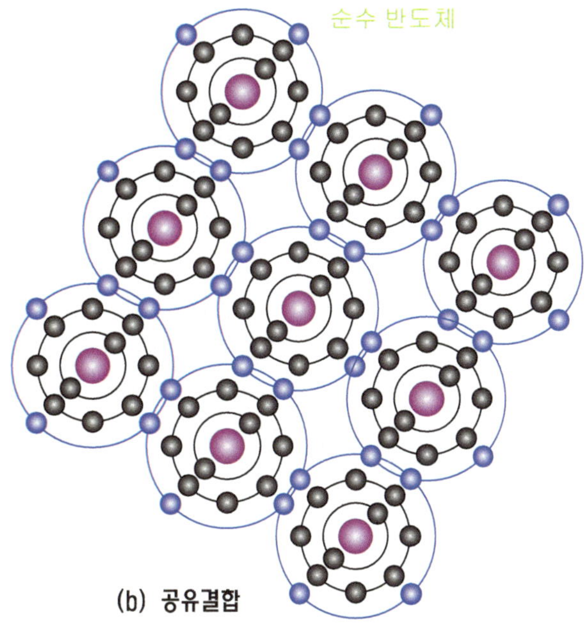

(b) 공유결합

그림 4-1
실리콘 원자와
공유결합

그림 4-2
비소 원자와
n형 반도체

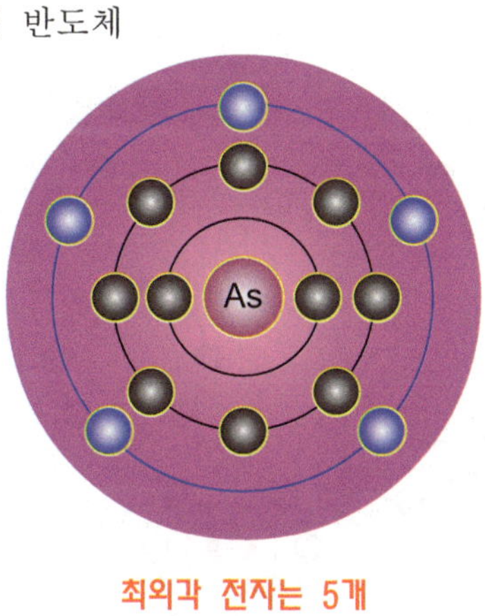

(a) 비소(As) 원자

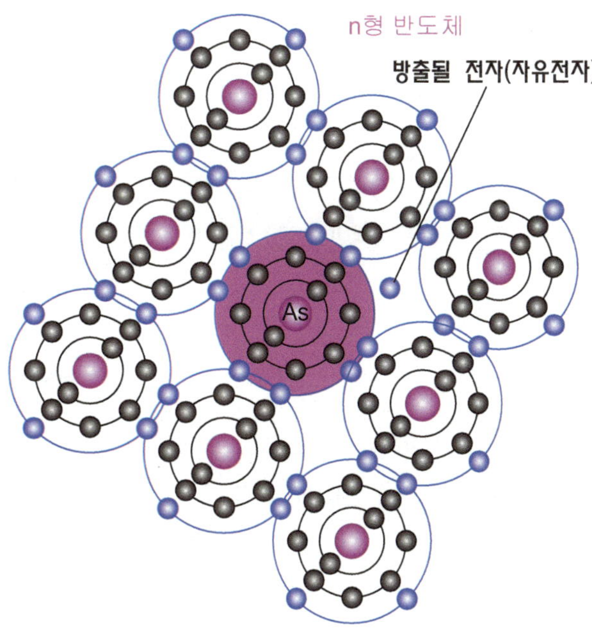

(b) 비소가 첨가된 실리콘 결정

가 하나 남게 된다. 따라서 비소 원자는 여분의 전자를 방출하여 비소 원자 한 개당 자유전자 한 개씩 생기게 한다. 5족 원소를 섞은 반도체는 음전하인 자유전자가 생기므로 n(negative)형 반도체라 한다. N형 반도체에 사용되는 5족 원소에는 안티몬(Sb), 인(P) 등도 있다. 5족 원소는 전자를 제공하고자 하므로 도우너(dinor)라 한다('준다'는 뜻).

그림 4-3의 (a)는 3족 원소인 인듐(In) 원자이며 이를 실리콘에 도우핑했을 때의 모습이 그림 (b)이다. 3족 원소는 사방의 4족 원소와 공유결합하고자 하면 전자가 하나 부족하다. 따라서 주위의 다른 전자들을 끌어들이려는 힘이 매우 강하며 전자를 채울려는 자리를 정공(正孔, 영어로는 hole)이라 한다. 정공은 단순히 전자가 빈 자리가 아니라 적극적으로 전자를 끌어들이는 힘이 있으므로 매우 중요하다. 정공은 음전하인 전자를 끌어들이므로 양전하 역할을 한다. 따라서 3족을 도우핑한 반도체는 p(positive)형 반도체가 된다. 인듐외에 갈륨(Ga)도 p형 반도체 재료로 사용되며 3족 원소는 전자를 받아들이고자 하므로 억셉터(acceptor)라 한다('받는다'는 뜻).

그림 4-3
인듐 원자와
p형 반도체

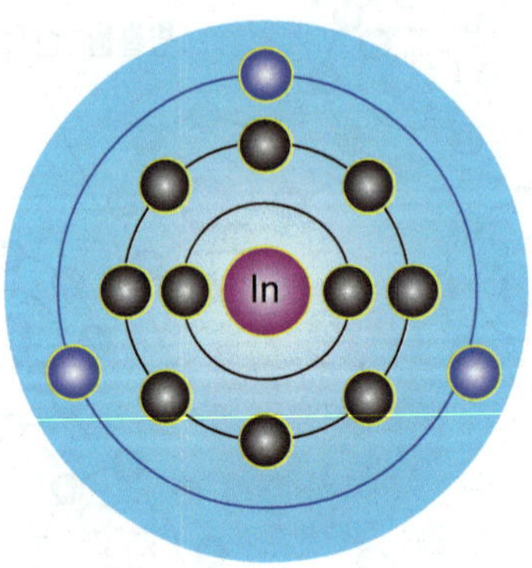

(a) 인듐(In) 원자

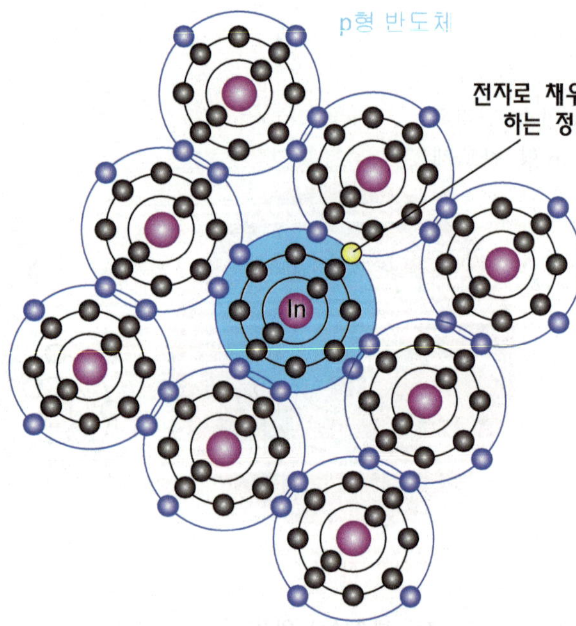

(b) 인듐이 첨가된 실리콘 결정

4-2 다이오드는 일방통행

반도체 다이오드 불순 반도체 중 n형 반도체는 과잉 전자로 고민하고 p형 반도체는 전자 결핍으로 고민하니 이 두 가지를 그림 4-4(a)와 같이 결합하면 서로의 욕구를 충족할 수 있을 것이다. 그림 (a)를 pn접합 다이오드, 간단히 다이오드(diode)라 하며 회로 기호는 그림 (b)와 같다. 다이오드에서 p영역의 단자를 애노드라 하고 n영역의 단자를 캐소드라 하며 p영역과 n영역이 접하는 부분을 pn 접합부, 간단히 접합부라 한다. 서로 정반대의 환경이 만나는 경계 부분에서는 특수한 상황이 일어나는 것이 일반적이다. 마찬가지로 다이오드에서 가장 특이한 역할을 하는 곳이 바로 접합부이며 이를 잘 알게되면 대다수의 반도체 원리들을 쉽게 이해할 수 있다. 접합부를 강조하여 그린 다이오드가 그림 4-5의 (a)이며 이를 연상케 하는 것이 태극(그림 (b))과 우리나라(그림 (c))이다. 그림 4-5는 내용이 진행되면서 절로 이해될 것이다.

그림 4-4
pn접합 다이오드

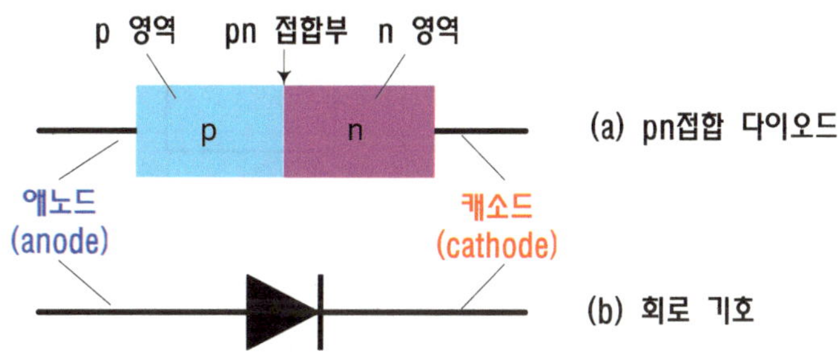

그림 4-5
다이오드 및 연상되는 내용

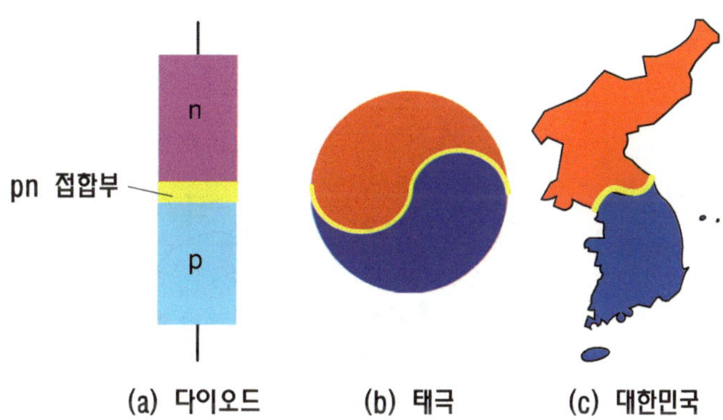

2극관

지금은 사용하지 않지만 다이오드와 같은 동작을 하면서도 이해하기 쉬운 것이 2극 진공관이므로 잠깐 소개하기로 한다. 2극 진공관은 그림 4-6(a)와 같이 내부가 진공인 유리관으로 되어 있다. 그림 (b)와 같이 히터의 전류로 생기는 열에너지에 의해 음극에는 자유전자인 열전자가 생성된다. 열전자들은 (+) 전압 V_B의 양극으로 이동하므로 전류가 흐른다. 그러나 그림 (c)와 같이 양극의 전압을 음으로 하면 양극은 열전자를 반발하게 되어 전류가 흐르지 않게 된다. 즉 그림 (b)의 경우는 도체로, 그림 (c)의 경우는 부도체로 동작한다. 반도체의 진정한 의미 역시 주변 여건에 따라 훌륭한 도체가 되기도 하고 훌륭한 부도체가 되기도 하는 것이지 막연히 도체와 부도체 사이의 어중간한 물질로 생각해서는 안된다.

그림 4-6
2극 진공관과 동작 원리

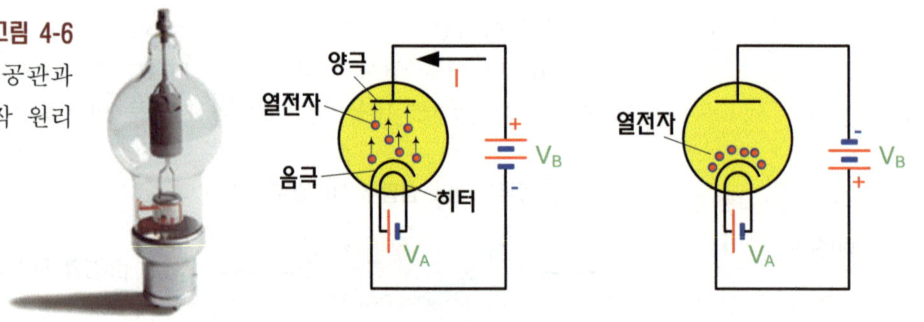

(a) 2극 진공관 (b) 전류가 흐른다 (도체) (c) 전류가 흐르지 않는다 (부도체)

다이오드 내부

정공은 전자로 채울 빈 자리이지만 움직이는 전하로 생각한다. 그림 4-7에서 전자1이 정공(빈자리)을 채우고(①), 전자1이 떠난 빈 자리(정공)을 전자2가 채우고(②), 전자2가 떠난 빈 자리를 전자3이 채운다(③). 그 결과 빈자리인 정공은 이와 반대 방향으로 이동하게 된다.

그림 4-7
정공의 이동 원리

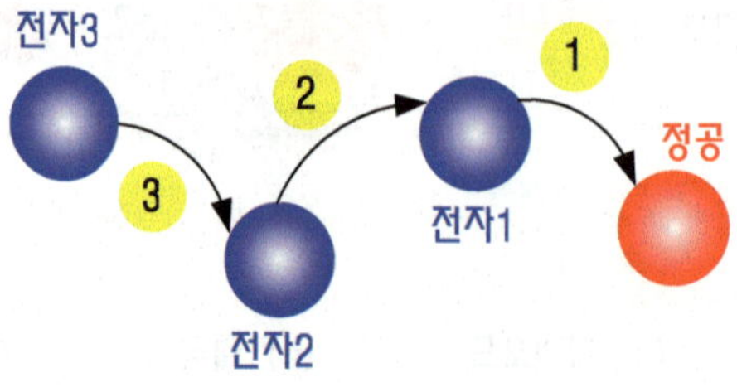

금속에서는 음전하인 전자만 전류 전도에 기여하며 움직이지 못하는 양이온은 전류에 기여하지 못한다. 이에 비해 반도체에서는 음전하인 전자뿐 아니라 양전하인 정공도 함께 전류에 기여한다는 것이 가장 큰 특징이다. 그림 4-8은 간단하지만 반도체의 복잡한 현상을 이해하는데 많은 도움을 준다. 그림 (a)는 이미 설명한 커패시터 원리이다 (1-5절 참조). 커패시터 양단에 저항을 연결하면 양 극판에 축적된 이동할 수 있는 양전하와 음전하가 각각 저항을 통해 상대방 극판으로 이동하므로 방전된다. 그러나 그림 (b)의 경우는 커패시터 양 극판에 이동할 수 없는 이온만 축적된 경우이며 극판 사이에 전장만 형성되고 방전은 일어나지 않는다. 따라서 이러한 커패시터를 준커패시터로 부르기로 한다(단 이 용어는 이 책에서만 편의상 사용하는 것이다). 그리고 준커패시터는 앞으로 그림 4-9의 화살표 오른쪽과 같이 간단히 표현하기로 한다.

그림 4-8

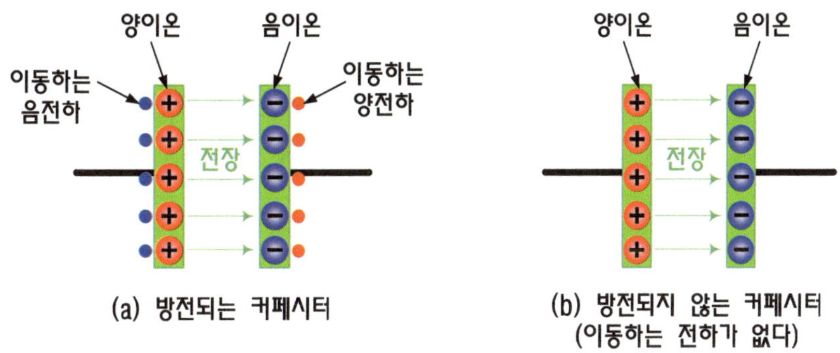

그림 4-9 준커패시터와 간단한 표현

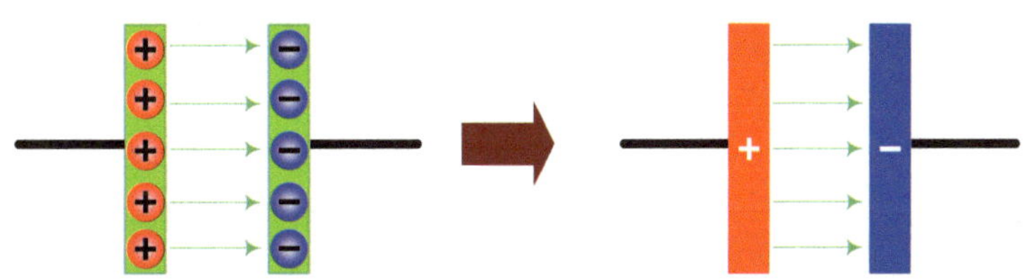

그림 4-10은 pn접합 다이오드에서 일어나는 현상을 단계적으로 보여준다. 먼저 p형 반도체와 n형 반도체가 접합되면 그림 (a)와 같이 접합부 근처에서는 p영역의 정공이 n영역으로 확산되고, n영역의 전자가 p영역으로 확산된다. 확산은 밀도(또는 농도)가 높은 곳에서 낮

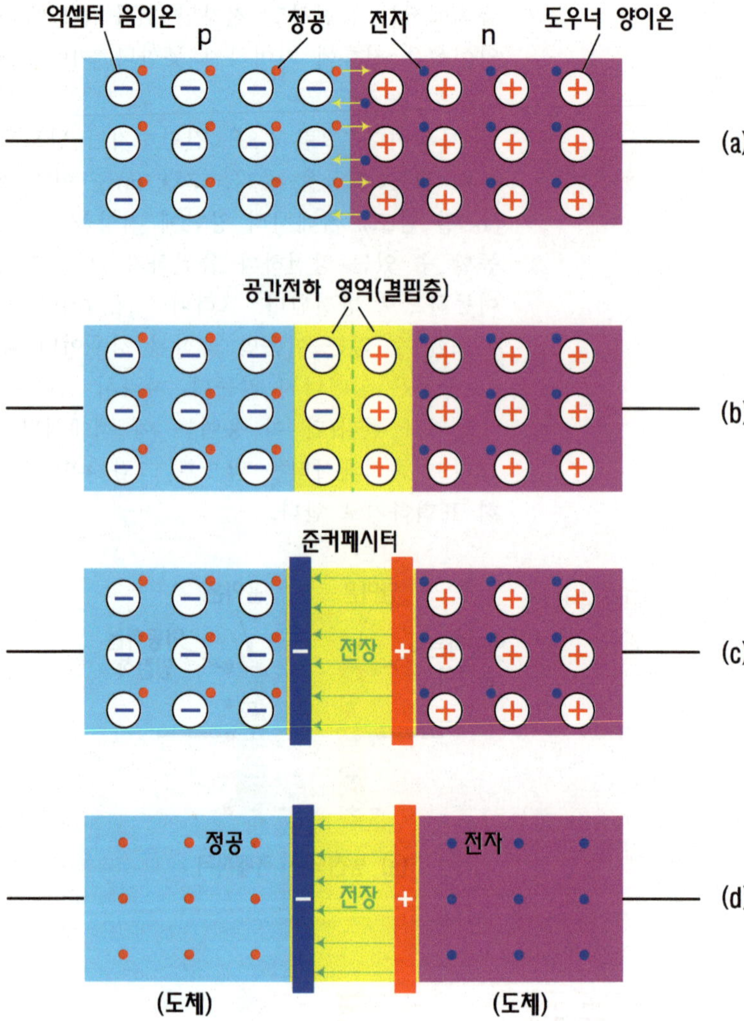

그림 4-9 다이오드의 내부 현상

은 곳으로 이동할려는 자연계의 보편적인 현상이다. 다음으로 그림 (b)와 같이 전자가 떠난 뒤에는 양으로 대전된 도우너 이온만 남고, 정공이 떠난 뒤에는 음으로 대전되는 억셉터 이온만 남게 된다. 이와 같이 확산의 결과로 접합부에서는 이온만 남게 되며 이 부분을 공간전하 영역이라 한다(p영역과 n영역은 전기적으로 중성이다). 또한 공간전하 영역에서는 움직이는 전자와 정공이 없으므로 결핍층이라고도 한다. 그림 (b)를 살펴보면 결핍층이 바로 그림 4-8(b)의 준커페시터와 같다. 따라서 그림 (b)는 그림 (c)와 같이 표현할 수 있으며 여기서 중요한 것은 준커페시터의 전장 방향이다. 즉 p영역의 정공이 n영역으로 이동하기 위해서는 준커페시터의 전장을 거슬러 가야하므로 이동할 수 없다. 물론 n영역의 전자 역시 p영역으로 이동할 수 없다. 이상으로 준커페시터의 전장은 전자와 정공의 확산(이동)을 막는 역할을 한다. 초기에 확산이 시작되면 준커페시터의 전장도 따라서 생기며, 확산이 계속되면서 전장도 비례하여 강해진다. 따라서 결국은 확산하려는 힘과 저지하려는 힘이 같아져 확산은 중지되므로 전자와 정공의 이동은 중지된다. 즉 그림 (c)에서 다이오드는 부도체이다. 이와 같이 준커페시터는 전자와 정공의 이동을 막기 때문에 그 양단 전압을 전위장벽이라고도 부른다. 그림 (c)에서 우리가 관심이 있는 p영역의 정공과 n영역의 전자만 표시한 것이 그림 (d)이다. 여기서 p영역과 n영역 및 접합부는 모두 도체이지만 준커페시터 전위장벽에 의해 다이오드가 부도체가 됨을 기억하라. 그림 (d)는 다이오드뿐 아니라 트랜지스터 등의 동작 원리를 이해하는데 매우 중요하다.

다이오드 동작

그림 4-10에서 (a)와 같이 다이오드의 애노드를 외부 전압원의 음극에 연결하고 캐소드를 양극에 연결하면 어떻게 될까? 전지의 극성과 준커페시터의 극성이 같아지므로 준커페시터의 전장은 더욱 강화된다. 따라서 다이오드는 더욱 부도체가 되며 이때의 외부 전압을 역방향 전압이라 한다. 이와 반대로 그림 (b)와 같이 애노드를 양극에 캐소드를 음극에 연결하면 외부 전압원에 의해 준커페시터의 전장이 상쇄되어 전위장벽이 허물어진다. 따라서 그림 (c)와 같이 접합부는 단순한 도체가 되어 그림에 표시된 방향으로 정공과 전자가 흐르기 시작한다(전류 방향은 양전하인 정공이 흐르는 방향). 다이오드가 도체가 되게 하는 그림 (b)의 외부 전압을 순방향 전압이라 한다. 이상으로 다이오드는 외부 전압의 극성에 따라 도체가 되기도 하고 부도체가 되기도 하는 것이며 그림 4-11이 이를 나타낸다. 다이오드 기호는 화살표와 같다. 그리고 이 화살표 방향으로만 전류를 흘려주며 이를 순방향 전류라 하고 그 반대를 역방향 전류라 한다.

이상적인 다이오드는 역방향 전류가 0이지만 실제 다이오드는 μA(1μA=10^{-6}A) 수준의 매우 미약한 전류가 흐른다. 그리고 실제 다이오드에서는 순방향 전압이 약 0.6V 이상이 되어야 다이오드가 도통(導通)되며 이를 문턱전압이라 한다. 이상으로 실제 다이오드의 전압-전류 특성곡선은 그림 4-12와 같다.

그림 4-10
다이오드의 동작:
(a) 역방향 전압
(b),(c) 순방향 전압

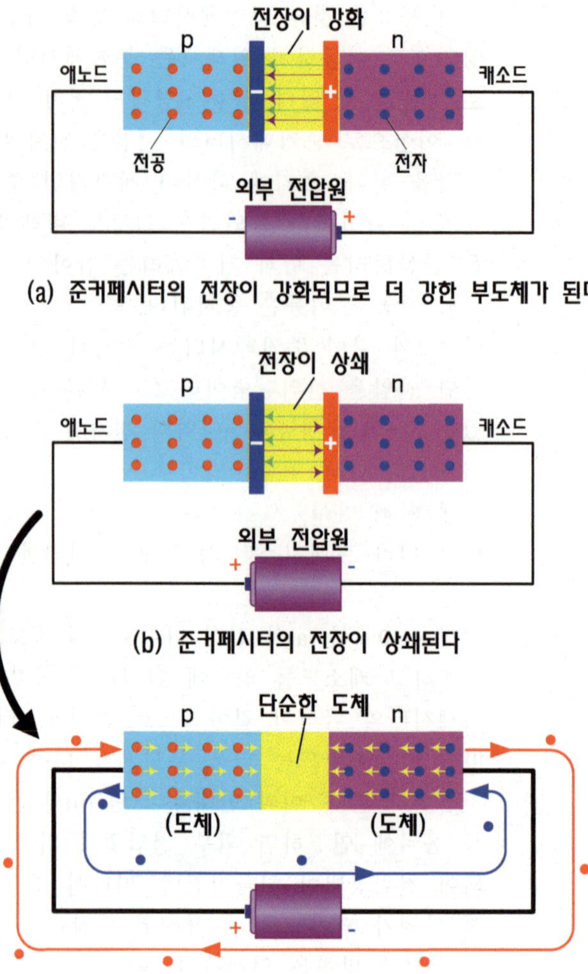

(a) 준커페시터의 전장이 강화되므로 더 강한 부도체가 된다

(b) 준커페시터의 전장이 상쇄된다

(c) 훌륭한 도체가 된다

그림 4-11
다이오드의
전압-전류 특성

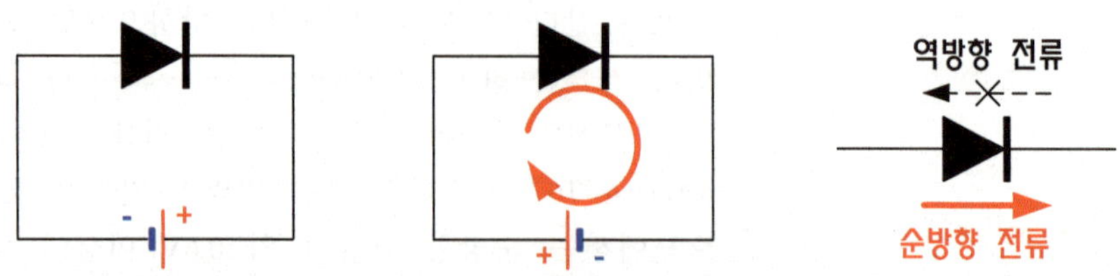

(a) 역방향 전압 (전류가 흐르지 않는다)

(b) 순방향 전압 (전류가 잘 흐른다)

(c) 전류 방향

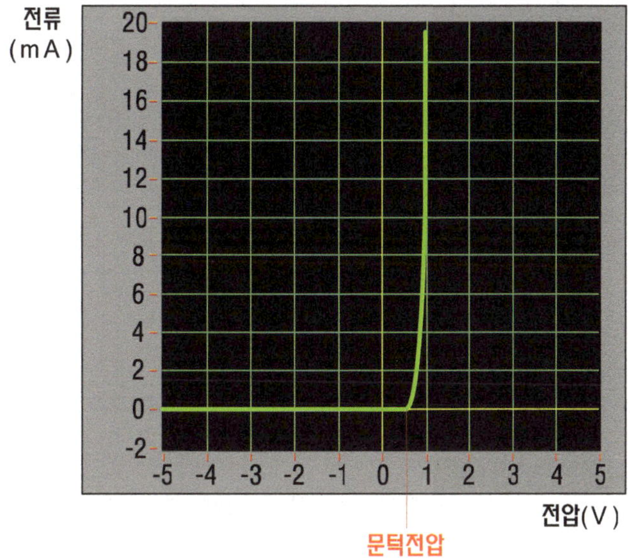

그림 4-12
다이오드의
전압-전류 특성곡선

다이오드는 우리나라 현실과 매우 흡사하다(그림 4-5). 남북은 이념 색깔이 다르다(p영역과 n영역). 공간전하 영역은 비무장지대와 같으며 여기는 움직이는 사람이 없다(결핍층). 비무장지대는 남북을 가로막는 장벽이다(전위장벽). 그리고 우리나라는 주변 강대국의 영향을 많이 받으며(순방향 전압, 역방향 전압) 장벽이 낮아지면 남북 교류가 활발해지고(순방향 전류) 장벽이 높아지면 냉기류가 흐른다(역방향 전류). 그러나 다이오드는 단순한 도체나 부도체에 비해 매우 다양한 일을 할 수 있으며 모든 반도체의 기본은 다이오드에 있다.

그림 4-13은 다이오드와 2극 진공관을 비교한 것이며 두 소자의 동작상의 차이점과 유사점을 확연히 알 수 있을 것이다. 2극 진공관은 열전자를 만들기 위한 히터가 필요하므로 열이 많이 발생하며 규모가 커진다. 그러나 반도체에서는 열전자를 이용하지 않아 히터가 필요없다. 2극 진공관에서는 음극과 양극이 서로 떨어져 그 사이의 공간이 도체와 부도체 동작에 영향을 준다. 그러나 다이오드에서는 공간전하 영역의 전장이 도체와 부도체 동작에 영향을 주며 공간전하 영역의 폭은 옹스트롱(10^{-10}m) 수준에 불과하다. 2극 진공관은 유리용기 내부가 진공이어야 하지만 다이오드는 크기가 매우 작은 단단한 돌이다. 따라서 2극 진공관은 다이오드에 비해 수명이 매우 짧으며 크기도 비교가 되지 않게 크다. 그리고 다이오드는 0.6V 수준에서

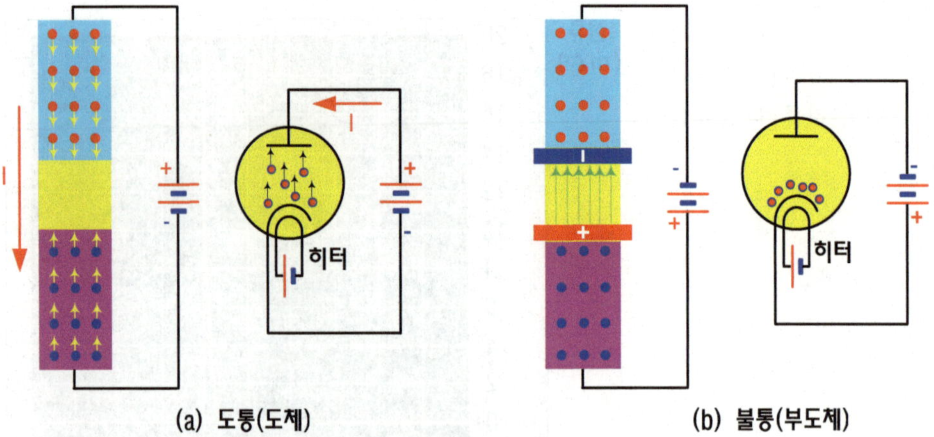

그림 4-13 다이오드와 2극 진공관

동작하므로 진공관에 비해 열 발생이 매우 적다. 이와 같은 차이로 2극 진공관은 역사의 뒤안길로 사라져 버렸다. 만일 앞으로 새로운 소자가 나와 지금 다이오드가 2극 진공관과 같은 신세가 된다면 세상은 또 다시 엄청나게 변할 것이다.

정류기

많은 전기 기기들은 직류 전원을 필요로 한다. 가정에 공급되는 교류를 직류로 변환하는 장치를 정류기(整流器)라 하며 어댑터(adaptor)로 흔히 부르고 있다. 정류기는 다이오드의 일방통행 성질을 이용하여 그림 4-14와 같이 구성한다. 그림 (a)에서 교류는 다이오드에 의해 맥류로 바뀌며 맥류의 직류 성분(평균)은 교류의 진폭에 의해 결정된다. 직류 성분의 크기를 조절하면서 또한 맥류를 좀 더 직류에 가깝게 만드는 것이 그림 (b)이다. 변압기는 교류의 전압을 원하는 수준으로 조절하며 여러분들이 사용하는 어댑터가 비교적 부피가 크고 무게가 나가는 이유는 바로 변압기 때문이다. 그리고 저항과 병렬로 커페시터를 연결함으로써 그림과 같이 맥류를 좀 더 직류에 가깝게 만들 수 있다. 커페시터는 충전과 방전을 통해 맥류를 직류에 가깝게 만들어 주며 평활(平滑) 커페시터라 한다. 그림 (b)에서는 교류의 양의 반주기 파형만 이용한다. 그러나 음의 반주기 파형을 반전시켜 함께 사용하면 더욱 직류에 가깝게 평활시킬 수 있다. 어댑터의 외형은 그림 (c)와 같다.

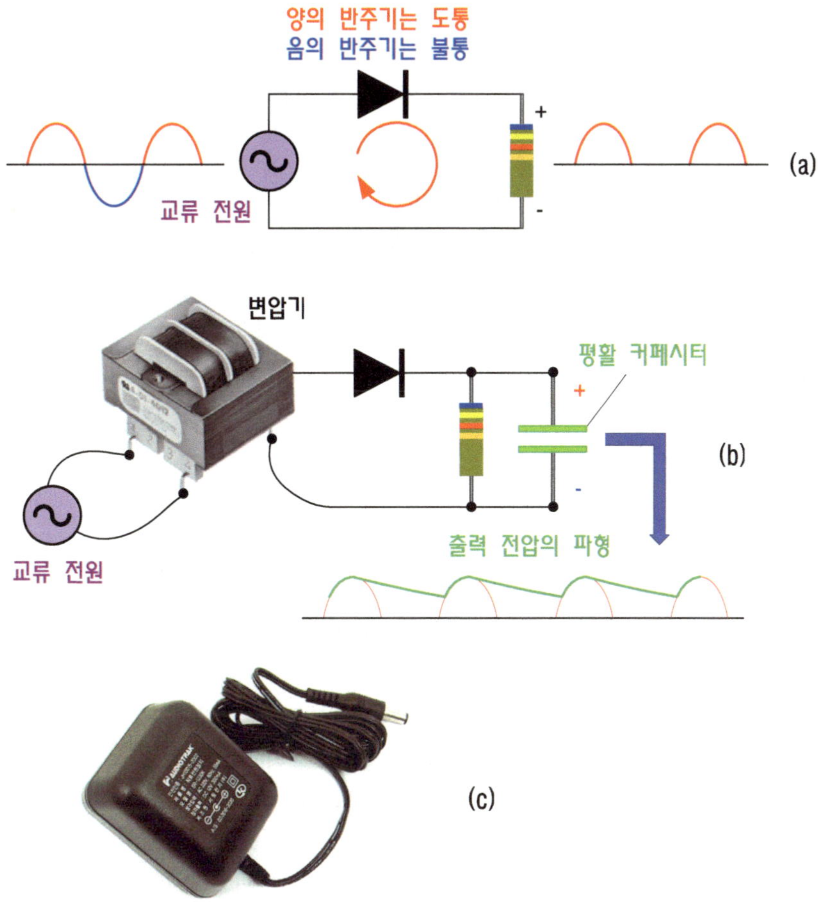

그림 4-14
정류기

4-3 전기를 빛으로 바꾸는 LED

LED 다이오드는 전류를 빛으로 변환시킬 수 있으며 이를 발광(發光) 다이오드라 하며 흔히 LED(Light Emitting Diode)로 부른다. LED 원리는 그림 4-14의 (a)와 같다. 즉 다이오드에 순방향 전압을 걸어주면 n영역의 전자가 p영역으로 이동하면서 전류(I)가 흐른다(정공도 마찬가지). 이 과정에서 일부 전자가 정공과 결합하게 되며 이를 재결합이라 한다. 그 이유는 정공은 원래 전자가 떠난 자리이며 전자가 정공과 결

그림 4-15
발광다이오드
(LED)

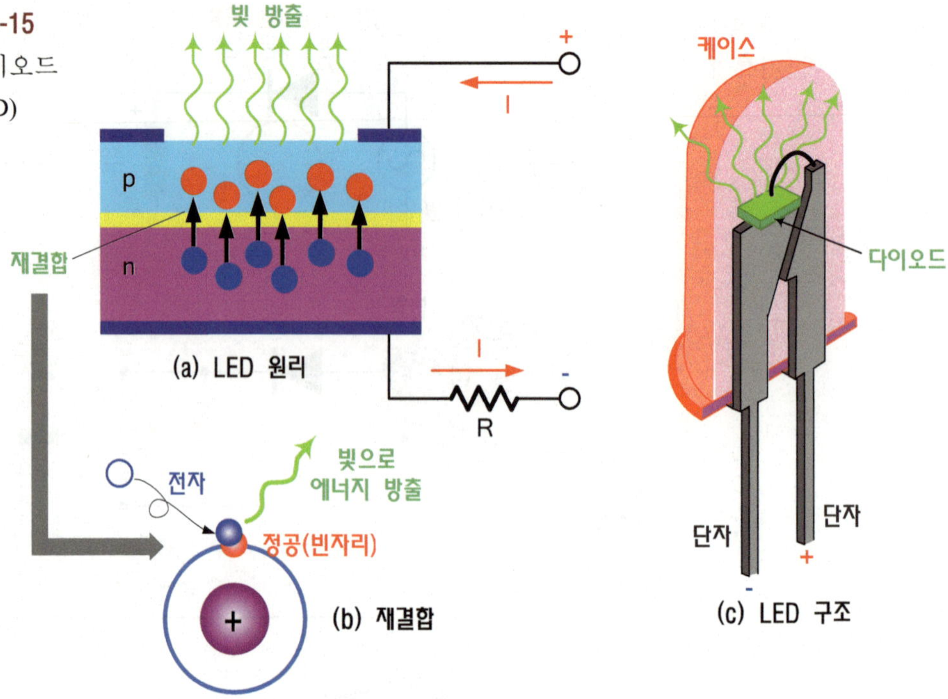

합한다는 것은 빈 자리로 되돌아온 것이기 때문이다(이혼했다가 재결합한 것과 같다). 재결합은 그림 (b)와 같으며 자유전자가 빈자리에 들어오면 구속 전자가 되어 에너지를 잃게 된다(그림 1-11(b) 참조). 이때 에너지가 빛으로 방출되며 에너지가 클수록 높은 주파수의 빛을 발하게 된다. 일반 다이오드도 모두 발광 기능이 있지만 가시광선이 아니기 때문에 보이지 않을 뿐이다. 그림 (c)는 LED의 구조이다. LED 소자들은 그림 4-16과 같으며 각기 다양한 빛을 낸다.

그림 4-16
LED

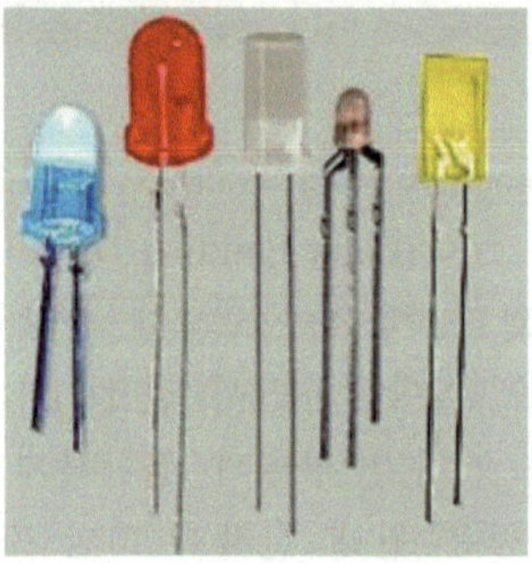

LED는 그림 4-17과 같이 우리 생활 깊숙이 침투해 있다. 그림 (a)는 숫자 표시기로 0에서 9까지를 표시할 수 있으므로 시계나 계기판 등에 사용된다. 형태는 '8'자이며 모두 7개 부분으로 되어 있으므로 '7 segment LED display'라 한다. 그림 (b)는 많은 LED를 행과 열(matrix)로 배열하여 문자나 그림을 표현하는 'dot-matrix LED'이다. 그리고 그림 (c)는 LED를 조명 기구로 사용한 LED 램프이다.

그림 4-17
LED의 응용

(a) 7 segment LED

(b) Dot-matrix LED 표시기

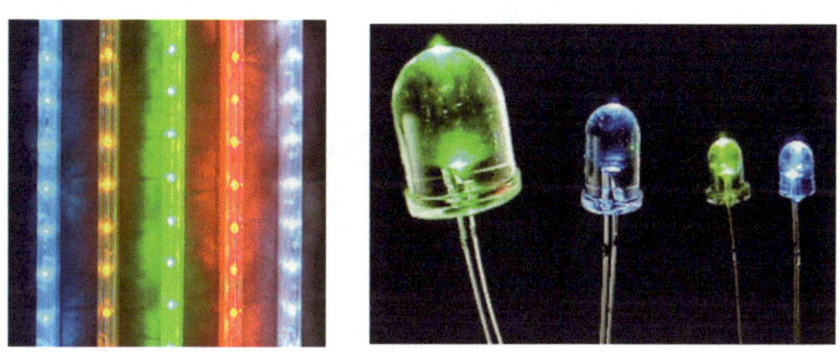

(c) LED 램프

레이저 다이오드 LED는 빛이 사방으로 흩어지진다. 만일 정공과 재결합하는 수많은 전자들이 내는 빛이 서로 합쳐진다면 강력한 빛으로 집속될 것이며 이를 레이저(LASER) 다이오드라 한다. 그림 4-18(a)는 레이저 다이오드의 구조이며 LED와 근본적으로 동일하다. 그러나 실제 레이저 다이오드의 빛은 그림 (b)와 같이 한 방향으로 집속되어 매우 강한 에너지를 갖게 된다. 레이저에는 여러 가지 유형이 있지만 반도체 레이저인 레이저 다이오드는 소형이면서 비교적 큰 출력을 얻을 수 있으므로 레이저 복사기나 CD(compact disk) 플레이어 등에 사용된다.

그림 4-18
레이저 다이오드

(a) (b)

여기서 레이저의 원리에 대해 간단히 알아보도록 하자. 중국 인구가 동시에 뛰어올랐다가 내려서면 어떻게 될까? 우스개 소리같지만 원자 세계에서는 가능하며 이것이 레이저 원리이다. 전열기구나 조명 기구 등 빛을 내는 모든 물질은 그 원리가 그림 4-19와 같다. 즉 그림 (a)와 같이 원래 자기 궤도에 있는 전자(이를 바닥 상태라 한다)가 열이나 빛과 같은 외부 에너지를 흡수하면 그림 (b)와 같이 높은 궤도로 진입함으로써 들뜬 상태가 된다. 그러나 들뜬 상태의 전자는 다시 바닥 상태로 돌아오고자 하며 그 과정에서 흡수한 에너지를 잃어면서 빛으로 방출한다. 방출되는 빛의 파장은 얼마나 높은 궤도에서 떨어지느냐에 따라 다르다. 이때 무수한 원자들이 방출하는 빛이 방향과 파장이 서로 일치하면 매우 강력한 빛으로 집속되며 이를 레이저

그림 4-19 원자의 빛방출

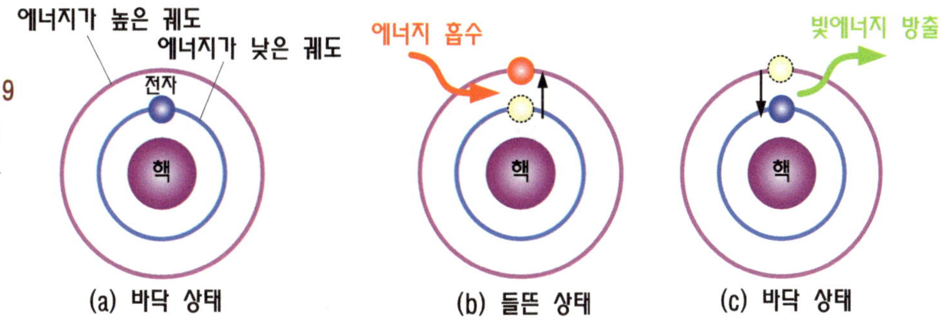

(LASER)라 한다. 그림 4-20을 보자. 먼저 그림 (a)의 경우는 흥분한 원자들이 내는 빛이 서로 정합되지 않는 경우로서 일반적인 조명 기구 등이 그 예이다. 이에 비해 그림 (b)는 각 원자들이 방출하는 빛이 방향과 위상이 일치하는 경우로서 레이저의 원리가 된다. 이 경우 하나의 원자가 방출하는 빛이 주위의 원자를 자극하여 함께 빛을 발하도록 유도하므로 빛이 순간적으로 증폭되는 것이다. 레이저의 빛을 더욱 강하게 만드는 것이 그림 (c)이다. 즉 흥분한 원자들의 앞과 뒤에 거울을 둠으로써 방출된 빛들이 거울에 반사되어 왕복을 거듭함으로써 더 많은 원자들을 자극하여 빛이 증폭되는 것이다. 단 거울 중 하나는 전반사 거울이고 하나는 부분반사 거울이며 이 부분반사 거울을 통해 강혁한 레이저 광을 얻는다. 레이저의 뜻은 'Lightwave Amplification by Stimulated Emission of Radiation(유도방출에 의한 빛의 증폭)'의 합성어이다. 그림 4-20의 (a), (b), (c) 세 경우를 알기 쉽게 비유하면 각각 그림 4-21의 (a), (b), (c)와 같다. 그림 (a)는 통제되지 않은 상태에서 각자가 마음대로 뛰는 것이며 그림 (b)는 동시에 움직여야 하는 줄넘기이다. 더 나아가 그림 (c)는 줄넘기 하면서 한명씩 동참하도록 유도하여 동시에 움직이는 사람의 수가 점차 증가하는 경우이다. 그림 4-22는 레이저의 한 예인 루비(ruby) 레이저이다. 광원의 빛은 루비 원자들을 흥분시켜 전자들이 높은 궤도로 진입하게 한다. 그리고 원자들이 방출하는 빛들은 두 거울 사이를 왕복하면서 더 많은 빛을 유도방출시키며, 부분반사 거울을 통해 그 일부를 레이저광으로 얻는 것이다. 레이저는 산업용 기기뿐 아니라 의료 기기 등에도 그 활용이 확대되어 가고 있다.

그림 4-20
레이저의 원리

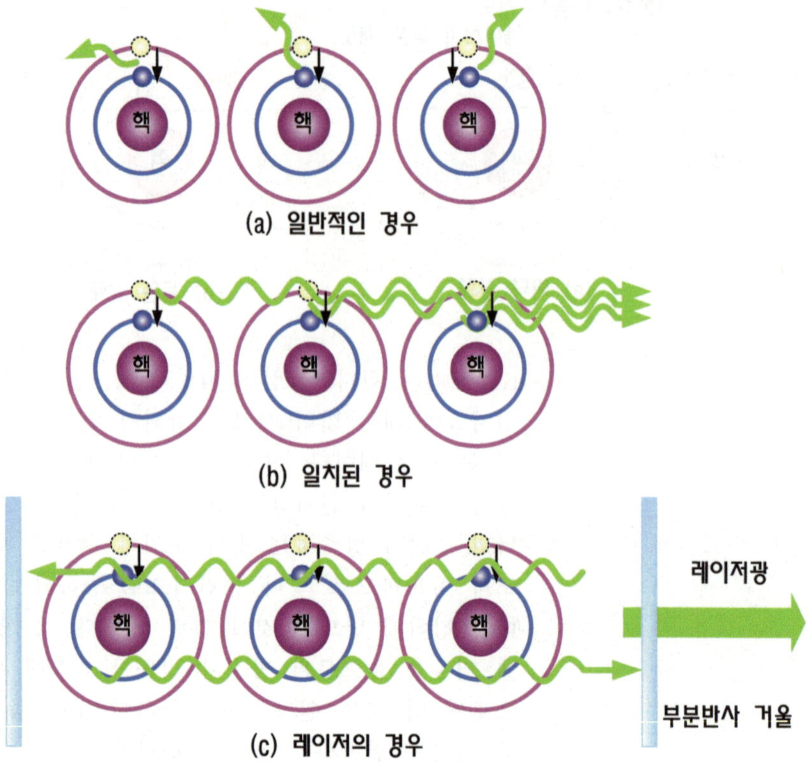

그림 4-21
그림 4-20의 비유

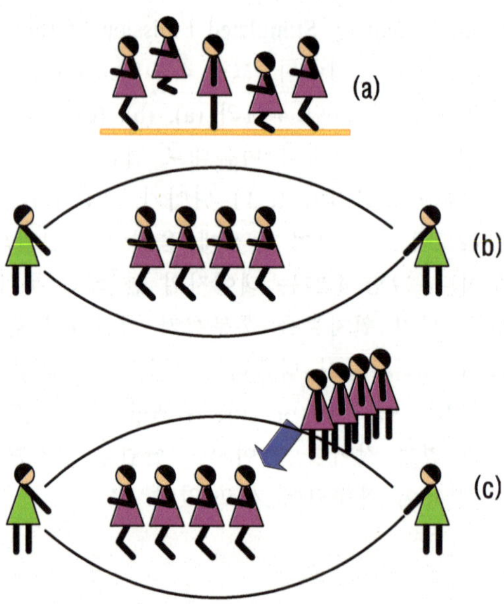

그림 4-22
루비 레이저

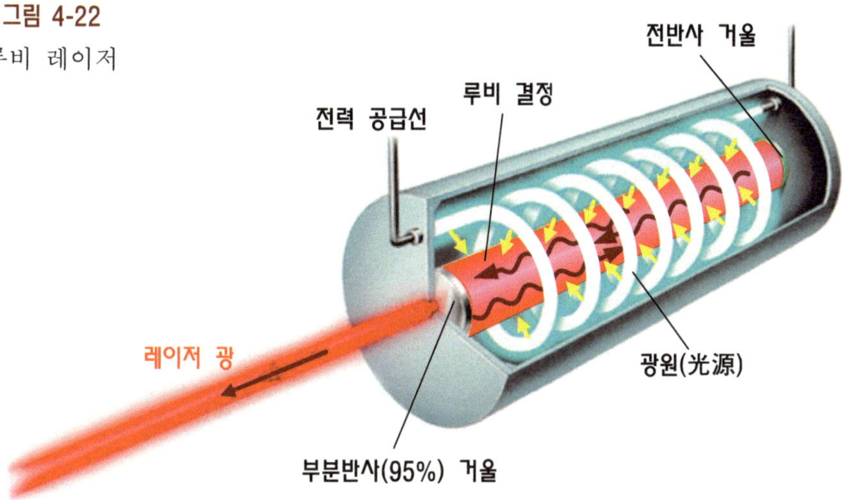

4-4 빛을 전기로 바꾸는 광다이오드

광다이오드 빛을 전기로 변환시키는 광다이오드(photodiode)는 원리가 LED와 정반대이며 그림 4-23이 이를 설명해 준다. 먼저 그림 (a)는 전자가 외부로부터 충분한 에너지를 얻으면(빛에너지가 그 한 종류) 원자의 구속을 박차고 자유전자가 된다는 것을 보여준다. 빛에너지를 얻어 생긴 자유전자와 정공을 축전지와 같이 모으는 것이 광다이오드이다. 그림 (b)와 같이 광다이오드의 접합부에 빛을 쬐면 접합부에 쌓여 있는 이온들로부터 자유전자와 아울러 정공이 함께 생겨난다. 그러면 접합부의 준커페시터 작용에 의해 자유전자는 n영역쪽으로, 정공은 p영역쪽으로 끌려가게 되므로 그림 (c)와 같은 형태로 전자와 정공이 축적된다. 그 결과 준커페시터는 실제 커페시터와 같아지므로(그림 4-8 참조) 광다이오드 양단에 저항을 연결하면 축적된 전자와 정공이 방전되면서 전류가 흐르는 것이다. 즉 빛이 전기로 바뀐 것이며 그 핵심은 바로 접합부에 있는 준커페시터의 역할이다. 다시 말해 접합부뿐 아니라 p영역과 n영역에서도 빛에 의해 전자와 정공이 생성되

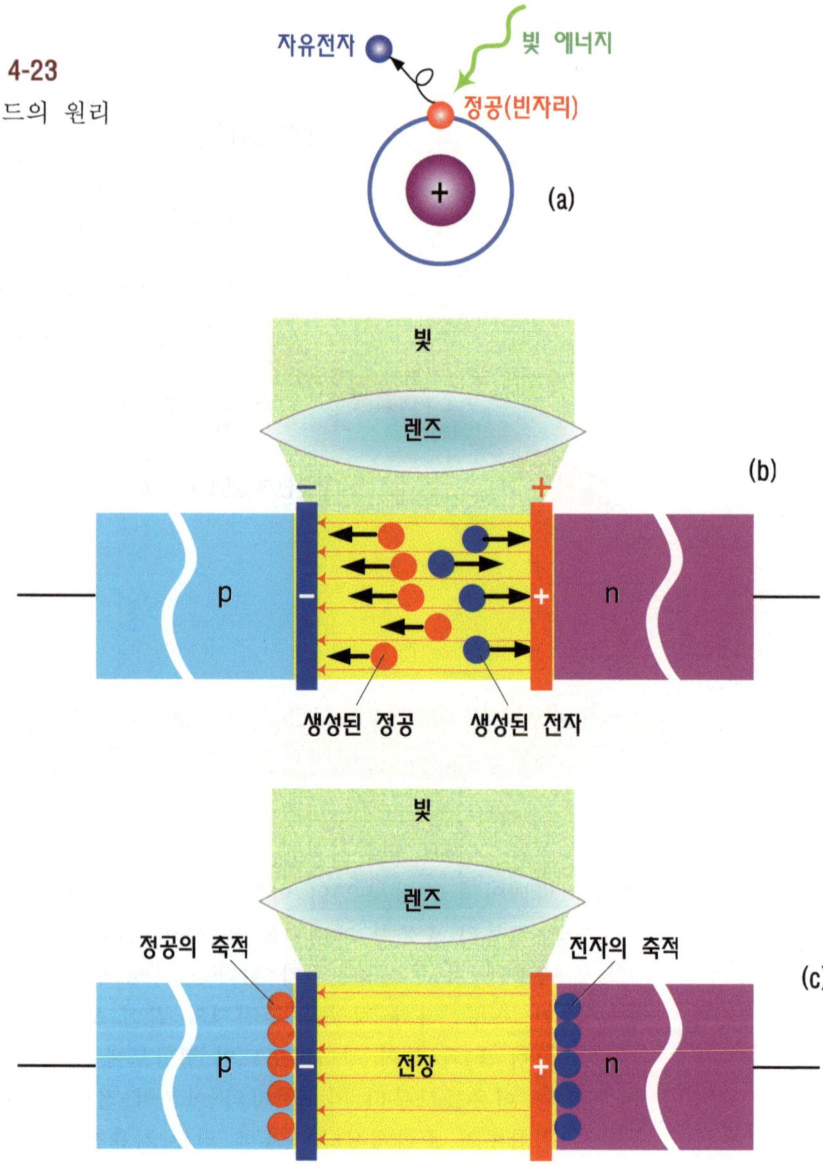

그림 4-23
광다이오드의 원리

지만 이들은 곧 재결합해 버리고 만다. 그러나 접합부에서 생기는 전자와 정공은 재결합하기 전에 준커페시터의 작용에 의해 각각 다른 쪽으로 쓸려감으로써 전하가 축적될 수 있는 것이다.

그림 4-24는 전기를 저장하는 방법을 비교한 것이다. 먼저 그림 (a)는 일반적인 커페시터로서 외부로부터 축적된 전하가 방전하여 전류를 일으키지만 전하가 자체적으로 생산되는 것이 아니기 때문에 방전은 일시적이다(1-5절 참조). 이에 비해 그림 (b)의 전지는 내부의 전해질에 의해 계속 전하가 생산되므로 전원으로 사용된다. 광다이오드 역시 빛에너지가 공급되는 동안 전자와 정공의 생산이 계속되므로 전원으로 사용되는 것이다. 그림 4-25은 광다이오드의 외형이다.

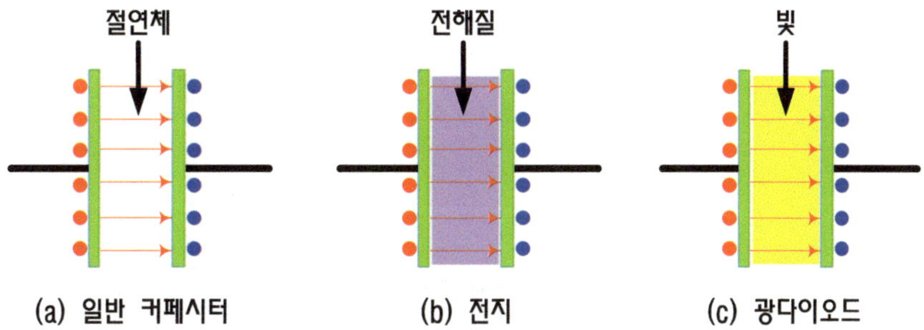

그림 4-24
전기의 저장 내지는 생산

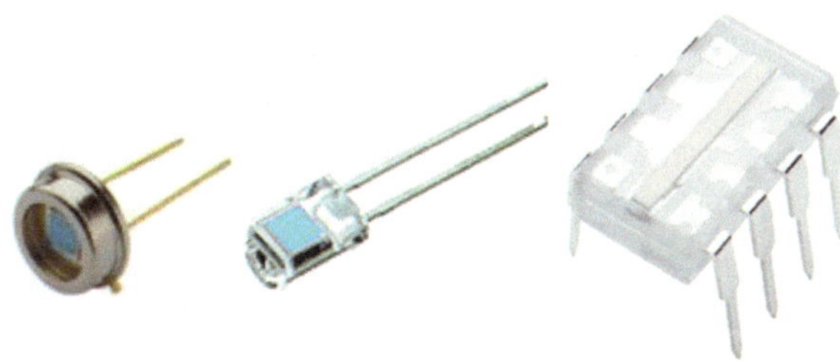

그림 4-25
광다이오드 외형

태양전지

광다이오드의 응용이 바로 태양전지(solar cell)이며 태양 에너지는 청정 에너지의 대명사로서 그 중요성은 날로 더해간다. 그림 4-26에서 (a)는 광다이오드를 이용한 태양전지의 구조이며 빛이 입력되면 전기를 출력한다. 광다오드를 직렬로 결합하면 전압을 높일 수 있고 병렬로 결합하면 전류를 높일 수 있으므로 일반적인 태양전지는 많은 광다이오드를 행과 열로 결합한 형태이다. 그림 (b)는 태양전지를 이용하여 배터리를 충전할 수 있음을 보여주며 빛을 전기로 바꾸는 것을 일반적으로 광전(光電, photoelectric) 효과라 한다.

그림 4-26
태양전지

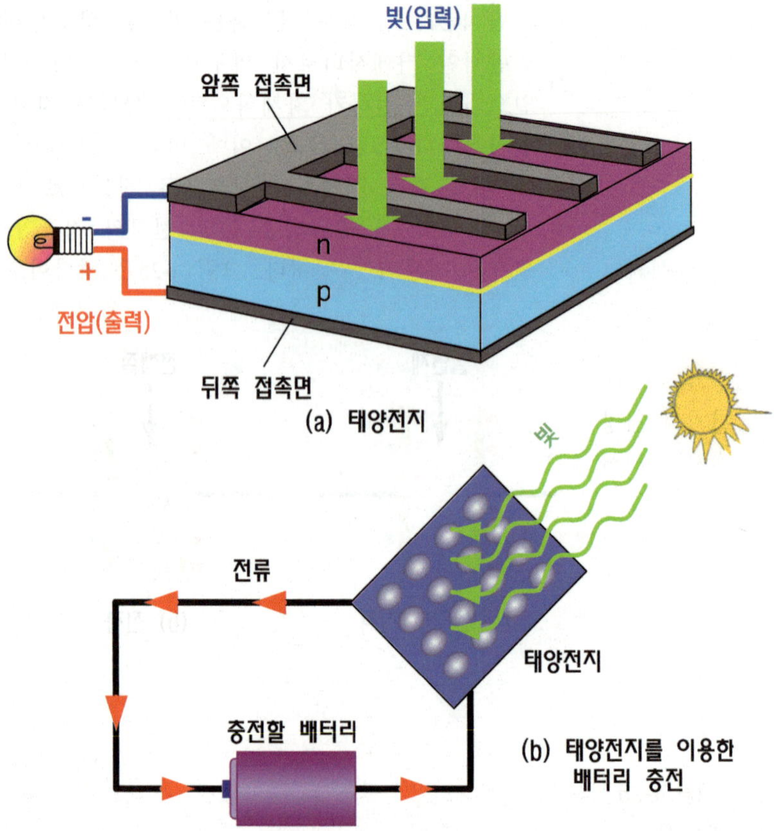

CCD

광다이오드는 빛을 전자로 바꿔 담는 그릇과 같으며(지금부터는 실제로 움직이는 전자만 생각한다) 이를 이용한 것이 전하결합 소자, 즉 CCD(Charge-coupled device)이다. CCD의 대표적인 쓰임새가 바로 필름이 필요없는 디지털 카메라(일명 디카)이다. 그림 4-27과 같이 광다이오드 하나 하나를 전자를 담는 그릇으로 생각하자. 각각의 그릇은 그 그릇에 도달하는 빛의 세기를 전자의 양으로 바꿔 저장하며 그릇 하나 하나를 화소(畵素, pixel)라 부른다(pixel은 picture element의 합성어이다). 디지털 카메라를 노출시키는 동안에 빛의 세기에 비례하여 각 화소에 전자가 축적되며 셔터를 누르는 순간 전자의 축적은 더 이상 진행되지 않는다. 이제 다음 과정은 각 화소의 전자량을 증폭하는 일이며 이는 그림 4-28과 같이 컨베이어 벨트를 이용해 비유적으로 설명할 수 있다.

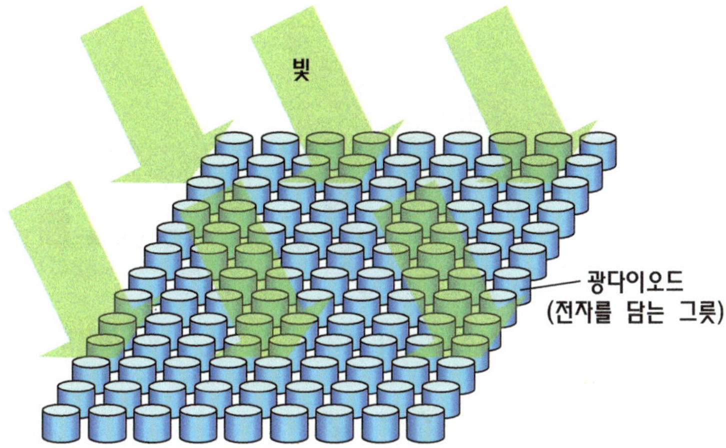

그림 4-27
화소 배열

그림 4-28은 화소가 행 3개 열 3개로 모두 9개인 경우를 예로 든 것이다. 그림 (a)는 각 그릇(화소)에 전자 축적이 완료된 상태이며(카메라 셔터를 누른 상태) 각 화소는 열컨베이어 벨트에 실려있다. 이제 그림 (b)와 같이 열컨베이어 벨트들이 동시에 한단계 이동하여 첫번째 행의 화소들이 행컨베이어 벨트 위에 올려진다. 이후로는 열컨베이어 벨트가 일시 중지하고 그림 (c), (d), (e)와 같이 행컨베이어 벨트만 한 단계씩 이동하며, 한 단계에 화소 한 개씩을 증폭기로 증폭한다. 행컨베이어 벨트가 비게 되면 다시 그림 (b)의 단계로 돌아간다. 즉 열컨베이어 벨트를 이동하여 두 번째 행의 화소들을 행컨베이어 벨트 위에 올려놓는다. 그리고 열컨베이어 벨트는 일시 중지시키고 그림 (c), (d), (e)순으로 행컨베이어 벨트를 이동시키면서 화소를 증폭한다. 이상은 컨베이어 벨트를 이용한 비유이며 실제로는 전압을 이용하여 음전하인 전자를 이동시킨다. CCD 센서는 하나의 칩으로 제작된다. 그 배열 구조는 그림 4-29의 (a)와 같이 행렬(matrix) 구조이며 직렬 레지스터가 행컨베이어 벨트 역할을 한다(내부는 세 가닥의 도선으로 연결되어 있다). 그리고 증폭기는 센서의 가장자리 모퉁이에 하나의 칩으로 제작되어 있으며 그림 (b)는 실제 CCD 센서의 모습이다. CCD의 해상도는 화소의 수에 달렸으며 화소 수가 많을수록 해상도가 높다. 현재의 해상도는 백만 화소 정도 수준이다.

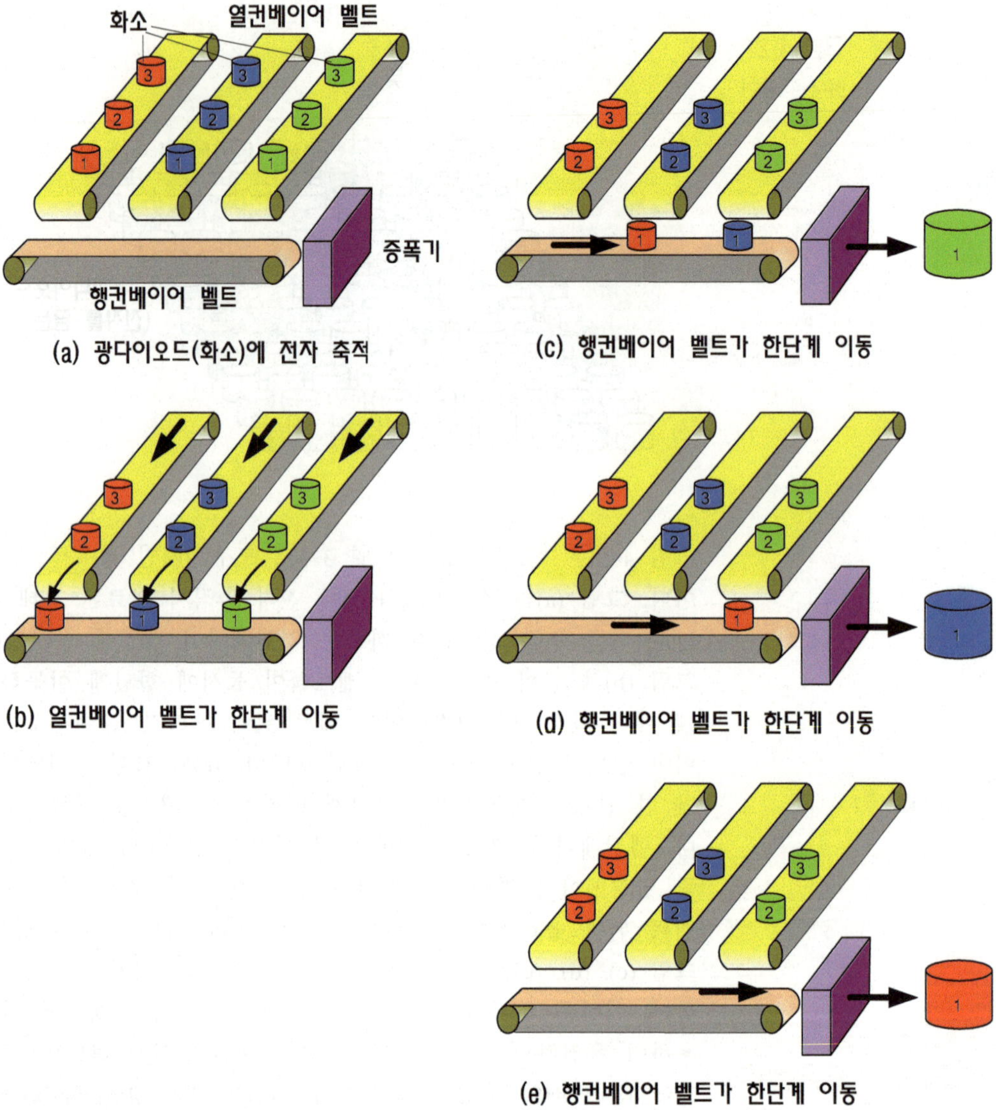

그림 4-28 CCD 센서에서 축적된 전자를 이동시켜 증폭하는 과정을 비유적으로 설명한 그림

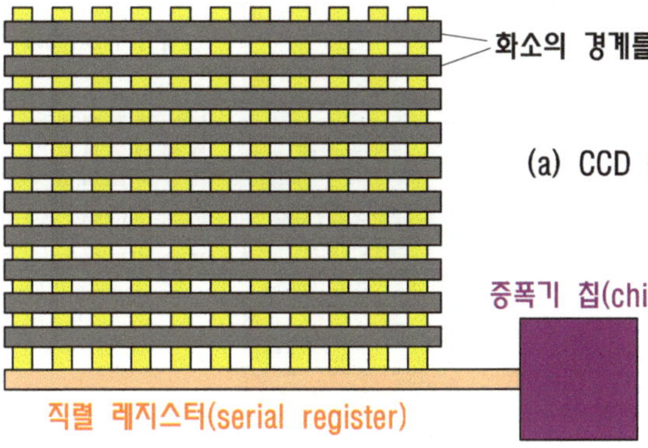

(a) CCD 센서의 배열 구조

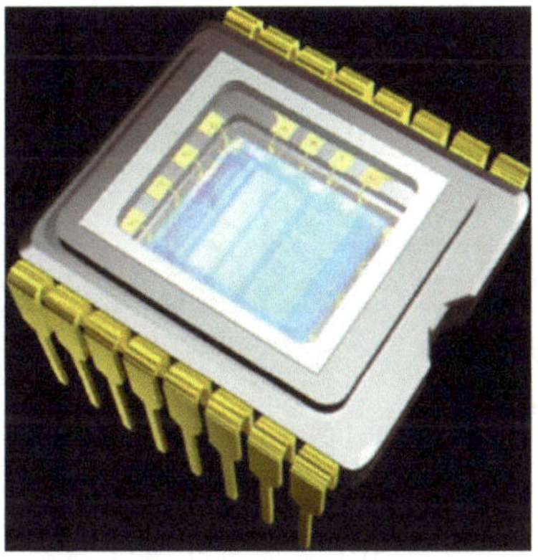

(b) 제품화된 CCD 센서의 예

그림 4-29
CCD 센서

컬러 CCD

앞에서 설명한 것은 흑백 CCD이며 물체의 명암(휘도)에 비례하는 전자량이 축적될 뿐이다. 모든 색상은 빛의 삼원색인 빨강(Red), 초록(Green), 파랑(Blue)의 조합이며 이 세가지를 동일하게 섞으면 흰색이 된다(그림 4-30). 렌즈에 입사한 빛으로부터 컬러 정보를 얻는데는 몇 가지 방법이 있지만 대부분의 디지털 카메라에서 사용하는 것이 그림 4-31의 베이어(Bayer) 필터 방식이다. 광다이오드의 배열판 위에 R, G, B 세 색상 중 하나만 통과시키는 필터들이 그림 (a)와 같은 형태로 배열되어 있다(정확히 하자면 한 화소에 세 가지의 필터가 모두 배치되어야 하지만 그렇게 되면 구조가 매우 복잡해진다). 초록색 필터의 수가 빨간색 및 파란색 필터의 수를 합한 것과 같게 한 이유는 사람의 눈이 초록색에 더 반응을 잘 보이기 때문이다. 예를 들어 빨간색 필터의 경우, 필터가 없는 화소는 필터가 있는 인접한 화소들의 평균

그림 4-30
빛의 삼원색

그림 4-31
베이어 필터와
컬러 CCD

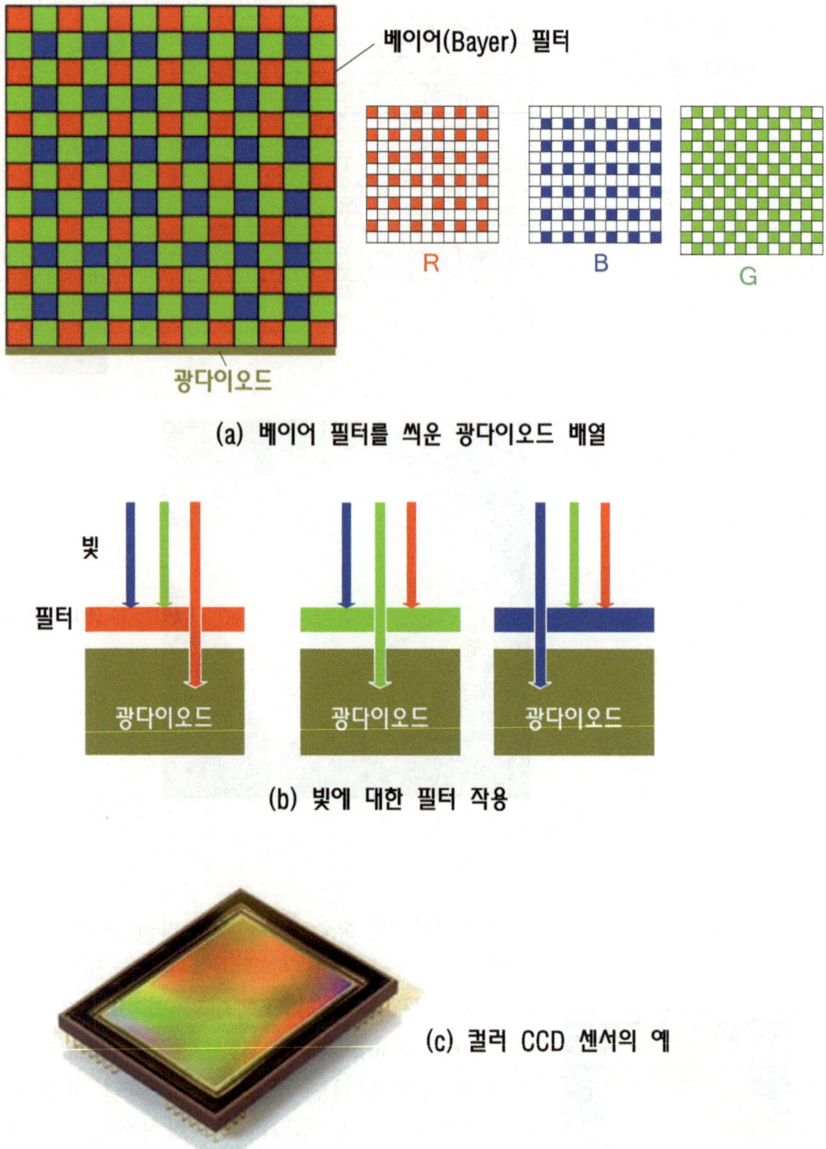

(a) 베이어 필터를 씌운 광다이오드 배열

(b) 빛에 대한 필터 작용

(c) 컬러 CCD 센서의 예

값 또는 보간(輔間) 값으로 대신하며 다른 색 필터에 대해서도 이와 동일하다. 그림 (b)는 필터 작용을 보여주며 그림 (c)는 컬러 CCD의 한 예이다. CCD는 디지털 카메라, 캠코더뿐 아니라 천문학 등에서도 매우 유용하게 사용된다.

4-5 열로 전기를 만든다

열전 효과

앞에서는 빛을 전기로 바꾸는 광전 현상에 대해 설명하였다. 전자는 비단 전하만 운반할뿐 아니라 열도 운반할 수 있으며 이를 이용하여 열로부터 전기를 얻는 현상을 열전(thermoelectricity) 효과라 한다. 그림 4-32의 (a)는 도체 내에 움직이는 양전하를 가정한 것이다. 도체 한쪽을 가열하여(온도 T_1) 온도를 다른 한쪽(온도 T_2)보다 높게 하면 양전하는 온도가 높은 곳에서 낮은 곳으로 확산하기 시작한다. 즉 온도가 높은 쪽은 양전하가 떠나므로 음극이 되며 반대로 양전자가 모여드는 온도가 낮은 부분은 상대적으로 양극이 된다. 따라서 도체내에는 그림과 같은 방향으로 전장이 형성되며 이는 양전하가 축적됨에 따라 점차 강해다. 그 결과 전장의 방향은 점차 양전하의 이동을 막게되며 온도차에 의한 확산과 전장에 의한 저지력이 같아지면 더

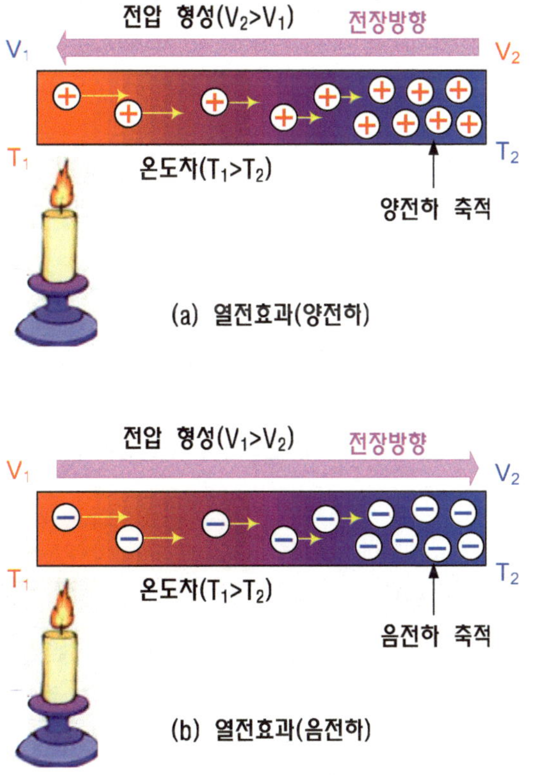

그림 4-32
열전 효과

이상 변화가 생기지 않는다. 따라서 온도차(T_1-T_2)에 의해 전압차(V_1-V_2)가 형성되며 이를 열전 효과라 한다. 그림 4-32(b)는 도체 내의 이동 전하가 전자(음전하)인 경우이며 전압차는 (a)와 부호가 반대이다(온도가 높은 쪽의 전압이 높다).

제벡 효과와 펠티에 효과

그림 4-33의 (a)와 같이 서로 다른 두 물체를 접합시킨 다음 두 접점 사이의 온도차를 주게되면 전류가 흐르게 되며 이를 제벡(Seebeck) 효과라 한다. 제벡 효과는 1821년 독일의 Seebeck에 의해 발견되었으며 이 현상을 열기전력(熱起電力)이라 부르기도 한다. 제벡 효과는 그림 (b)와 같이 가역적이다. 즉 서로 다른 두 물체로 된 회로에 전류를 흘리면 두 접점의 온도차가 달라지며 한쪽은 열을 방출하고 한쪽은 열을 흡수한다. 그리고 전류의 방향을 바꾸면 열 흡수와 방출 부분이 서로 바뀐다. 이 현상은 1843년 프랑스의 Peltier가 발견하였으므로 펠티에 효과라 한다. 이 두 현상은 반도체가 발견되면서부터 그 응용분야가 대단히 넓어지고 있다. 그림 4-33에서 서로 다른 두 물체를 n형 반도체와 p형 반도체로 한 그림 4-34의 열전 반도체에 대해 알아보자.

그림 4-33
제벡 효과와 펠티에 효과

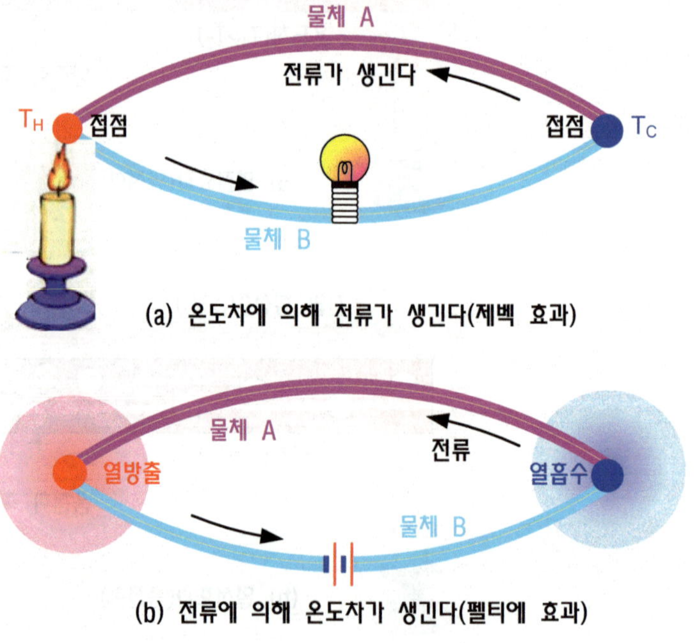

그림 4-34
열전 반도체

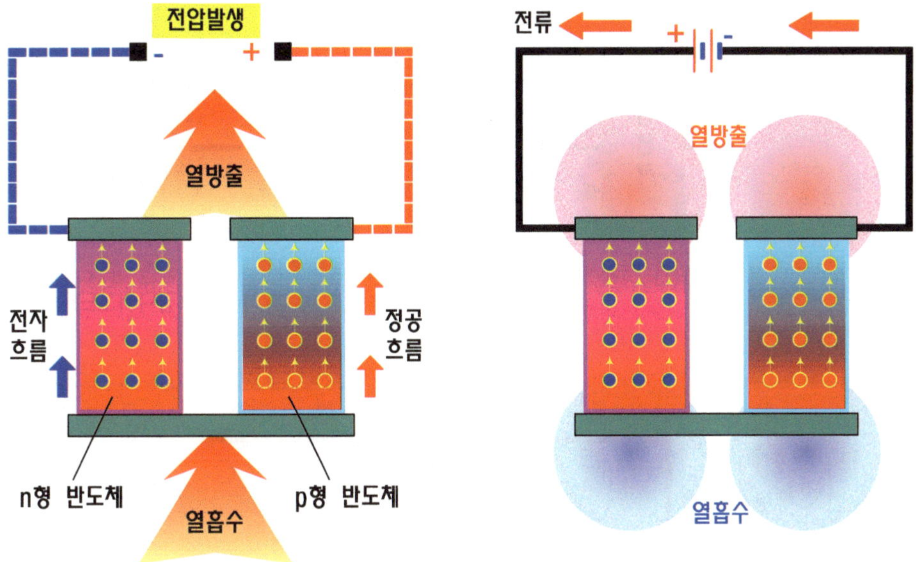

(a) 제벡 효과 (b) 펠티에 효과

그림 4-34(a)의 제벡 효과에서 온도가 높은 부분에 있는 n형 반도체의 전자와 p형 반도체의 정공은 온도가 낮은 곳을 향해 흐르므로 n형 반도체의 단자에는 전자가 축적되고(음극) p형 반도체의 단자에는 정공이 축적된다(양극). 따라서 양단에는 그림과 같은 극성의 전압이 발생된다. 그림 (b)의 펠티에 효과에서는 전류를 흘려주며, n형 반도체의 전자는 전류의 방향과 반대로 흐르고 p형 반도체의 정공은 전류와 같은 방향으로 흐른다. 따라서 전자와 정공이 떠나는 부분은 열을 흡수하며(온도가 높아야 하므로), 전자와 정공이 모이는 부분은 열을 방출한다(온도다 낮아야 하므로). 그리고 열을 흡수하는 쪽은 주위의 열을 뺏아가므로 주위를 차게 만들며 반대로 열을 방출하는 쪽은 주위를 덥게 만든다. 물론 전류의 방향을 반대로 하면 열방출과 흡수 부위가 서로 바뀐다. 만일 열을 방출하는 부분을 이용하면 난방이나 온장고가 되며 열을 흡수하는 쪽을 이용하면 냉방이나 냉장고가 된다. 그리고 냉장과 온장의 기능은 단순히 전류의 방향만 바꿔주면 되므로 매우 편리하다. 실제 자동차에 사용되는 휴대용 쿨러(cooler)가 바로 이 원리로 만들어진다. 그림 4-35는 여러 가지 전기 얻는 방법을 정리한 것이다. 그리고 그림 4-36은 여러 개의 반도체쌍을 직렬로 결합하여 열전 효과를 높인 것이다.

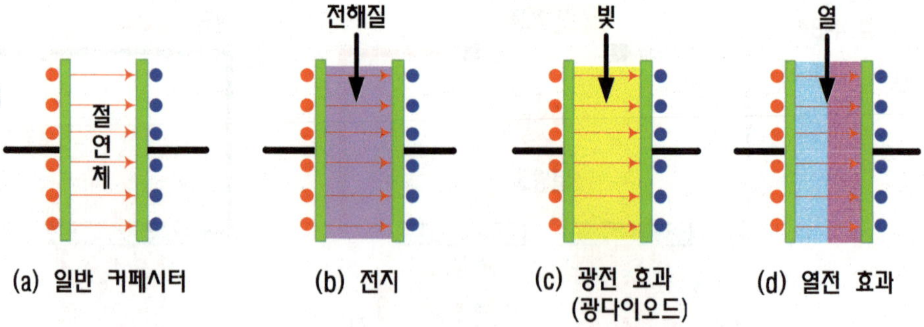

그림 4-35
전기를 얻는 법

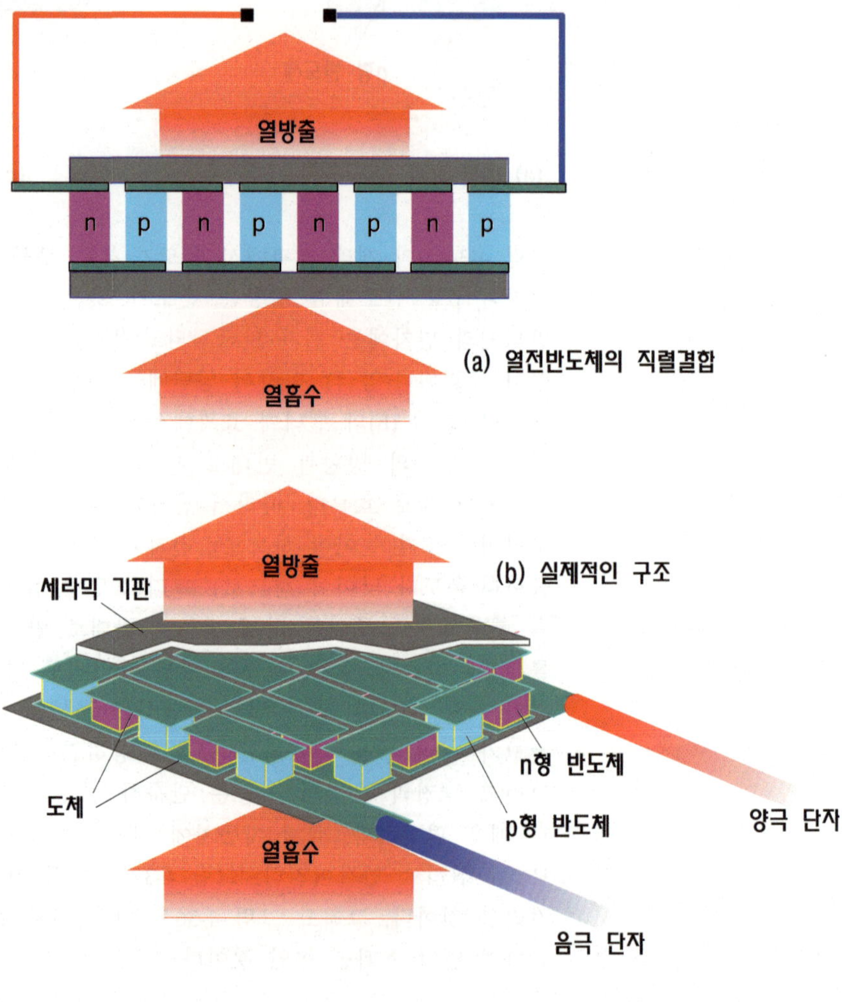

그림 4-36
반도체쌍의
직렬결합

그림 4-37 열전효과의 몇가지 응용

토성 탐사선 카시니(Cassini)

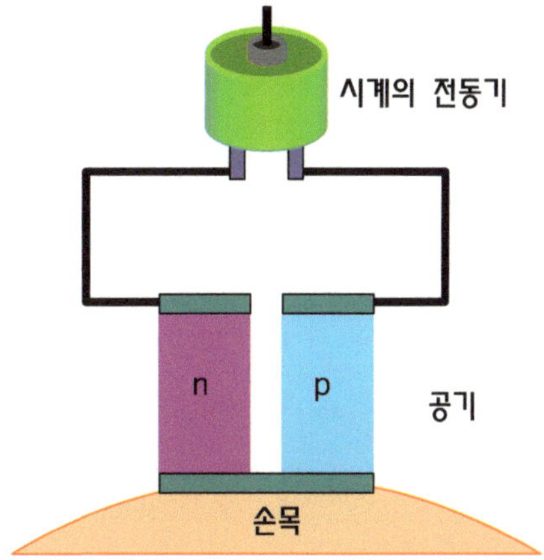

체온을 이용한 시계 전동기 구동

(a) 제벡 효과의 응용

자동차 냉장고(cooler)

CCD 카메라

(b) 펠티에 효과의 응용

그림 4-37은 열전효과의 응용사례이다. 먼저 그림 (a)의 토성 탐사선 카시니는 우주 공간의 열흡수와 내부의 방사능 물질에 의한 열방출을 이용하여 전기를 만들어 사용한다. 그리고 그림 (a)의 오른쪽은 일본에서 처음 고안된 것으로, 손의 열을 흡수하고 외부 공기로 열을 방출하는 과정에서 얻은 전기로 시계의 전동기를 구동한다. 그림 (b)는 펠티에 효과에 의한 냉각기를 이용하는 예들이다. CCD 카메라의 경우는 내부 발열을 제거하기 위함이다.

4-6 트랜지스터는 확대 복사기

20세기의 가장 큰 발명 중 하나가 트랜지스터(transistor)이다. 1984년도 쇼클리(Shockley) 등에 의해 발명된 트랜지스터는 전자공학의 새로운 장을 열었다. 나아가 집적 회로(IC; Integrated Circuit)의 기술은 전자공학을 다시 한단계 높게 만들었으며 마이크로프로세서(microprocessor), 탁상용 전자계산기, 개인용 컴퓨터 및 비디오 게임 등을 가능하게 하였다. 이처럼 트랜지스터라는 미세한 소자가 전자공학뿐 아니라 사회 전반에 걸쳐 끼친 영향은 말할 수 없을 정도이며 그 도는 더욱 심해지고 있다. 트랜지스터의 첫번째 특징은 다름아닌 증폭(增幅) 기능이다. 증폭이란 매우 미세한 신호를 원하는 수준으로 확대하는 것이며 확대 복사기에 비유할 수 있다. 트랜지스터의 다음 특징은 정보를 저장할 수 있는 메모리 기능이며 오늘날 디지털 시대를 여는 원천이 되었다.

트랜지스터 구조 트랜지스터의 구조는 n형 반도체와 p형 반도체를 교대로 세 개 결합한 것으로 그림 4-38과 같이 두 종류가 있다. 즉 n형-p형-n형 구조인 npn 트랜지스터와 p형-n형-p형 구조의 pnp 트랜지스터이다. 이 두 트랜지스터는 모든 것이 반대이므로 한 가지만 알면 다른 것은 쉽게 이해할 수 있다. 트랜지스터의 단자는 그림에 표시된 바와 같이 세 개이며 베이스(base), 컬렉터(collector) 그리고 이미터(emitter)로 부른다. 각 트랜지스터의 기호는 그림에 표시된 바와 같으며 특히 전류는 그림에 표시된 방향으로만 흐를 수 있다. 이미터 전류(I_E)는 베이스 전류(I_B)와 컬렉터 전류(I_C)의 합이며($I_E=I_B+I_C$), 무엇보다도 중요한 것은 컬렉터 전류(I_C)와 베이스 전류(I_B)간에는 일정한 비가 존재한다는 것이다. 즉 $I_C=\beta I_B$이며 β를 전류 증폭률이라 한다. 전류 증폭률은 수십에서 수백 사이이며 β가 클수록 증폭률이 높아진다(β는 트랜지스터 제조 과정에서 결정된다). 이와 같이 트랜지스터는 베이스 전류에서의 미세한 변화가 컬렉터 전류에서는 β로 확대되어 나타나는 것이며 이것이 트랜지스터의 핵심 기능이다. 이제 npn 트랜지스터의 구조와 동작 원리에 대해 알아보기로 한다. 그리고 pnp 트랜지스터는 전류의 방향과 전압의 극성이 npn 트랜지스터와 정반대이므로 설명을 생략하기로 한다.

그림 4-38
트랜지스터의 구조와 기호

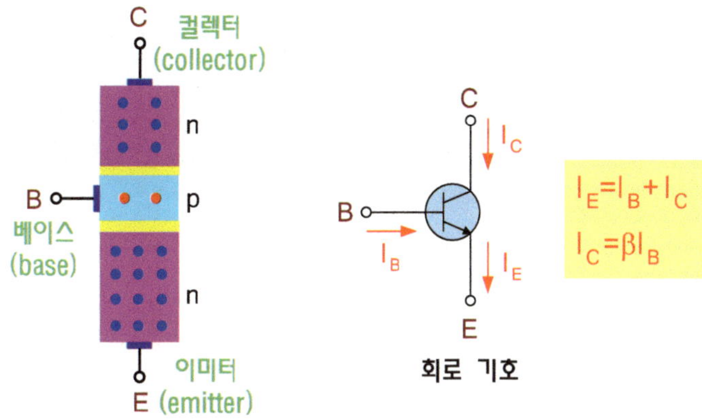

(a) npn 트랜지스터와 기호

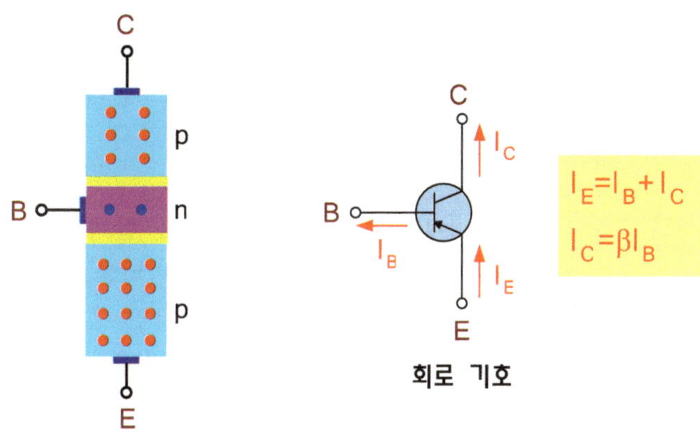

(b) pnp 트랜지스터와 기호

그림 4-39(a)는 npn 트랜지스터의 구조이다. 여기서 알아야 할 것은 이미터(E) 전자의 농도가 베이스(B) 정공의 농도나 컬렉터(C) 전자의 농도보다 훨씬 높게 제작한다는 것이다. 그 이유는 트랜지스터의 전류가 이미터의 전자에 의해 주도되도록 하기 위함이다. 특히 베이스의 정공은 농도가 가장 낮게 한다. 다이오드에서도 공부하였듯이 반도체에서는 접합부에 생기는 공간전하 영역(결핍층)의 준커패시터 기능이 가장 중요하다. 그림 (a)에서 접합부에 생기는 준커패시터는 그림 (b)와 같음을 알 수 있다(그림 4-9 참조). 이제부터 우리가 관심을 가질 것은 그림 (b)에서 이미터의 전자가 컬렉터에 도달하는 과정과 이에 대한 두 준케페시터의 역할이다. 이미터는 전자를 내보내므로

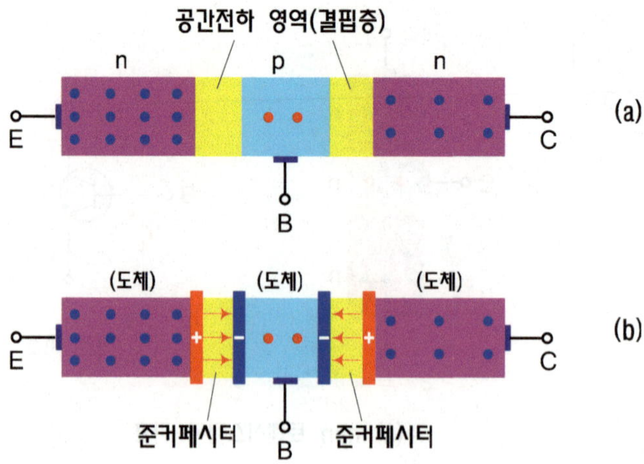

그림 4-39
npn 트랜지스터

내보낸다는 뜻의 'emit'에서 'emitter'가 나온 것이며 이미터를 떠난 전자들이 컬렉터에 도달하므로 모은다는 뜻의 'collect'에서 'collector'가 나온 것이다.

트랜지스터 동작

그림 4-40(a)는 이미터 전자가 컬렉터에 도달하게 하는 것이며 이를 위해 전압원 V_C의 음극에 이미터를, 양극에 컬렉터를 연결한다. 그러면 전자는 이미터를 떠나 양극인 컬렉터를 향해 이동할 것이다. 이제 전자의 이동 과정에서 두 준커페시터의 역할을 살펴보면 다음과 같음을 알 수 있다: 첫번째 만나는 이미터-베이스 사이의 준커페시터 전장은 전자의 이동을 방해하며 두번째 만나는 베이스-컬렉터 사이의 준커페시터 전장은 오히려 전자의 이동을 도와준다. 따라서 이미터-베이스 사이의 준커페시터 효과(전위장벽)만 제거하면 이미터를 떠난 전자는 컬렉터에 도달할 수 있으며, 이 조치가 그림 (b)의 순방향 전압 V_B이다(V_B의 극성을 눈여겨 볼 것). 이제 모든 n영역과 p영역뿐 아니라 두 공간전하 영역도 모두 도체이므로 전자가 잘 흐르게 된다. 여기서 중요한 것은 베이스의 작용이다. 즉 이미터를 떠난 전자들이 컬렉터에 도달하기 위해서는 베이스 영역을 통과하여야 하며 베이스에는 정공들이 존재한다. 따라서 이미터 전자들의 극히 일부가 베이스에서 정공과 재결합하고 그 나머지만 컬렉터에 도달한다. 이 작용에 의해 컬렉터 전류와 베이스 전류 사이에는 일정한 비, 즉 전류 증폭률 β가 존재하는 것이다. 예를 들면 이미터를 떠난 100개의 전자

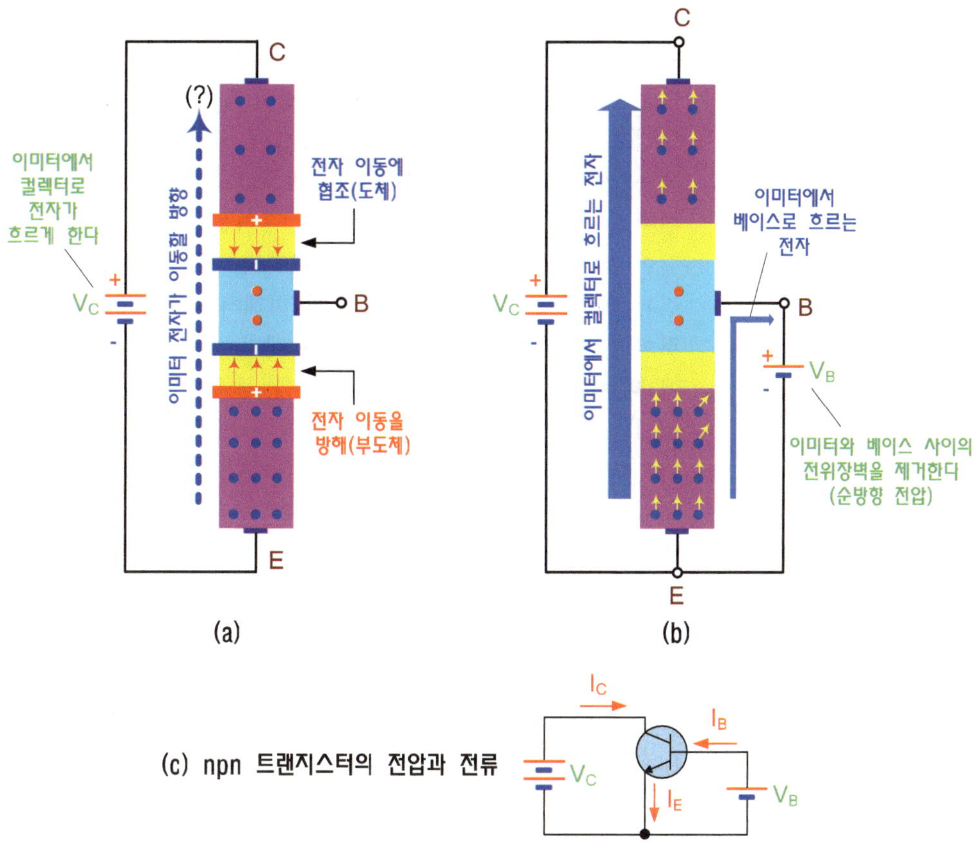

그림 4-40 npn 트랜지스터의 동작과 전압-전류 관계

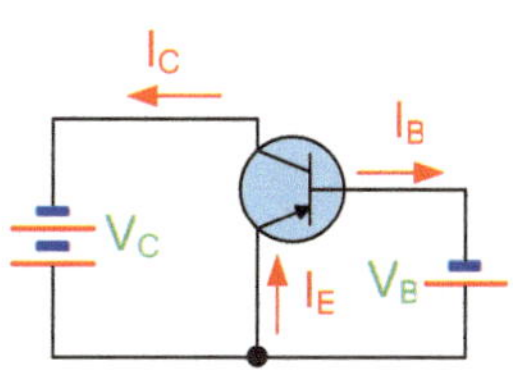

그림 4-41
pnp 트랜지스터

중에서 1개만 베이스로 빠지고 99개가 컬렉터에 도달하면 전류증폭률은 $\beta=99$가 되는 것이다. 결론적으로 베이스에서의 재결합 작용에 의해 전류 증폭 현상이 생긴다. 전자의 흐름은 전류의 방향과 반대이다. 따라서 그림 (b)를 회로적으로 표현하면 그림 (c)가 되며 $I_C=\beta I_B$이다($I_E=I_B+I_C$). 이상으로 그림 (c)가 바로 npn 트랜지스터가 동작하기 위한 전압-전류 관계가 되는 것이다. 다시 한번 강조하지만 그림 (c)에서 $I_C=\beta I_B$로 베이스 전류가 증폭된 것이 컬렉터 전류라는 것이며 전류는 그림에 표시된 방향으로만 흐른다는 것이다. 물론 pnp 트랜지스터의 경우는 그림 (c)에서 V_C와 V_B의 극성을 반대로 하며 전류의 방향도 그림의 방향과 정반대이다(그림 4-41).

이해를 돕기 위해 트랜지스터의 동작을 수로에 비유하여 설명한 것이 그림 4-42이다. 그림 (a)에서 베이스 수로의 판과 컬렉터 수로의 수문은 그림과 같이 고정대에 고정된 도르래를 통해 연결되어 있다. 그리고 베이스 판은 반시계 방향으로 회전하는 형식이고 컬렉터 수문은 상하로 이동하는 형식이며 판에 비해 수문은 면적이 매우 넓다. 베이스 수로의 펌프에 의해 물이 흘러들어오면 베이스 판이 그림과 같이 열리게 되고 이와 연계된 컬렉터 수문은 위로 열리게 된다. 그 결과 베이스 수로에 흐르는 물에 비례하여 컬렉터 수로에 물이 흐를 것이며 두 수로의 수량의 비가 트랜지스터 증폭률 β에 해당한다. 판에 비해 수문의 면적을 크게 할수록 증폭률은 커지는 것이다. 그리고 베이스 수로의 물과 컬렉터 수로의 물은 합쳐져 이미터 수로를 흐른다. 이제 물의 흐름을 전류로 비유하면 그림 (a)는 그림 (b)와 같은 트랜지스터 회로로 표현할 수 있다. 두 펌프는 전압원 V_C, V_B에 각각 비유되고 각 수로의 저항은 저항 R_B, R_C, R_E에 각각 비유된다. 여기서 개선되어야 할 점은 펌프가 두 개(전압원이 두 개)라는 점이다.

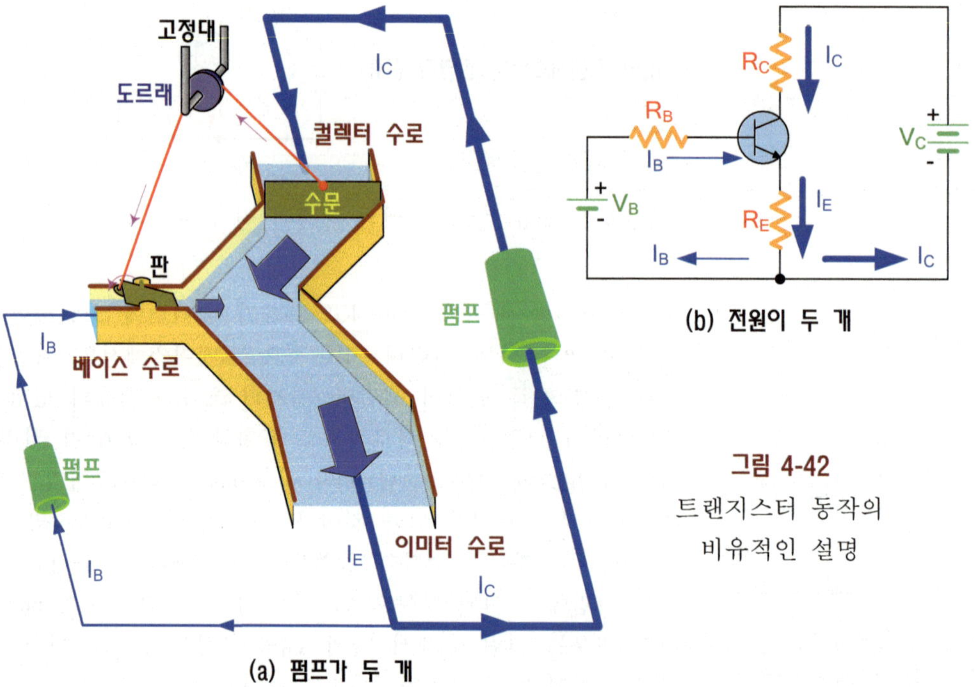

그림 4-42
트랜지스터 동작의 비유적인 설명

즉 만일 여러분들이 사용하는 전자 기기들이 두 가지 배터리를 필요로 한다면 얼마나 번거롭겠는가. 그림 4-42(a)에서 펌프를 하나만 사용하도록 개선한 것이 그림 4-43(a)이며 그 원리는 쉽게 이해할 수 있을 것이다. 이제 그림 (a)를 트랜지스터로 비유하면 그림 (b)와 같으며 이것이 실제 트랜지스터 회로이다. 이제 남은 문제는 전압원 V_C의 크기와 저항 R_B, R_C, R_E의 값을 결정하여 원하는 전류가 흐르도록 하는 것뿐이다.

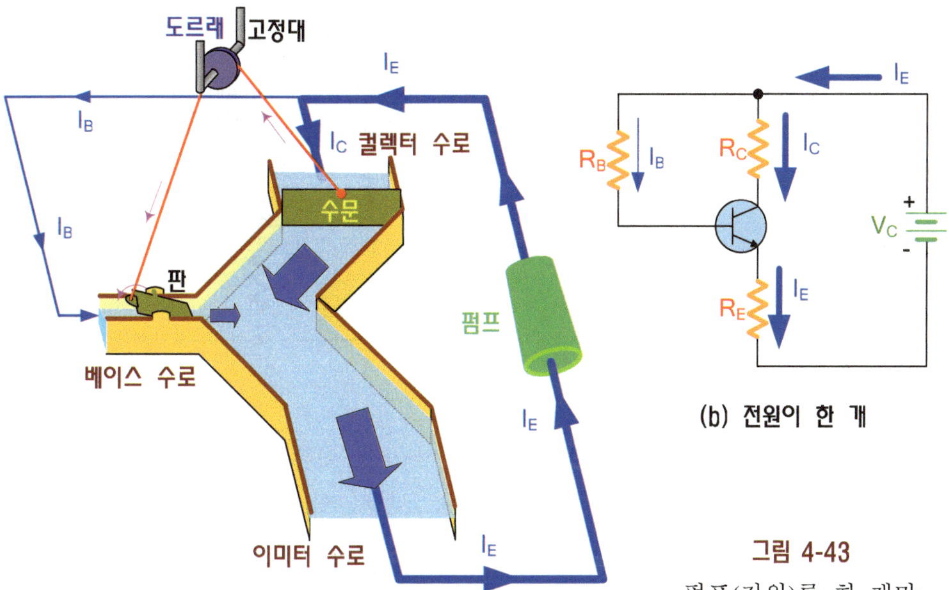

(a) 펌프가 한 개

(b) 전원이 한 개

그림 4-43
펌프(전원)를 한 개만 사용할 수 있는 구조

증폭기

이제 증폭기로 교류신호를 증폭하는 것에 대해 알아보자. 그림 4-43에서 판과 수문을 중간 정도로 열어 놓은 상태에서 판과 수문을 조금씩 움직인다고 생각해 보자. 그러면 베이스 수로의 수량에 변화가 생길 것이며 이에 비례하여 컬렉터 수로에도 수량의 변화가 생길 것이다. 여기서 수량의 변화분을 교류라 하면 베이스 교류가 증폭되어 컬렉터 교류에 나타나게 되는 것이다. 이것을 회로로 나타낸 것이 그림 4-44의 (a) 증폭기이며 i_b는 베이스 수로의 수량 변화분에, i_c는 컬렉터 수로의 수량 변화분에 해당한다. 단 커패시터 C는 베이스 직류

그림 4-44

교류신호 증폭

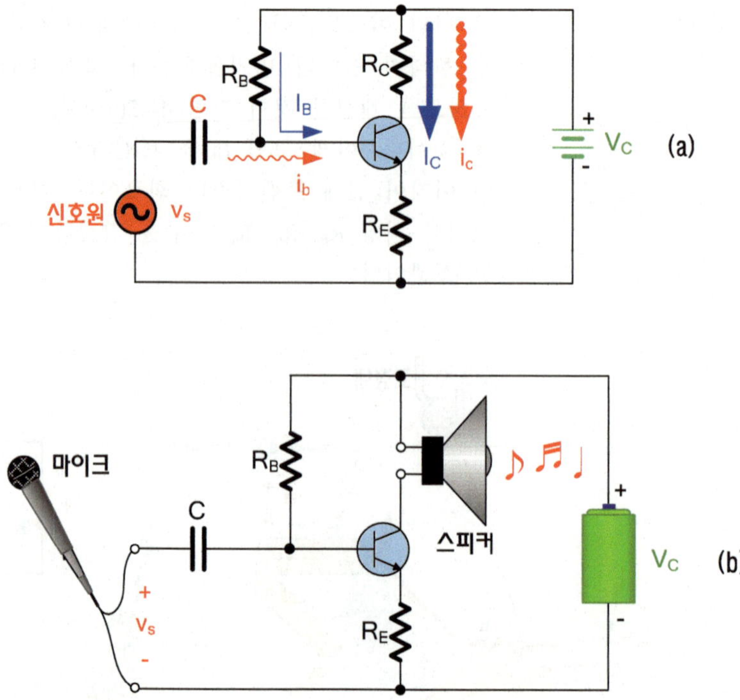

전류 I_C가 신호원(교류)으로 역류하는 것을 막아준다(직류는 커페시터를 통과할 수 없다). 그러나 신호원으로부터 흘러나오는 교류 전류 i_b는 C를 잘 통과한다(교류는 커페시터를 잘 통과한다). 그림 (a)에서 R_C를 부하로 하면 부하 양단에는 증폭된 교류 전류(i_c)가 흐르므로 큰 교류 전압을 얻을 수 있으며 그림 (b)가 한 예이다. 그림 (b)는 흔히 앰프(amp)라고 부르는 증폭기의 간단한 형태이며, 마이크로 입력된 신호는 베이스 교류 전류(i_b)를 만들고 이것이 증폭된 전류(i_c)가 스피커에 흐르게 된다. 트랜지스터는 교류를 증폭하는 것이 목적인데 직류 전류가 필요한 이유는 무엇인가? 그림 4-43(b)에서 직류 전류가 0인 것은 그림 (a)에서 판과 수문이 닫힌 상태이다. 이 상태에서는 판은 반시계 방향으로, 수문은 위쪽 방향으로만 움직일 수 있으므로 교류는 (+) 한 쪽밖에 흐를 수 없는 것이다. 따라서 교류의 (+), (–) 부분 모두를 증폭하기 위해서는 적절한 직류가 필요하다.

5

소리없는 초음파

5-1 초음파란 무엇인가? 음파의 분류, 동물의 초음파, 초음파 응용

5-2 압력을 가하면 전기가 생긴다 압전 효과, 압전변환기

5-3 초음파의 실생활 응용 초음파 세정기, 초음파 탐상기, 체외충격파 쇄석기

5-1 초음파란 무엇인가

음파의 분류

무선 전파는 주파수가 점차 높아져 현재는 약 300GHz(1GHz=10^9Hz) 수준에 이르고 있다(그림 2-39 참조). 그림 5-1의 (a)에 표시된 바와 같이 만일 무선 주파수가 더 높아져 375THz(1THz=10^3GHz)에 이르게 된다면 가시광선대에 들어서므로 전파가 눈에 보이게 될 것이다. 수많은 안테나에서 뿜어져 나오는 전파가 형형 색색으로 눈에 비친다면 견디기 어려울 것이다. 그러나 음파는 이와 정반대이다. 그림 (b)는 음파의 분류이며 사람이 들을 수 있는 가정 주파수는 약 20Hz에서 20kHz 사이이다. 실제로 사람의 음성은 약 300Hz~4KHz 사이에 집중되어 있다. 사람이 들을 수 없는 20KHz 이상의 음파를 초음파(超音波, ultrasonic sound)라 하고 20Hz 이하의 음파를 초저주파(subsonic sound)라 한다. 음파는 전파와 반대로 초음파 영역에 들어설수록 인간에게는 들리지 않으므로 대단히 유용하다. 음파는 파장이 짧을수록(주파수가 높을수록) 방향성이 있게 할 수 있으며 이를 지향성(指向性)이라 한다. 뿐만 아니라 음파의 흡수나 속도를 정확히 측정할 수

그림 5-1 전파와 음파의 분류

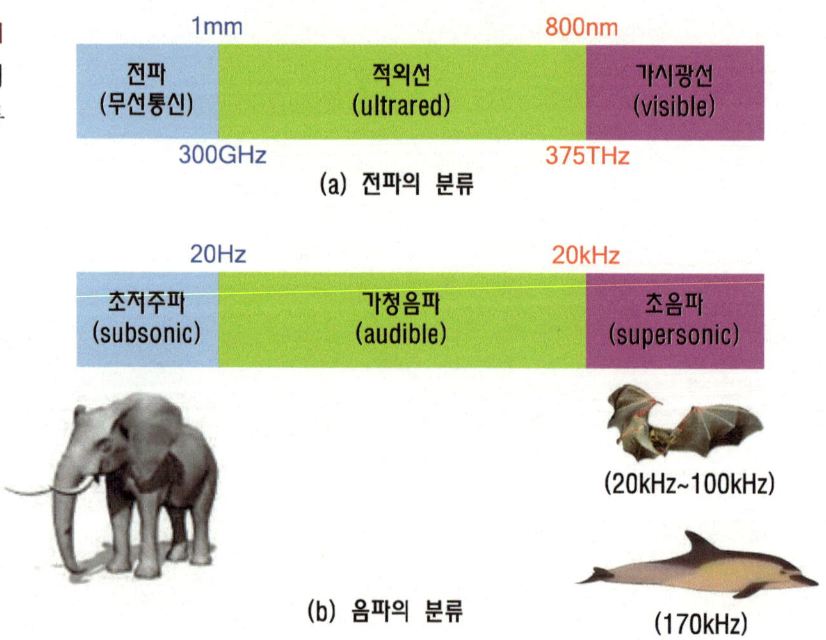

(a) 전파의 분류

(b) 음파의 분류

있으므로 여러 가지 측정 장치에 응용될 수 있다. 즉 그림 5-2와 같이 송수신기에서 방출된 초음파는 지향성을 가지고 전달되며 물체에 부딪혀 돌아오는 시간을 측정하면 물체까지의 거리를 쉽게 알 수 있다. 그림 5-2는 한마디로 메아리 원리를 이용한 것이므로 수신파인 반사파를 반향(反響, echo)라 부른다.

그림 5-2
초음파를 이용한 거리 측정

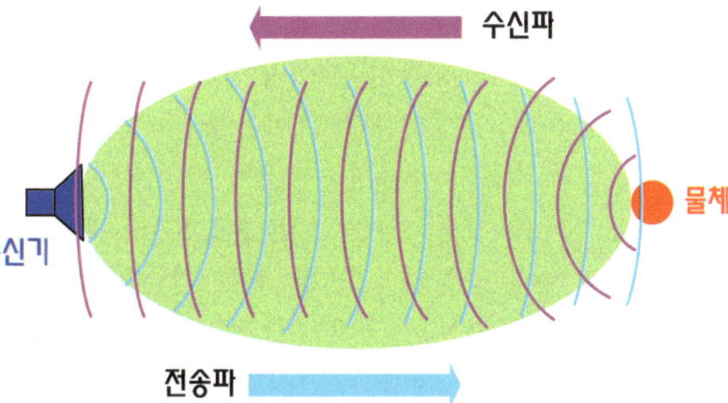

동물의 초음파

대부분의 포유류는 사람보다 높은 주파수의 소리를 들을 수 있으며 특히 박쥐는 초음파의 대가라 할 수 있다. 박쥐는 음파를 펄스 형태로 매초 10~20번 발사하는데, 주파수는 2만~10만Hz이고 각 펄스의 지속시간은 수 ms 이하이다. 박쥐는 발사된 펄스가 물체에 부딪혀 돌아오는 반향(反響)을 듣고 어두움 속에서도 공중 장애물의 위치를 알아 피하거나 나방과 같은 작은 먹이도 잡을 수 있다(그림 5-3). 이러한 기능을 반향정위(反響定位)라 하는데 돌고래가 수중에서 물고기를 잡거나 장애물을 피하는데도 사용한다. 특히 사용하는 음파의 주파수가 높을수록 더욱 작은 물체의 반향을 얻을 수 있으므로 반향정위에는 초음파를 사용하는 것이 유리하다. 일반적으로 전파나 음파 모두

그림 5-3
박쥐의 초음파 활용

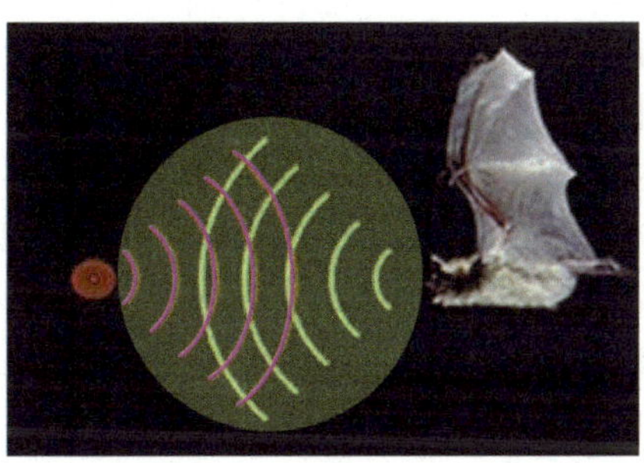

주파수가 높아질수록 직진하며 장애물을 넘기 어렵다. 반대로 저주파일수록 나무나 언덕과 같은 장애물을 잘 넘어간다. 흥미롭게도 덩치가 큰 코끼리는 박쥐나 돌고래 경우와는 반대로 초저주파 음파를 장거리 통신에 이용하고 있으며 이는 최근의 연구에 의해 밝혀진 것이다. 즉 코끼리가 발로 땅을 구를 때 나는 초저주파 음파는 무려 50km 이상 전달되며(물론 코끼리는 들을 수 있지만 사람은 들을 수 없다) 이는 크게 울부짖는 소리보다 5배나 멀리 전달된다. 코끼리는 초저주파 통신을 이용하므로 대단히 넓은 범위에 산개해 있는 무리들이 일사분란하게 이동할 수 있다.

초음파의 응용

다음 그림 5-4는 그림 5-2, 5-3의 원리를 이용한 예이다. 그림 (a)는 근자에 등장한 지능형 로봇 청소기이다. 로봇 청소기는 일종의 인공 지능을 가지며 초음파를 이용하여 벽과 같은 물체와 충돌을 피한다. 그림 (b)는 차를 후진시킬 때 뒤에 보이지 않는 물체와의 충돌을 피하는 후진 음파탐지기이다. 그림 (c)는 초음파로써 물고기 떼를 추적하고 그 위치를 알아내는 어군 탐지기이다. 특히 수중에서는 전파가 급격히 감쇄하므로 음파가 절대적으로 유리하다(바다 속으로 조금만 들어가도 매우 어둡다). 박쥐의 반향정위 원리를 수중에 응용한 것이 소나(SONAR)이며 소나는 'sound navigation and ranging'의 합성어이다. 수중에서는 빛이 기능을 발휘못하므로 전파를 사용할 수 없을 뿐 아니라 수압 때문에 잠수함에 창을 낼 수 없다. 그리고 공기중에서의 음속은 340m/s이지만 수중에서는 1500m/s로 빠르므로 소나를 이용한 항해가 필수적이며 수중에서 소나는 전파를 이용한 레이더(radar)와 같은 역할을 한다. 그림 (d)는 거리 측정기이며 배터리로 동작하고 휴대할 수 있다. 우리들은 실생활에서 전파의 역할은 충분히 인식하고 있지만 초음파 응용에 대해서는 잘 모르고 있는게 사실이다. 그러나 초음파 응용은 실로 다양하며 전파와 달리 유해성이 없으므로 앞으로도 더욱 실생활에 파고들 것으로 보인다.

그러면 이렇게 유용한 초음파는 어떻게 발생시킬까? 초음파는 스피커 경우와 같이 전기 에너지를 음향 에너지로 변환시켜 발생시킨다. 그러나 스피커와 같이 콘지와 같은 진동판을 진동시켜 발생시키면 효율이 나쁘며 주파수가 높아질수록 더욱 그러하다. 초음파는 몇 가지 물리적 현상을 이용하여 만들며 여기서는 그 중 한 가지 방법에 대해서 설명하기로 한다.

그림 5-4
초음파 응용

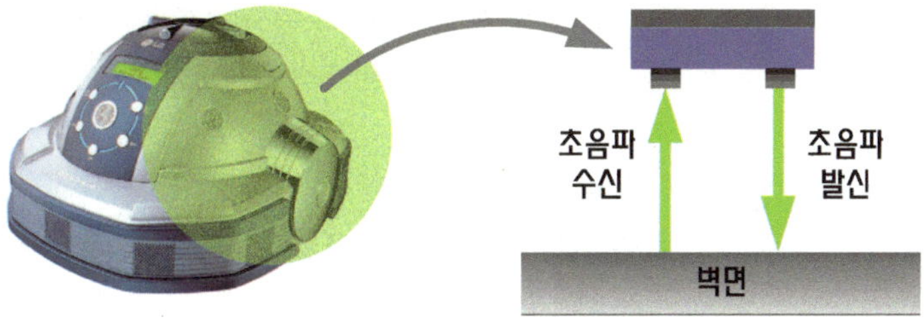

(a) 청소 로봇

(b) 후진 음파탐지기

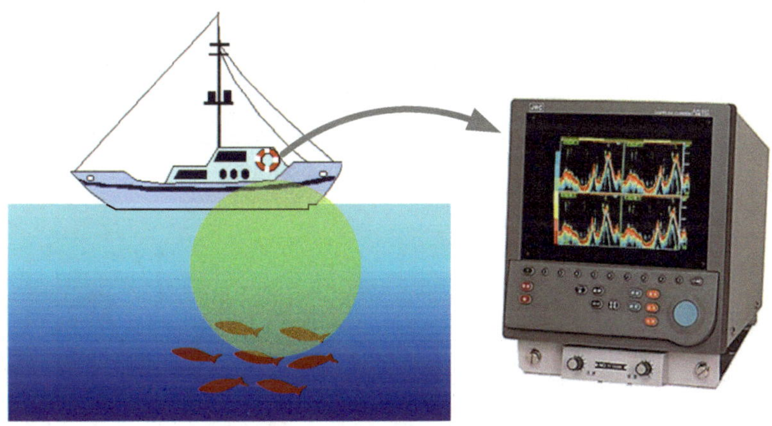

(c) 어군 탐지기

(d) 거리 측정기

5-2 압력을 가하면 전기가 생긴다

압전효과 우리는 4장에서 빛을 가하면 전기가 생기는 광전효과(光電效果)에 대해 알아보았다. 특이하게도 광물 중에서 수정(석영이라고도 함)이나 로젤 염(Rochelle salt) 등은 압력을 가해 구부리거나 열을 가하면 전기가 생기는 특징이 있으며 이를 압전효과(壓電效果)라 한다. 그림 5-5의 (a)는 수정이며 (b)와 같이 매우 견고한 결정격자를 갖고 있다.

그림 5-5
압전 물질인 수정

(a) 수정(석영)

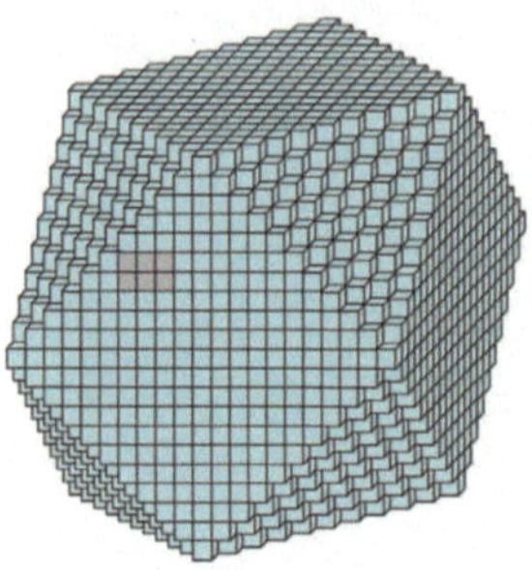

(b) 결정 격자

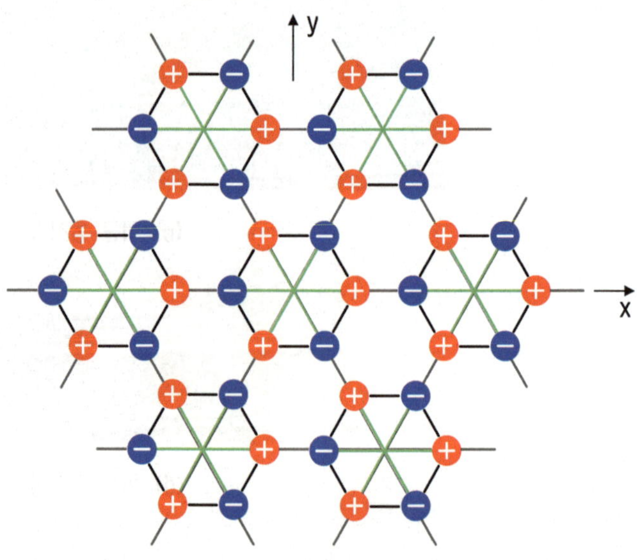

(c) 하전분자(荷電分子) 구조

수정은 외부로부터의 압력이 없으면 그림 (c)와 같이 격자의 중심과 전하의 중심이 일치하므로 전기적으로는 평균상태이다. 즉 분극(分極; 1-6절 참조)이 일어나지 않는다. 그러나 수정에 외부 압력을 가하면 그림 5-6과 같이 분극 현상이 일어나게 된다. 물리적인 힘을 가해 수정이 압축되면 하전분자 구조는 그림에 표시된 대로 2→2′, 3→3′로 변형된다(수평축에 있는 1은 변화가 없다). 따라서 수정의 왼쪽 표면에는 양전하의 변위가 생기고 오른쪽 표면에는 음전하의 변위가 생기므로 분극 현상이 일어나는 것이다. 그러나 수정 내부(노란색으로 표시된 부분)에서는 전하변위가 이웃간에 상쇄되므로 실질적인 전하변위는 생기지 않는다. 물론 힘의 방향을 반대로 하면 분극의 방향은 그림과 반대가 된다. 이상으로 수정에 물리적인 힘을 가하면 결정 표면에 전기적인 분극이 유도되어 전압이 발생하며 이를 압전효과라 하는 것이다. 압전효과는 'piezoelectricity'라 하는데 여기서 'piezo'는 그리스어로 민다(push)는 의미이다. 압전효과는 쟈끄 퀴리(Jacques Curie)에 의해 1880년 발견되었다.

그림 5-7은 압전효과를 도식적으로 설명한 것이다. 그림 (a)에서는 압전 소자에 압력을 가하면 양단에 전압이 생기는 현상을 설명한 것이다. 압전효과는 가역적이다. 즉 그림 (b)와 같이 압전 소자 양단에 전압을 가하면 물리적인 진동이 생기며 이를 역압전효과라 한다. 그림 5-7에서는 전압에 의한 전장의 방향이 힘의 방향과 수직으로 되어 있지만 같게도 만들 수 있다. 여러분들이 가스 라이터나 가스 레인지를 켤 때 '딱' 소리가 나는 것이 바로 압전 소자에 압력을 가하는 순간이며 그 때 발생된 전압에 의해 가스를 점화시키는 것이다.

그림 5-6
압전효과

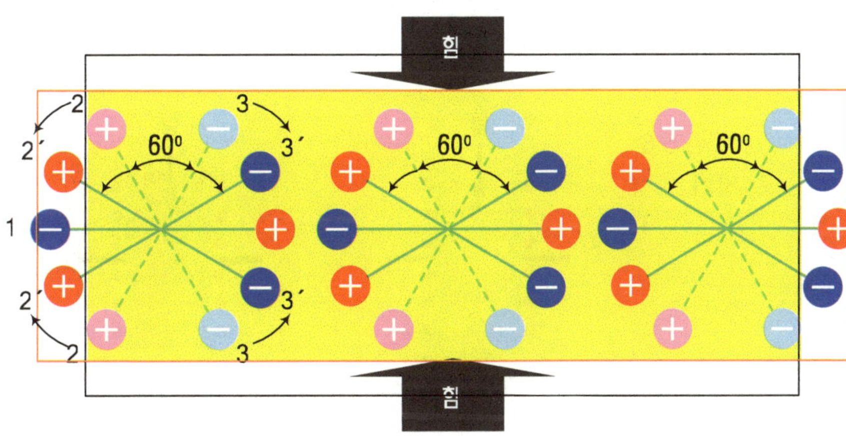

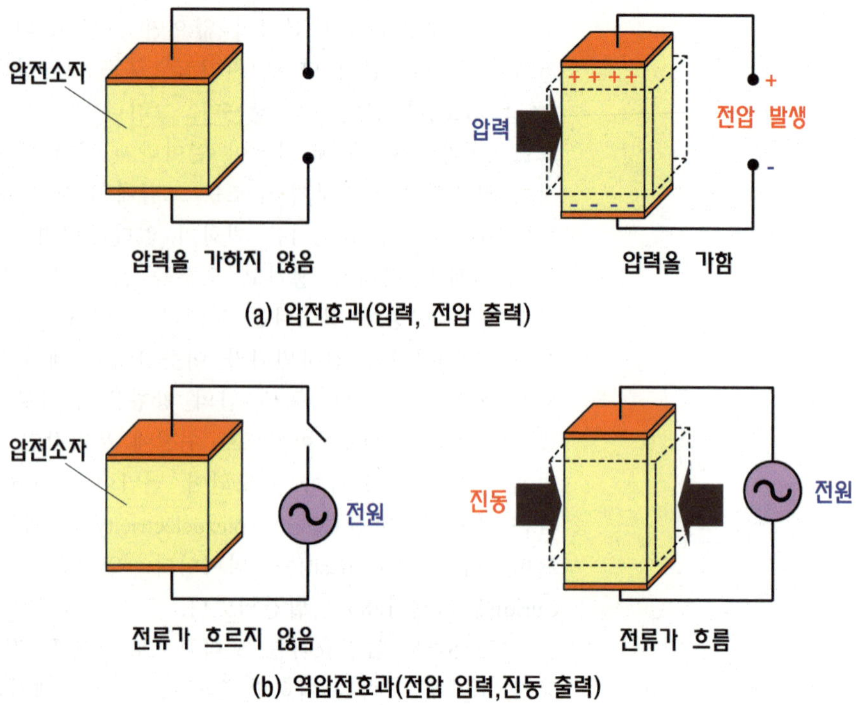

그림 5-7
압전효과와 역압전효과

지금까지 우리가 배운 전기 만드는 법(전지와 발전기는 제외)을 종합한 것이 그림 5-8이다. 앞으로는 압전효과와 역압전효과를 통틀어 압전효과로 부르기로 한다. 압전 소자를 이용하면 그림 5-9(a)와 같이 마이크로폰을 만들 수 있으며 (b)는 그 외관이다. 음성에 의한 진동막의 진동은 압전 소자에 물리적인 힘을 가해 전압이 유도되며 이를 출력으로 하면 바로 전기적인 신호가 되는 것이다.

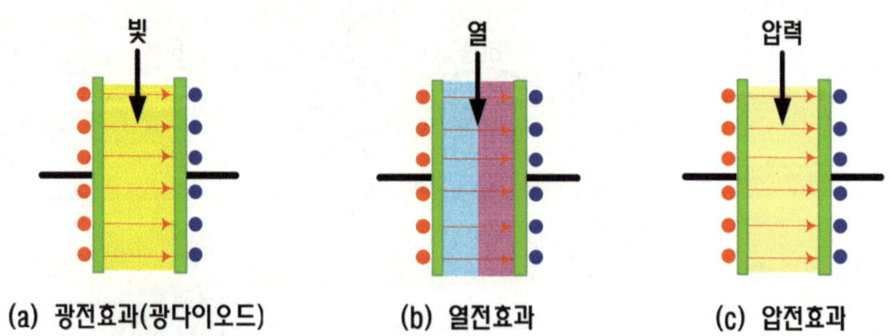

그림 5-8
전기 발생

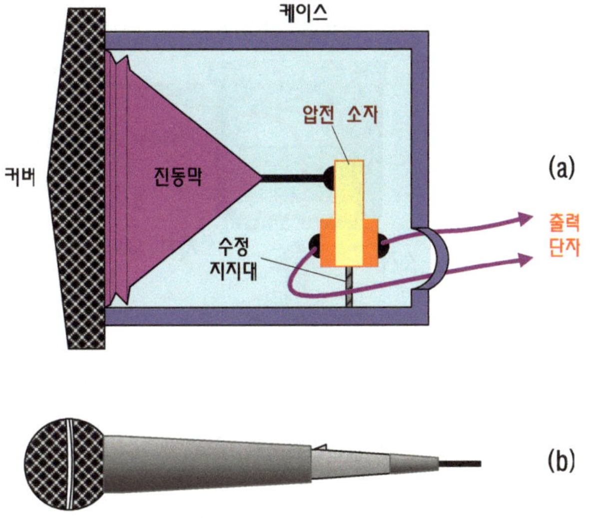

그림 5-9 압전 소자로된 마이크로폰

압전효과의 또 다른 응용 예가 그림 5-10의 가속도계이다. 그림의 기계 시스템에서 필름 형태의 압전센서 끝에 질량이 있는 물체를 고정시킨다. 가속도에 의해 질량에 힘이 가해지면 필름 형태의 압전센서가 휨으로써 전압이 유도되며 전압은 힘(가속도)에 비례한다. 인체의 뼈도 압전효과가 있어 구부러지면 전기가 발생한다.

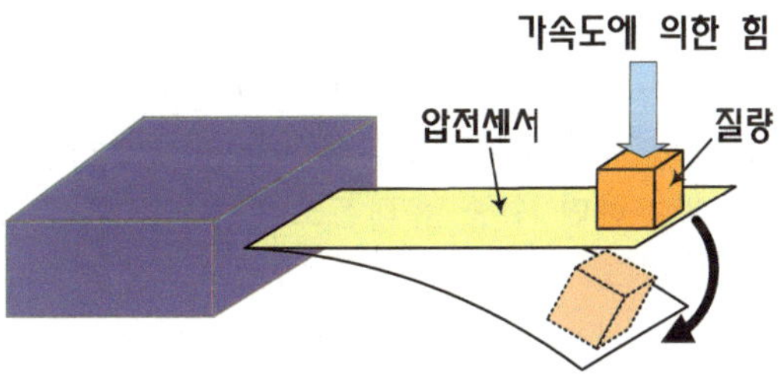

그림 5-10 압전소자를 이용한 가속도계

압전변환기

압전효과는 공기를 진동시키는 물리적인 힘인 음향 에너지를 전기 에너지로 변환시키고, 역으로 전기 에너지를 음향 에너지로 변환시키므로 대단히 유용하며 이러한 장치를 압전변환기라 한다. 그림 5-11은 압전변환기의 구조와 제품 예를 보여준다. 동축(同軸) 케이블(coaxial cable)을 통해 인가되는 전기적인 신호가 압전소자에 의해 음향 신호로 바뀌거나, 역으로 외부로부터 흡수된 음파를 전기적인 신

그림 5-11
압전변환기

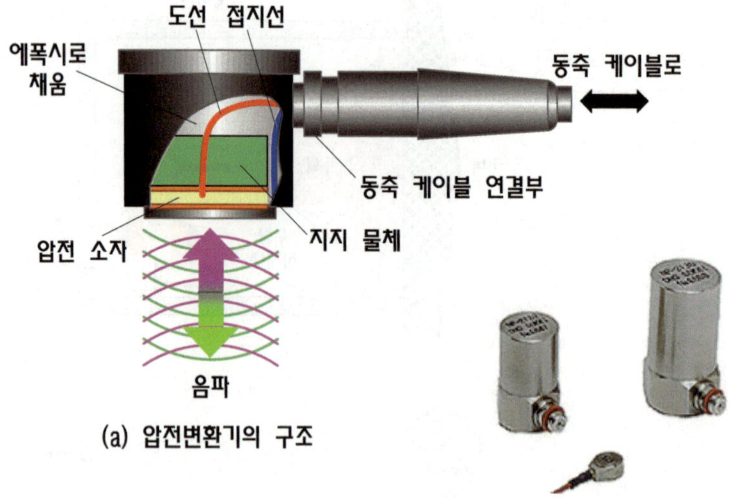

(a) 압전변환기의 구조

(b) 압전변환기의 예

호로 변환시켜 동축 케이블을 통해 출력시켜준다. 압전변환기는 그 용도가 매우 다양하며 그 중 한 가지가 수중청음기(水中聽音器)이다. 수중청음기는 그림 5-12와 같이 해양생물 학자들이 고래류의 의사 소통를 연구하는데 아주 유용하게 사용된다. 수중청음기를 하이드로폰(hydrophone)이라 하는데 이는 '물에서 사용하는 마이크로폰'이란 뜻이다. 그리고 압전변환기로부터 초음파 센서도 만들며(9장에서 설명) 그림 5-13은 초음파 센서의 외관과 내부의 한 예를 보여준다. 수중청음기로 수중에서 하는 통신을 수중통신이라 한다. 앞으로 기술이 더욱 발전하면 수중 휴대폰도 나올 수 있을 것이다.

그림 5-12
수중청음기
(hydrophone)

그림 5-13
초음파 센서의
외관과 내부

5-3 초음파의 실생활 응용

초음파 세정기

초음파는 지향성이 있으므로 폭이 좁은 빔(beam)을 만들 수 있을 뿐 아니라 물질을 뒤흔드는 힘이 강하다. 그림 5-14와 같이 액체를 담은 그릇의 아랫부분에서 초음파를 발생시키면 물보라를 만들 수 있으며, 특히 초음파 진로상의 매질은 부분적으로 가열되므로 그 장력에 의해 물속에 작은 기포가 생긴다(물속에는 무수한 기체 분자가 존재한다). 이 기포들은 초음파 주파수에 맞추어 압축과 팽창을 반복하며 어느 순간 팽창이 한계에 달할 때 기포들은 터지게 된다. 이때 나오는 충격파로 때와 같은 이물질을 떨어내는 작용을 공동화(cavitation) 효과라 한다. 물론 초음파에 의해 물분자가 가속되며 이를 이용해

그림 5-14
초음파에 의한
액체의 공동화

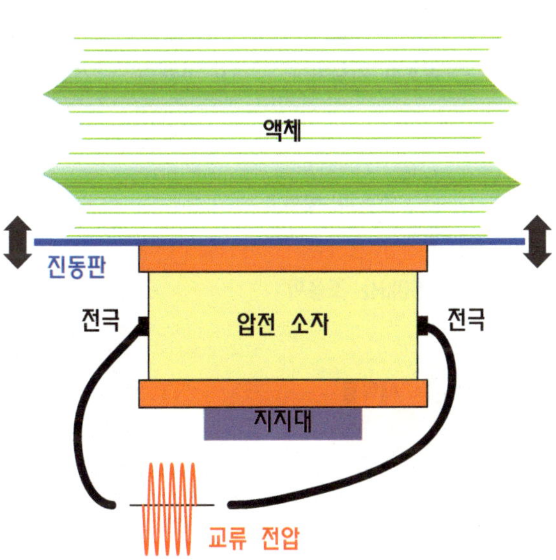

이물질을 제거할 수도 있다. 이상의 현상들을 실생활 용품에 응용한 예가 그림 5-15이다. 그림 (a)는 초음파 가습기로서 초음파 진동기에 의해 물이 안개와 같은 기포가 되어 뿜어진다. 그림 (b)는 초음파를 이용해 세탁물의 묵은 때를 벗기는 초음파 세척기이다. 사용하는 주파수가 50kHz라면 빨래감을 1초에 5만번 비비는 것과 같다. 그림 (c)는 초음파 칫솔이며 이 역시 칫솔에 부착된 초음파 진동기에서 나오는 초음파가 이빨의 이물질을 강력하게 뒤흔들어 세정시키는 것이다. 그림 5-16은 일상 생활에 편리한 여러가지 초음파 세정기(세척기)들이다.

그림 5-15
초음파의 응용예

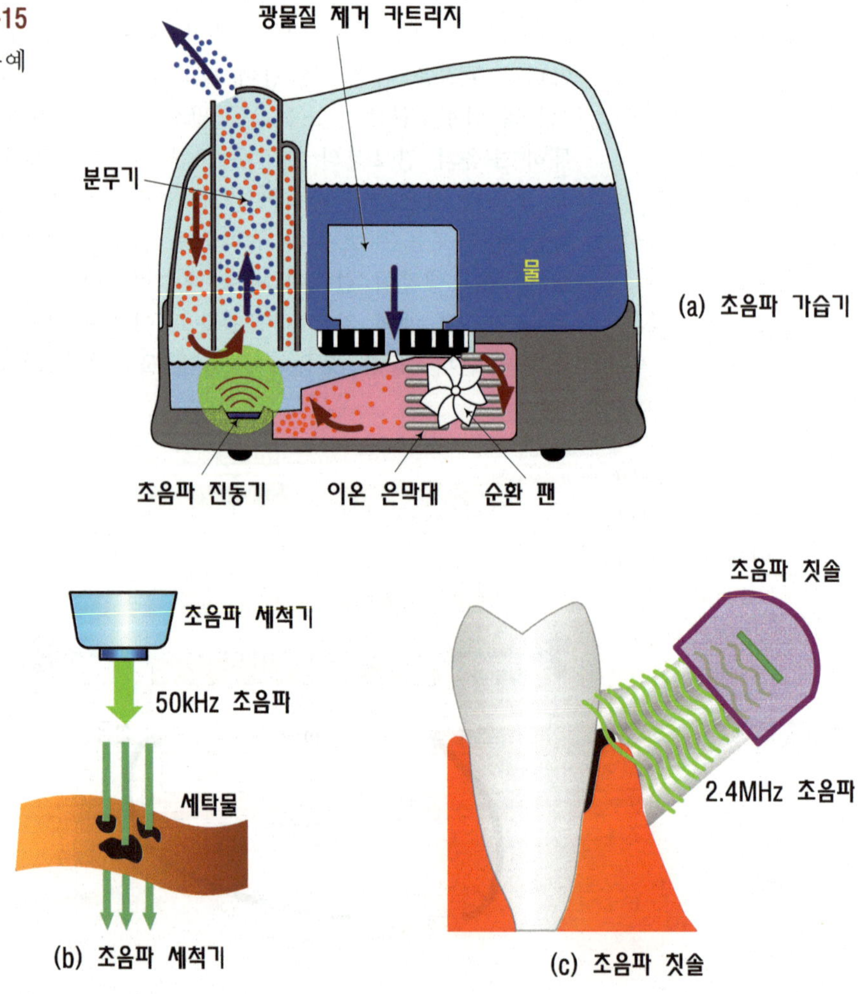

그림 5-16
초음파 세정기

초음파 탐상기

물체를 손상시키지 않고 그 내부를 검사하는 것을 통칭 비파괴검사(nondestructive test; NDT)라 한다. 비파괴 검사는 우리가 일상 습관되어 있는 것이다. 예를 들면 수박을 두드려보고 내부 상태를 알아본다든지 물통을 두드려서 물이 얼마나 차있지 알아본다는 등이다. 이외에도 벽을 두들겨 본다든다 기차 바퀴의 균열을 알아보기 위해 쇠망치로 짧게 쳐본다. 이와 같이 음파를 이용해 내부를 알아보는 원리를 이용한 것이 초음파 탐상기(探傷器)이다. 즉 시험체에 초음파를 전달하여 내부에 존재하는 결함으로부터 반사한 초음파의 에너지량과 진행시간 등을 분석하여 결함의 위치 및 크기를 정확히 알아내는 방법이다. 그림 5-17은 초음파 탐상의 한 방법을 보여준다. 송수신 변환기는 압전변환기로서 송신과 수신을 동시에 한다. 먼저 변환기는 펄스 형태의 초음파를 물체의 내부를 향해 발사하며 반사되어 돌아오는 펄스들을 수신한다. 그림에서 보인 펄스 파형과 같이 수신된 펄스들의 상대적인 크기와 도착 시간차을 전송 펄스를 기준으로 비교하면 내부 결함의 정도와 그 위치를 파악할 수 있는 것이다. 초음파 탐상기는 물체의 내부 결함을 즉석에서 간단히 알아볼 수 있으므로 다음과 같은 분야에서 널리 사용된다: 각종 금속류의 내부 결함 검사, 용

그림 5-17
초음파 탐상기

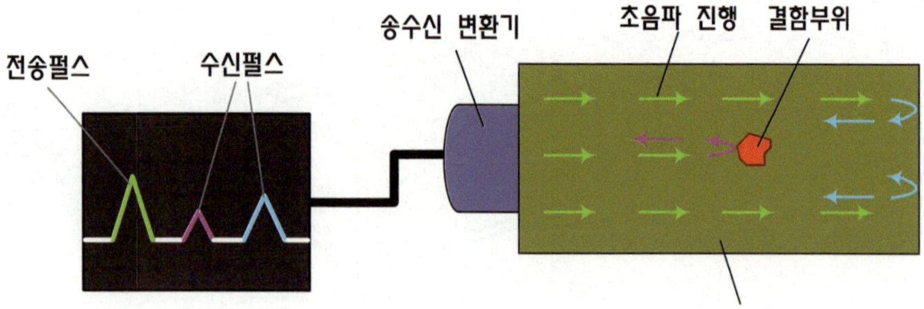

(a) 초음파 탐상기 구성

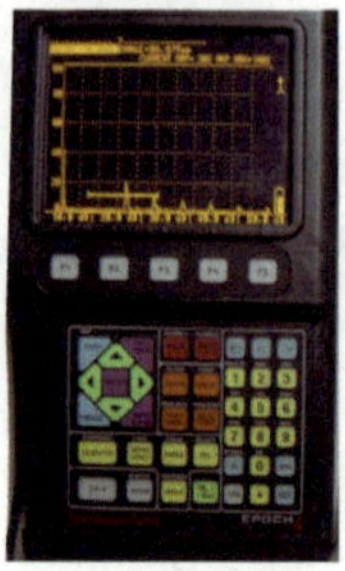

(b) 초음파 탐상기의 예

접부위의 결함 검사, 파이프 강판의 부식 측정, 차축의 피로 결함 검사, 각종 재료 내부에서의 음속 측정 등이다. 인체에 적용되는 비파괴검사로는 초음파 진단기, X-선 단층촬영(CT; computed tomograph), 핵자기공명 단층촬영(NMR CT) 등 중요한 것들이 있다(10장에서 설명).

체외충격파 쇄석기

초음파는 인체에 무해하며 좁은 폭으로 집속시킬 수 있으므로 의료장비에 많이 활용된다. 흔히 콩팥, 방광, 요로 등에 돌과 같이 생긴 결석(結石)이 생기기도 하며 이는 사람을 대단히 고통스럽게 한다. 과거에는 결석을 제거하기 위해 대수술을 감행했지만 이제는 초음파를 이용한 체외충격파쇄석기(ESWL; Extracorporal Shock Wave Lithotripsy)를 이용하여 수술 고통없이 결석을 제거할 수 있게 되었다. 그림 5-18(a)가 체외충격파쇄석기의 모습이다. 초음파를 펄스와 같은 충격파로 만들어 이를 결석이 있는 위치에 정확히 집속시키면 강력해진 초음파 에너지가 결석을 더 작은 가루로 분쇄해버린다. 그리고 분쇄된 가루들은 소변을 통해 체외로 쉽게 배출되는 것이다. 그림 (b)는 초음파를 집속시키는 방법을 보여준다.

그림 5-18
체외충격파쇄석기

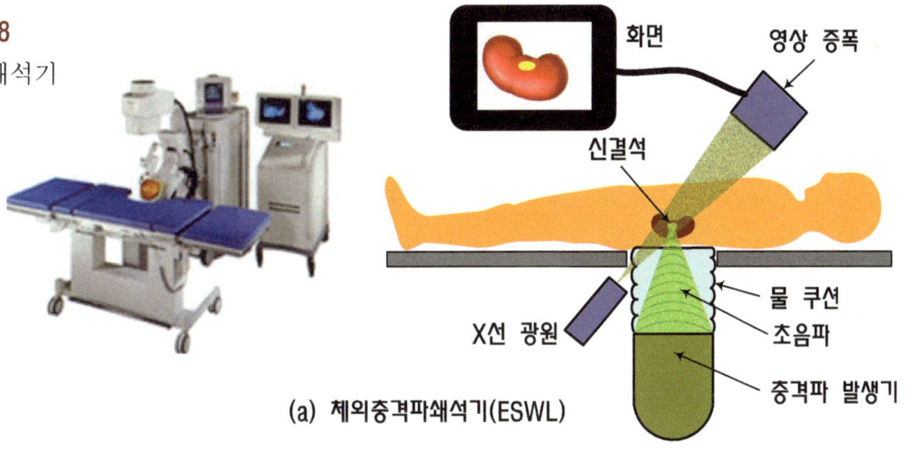

(a) 체외충격파쇄석기(ESWL)

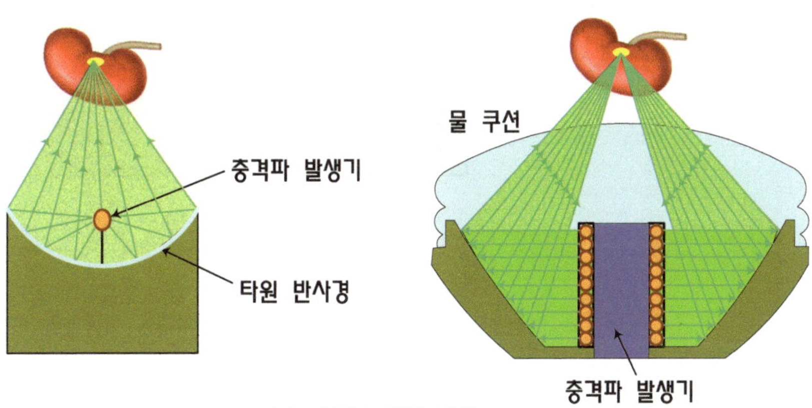

(b) 충격파 발생 장치

초음파 가공

초음파 가공(USM; Ultrasonic Machining)은 초음파를 이용하여 물체를 연마·절단·천공(穿孔)하는 기술이며 그림 5-19(a)는 그 한 예이다. 공구는 초음파 진동기에 의해 20kHz 정도로 진동하며 부스터는 공구에 일정한 힘을 가해준다. 공구 끝 부분과 피가공물 표면 사이에는 연마성의 입자가 물과 섞인 현탁액(懸濁液)이 공급된다. 공구의 진동에 의해 연마성 입자가 피가공물 표면에 충격을 줌으로써 피가공물 표면 물질이 제거되는 것이다. 그림 (b)는 초음파 가공을 이용해 알루미늄 기판에 지름 6.44mm의 구멍을 천공한 모습이다. 초경합금(超硬合金), 도자기, 반도체, 유리, 수정 및 그 밖의 보석과 같이 매우 굳은 물질은 보통 방법으로는 가공하기 어렵지만 초음파 가공을 이용하면 비

그림 5-19
초음파 가공

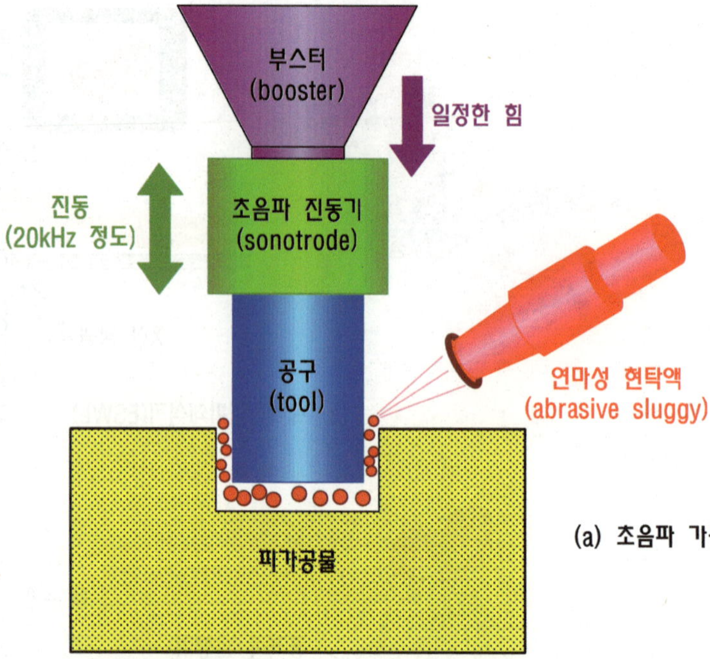

(a) 초음파 가공(USM)

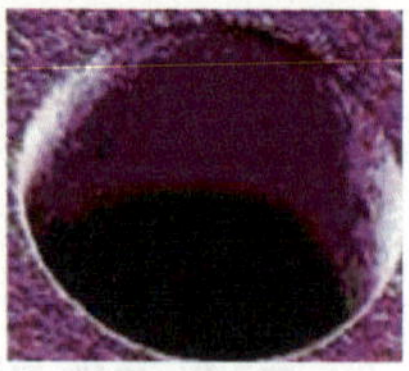

(b) 초음파 가공에 의한 천공 예
(알루미늄 기판상의 지름 0.64mm 구멍)

교적 쉽게 할 수 있다. 이와 반대로 깨지기 쉬운 물질도 정확히 가공할 수 있으며, 초음파 가공은 기계적 방식이므로 피가공물 표면에 전기, 열, 화학적인 현상이 일어나지 않아 유리하다.

6

가전 및 사무용 기기

6-1 전화기 전화기 구조, 음성발생 원리

6-2 세탁기

6-3 진공청소기

6-4 에어컨

6-5 냉장고 압축식 냉장고, 전자 냉장고

6-6 전자 레인지 구조, 마그네트론

6-7 유도가열 조리기

6-8 코로나 방전

6-9 공기청정기 전기집진식, 음이온 방식, 오존 방식, HEPA 필터

6-10 복사기

6-11 프린터 레이저 프린터, LED 프린터, 잉크젯 프린터

6-12 스캐너와 팩스

6-13 접지는 왜 하는가?

6-1 전화기

전화기 구조

일상 생활에서 가장 많이 사용되는 것 중 하나가 전화기이다. 1875년 벨(Bell)이 발명한 전화기(그림 6-1(a)) 이후로 현재의 휴대폰에 이르기까지 전화기는 대단한 변신을 거듭해 왔다. 그림 6-1(b)는 현재 사용되는 유선 전화기의 가장 간단한 구조이다. 송화기는 음성신호를 전기신호로 변환시켜주는 마이크로폰이며 수화기는 전기신호를 음성신호로 바꿔주는 스프커이다(2-4절 참조). 훅스위치는 전화기를 내려놓으면 끊어지고 전화기를 들면 닫히며, 수화기와 송화기의 전선은 훅스위치를 통해 벽면의 잭과 연결되어 전화교환국과 연결된다.

그림 6-2는 보다 실제적인 전화기 구조이다. 전화기의 구조상, 상대방이 송화기를 통해 한 말이나 내가 송화기를 통해 한 말이 모두 내 수화기의 스피커로 전달된다. 만일 여러분들이 한 말이 그대로 스피커를 통해 귀에 전달된다면 매우 성가실 것이다. 내가 한 말이 내 귀로 전달되지 않도록 하는 장치가 전이중(全二重; fuu-duplex) 코일이다. 여러분들이 터치-톤 키패드(touch-tone keypad)로 전화번호를 선택하면 내부의 주파수 합성기에 의해 그림 6-2에 표시된 바와 같이 두 가지의 특정 주파수 사인파가 한 조로 발생된다. 키패드의 주파수 합성기는 전자 악기의 원리와 같다.

그림 6-1

(a) 1875년 벨이 발명한 전화기

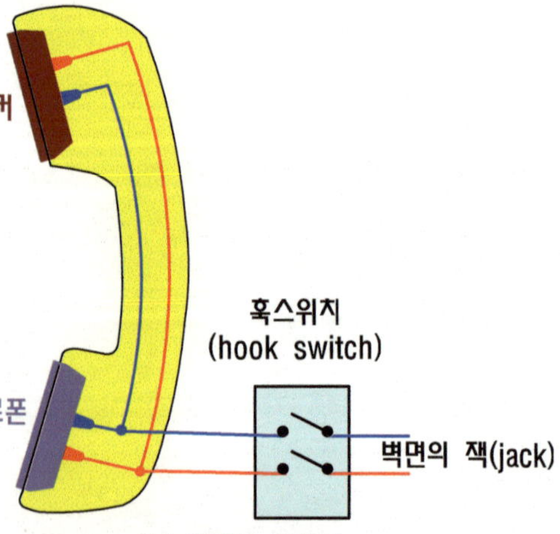

(b) 현재의 전화기

그림 6-2
실제적인 전화기 구조

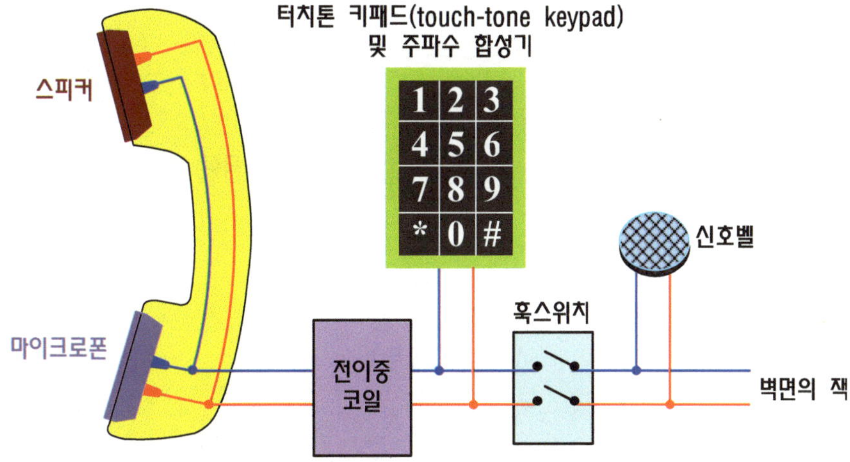

(a) 실제적인 전화기 구조

	1,209Hz	1,336Hz	1,477Hz
697Hz	1	2	3
770Hz	4	5	6
852Hz	7	8	9
941Hz	*	0	#

(b) 터치톤 키패드의 주파수 합성

음성발생 원리

대부분의 사람들은 목소리가 실제로 어떻게 나는지 알지 못한다. 여기서는 유성음(有聲音; voiced sound)의 발생에 대해 간단히 소개하기로 한다. 그림 6-3의 (a)는 발성 구조이며 발성에서 가장 중요한 부위가 성대(聲帶; vocal cord)이다. 성대는 그림 (b)와 같이 마치 두 개의 문과 같이 생겼으며 폐에 연결된 기관(氣管)으로부터 나오는 공기에 의해 자동적으로 개폐된다. 성대와 그 사이의 공간을 합쳐 성문(聲門; glottis)이라 하며 문자 그대로 소리가 드나드는 문이다. 그림 6-4는 성문이 자동으로 열고 닫히는 원리를 단계적으로 보여준다. 성문은 매우 탄력성이 좋은 근육으로 되어 있다. 먼저 성문이 닫혀 있는 동안에는 폐에서 나오는 공기 압력이 점점 커진다(그림 (a)). 압력이 어느 정도에 이르면 그 힘에 의해 성문이 열리게 되며(그림 (b)) 이때 공기

그림 6-3
발성 구조와 성문의 개폐

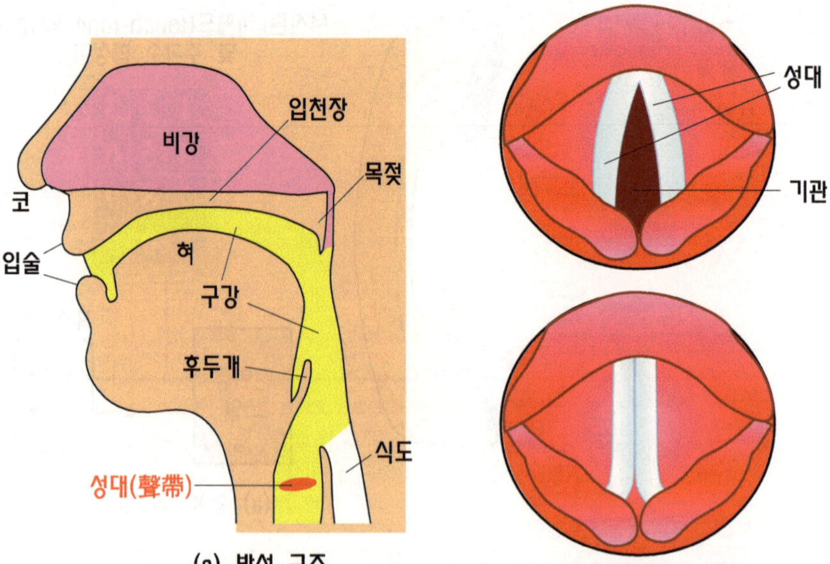

(a) 발성 구조 (b) 성문(聲門)의 개폐

그림 6-4
성문 개폐 원리

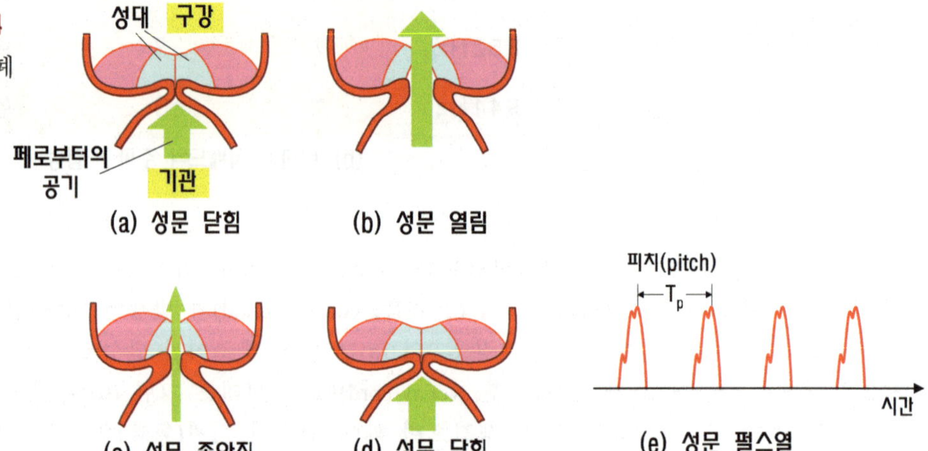

(a) 성문 닫힘 (b) 성문 열림 (c) 성문 좁아짐 (d) 성문 닫힘 (e) 성문 펄스열

가 빠른 속도로 성문을 통과하므로 베르누이(Bernulli) 법칙에 의해 성문의 압력이 급격히 떨어진다. 따라서 성문은 점차 좁아져(그림 (c)) 다시 닫히게 된다(그림 (d)). 그리고 그림 (b)의 과정으로 돌아가 다시 개폐가 반복된다. 그 결과 성문을 통과한 공기의 속도는 그림 (e)와

같이 주기적인 펄스열(列) 형태가 되며 이를 성문 펄스열이라 부른다. 성문이 열리는 주기(펄스 주기)를 피치(pitch)라 하며 일반적인 사람의 경우 10ms~30ms 사이에 분포한다. 특히 어린아이나 여성의 경우는 피치가 짧으며 저음의 남성인 경우는 피치가 30ms 정도에 달하기도 한다. 피치는 사람마다 고유하므로 음성 인식에 중요한 변수로 사용된다. 성문을 통과한 성문 펄스열은 그림 6-5(a)와 같이 구강(또는 비강 포함)을 통해 입(또는 콧구멍 포함)을 통해 방사되며 이것이 소리로 작용하는 것이다. 성문으로부터 나온 공기가 거치는 과정을 성도(聲道; vocal tract)라 하며 입모양과 혀 위치 등에 의해 형태가 바뀌며 이에 따라 소리가 달라지는 것이다. 특히 비음의 경우는 목젖이 열려 비강도 성도에 포함된다. 구강만 포함된 성도를 도식화한 것이 그림 (b)이며 빈 공기통과 같다. 이 공기통은 그 형태에 따라 몇 가지 특정 주파수 성분들을 위주로 선택하므로 마치 공진기와 같으며 이 주파수들을 자연 주파수라 한다. 이상으로 성도를 거쳐 밖으로 전달되는 유성음을 그림 (b)와 같이 주기적인 신호 형태가 된다. 여러분들이 입과 혀를 바꿔가면서 이야기를 하면 피치는 변하지 않고 성도의 공진 특성만 변하면서 다른 소리들이 나오게 되는 것이다(유성음의 경우). 그리고 같은 모음일지라도 사람에 따라 피치와 자연 주파수에 고유한 차이가 있으므로 이를 이용한 것이 성문(聲紋)이다(손가락의 指紋과 같은 원리이다).

그림 6-5
성도에 의한 유성음 발생

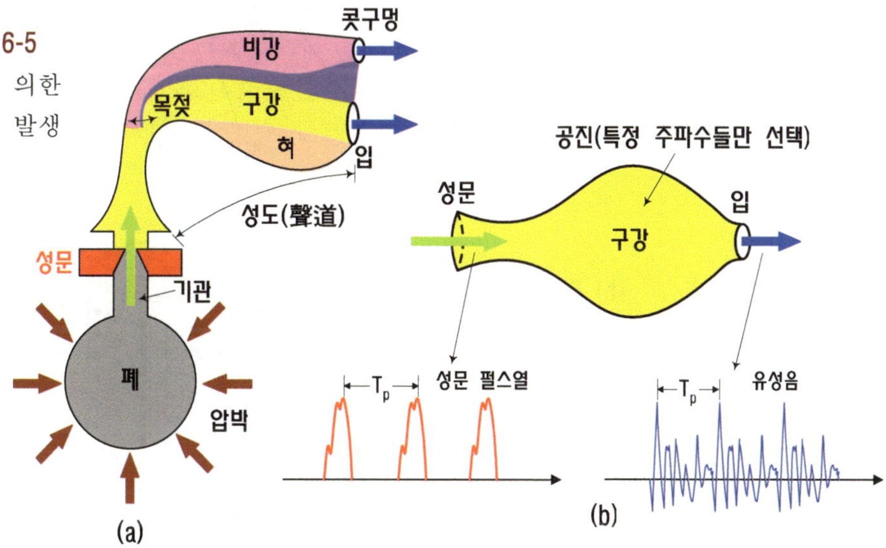

6-2 세탁기

중노동에 가까운 가사로부터 해방시켜 준 것이 가전기기이다. 세탁기 청소기, 전자 레인지 등등. 그 중 전자동 전기 세탁기의 구조는 대체로 그림 6-6과 같다. 전자동 세탁기는 세탁통이 이중으로 되어 있으며 그 안쪽통(드럼)이 그림 (b)이다. 세탁이나 헹구는 과정에서는 드럼은 회전하지 않고 교반기가 자동반전 회전하면서 빨래를 휘젓어 준다. 그리고 탈수할 때는 반대로 교반기가 정지하고 드럼이 고속으로 회전하므로 원심분리에 의해 빨래가 탈수된다.

그림 6-6
전자동 전기세탁기

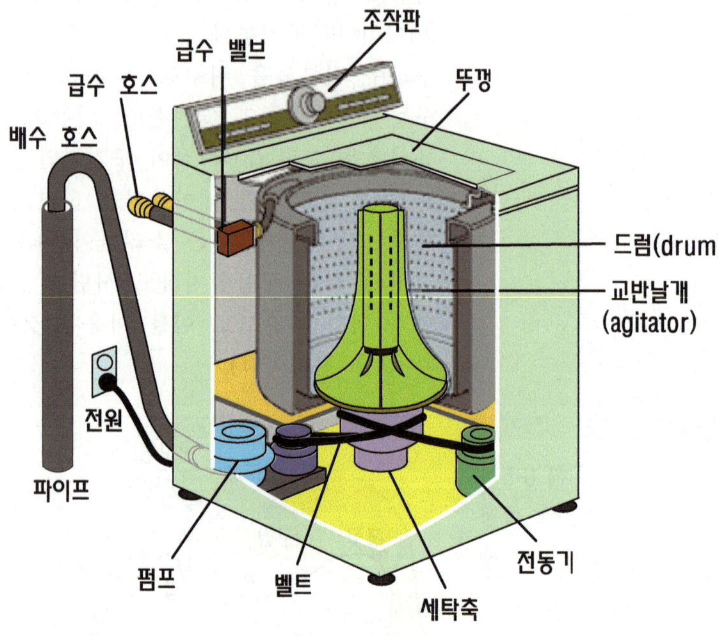

(a) 세탁기 구조

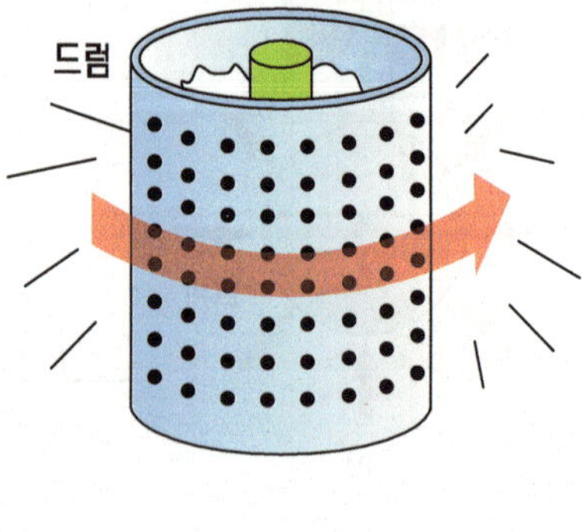

(b) 원심분리에 의한 탈수

6-3 진공청소기

그림 6-7은 진공청소기의 외형과 구조이다. 진공청소기의 원리는 분당 28,000~29,000번 이상 팬을 강하게 회전시켜 기계 내부 공기를 밖으로 뽑아냄으로써 청소기 내부를 진공 상태로 만드는 것이다. 그 결과 기계 안의 압력이 줄어들어 흡입력이 생긴다. 대기의 무게 때문에 생기는 바깥쪽의 공기 압력은 기계 안의 압력보다 높게 되고 이로 인해 먼지가 공기와 함께 대기압이 낮은 호스쪽으로 빨려 들어가게 된다. 먼지를 포함한 공기는 청소기 내부의 집진자루나 필터 등에서 여과되고 깨끗한 공기만 전동기를 냉각시키면서 배기구를 통해 외부로 배출된다. 특히 집진자루나 필터에 먼지가 너무 쌓이면 흡입력이 떨어지므로 자주 치워주는 것이 좋다. 그리고 습기있는 먼지나 물질을 빨아들이면 녹이 슬거나 절연불량의 원인이 될 수 있다. 세탁기와 마찬가지로 청소기의 생명은 전동기이다. 청소기 전동기는 카본 브러쉬가 달려있는 직류 전동기(그림 3-10 참조)를 사용하므로 오래 사용하면 브러쉬가 마모되어 예전과 같은 흡인력을 낼 수 없게 된다(매일 15분간 사용한다면 약 5~6년 정도). 이때는 브러쉬를 교환하면 된다.

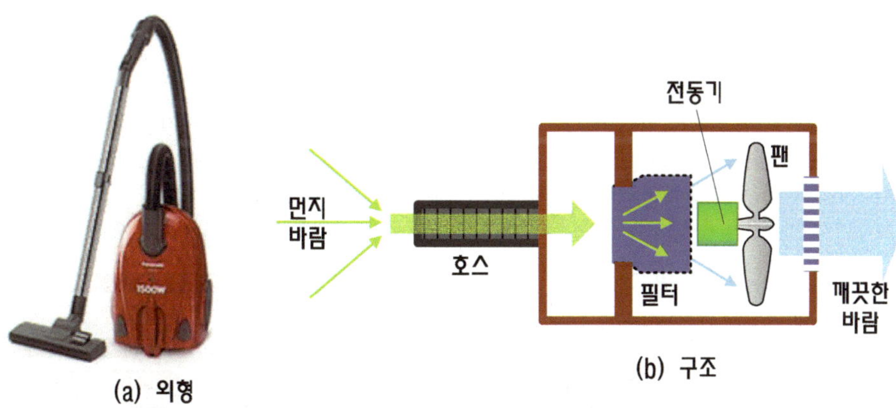

그림 6-7 진공청소기

6-4 에어컨

전자가 보다 높은 궤도에 오르거나 나아가 자유전자가 되기 위해서는 주위로부터 에너지를 흡수해야 한다(흡수는 뺏는다는 뜻이다). 반대로 에너지를 주위에 방출하면 자신은 보다 낮은 궤도로 내려가게 된다(방출은 준다는 뜻이다). 같은 원리로 액체가 주위의 열을 뺏으면 기체가 되며 이를 기화(氣化)라 하고 그 때의 열을 기화열이라 한다. 반대로 기체가 주위에 열을 빼앗기면 액채가 된다. 기화열의 예는 여름철에 마당에 물을 뿌리면 시원해진다거나 손등에 알코올을 묻히면 시원해진다거나 물이 끓는점에 이르면 더 이상 온도가 올라가지 않는 것 등이다. 냉난방장치인 에어컨(airconditioner)이나 냉장고는 모두 그림 6-8과 같이 냉매를 냉동 사이클을 거치게 하면서 기화열을 이용하는 것이며 그 과정은 다음과 같다: 압축기에 의해 고온·고압으로 압축된 기체 상태의 냉매는 응축기로 보내진다. 응축기에서 냉매는 주위에 열을 빼앗기며(이때 주위를 뜨겁게 한다) 자신은 액체로 응축된다. 응축된 액체 상태의 냉매가 팽창 밸브를 통과하면 압력이 낮아져 기화하기 쉽게 된다. 이어서 저압의 액체 냉매가 증발기를 거치면서 기화하므로 주위로부터 열을 뺏는다. 즉 증발기는 주위를 차겁게 하므로 냉각기가 되는 것이다. 증발기를 거치면서 고온·저압의 기체가 된 냉매는 다시 압축기에 의해 고온·고압의 기체가 되어 냉동 사이클을 다시 시작한다. 에너컨에서 응축기 쪽을 이용하면 난방기가 되고 냉각기 쪽을 이용하면 냉방기가 되는 것이다.

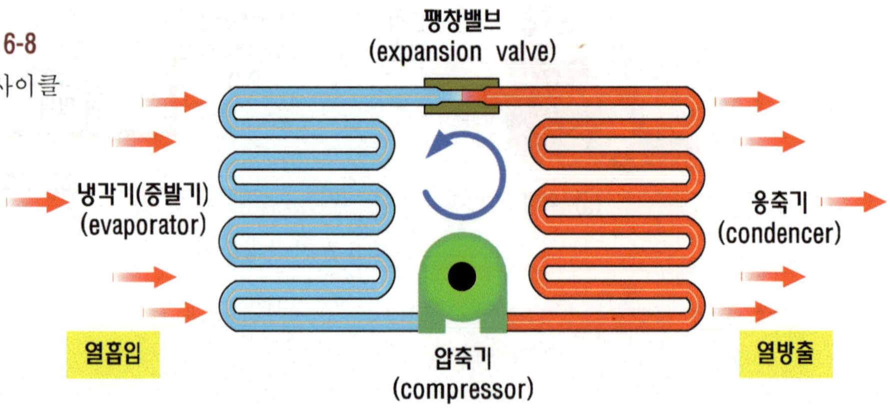

그림 6-8
냉동 사이클

그림 6-9
에어컨 구조

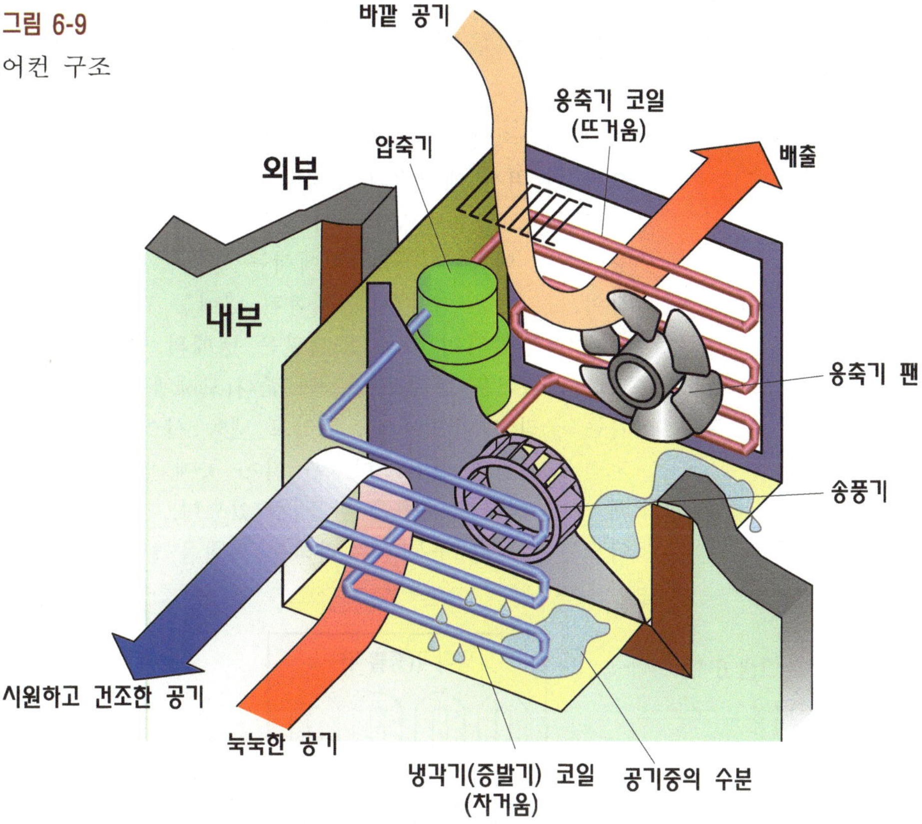

그림 6-9는 창문에 설치하는 에너컨의 구조를 보여준다(그림상에서는 냉방기로 사용). 난방 범위가 넓은 빌딩에서는 그림 6-10과 같이 냉각기로 냉각수를 얻은 다음 냉각수를 순환시키는 방법이 효율적이다.

그림 6-10

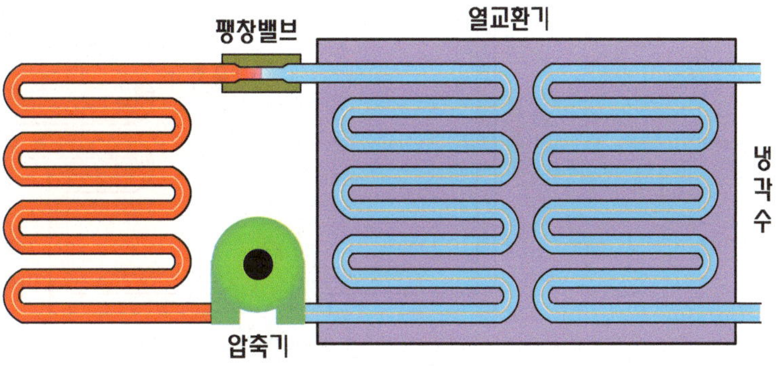

6-5 냉장고

압축식 냉장고

냉매를 압축시켜 순환시키는 압축식 냉장고의 구조는 그림 6-11과 같으며 이 역시 에어컨의 냉방 원리와 같다. 냉매 가스는 압축기에 의해 고온·고압으로 압축되어 응축기·로 보내지며 응축기에서 냉매는 응축되어 액화된다. 응축기에서는 열방출을 촉진시키기 위해 그림과 같이 방열판을 이용한다. 액화된 냉매는 건조기(여과기)를 거쳐 모세관에서 전달되며 가는 모세관은 냉매의 압력을 낮추어 저온에서도 기화하기 쉬운 상태로 만들어 준다(모세관은 내경이 0.5~1mm 정도의 가는 구리 파이프이다). 그리고 냉동 사이클에 먼저나 수분이 끼게 되면 모세관과 같은 가는 관 같은 곳에 먼지가 끼거나 얼음이 쌓이게 되어 냉매의 순환을 막을 수 있으며, 건조기(여과기)는 냉매에 끼어드는 먼지나 수분을 제거하는 역할을 한다. 모세관을 거쳐 저압의

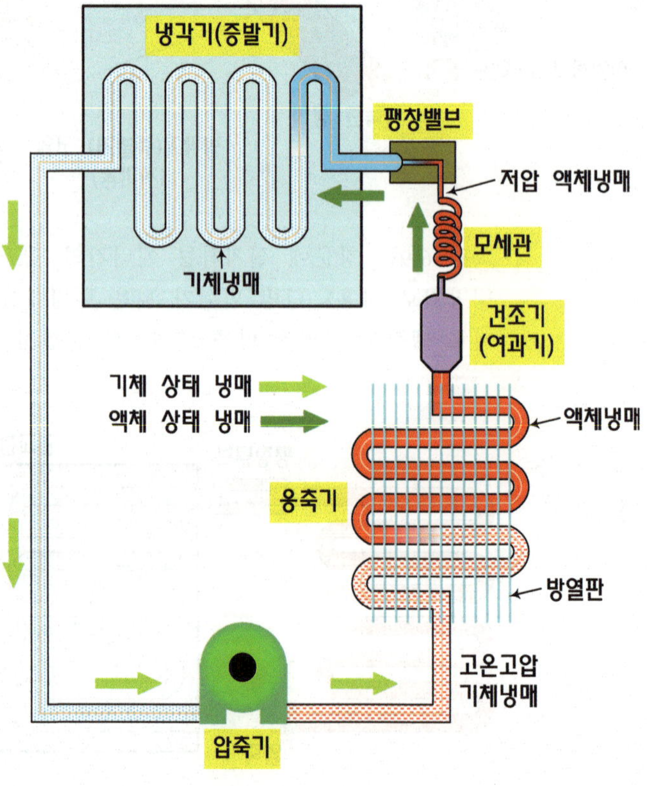

그림 6-11
냉장고 구조

액체 상태인 냉매는 증발기를 통과하면서 기화하며, 기화열에 의해 증발기는 냉각기가 된다. 증발기를 거치면서 기체 상태가 된 냉매는 다시 압축기에 의해 압축되어 냉동 사이클이 계속하게 한다. 냉매는 증발압력이 대기압 이상이고 응축압력이 너무 높지 않아야 하며 증발열(기화열)이 커야 한다. 냉매로 프레온 가스, 암모니아, 탄산 가스 등이 이용되며 일반적으로 많이 사용되는 냉매는 프레온12, 프레온22, 암모니아 등이다. 응축기에서 나오는 열을 재활용하여 서리가 녹은 물을 증발시키거나, 냉장고 내부와 외부 온도차로 인해 외부 상자 전면에 이슬이 맺히는 것을 방지한다(결로방지 파이프).

전자 냉장고

펠티에 효과(그림 4-34 참조)를 이용하면 냉매를 압축시키는 방법 대신에 그림 6-12와 같이 전기로만 냉각하는 것이 가능하며 이를 전자 냉동이라 한다. 전자 냉동의 장점은 압축기가 없으므로 소음이 없을 뿐아니라 소형 · 경량 · 저가격화가 실현될 수 있다는 것이며, 단점으로는 냉각 능력이 작기 때문에 전적으로 소형 냉각기에 한정되고 있다는 것이다(자동차의 쿨러 등). 그림 6-12에서 직류전류의 방향을 바꾸면 냉장고에서 온장고로 역할이 바뀐다.

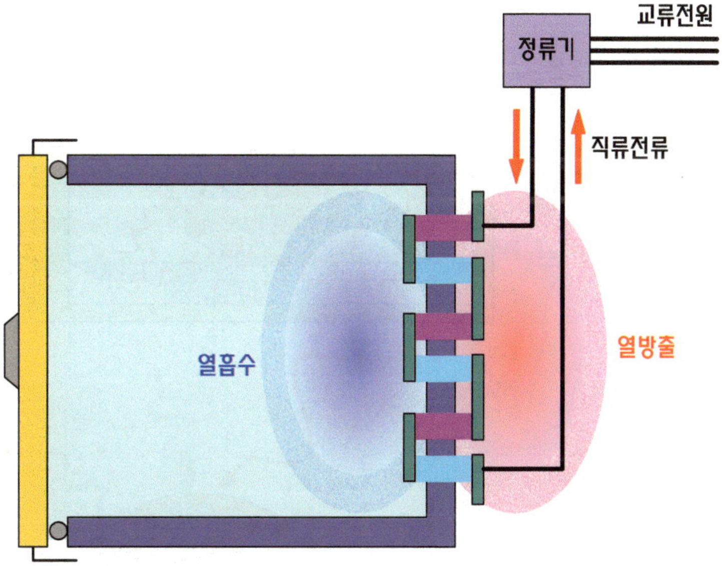

그림 6-12
전자 냉장고

6-6 전자 레인지

구조 1장의 1-6절에서, 전기쌍극자가 시간에 따라 빨리 변하는 전장에 놓이면 쌍극자의 회전운동으로 열이 발생하는 유전가열(誘電加熱)에 대해 설명하였다(그림 1-54 참조). 유전가열을 이용한 대단히 편리한 가열기가 그림 6-13의 전자 레인지이며 그 핵심은 강력한 전파를 발생시키는 마그네트론(magnetron; 磁電管)에 있다(조금 뒤에 설명). 마그네트론에서 발생한 전파는 주파수 2.45GHz(1GHz=10^9Hz)의 마이크로파(microwave)이며 전력은 수백 [W]에 이른다. 이러한 마이크로파는 도파관(導波管: 파를 인도하는 관)을 통해 대류팬에 전달되면 대류팬이 오븐 내부에 골고루 뿌려준다. 그러면 그림에서 보는 바와 같이 가열하고자 하는 식품의 내부에 있는 물분자(전기쌍극자)들이 일초에

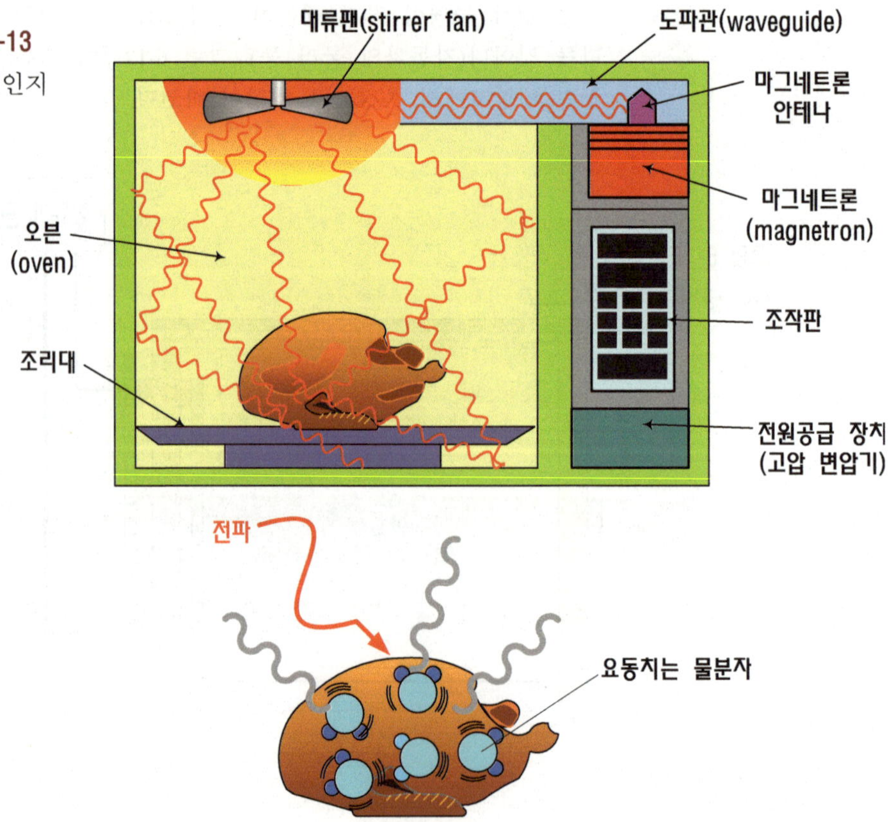

그림 6-13
전자 레인지

무려 24억 5천만 번이나 진동하므로 식품 내부는 완전히 가열되는 것이다. 전자 레인지는 식품의 내부를 직접 가열할 수 있고 조리 시간을 대폭 단축할 수 있으며 가열에 의해 식품 표면이 눋지 않아 대단히 편리한 조리 기구이다. 그림 6-13은 조리대가 고정되어 있고 대류팬이 전파를 뿌려주지만, 대류팬이 없이 조리대가 직접 회전하는 방식도 있다.

마그네트론

마그네트론을 설명하기 전에 기본적인 이야기 두 가지만 하기로 하자. 운동하는 어떤 물체에 항상 운동방향과 수직으로 일정한 힘이 가해지면 원운동을 하며 그림 6-14(a)가 이를 보여준다. 즉 구심력이 항상 순간속도에 수직으로 작용하기 때문에 원운동이 되는 것이다. 이제 그림 (b)를 보자. 그림과 같이 종이 앞면에서 뒷면으로 향하는 균일한 자속 속에 전자가 순간속도 V의 방향으로 진행한다고 하자. 그러면 전자에 의한 전류 I는 V의 반대방향이므로 플래밍의 왼손법칙에 의해 힘 F의 방향은 그림에 표시된 바와 같다. 즉 전자의 운동방향과 항상 수직으로 힘이 작용하므로 전자는 원운동을 하게 된다. 전류는 단위 시간에 통과하는 전하량으로 정의된다. 따라서 속도가 V인 전자의 전하를 q라 하면 전자에 의한 전류 I는 I=qV이므로 힘 F는 다음과 같이 주어진다.

$$F = IB = qVB$$

전자에 작용하는 힘이 클수록, 즉 V나 B가 클수록 전자는 더욱 반경이 작은 원운동을 하게 된다. 이상이 바로 마그네트론의 기본 원리이다. 이제 마그네트론에 대해 알아보자.

그림 6-14
원운동 원리

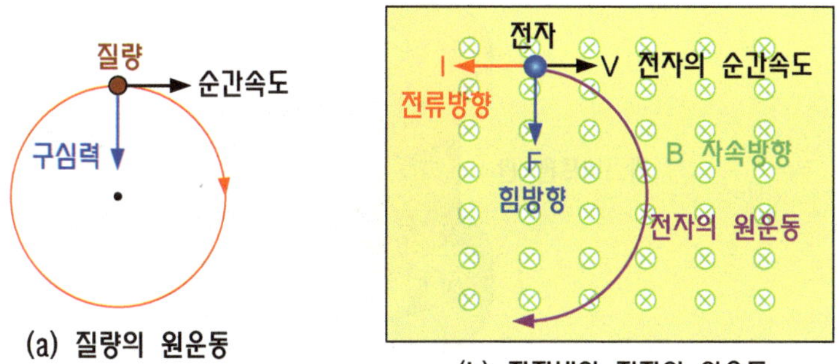

(a) 질량의 원운동

(b) 자장내의 전자의 원운동

마그네트론은 그림 6-15(a)와 같이 바깥 원통(애노드) 내부에 원주 형태의 캐소드(음극)이 들어있으며 애노드에는 직류전원의 양극이 연결되고 캐소드에는 음극이 연결된다. 그리고 그림상에서는 보이지 않지만 캐소드는 또 다른 전원에 의해 가열되고 있다. 가열된 캐소드로부터 열전자(자유전자)가 방출되며 이들은 그림 (b)와 같이 방사선 형태로 가속운동한다(애노드가 (+), 캐소드가 (–)이므로). 이제 그림 (c)와 같이 마그네트론의 아래위에 자석을 결합하면 마그네트론의 내부에는 위에서 아래로 자속이 형성된다. 따라서 캐소드를 떠난 열전자들은 그림 (d)와 같이 회전운동을 하며(그림 6-14 참조) 전자의 속도(V)는 캐소드와 애노드 사이의 전압에 비례한다. 따라서 전압을 어느 수준 이상으로 높이든지 자속을 어느 수준 이상으로 강하게 하면 열전

그림 6-15
마그네트론

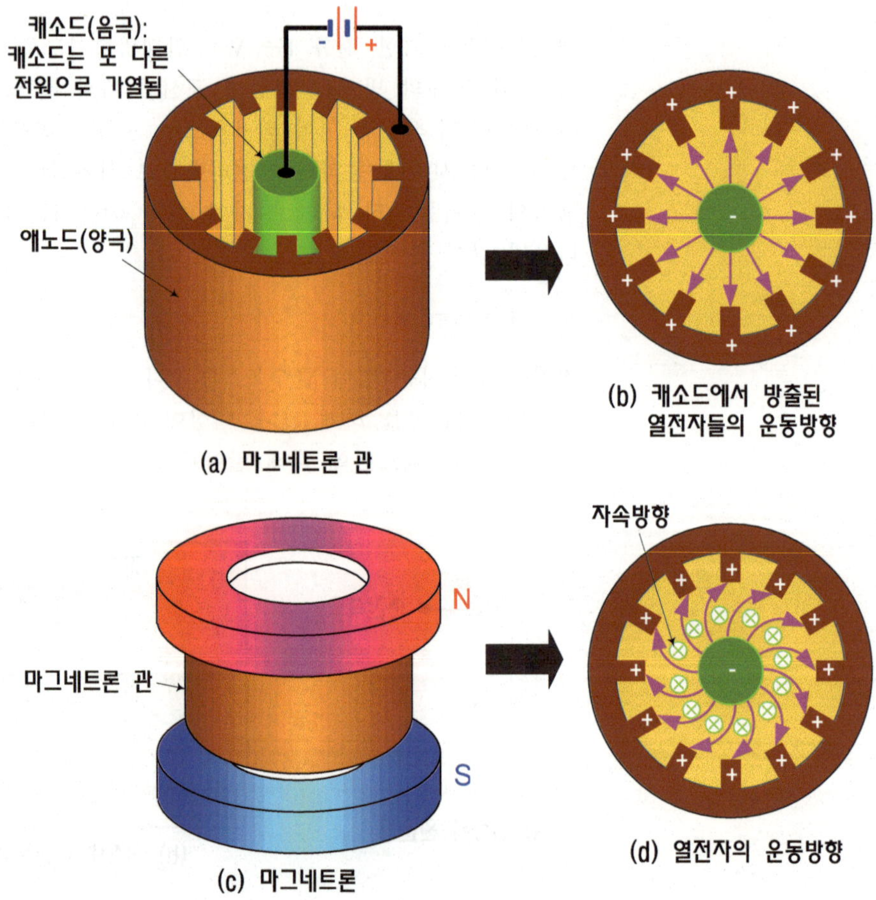

자를 애노드에 도달하지 못하게 할 수 있다. 그 결과 열전자 무리들(전자구름)은 그림 6-16과 같이 구름과 같은 형태로 애노드와 캐소드 사이의 공간을 계속 회전하게 된다. 전자의 회전운동은 코일속의 전류와 같으므로 자장을 유도하며, 이 자장이 다시 전장을 유도함으로써 마그네트론 내부에서는 전파가 만들어지는 것이다(전파에 대해서는 2-5절 참조). 이 전파는 그림 6-13과 같이 안테나를 통해 도파관을 타고 대류팬으로 전달되는 것이다.

그림 6-16
마그네트론 내부에서 열전자의 원운동

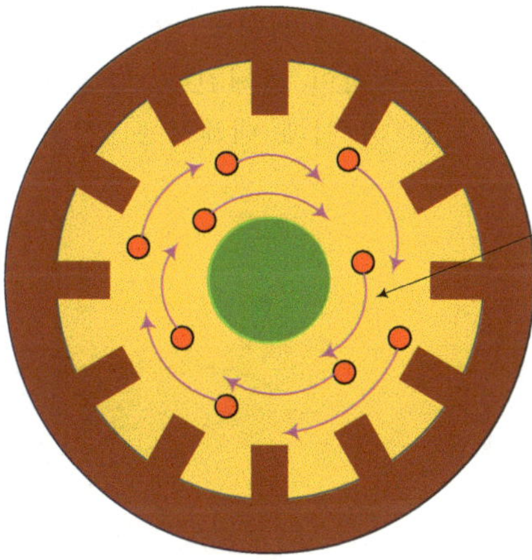

마그네트론은 매우 높은 직류 전압이 필요하다. 따라서 그림 6-17과 같이 고전압 변압기를 통해 220V의 교류를 약 3000V의 높은 직류 전압으로 정류하여 전압을 얻는다(정류기에 대해서는 그림 4-14 참조).

그림 6-17
마그네트론을 위한 고전압 정류기

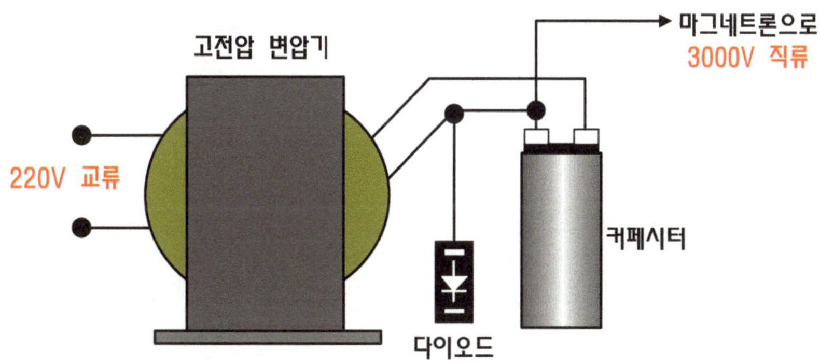

6-7 유도가열 조리기

그림 6-18은 맴돌이 전류를 이용한 유도가열(誘導加熱) 방식을 다시 보인 것이다(2장의 2-3절 참조). 맴돌이 전류는 항상 자속의 방향과 수직인 평면상에 형성되며 자속의 변화율에 비례한다. 즉 아무리 센 자속일지라도 변화가 없으면 맴돌이 전류는 생기지 않으며 자속의 시간에 따른 변화율이 클수록 맴돌이 전류도 커진다. 그리고 맴돌이 전류에 의한 자속은 통과하는 자속의 변화를 저지하는 방향이 되도록 맴돌이 전류 방향이 정해진다. 맴돌이 전류는 상당히 많은 부분에서 응용되고 있으며 이에 대해서는 9장에서 설명한다.

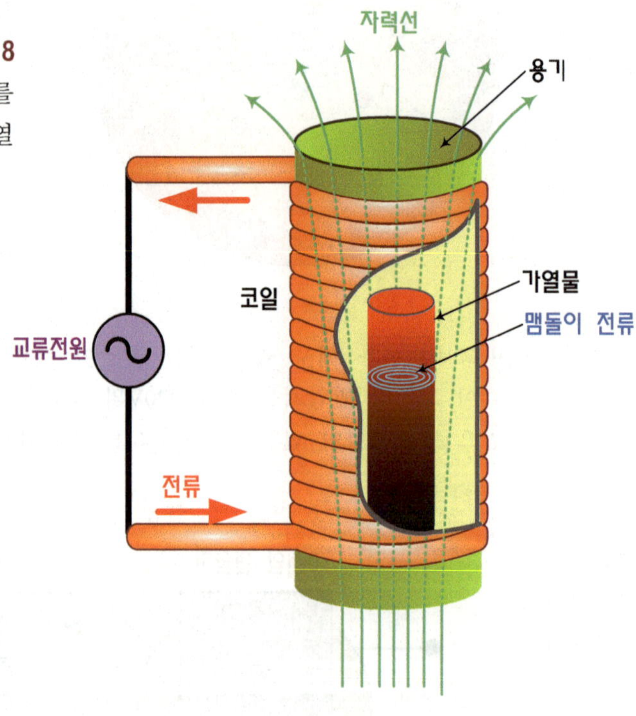

그림 6-18
맴돌이 전류를 이용한 유도가열

그림 6-19는 유도가열을 이용하여 열을 직접 가하지 않고 음식을 조리하는 전자 조리기이다. 유도가열 코일 위에 조리기구가 놓이면 유도가열에 의해 열이 발생한다. 그림 6-20은 전자 조리기 위에 남비를 놓았을 때 남비가 가열되는 형태를 보여준다.

그림 6-19
전자 조리기

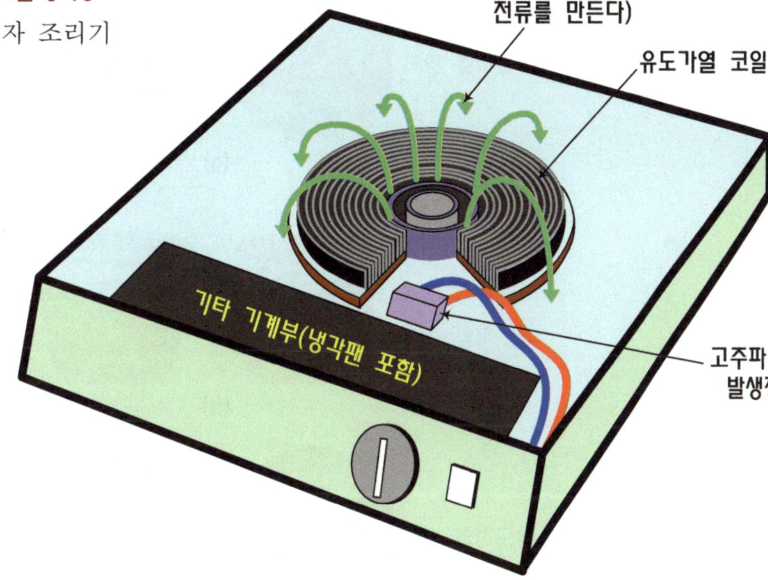

그림 6-20
가열 형태

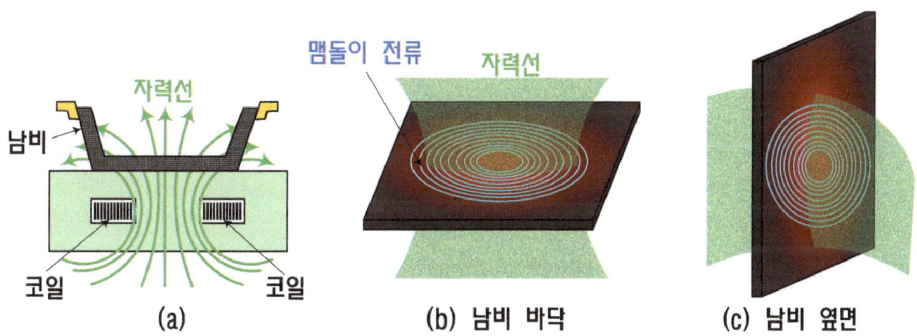

전자 조리기 외에 유도가열로써 밥을 짓는 소위 IH 방식의 전자 밥솥이 있다. 유도가열 방식과 열판압력 방식의 차이를 보여주는 것이 그림 6-21이다. 유도가열 방식은 밥솥 전체가 고루고루 데워지며 열판압력 방식은 열판이 있는 밑부분이 주로 많이 가열된다. 그리고 열판압력 방식은 열판이 따로 필요하지만 유도가열 방식은 밥솥 자체가 열판이 되므로 열판이 따로 필요없다.

그림 6-21
전자 밥솥

6-8 코로나 방전

자연 발생적으로 생기는 정전기는 대부분 사람을 불쾌하게 하므로 정전기에 대한 선입관이 나쁘다. 그러나 정전기가 우리 생활을 매우 편리하게 해주는 것이 있으니 공기청정기, 복사기, 프린터 등이 그 예이다. 인위적으로 정전기를 얻는 방법으로 코로나(corona) 방전이 대표적이다.

먼저 그림 6-22를 보자. 그림과 같이 세 가지 형태의 쇠붙이로 살갗에 압력을 가한다면 (a)보다는 (b)가, (b)보다는 (c)의 경우가 통증이 더 심하다. 그 이유는 동일한 압력하에서는 면적이 좁을수록 단위 면적당 압력이 강해지기 때문이다. 전기에서도 이와 같으며 그림 6-23이 이를 보여준다. 그림 (a)의 경우는 자력선이 비교적 공간에 고루 분포한다. 그러나 그림 (b)의 경우는 끝부분의 면적이 매우 좁기 때문

그림 6-22
압력 분포

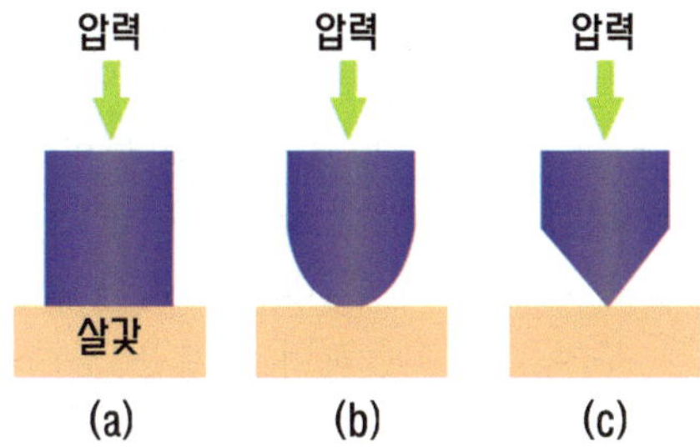

그림 6-23
전력선 분포

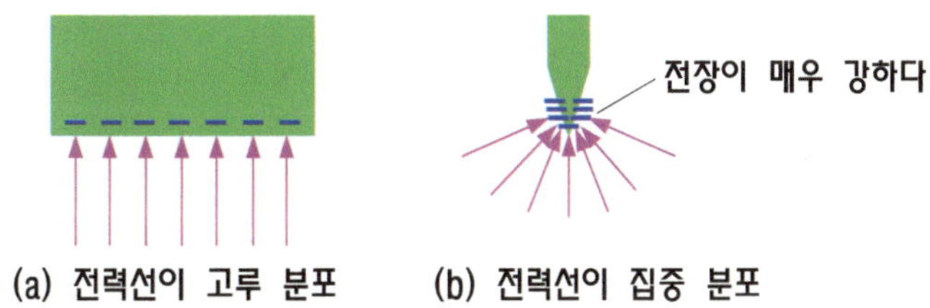

에 단위 면적당 자력선 분포가 매우 조밀하므로 다른 부분에 비해 전장이 매우 강해진다. 이와 같이 일반적으로 면적이 좁고 뾰족한 부분에서는 강한 전장이 형성되며 피뢰침이 대표적인 예이다. 그림 6-24는 코로나 방전의 기본 원리를 설명한다. 그림 (a)의 무극성 분자가 전장에 놓이면 그림 (b)와 같이 분극된다(1-6절 참조). 그러나 전장이 어느 한도 이상 강해지면 그림 (c)와 같이 자유전자들(또는 음이온 포함)들과 양이온으로 전리(이온화)된다. 만일 분자가 공기 분자라면 음이온(자유전자 포함)은 양극으로, 양이온은 음극으로 끌려가면서 전류가 흐르기 시작하며 이를 코로나 방전이라 한다. 결론적으로 코로나 방전을 위해서는 이온화시킬 수 있는 정도의 강한 전장이 필요하다는 것이다.

그림 6-24
분자의 분극과 전리

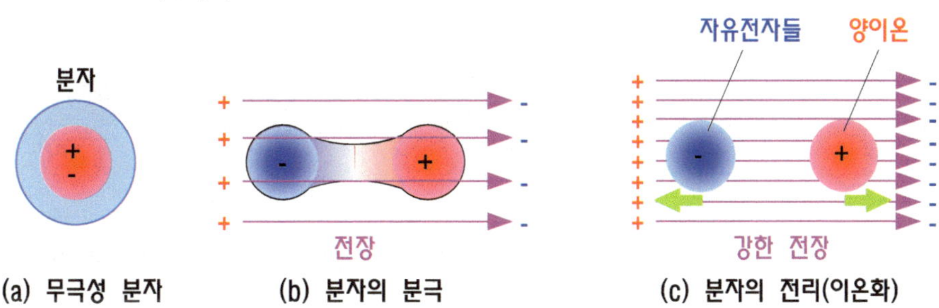

코로나 방전은 그림 6-25의 (a), (b)와 같이 끝이 뾰족한 침상전극을 이용한다. 침상전극의 끝부분에는 매우 강력한 전장이 형성되므로(그림 6-23 참조) 그 부근의 공기 분자들이 이온화되어 전류가 흐르기 시작하며 그림 (c)가 이를 보여준다. 공기 분자가 이온화되면서 생긴 자유전자들은 강력한 전장 내에서 가속되며, 충분히 가속된 전자들은 다시 다른 분자들과 충돌하여 새로운 양이온과 자유전자들을 만들어 낸다. 물론 새로 생긴 이 전자들 역시 가속되어 다른 분자와 충돌하여 또 다른 자유전자를 만들어 낸다. 이와 같은 과정이 눈덩이 불듯이 일어나므로 이를 전자 산사태라 부른다. 침상전극의 끝 부분만 전장이 매우 강하며 이로부터 멀어질수록 전장은 약해진다. 따라서 전자 산사태는 침상전극 끝부분에서 일어나며 이 영역을 코로나 영역

그림 6-25
코로나 방전의 원리

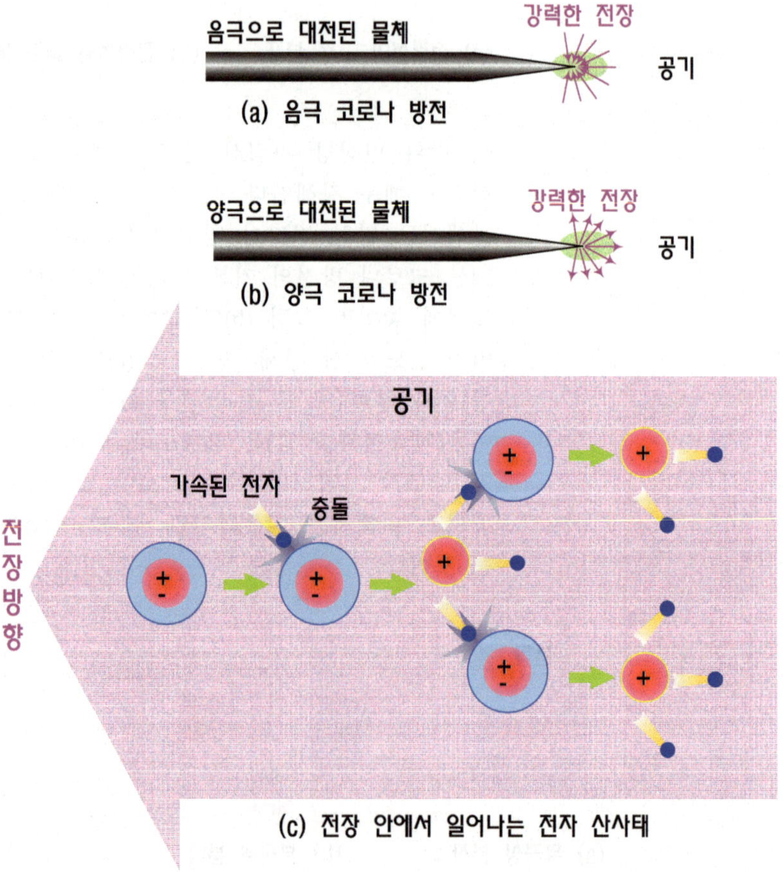

이라 한다. 코로나 영역에서는 많은 전자들과 음이온 그리고 양이온들이 마치 수프 죽과 같이 반죽된 상태로 떠다니며 이를 플라즈마(plasma)라 한다. 그림 6-26은 침상전극과 평면전극을 마주보게 한 구조이며 코로나 영역의 이온들은 평면전극에 끌리게 되므로 회로가 형성되어 전류가 지속적으로 흐르게 된다. 그림 (a)는 침상전극이 음극이므로 코로나 영역의 전자를 포함한 음이온들은 침상전극을 떠나 평면전극으로 이동하며 그림 (b)는 이와 반대이다. 침상전극이 음극이면 음극 코로나, 양극이면 양극 코로나라 한다. 이상으로 코로나는 그림 6-27과 같이 이온을 뿌려주는 분무기와 같으며, 음극 코로나는 음이온을 뿌려주고 양극 코로나는 양이온을 뿌려준다. 따라서 음이온 발생기나 오존 발생기 등은 모두 코로나 방전기를 이용한다. 코로나 방전기는 실제로 침상전극 대신 그림 6-28과 같이 표면적이 좁은 가는 도선을 전극으로 많이 사용한다.

그림 6-26
코로나 방전기

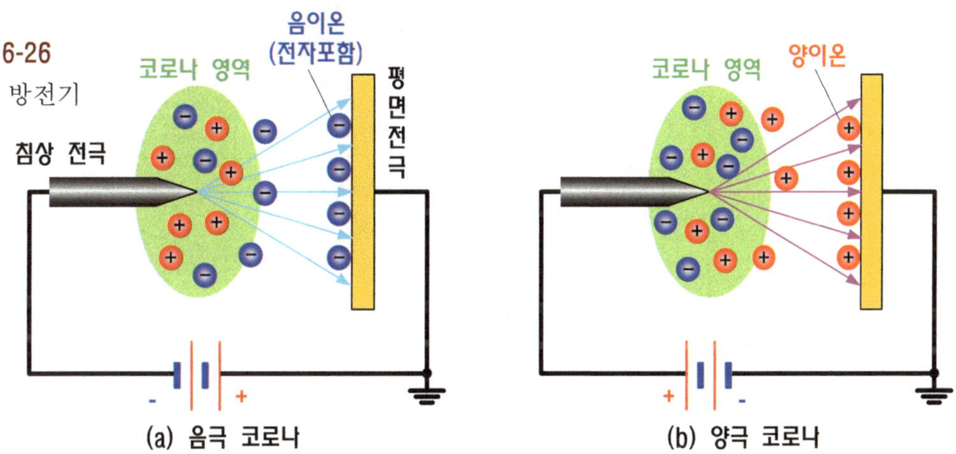

그림 6-27
코로나 방전기는 분무기와 같다.

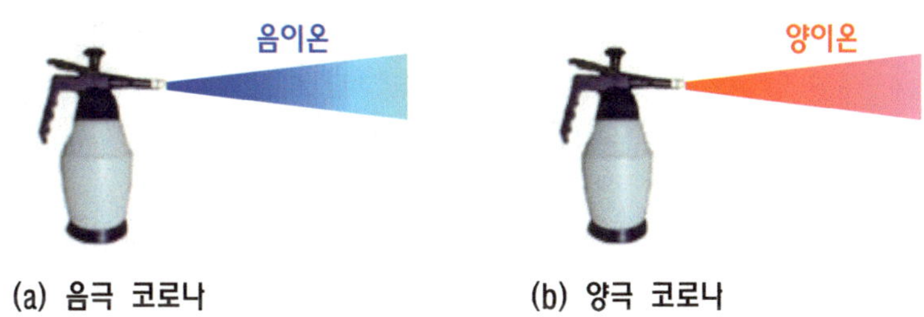

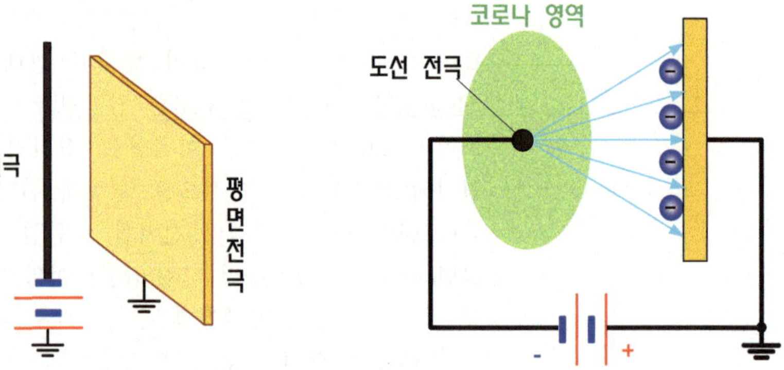

그림 6-28
도선을 코로나 전극으로 한 것

그림 6-29는 코로나 방전의 예이며 (a)는 고압 전선에서 일어나는 것이고 (b)는 자연에서 일어나는 거대한 번개이다.

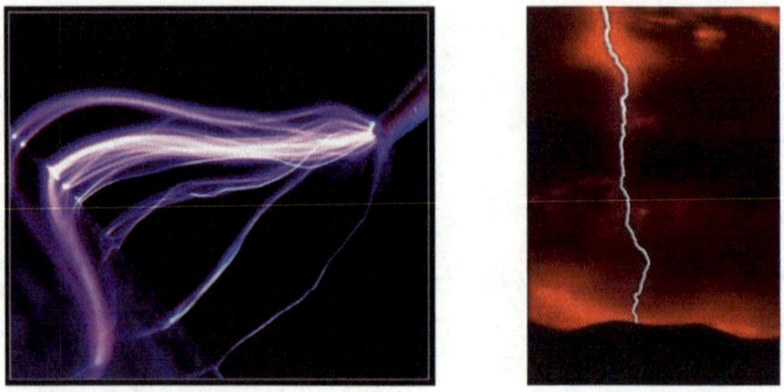

(a) 고압선 (b) 번개

그림 6-29
코로나 방전의 예

6-9 공기청정기

전기집진식

오염된 공기를 정화시키는 공기청정기에는 몇 가지 방식이 있으며 그중 한 가지가 그림 6-30의 전기집진식이다. 전기집진식은 그림 (a)와 같이 코로나 방전을 이용하여 자유전자를 뿜어내며 코로나 전극에서 자유전자가 방출되므로 방전전극이라 한다. 그리고 평면전극은 오염 분자를 끌어모으므로 집진전극이라 한다. 즉 그림 (b)와 같이 오염된 공기가 전기집진기에 들어가면, 중성인 오염 분자들이 코로나

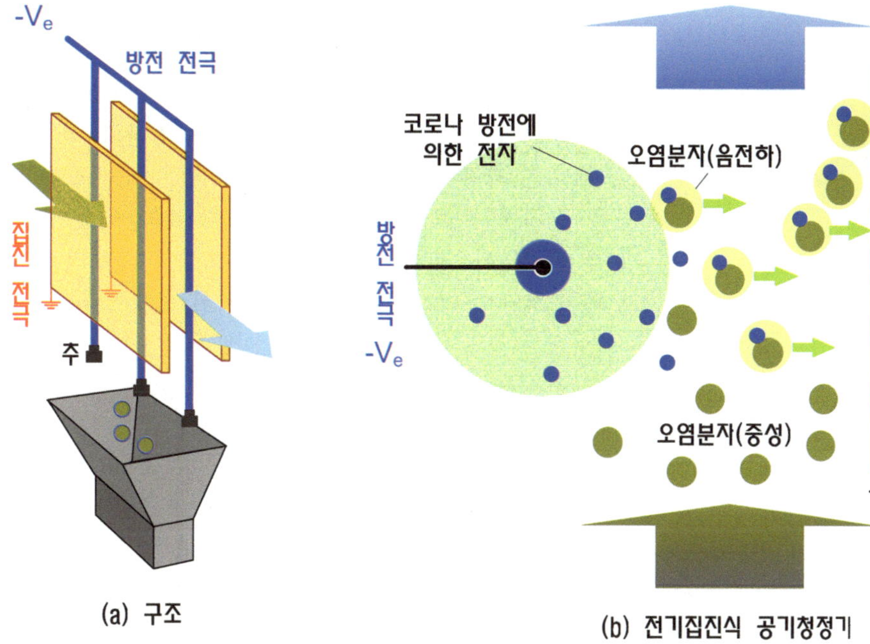

그림 6-30 전기집진식 공기청정기 구조와 원리

방전에 의한 전자들과 결합하여 음전기를 띠게 되므로 이들은 상대적으로 양극인 평면전극(집진전극)으로 끌려들어가는 것이다. 실제 전기집진식 공기청정기의 구조는 보통 그림 6-31과 같은 구조이다.

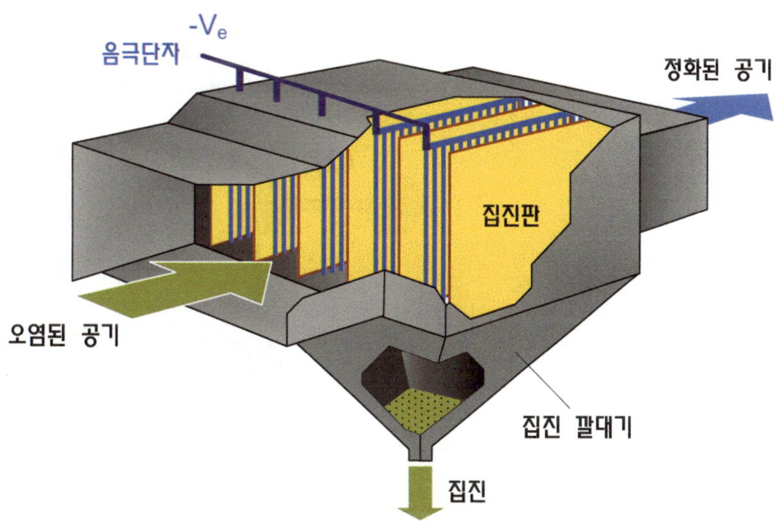

그림 6-31 전기집진식 공기청정기

음이온 방식

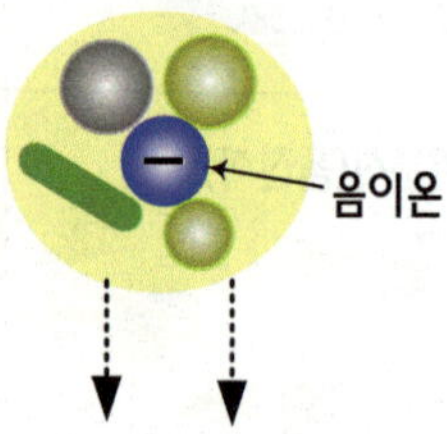

그림 6-32

바닷가나 숲속에 가면 기분이 상쾌해지는 데는 음이온 작용이 크며 음이온은 바다, 숲, 폭포 등에 풍부하다. 1cm³ 공기당 음이온의 수는 숲의 경우는 2,500개 정도이고 폭포 경우는 10,000~18,000개 정도이다. 반면에 양이온은 대기의 오염물질이나 집안의 먼지등을 끌여들이므로 해로운 작용을 한다. 음이온 공기청정기는 코로나 방전으로 음이온을 실내에 뿌려주며, 음이온은 그림 6-32와 같이 양전하로 대전된 오염 분자들과 결합한다. 그 결과 오염 분자들이 점점 큰 덩어리로 뭉쳐 무거워지므로 바닥에 가라앉게 되는 것이다.

오존 방식

오존(ozone)은 특유한 냄새가 나기 때문에 '냄새 맡다'는 뜻의 그리스어 'ozein'을 따 이름붙였다. 지상에서 20~25km 상공에 약 20km의 두께로 농도가 높은 오존층이 존재하며, 오존층은 태양의 자외선을 흡수하여 차단시켜주므로 지구의 생물들은 자외선에 의해 해를 입지않게 된다. 자연속의 오존은 번개에 의해 그림 6-33과 같이 만들어진다. 즉 번개의 강력한 전류에 의해 산소 분자(O_2)가 두 개의 O^-로 전리되며 이들이 O_2와 결합하여 오존(O_3)이 된다. 그러나 산소 원자는 이러

그림 6-33
오존 발생

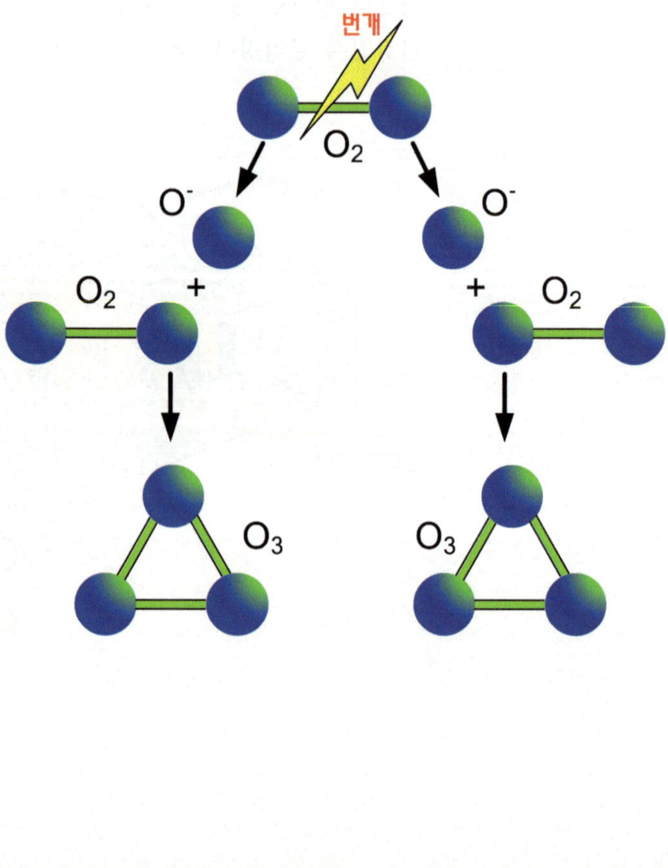

한 삼자 결합을 달갑게 여기지 않기 때문에 그림 6-34와 같이 외부에 다른 분자가 접근하면 산소 원자 한 개가 이탈하여 다른 분자와 쉽게 결합하면서 파괴시킨다. 즉 산소의 산화작용에 의해 오염 분자를 파괴하거나 살균할 수 있는 것이다. 번개를 대신하여 코로나 방전을 이용하여 공기중의 산소로부터 오존을 인위적으로 만들어 공기를 정화시키는 것이 오존 공기청정기이다.

그림 6-34
오존의 작용

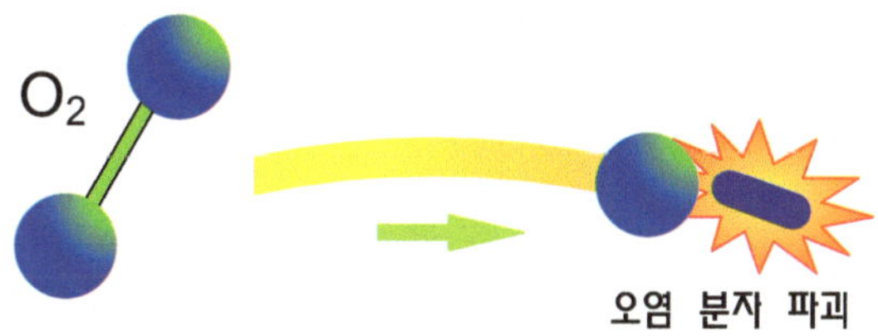

HEPA 필터

HEPA(High Efficiency Particulate Air) 필터는 원자력 발전소 등에서 방사능 먼지와 같은 미세 입자들을 포획하여 제거하는 용도로 개발되었다. 그림 6-35와 같이 HEPA 필터는 0.3 미크론(1micron=10^{-6}m)까지의 입자는 99.97%까지 포획할 수 있으며, 0.3 미크론 이하의 입자도 95~99%까지 포획할 수 있다. 따라서 HEPA 필터는 깨끗한 공기가 필요한 병원이나 연구실 등에 사용된다.

그림 6-35
HEPA 필터

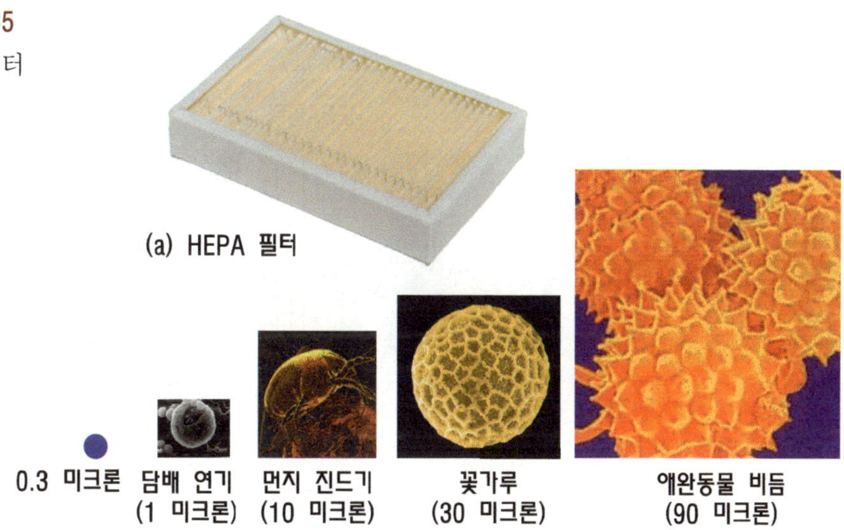

HEPA 필터는 고가이므로 수명이 오래가도록 그림 6-36(a)와 같은 프리필터(prefilter) 등과 함께 사용하는 것이 유리하다. 프리필터는 비교적 큰 입자들을 제거해줌으로써 HEPA 필터에 대한 부담을 덜어준다. 이외에도 가스나 냄새를 제거하는 데 그림 (b)의 탄소필터가 사용된다. 공기청정기의 여러 가지 방식들은 각기 장단점이 있으므로 일반적인 공기청정기는 한 가지 이상의 방식을 복합적으로 사용한다. 예를 들면 그림 6-37과 같이 프리필터, HEPA 필터, 탄소필터 등과 같은 기계적인 방식과 아울러 전기적인 방식인 전기집진식, 음이온식, 오존식 중 한가지 이상을 결합하여 구성한다.

그림 6-36
기타 필터

(a) 프리필터

(b) 탄소필터

그림 6-37
복합 공기청정기

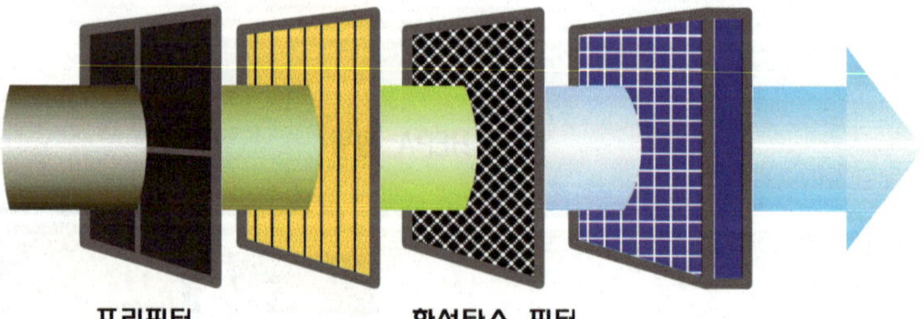

6-10 복사기

정전기를 이용한 또 하나의 탁월한 장치가 복사기이며, 원본을 일일이 손으로 베끼는 수고로움과 시간낭비를 일거에 해결해 줌으로써 정보를 확산시키는데 중요한 역할을 한다. 그림 6-38은 복사기의 원리를 단계적으로 보여준다. 복사기의 핵심은 전하를 뿌려주는 코로나 방전기와, 광전도(光傳導) 물질이다. 광전도 물질은 게르마늄이나 실리콘과 같은 반도체로 만들어지며 빛이 닿는 부분은 자유전자가 많이 생성되어 도체가 되고 빛이 닿지 않는 부분은 부도체가 된다. 이제 복사 순서를 알아보자.

그림 6-38의 (1)는 복사기의 핵심 부분이며 광전도 압판(壓板, platen)은 표면이 광전도 물질로 덮혀있다. 복사원본을 그림 (2)와 같이 복사기에 놓게 되면 제일 먼저 코로나 방전기가 그림 (3)과 같이 압판에 양전하를 입혀준다. 그림 (4)와 같이 원판위에 빛을 쬐면(露光) 원판의 흰부분에 해당하는 압판 부분에는 빛이 도달하여 도체가 되므로 그 부분의 양전하는 중화된다(전하가 다른 부분으로 이동히므로). 반대로 원본의 어두운 부분(글이나 그림이 있는 부분)에 해당하는 압판부분은 부도체가 되므로 양전하가 그대로 남는다. 그 결과 그림 (5)와 같이 된다. 여기에 그림 (6)과 같이 음전하를 띠게 한 탄소가루인 토너(toner)를 뿌리게 되면 양전하를 띤 압판 부분에만 음전하인 토너가 달라붙게 된다(懸象). 이제 그림 (7)과 같이 복사 용지를 입력시키고 그림 (8)과 같이 코로나 방전기로 복사용지에 양전하를 입힌다. 복사용지를 그림 (9)와 같이 압판 위에 누르면 음전하를 띤 토너가 양전하의 복사용지에 달라붙게 되며(傳寫), 이를 용해 롤러(fuse roller)에 전달하여 열을 가하면 토너가 녹아 복사용지에 완전히 정착된다. 그림 6-38의 경우는 광전도 압판이 고정된 상태에서 코로나 방전기가 이동하는 방식이다. 그림 6-39는 이와 반대로 고정된 광전도 압판 대신에 이동하는 광전도 벨트를 사용하고 코로나 방전기는 고정시킨 방식이다. 그림 6-40은 이동하는 광전도 벨트 대신 제자리에서 회전하는 광전도 드럼(drum)을 이용하는 방식이며 다음 절에서 설명할 프린터에서도 이용된다. 한 마디로 복사기는 그림을 광전도면에 정전기로 그린 다음에 반대 극성의 전하끼리 서로 당기는 힘을 이용하여 정착시키는 것이다.

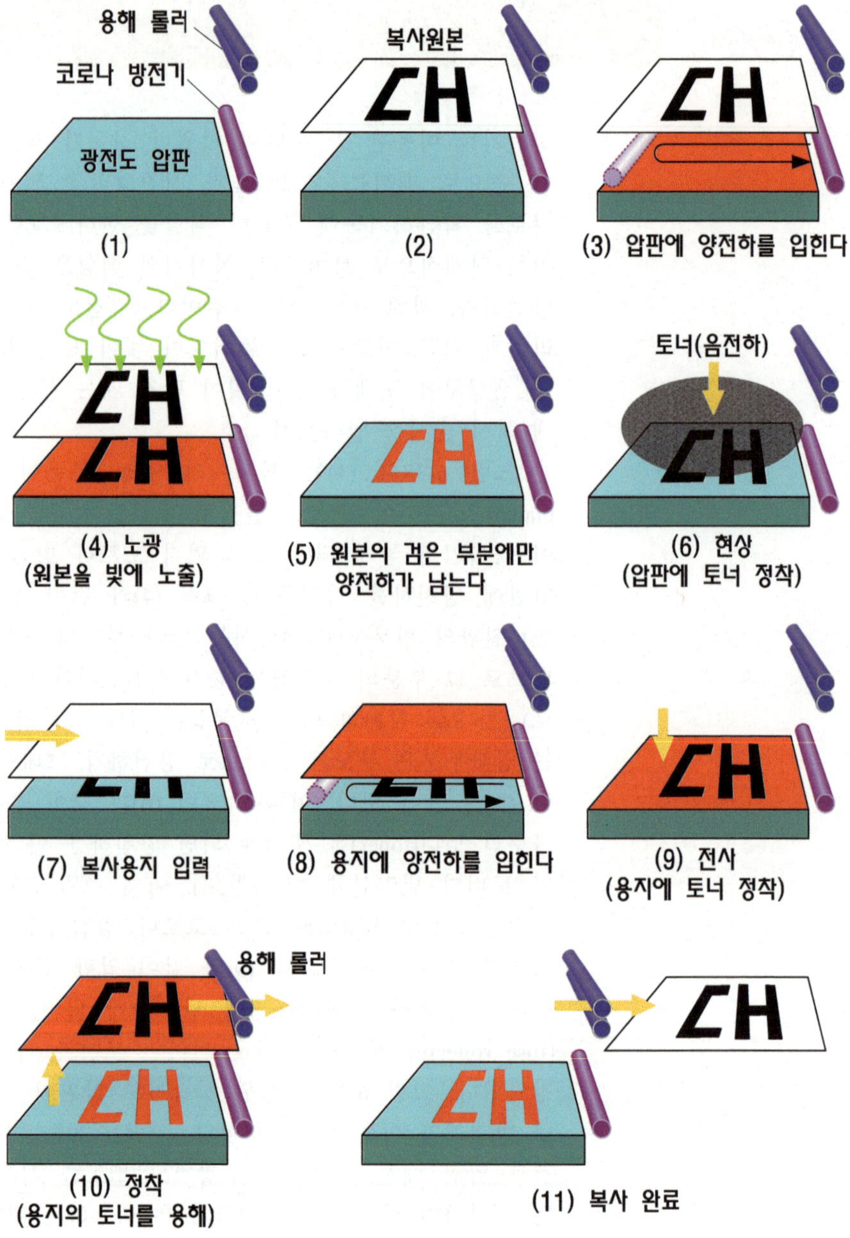
용해 롤러
코로나 방전기
광전도 압판
(1)
복사원본
CH
(2)
CH
(3) 압판에 양전하를 입힌다
CH
CH
(4) 노광
(원본을 빛에 노출)
CH
(5) 원본의 검은 부분에만
양전하가 남는다
토너(음전하)
CH
(6) 현상
(압판에 토너 정착)
(7) 복사용지 입력
(8) 용지에 양전하를 입힌다
CH
(9) 전사
(용지에 토너 정착)
용해 롤러
CH
CH
(10) 정착
(용지의 토너를 용해)
CH
CH
(11) 복사 완료

그림 6-38
복사기 원리

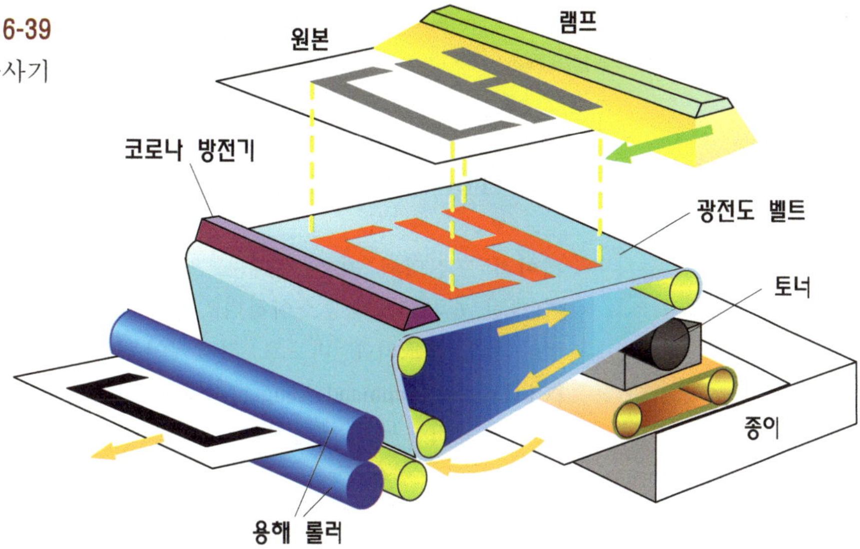

그림 6-39
벨트 방식의 복사기

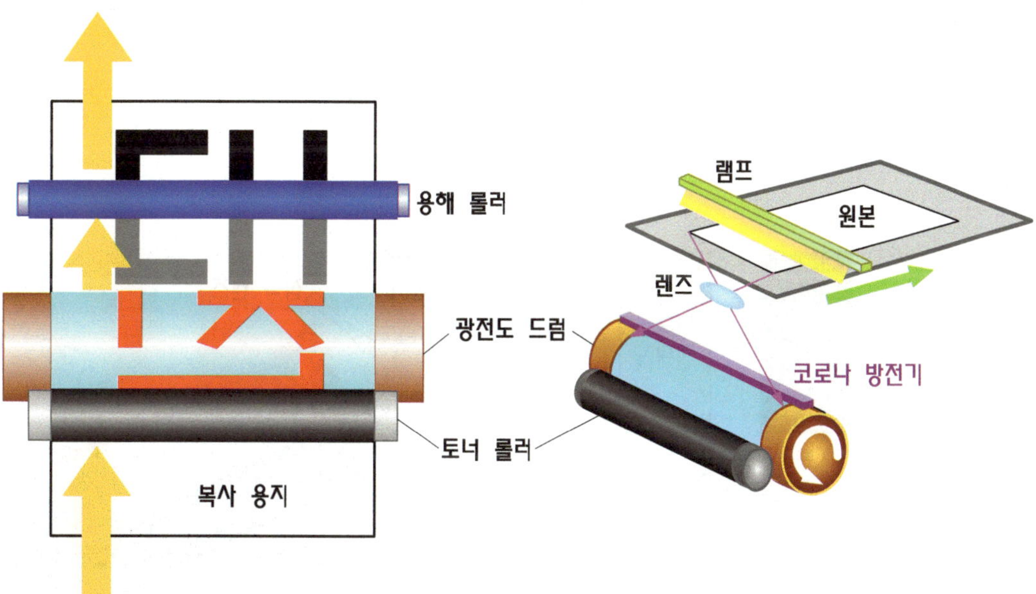

그림 6-40 드럼 방식의 복사기

6-11 프린터

컴퓨터 주변 기기인 프린터는 크게 레이저 프린터, 잉크젯(ink jet) 프린터, LED 프린터 등이 있으며 이들 역시 나름대로의 장단점이 있다.

레이저 프린터

레이저 프린터의 기본 원리는 그림 6-41과 같으며 드럼 방식의 복사기(그림 6-40)와 대동소이하다. 다만 복사기의 원본이 프린터에서는 컴퓨터의 메모리에 비트로 저장되어 있다. 메모리에 저장된 정보는 PCL(Printer Command Language)이나 GDI(Graphical Device Interface)를 거쳐 프린터에서는 페이지 단위의 비트맵(bitmap)으로 변환된다. 비트맵 영상은 그림을 작은 점들의 집합으로 표현한 것이다. 레이저는 페이지 단위의 비트맵 영상을 받아 한번에 하나의 수평선을 드럼상에 조사한다. 즉 빛이 드럼상을 비출 때 비트맵상에서 점이 있는 부분에 대해서는 광펄스가 방출되고 빈 공간 부분에 대해서는 펄스가 방출되지 않는다. 물론 레이저 자체는 움직이지 않고 대신에 회전하는 다각형 거울에 의해 레이저광이 반사된다. 이때 반사된 각각의 빛이 드럼상에 도달하는 거리가 균일하지 않으므로 이를 보정하기 위한 집속렌즈 등의 보조 장치가 필요하다.

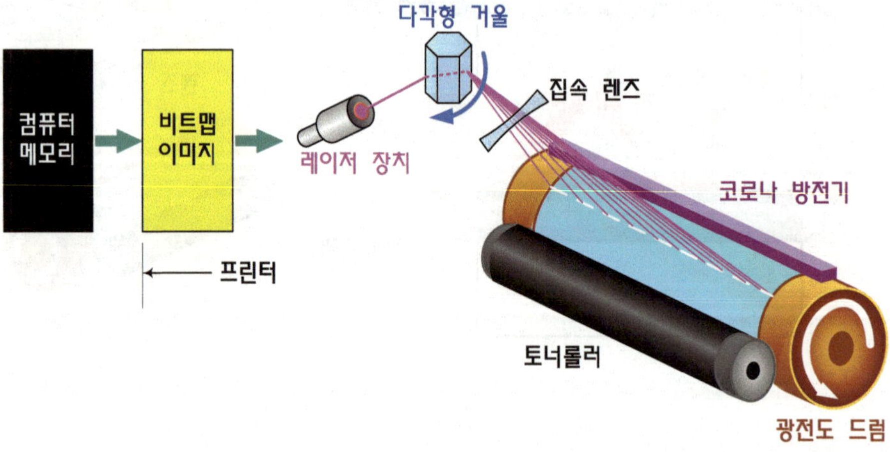

그림 6-41 레이저 프린터

그림 6-42를 통해 레이저 프린터의 동작을 알 수 있다. 코로나 방전기에 의해 드럼 표면은 양전하로 대전되며 레이저광이 닿는 부분(그림이 있는 부분)은 전하가 음전하로 변한다. 다음 단계로 양전하로 대전된 토너가 음전하로 대전된 드럼상에만 접착되어 드럼상에 그림이 현상된다. 그리고 종이는 종이용 코로나 방전기에 의해 음전하로 대전되고 여기에 양전하의 토너가 전사되는 것이다. 전사된 용지는 용해 롤러에 의해 정착되어 인쇄가 완료된다. 다음 페이지를 인쇄하기 전에 드럼상에 묻어 있는 전하를 소거하는 것이 방전 램프이다. 복사기와 레이저 프린터의 가장 큰 차이점은 드럼상에 전하로 영상이 만들어지는 방식이다. 복사기에서는 그림이 있는 부분만 전하를 보존시키고 그림이 없는 부분에 대해서는 전하를 제거시킨다. 그러나 레이저 프린터에서는 그림이 없는 부분은 전하를 보존하고 그림이 있는 부분만 빛이 도달하여 양전하를 제거한다.

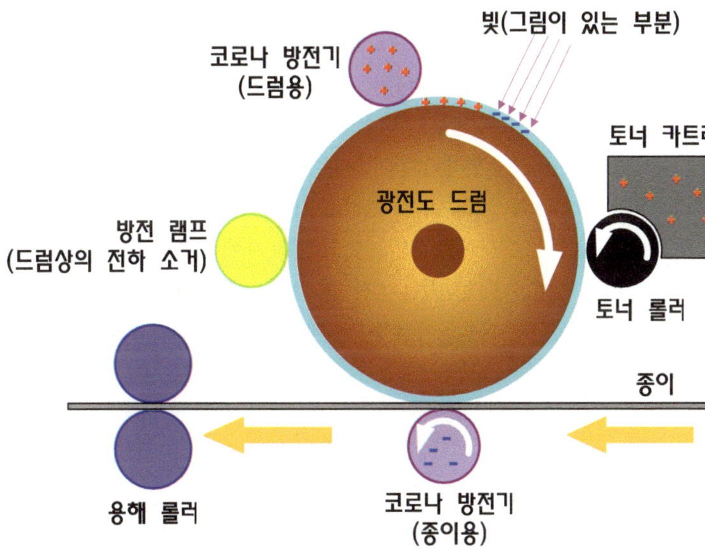

그림 6-42
레이저 프린터 동작 원리

LED 프린터

레이저 프린터에서는 레이저 장치뿐 아니라 회전하는 거울과 빛의 이동 거리를 보정해주는 보조 장치 등이 필요하므로 장치가 커지며 또한 정교함이 요구된다. LED 프린터는 레이저광을 사용하는 대신에 그림 6-43과 같이 많은 LED 소자를 배열하여 각 소자로부터 나오는

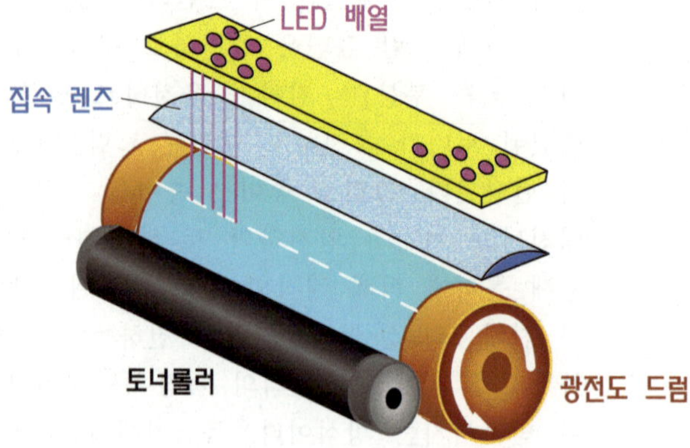

그림 6-43
LED 프린터 구조

빛을 이용한다. 따라서 LED 프린터는 구조상 회전하는 부분이나 정교한 보정 장치 등이 필요없으므로 구조가 간단하고 부피가 작은 이점이 있다.

잉크젯 프린터

레이저 프린터보다 먼저 보급된 방식이 잉크젯 방식이다. 이 방식은 그림 6-44와 같이 매우 작은 잉크 방울을 종이 위에 분무시켜 인쇄하며 잉크 방울에 의한 점들은 직경이 50~60 미크론 정도로 매우 작다(머리카락의 직경은 70 미크론 정도). 따라서 비록 점을 찍어 그림을 그리지만 해상도가 인치당 1440×720개의 점(dpi)에 달한다. 잉크젯 방식에서 잉크 카트리지에 저장된 잉크를 분사구를 통해 분무시키는 데는 두 가지 방식이 있으며, 하나는 열전사 방식이고 하나는 압전효과를 이용한 피에조 방식이다.

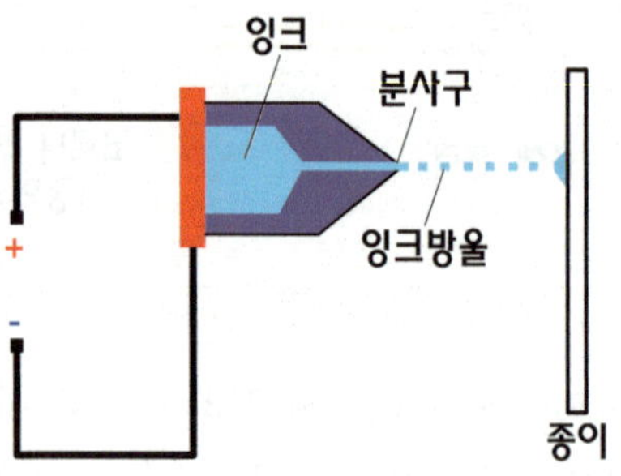

그림 6-44
잉크젯 프린터의 잉크 분사

열전사(thermal bubble) 방식은 그림 6-45(a)와 같이 전기를 통하면 열을 발산하는 열소자를 각 분사구마다 배치한다. 열소자에 전기를 가해 순간적으로 고온으로 만들면 그림 (b)와 같이 잉크 속에 기포가 발생하여 팽창함으로써 그 압력으로 잉크 방울을 분사시키는 방법이다. 이는 마치 물을 가득 채운 주전자를 불 위에 올려 놓으면 끓는 압력으로 물이 넘치는 원리와 같다.

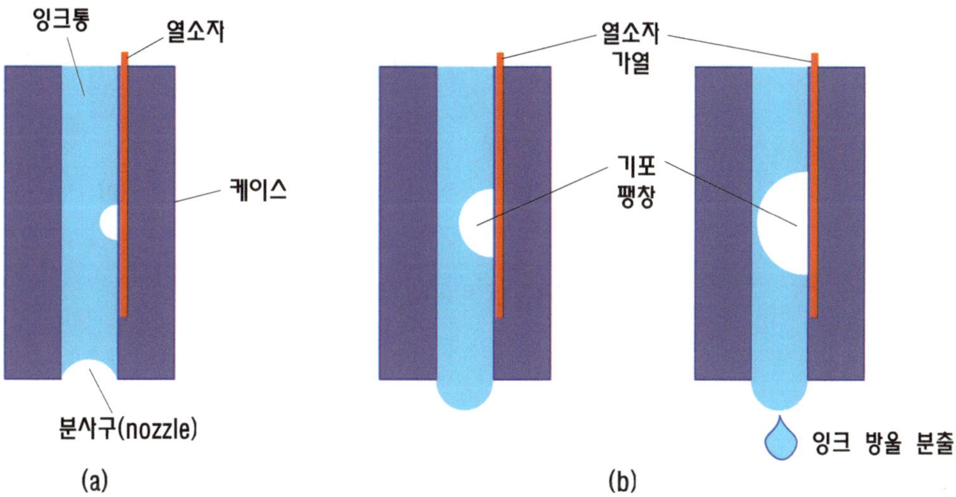

그림 6-45 열전사 잉크젯 방식

그림 6-46은 분사구 바로 위에 압전소자를 배치하여 여기에 전기신호를 보내면 압전소자의 팽창으로 잉크를 밀어내 분사시키는 피에조 방식이다. 이는 마치 치약 튜브를 손으로 눌러 치약을 짜내는 것과 같다. 특히 이 방식은 전기신호의 세기에 따라 잉크 방울의 크기를 대·중·소로 조절할 수 있으므로 열전사 방식에 비해 보다 정밀한 제어가 가능하다. 그리고 열을 가하지 않으므로 잉크 변질의 우려가 적다.

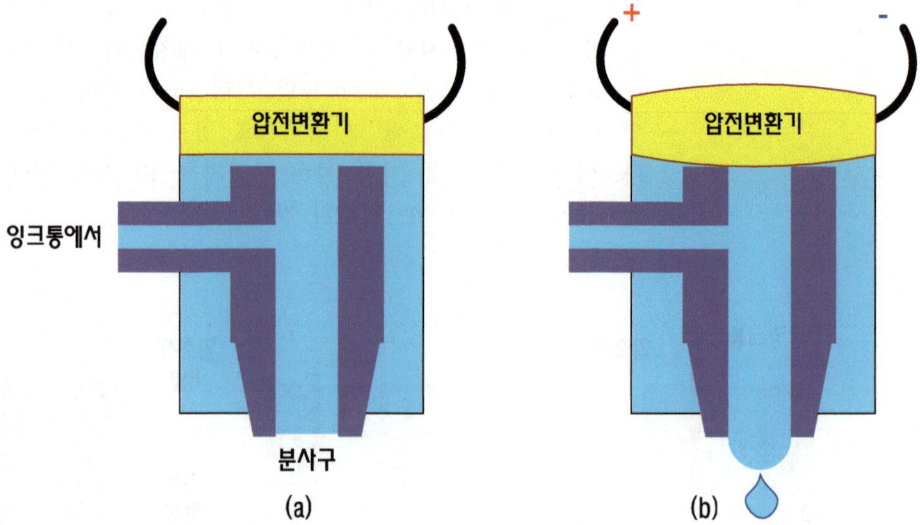

그림 6-46 압전효과 잉크젯 방식

6-12 스캐너와 팩스

스캐너(scanner)는 영상의 빛 신호를 전기적인 신호로 변환시켜 컴퓨터 파일로 저장할 수 있게 해주며 지난 수년간 가정이나 사무실에서 중요한 부분을 차지하게 되었다. 일단 컴퓨터 파일에 저장된 영상은 수정하거나 조작할 수 있으며 프린터로 출력하거나 웹페이지에 올릴 수도 있다. 스캐너의 구조는 그림 6-47(a)와 같다. 가장 핵심부가 CCD 배열이며 보통 2600개 정도의 광다이오드를 일렬로 배치한 것이다(4-4절 참조). 그리고 거울과 렌즈 및 CCD 배열은 스캔헤드(scan-head)라 하여 한 조를 이룬다. 스캔헤드는 스텝 전동기(그림 3-19 참조)에 연결된 벨트에 의해 광원과 함께 원본을 가로질러 천천히 이동한다. 광원이 원본을 가로질러 이동하면 원본에 의해 반사된 광원의 빛은 두 개의 거울을 통하면서(기종에 따라 세 개이기도 함) 면적이 좀 더 좁은 형태로 압축된 다음 렌즈를 통해 CCD 배열에 입사된다.

그림 6-47
스캐너의 구조 및 외형

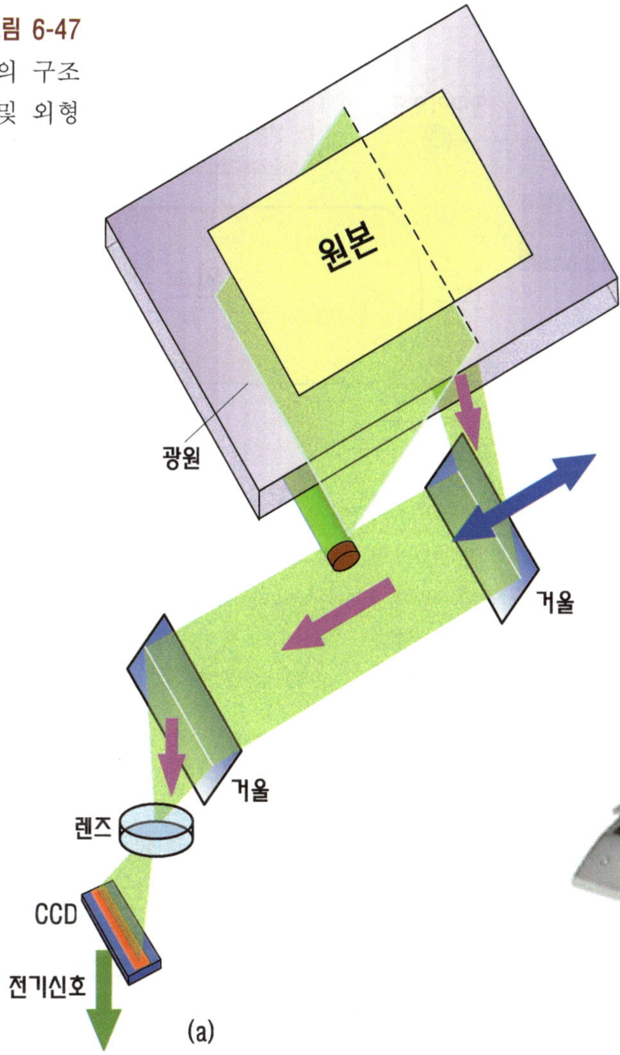

(a)

(b)

CCD 배열의 각 셀(cell)은 하나의 화소를 나타내며 전기신호로 바뀐 CCD 출력(화소)들은 디지털로 변환된 다음 컴퓨터로 입력된다. 그림 (b)는 스캐너의 외형의 한 예이다. 문서 등을 전화선을 통해 유선으로 전송하는 팩스(Fax; facsimile) 역시 스캐너와 같은 원리를 바탕으로 한다. 그림 6-48은 팩스 송신기의 간단한 구조이며 원본은 원통에 감겨 있는 것으로 생각하면 된다. 원통은 회전하고 광원과 렌즈는 수평으

그림 6-48
팩스 원리

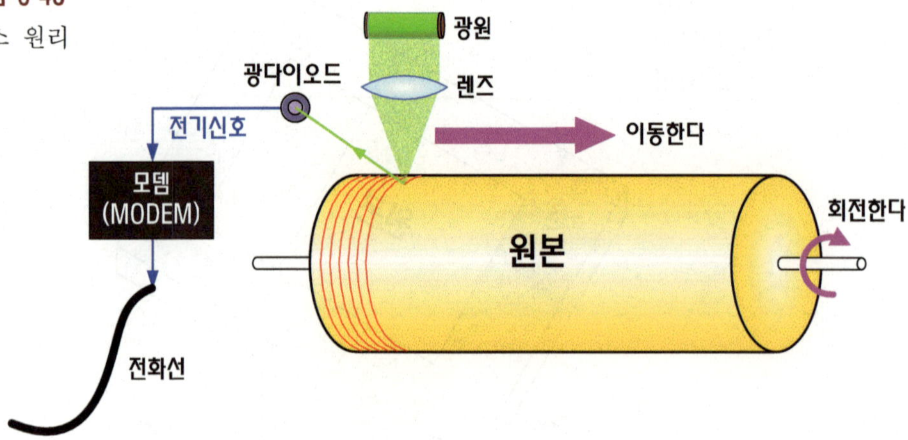

로 이동하므로 원본의 영상은 한 줄씩 위에서 아래로 조사되어 광다이오드에 의해 전기신호로 바뀐다. 전기신호는 전화선의 특성에 적합하도록 모뎀에 의해 변조된(modulation) 다음 전화선을 통해 전송된다(모뎀은 9장에서 설명). 수신측에서는 위와 역과정을 거쳐 영상이 한 줄씩 조립되면 프린터를 통해 출력된다.

6-13 접지는 왜 하는가?

전기는 문명 세계에서 쓰이지 않는 곳이 없지만 잘못 취급하면 감전이라는 끔찍한 사고를 당할 수 있으며 감전을 사전에 방지하는 것이 접지(接地)이다. 전기 기기가 번개에 의해 치명적인 손상을 입거나 오래되어 절연이 파괴되면 전류가 엉뚱한 곳으로 흐르는 누전이 일어난다. 육지의 모든 강이 바다로 흘러들어가도 바다는 수위가 변함이 없듯이 지구상의 모든 전하들이 대지로 흡수되어도 대지의 전위는 거의 변동이 없다. 따라서 누전에 의한 전하를 모두 대지로 흡수시키는 것이 접지이다. 접지는 그림 6-49(a)와 같이 다양한 형태의 금속을 땅에 묻고 전기 기기의 일부와 도선으로 연결하는 것이며 땅에 묻은 금속을 접지전극이라 한다. 접지전극은 자체 저항이 있으며 이를 접지저항이라 한다. 완전한 접지가 되기 위해서는 접지저항이 작을수록

그림 6-49
접지

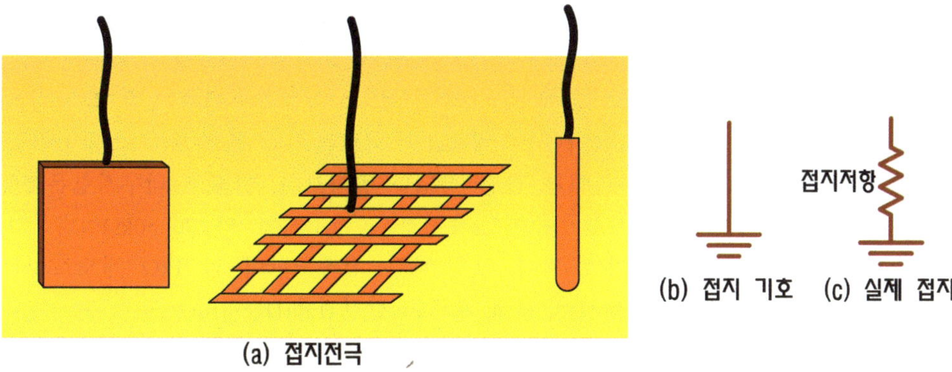

좋으며 이를 위해 접지전극은 면적이 넓거나 굵은 것이 유리하다. 그림 (b)는 접지의 회로기호이며 실제 접지는 그림 (c)와 같이 접지저항을 고려하여야 한다. 접지 설비시에 2종 접지는 접지저항이 20Ω이며 3종 접지는 100Ω으로 규정되어 있다. 그림 6-50(a)와 같이 주상변압기(전신주 위에 설치된 변압기)에 의해 6600V의 고전압이 220V로 강압되어 가정으로 인입되며 이 전압이 가전기기에 사용된다. 어떤 결

그림 6-50
감전의 원인

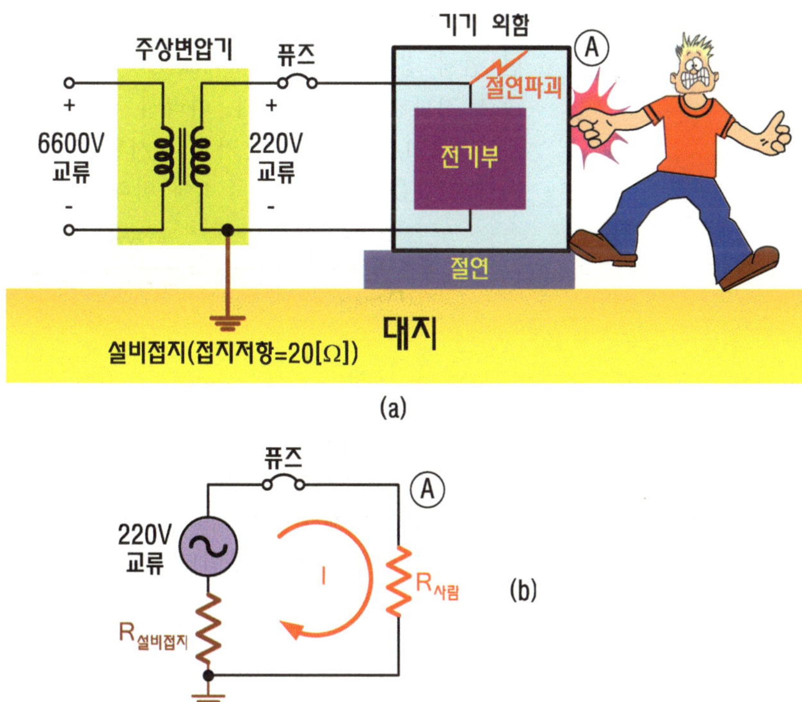

함에 의해 220V 전원선과 전기기기의 외함 사이의 절연이 파괴되면 전기외함의 전압은 220V가 되므로 이를 만진 사람이 감전될 수 있다. 그림 (a)에서는 변압기의 접지(설비접지)를 2종 접지인 20Ω으로 가정한 것이다. 그림 (a)를 회로적으로 표현하면 그림 (b)와 같으며 인체에 미치는 감전 정도를 알아보자. 인체의 내부저항은 500Ω 수준이며 피부를 통한 접촉저항은 건조시에 약 30~50kΩ이다. 그러나 인체가 물기에 적어 있을 때는 접촉저항이 약 1kΩ 정도로 낮아진다. 그림 (b)에서 인체에 흐르는 감전전류(I)는

$$I = \frac{220V}{R_{설비접지} + R_{사람}}$$

이다. 여기서 $R_{설비접지}$=20Ω이므로 $R_{사람}$이 30~50kΩ 사이일 때 감전전류는 4.4mA~7.3mA 정도이므로 인체에 상당한 통증은 주지만 생명에는 지장이 없다(그림 1-63 참조). 그러나 몸이 물에 젖은 경우는 $R_{사람}$이 1kΩ 정도이므로 감전전류는 215.7mA가 되어 사망에 이르게 된다.

그림 6-51은 감전을 예방하기 위해 기기외함도 접지시킨 경우이며(이를 기기접지라 한다) 여기서는 기기접지의 접지저항을 3종 접지 경우인 100Ω으로 가정한다. 그림 (a)의 회로적 표현인 그림 (b)를 보면 인체 접촉저항($R_{사람}$=30~50kΩ)이 기기접지저항($R_{기기접지}$=100Ω)과 병렬로 결합된 결과가 된다. 따라서 전류의 대부분은 기기접지를 통해 흐르므로 I_2는 I_1에 비해 거의 무시할 수 있는 수준이다. 이제 접촉점 Ⓐ의 전압을 구해보자. I_2를 I_1에 비해 무시하면

$$I_1 = \frac{220V}{R_{설비접지} + R_{기기접지}} = \frac{220}{100+20} = 1.83A$$

이므로 접촉점 Ⓐ의 전압(V_A)는 다음과 같다.

$$V_A = R_{기기접지} \times I_1 = 100 \times 1.83 = 183V$$

따라서 기기접지가 없을 경우(그림 6-50)의 220V에 비해 약 37V가 감압된 전압이 인체에 인가되는 것이다. 그러나 이 역시 젖은 몸일 경우는 안심할 수 없는 수준이다. 다시말해 접지는 어느 정도 예방책은 되지만 완전한 해결책이 될 수 없다. 실제로 접지의 진짜 목적은 누전을 차단하는데 있다. 즉 기기접지를 하지 않은 그림 6-50의 경우는 퓨즈에 흐르는 전류가 mA 수준이지만 기기접지를 한 그림 6-51의 경

그림 6-51
기기접지에 의한 감전 예방

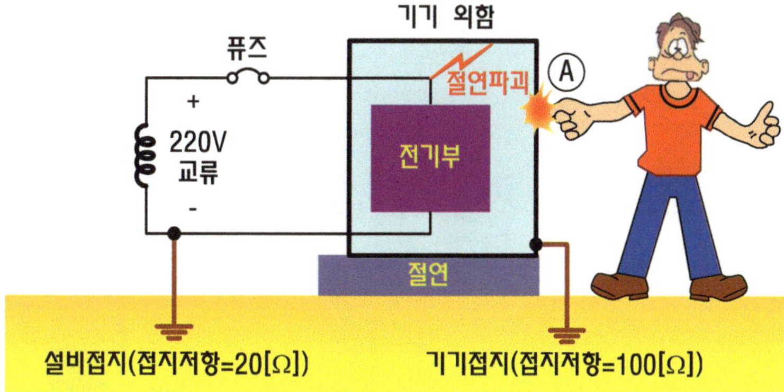

(a)

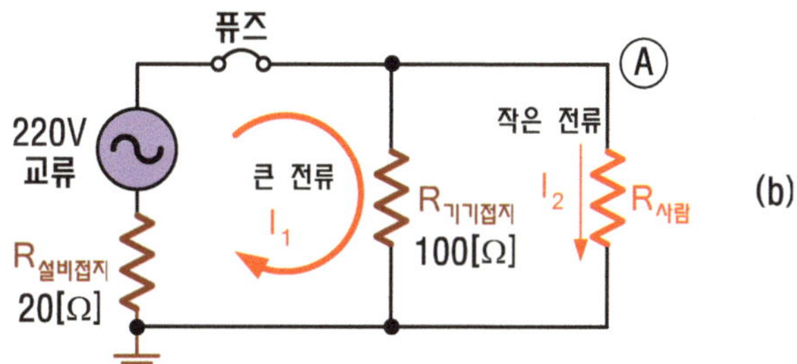

(b)

퓨즈를 통과하는 전류가 무려 1.83A에 이른다. 그 결과 과도한 전류에 의해 퓨즈가 타버리므로 전류가 자동적으로 차단되는 것이다. 따라서 접지를 완전히 믿어서는 안돼고 반드시 퓨즈나 누전 차단기를 설치하는 것이 안전하다. 만일 접지를 땅에 직접 하기 어려울 경우는 땅과 연결된 수도관이나 건물의 철골 등에 접지하면 된다.

그림 6-52(a)는 누전차단기이며 그림 (b)는 간단한 원리를 보여준다. 전자석에 흐르는 전류가 어느 한도 이하일 때는 전자석의 인력이 약하므로 접점은 그대로 붙어 있으며 전류는 계속 흐른다. 그러나 어느 한도 이상의 전류가 흐르면 전자석이 강해져 접점의 한쪽을 당기게 되므로 회로가 차단되어 전류는 흐르지 않게 된다. 일단 접점이 서로 떨어지면 스프링에 의해 계속 그 상태가 유지된다. 결함을 수리하고 난 후 누전차단기의 스위치를 누르면 접점이 서로 붙어 다시 정상적으로 전류가 흐르게 된다.

그림 6-52
누전차단기

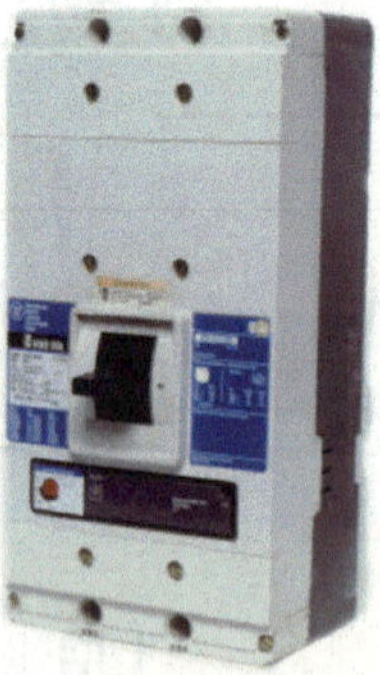

(a) 누전차단기

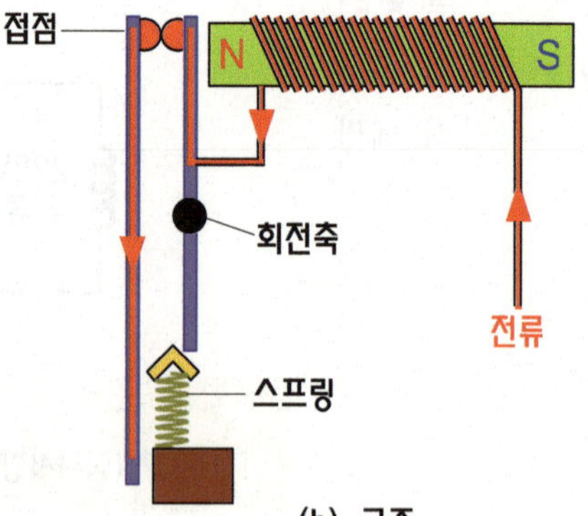

(b) 구조

7

음향 및 영상 기기

7-1 스펙트럼이란 무엇인가?

신호 정보를 포함하고 있는 것을 신호(signal)라 하고 정보가 전혀 포함되지 않은 것을 잡음(noise)이라 한다. 잡음을 알고 싶으면 텔레비전 방송 시간이 끝난 후 TV를 켜보면 알 수 있다. 정보는 주관적이다. 예를 들어 두 사람이 대화할 때 옆에서 크게 이야기하는 소리는 자기들끼리는 정보이지만 삼자 입장에서는 정보가 아닌 것이다. 이러한 것을 잡음이라 하지 않고 간섭 신호(interference)라 한다.

신호의 형태를 파형(waveform)이라 하며 그 가지 수는 무한대이다. 그러나 어떠한 파형이든 그려보라 하면 대부분의 사람들은 그림 7-1과 비슷하게 그린다. 그림 7-1은 보통 사인, 코사인 함수라 부르는 정현파이며 실제로 자연계에서 가장 보편적이고 중요한 파형이다. 뿐만 아니라 발전소에서 생산되는 전기도 정현파이다. 정현파의 특징은 주기성이며 자연계의 대부분의 현상들도 주기적이다(연월일시분초 등등). 정현파는 일정한 주기(T)로 반복되며 T를 주기라 한다. 주기의 역을 주파수(f)라 하고 f=1/T로 정의된다. 즉 주파수가 빠르다는 것은 주기가 짧다는 것이며 이는 변화가 심하다는 것을 의미한다. 주파수가 빠르면 고주파, 느리면 저주파라 한다. 주파수에 2π를 곱한 것을 각주파수라 하고 정현파의 크기를 진폭이라 한다. 그리고 기준 시간에 대한 정현파의 상대적 위치를 위상이라 한다. 그러나 일반적으로 신호에서는 주파수와 진폭이 중요시되며 위상은 상대적으로 중요성이 낮다. 신호에서의 정현파 역할은 대단히 중요하며 다음에서 알아본다.

그림 7-1
정현파

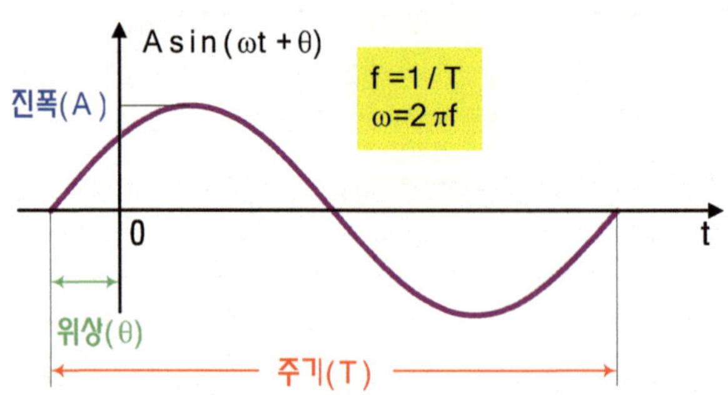

스펙트럼 여러분들은 스펙트럼(spectrum)이란 용어를 자주 접하게 된다. 스펙트럼은 천문학에서 행성의 이동 속도 등을 파악하는데 매우 중요하지만 통신에서는 더할 수 없이 중요하다. 그림 7-2와 같이 임의의 파형을 분석해 보면 그 속에는 실제로 수많은 정현파들이 들어있다. 즉 충분히 많은 주파수를 크기와 위상을 조절하여 합하면 어떠한 파형이든지 만들 수 있으며 이를 푸리에(Fourier) 해석이라 한다. 임의의

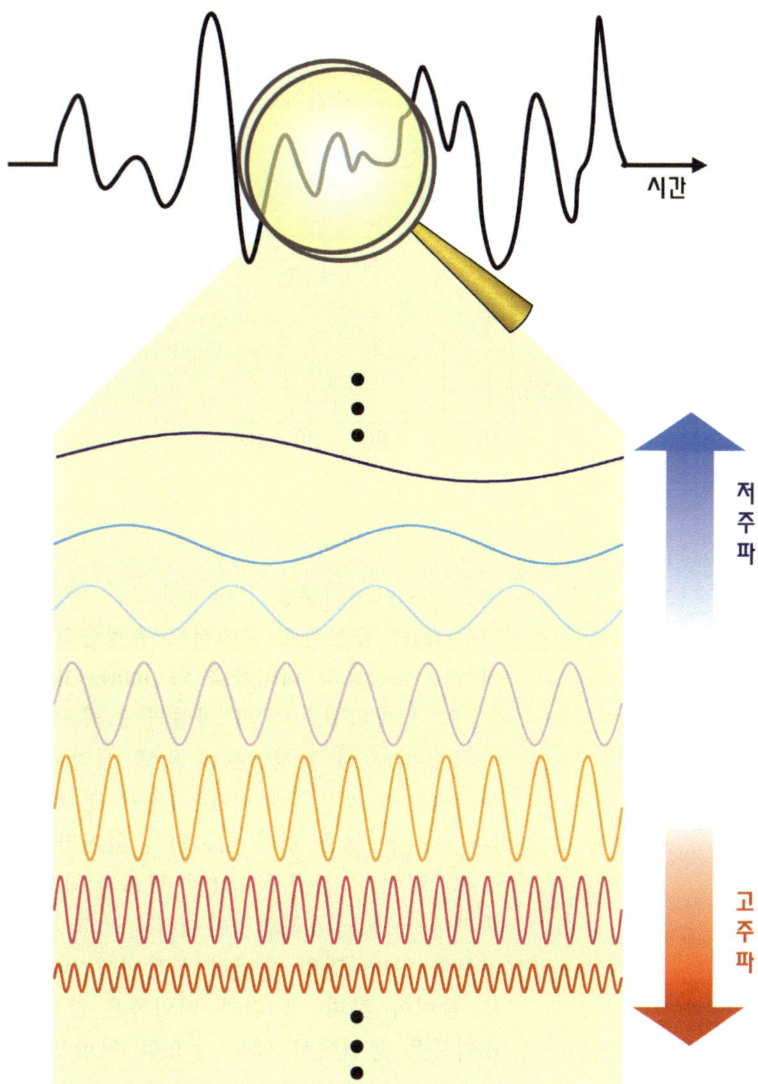

그림 7-2
스펙트럼

파형을 구성하고 있는 주파수들의 분포를 그림으로 보인 것을 스펙트럼이라 한다. 예를 들어 그림 7-3(a)의 경우를 보자. 이 신호는 주파수 10Hz가 진폭 1로, 30Hz가 진폭 0.5로, 60Hz가 진폭 1.5로, 90Hz가 진폭 0.25로 섞여 있으며 각각의 상대적인 위상은 괄호 안의 수와 같다. 따라서 이 신호의 파형은 그림에 표시된 바와 같은 4개의 정현파를 합한 결과인 것이다. 일반적인 신호는 그림 (b)와 같이 스펙트럼이 연속적이다. 즉 주파수가 연속적으로 포함되어 있다는 뜻이며 스펙트럼이 분포하는 주파수 대역의 범위를 대역폭이라 한다. 스펙트럼은 임의의 신호에 어떤 주파수 성분이 어떤 크기로 들어있는지 보여주는 것이므로 보인다는 뜻의 라틴어 'spectare'에서 유래한다.

그림 7-3
스펙트럼의 예

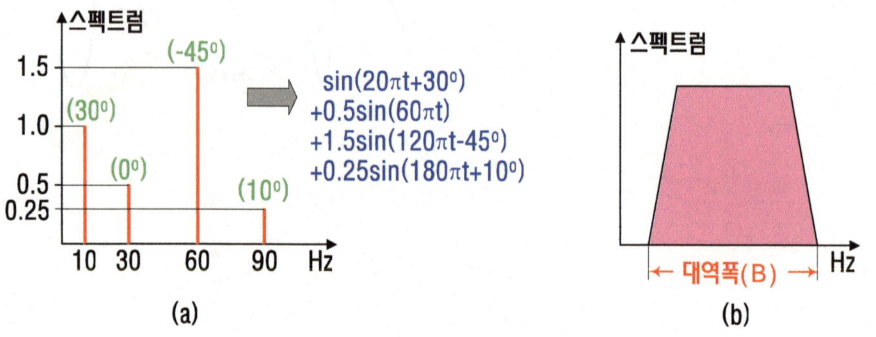

그림 7-4는 여러분들이 상식적으로 알아두면 좋은 스펙트럼의 예이다. 그림 (a)는 음성신호 중에서도 유성음의 전형적인 스펙트럼이며, 통신에서는 유성음의 대역폭을 약 300Hz~3kHz로 한다. 그림 (b)는 영상신호, 즉 텔레비전 신호의 파형과 스펙트럼 분포이다. 영상신호의 폭은 약 4.5MHz로서 음성신호에 비해 대역폭이 1500배나 넓다. 대신에 영상신호는 음성신호에 비해 엄청난 정보량을 갖게 된다(百聞이 不如一見). 지금은 모든 것이 디지털화 되어가고 있다. 그림 (c)는 펄스와 그 스펙트럼이다. 시간폭이 T인 펄스의 대역폭은 약 B=1/T이다. 즉 시간폭과 대역폭을 곱하면 1이 된다. 펄스 하나를 비트(bit)라 하며 하나의 정보와 같다. 만일 주어진 시간내에 많은 정보를 보내자면 펄스폭 T를 줄여야 하며 그 결과 대역폭은 오히려 증가하는 것이다. 신호의 대역폭은 통신에서 매우 중요한 역할을 하며, 대역폭이 넓은 신호를 전송할수록 전송 매체의 부담이 늘어난다.

그림 7-4
중요한 스펙트럼

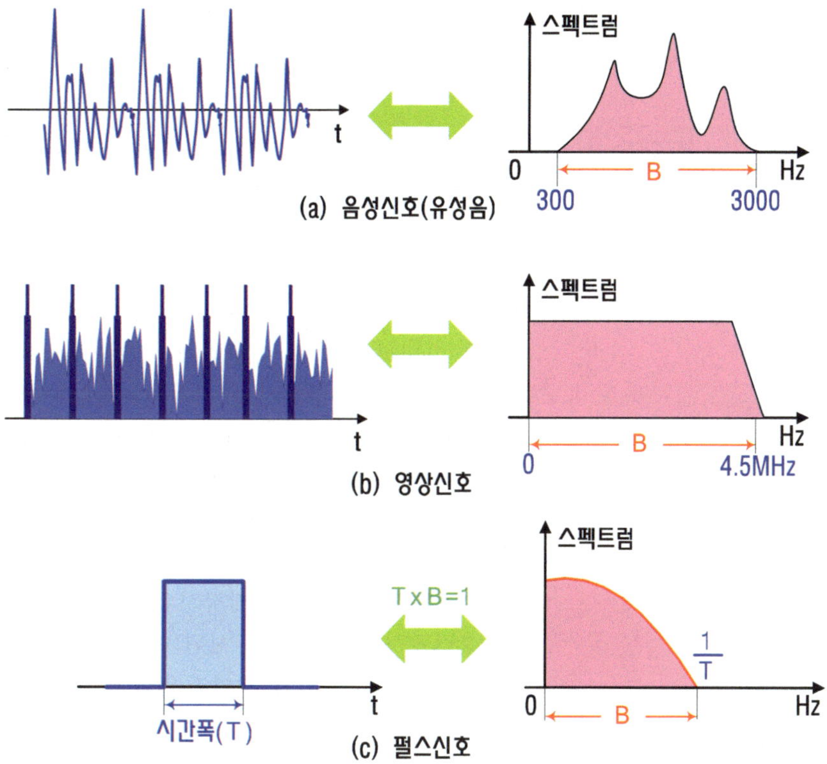

그림 7-5의 (a)는 (+) 주파수에 대한 스펙트럼이며 이를 단측 스펙트럼이라 한다. 그리고 (–) 주파수는 실존하지 않는 것이지만 있다고 가정한 그림 (b)를 양측 스펙트럼이라 한다. 단 (–) 주파수의 스펙트럼은 주파수 0을 중심으로 항상 (+) 주파수의 스펙트럼과 대칭이다. 양측 스펙트럼은 통신 방식의 핵심인 변조를 이해하는데 편리하며 이에 대해서는 차차 알게된다.

그림 7-5
단측 스펙트럼과 양측 스펙트럼

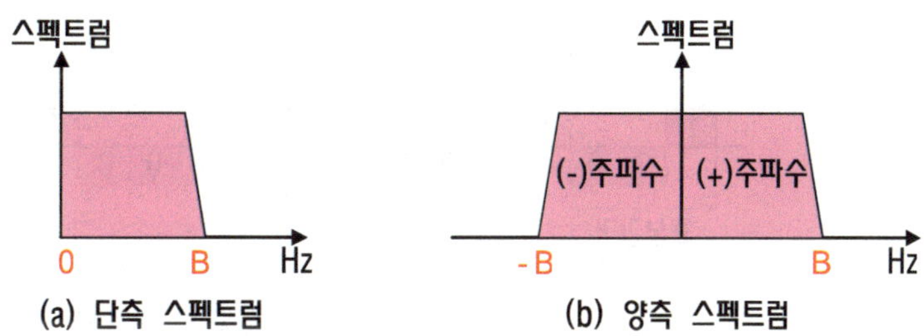

7-2 잡음에 강한 디지털

비트(bit)

지금은 디지털 시대라 해도 과언이 아닐 정도로 모든 용어에 디지털이란 용어가 붙는다. 디지털이란 손가락을 의미하는 라틴어 'digitus'에서 유래한 것으로 연속적(continuous)이 아닌 이산적인(discrete) 값만 가진다는 뜻이다. 그림 7-6은 아날로그 신호(파형)에서 디지털 신호를 얻는 과정을 보여주며, 그림에서 알 수 있듯이 디지털 신호는 시간상 위치뿐 아니라 크기도 이산적이다. 먼저 시간상 연속적으로 존재하는 아날로그 신호에서 일정한 시간 간격(표본간격)의 값만 취하며 이를 표본화(sampling)라 한다. 다음으로, 표본화된 신호의 크기도 정해진 레벨에 준하도록 조치하며 이를 양자화(量子化, quantization)라 한다. 즉 신호의 최소치와 최대치를 정한 다음 이들을 간격이 일정한 레벨, 즉 준위(準位)로 구분한 다음 각 표본값(×로 표시된 값)을 가장 가까운 준위(점으로 표시)에 배정시킨다(그림 7-6에서는 준위 수가 8개이다). 그림에서 수직축에 표시된 0~7이 준위를 나타내는 수이며 그 왼쪽에 표시된 것은 준위를 이진수로 나타낸 것이다. 이제 각 표본값이 속하는 준위의 이진수로써 해당 표본값을 부호화하면 그림에 표시된 바와 같이 디지털 파형이 만들어진다. 여기서 비트 '1'은 (+) 전압으

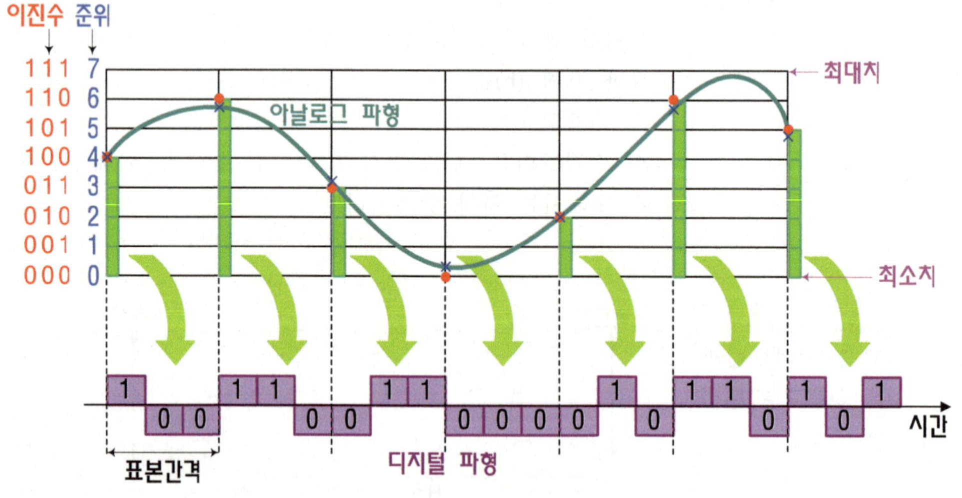

그림 7-6 아날로그 신호의 디지털화

로, 비트 '0'은 (–) 전압으로 표현하였다. 그러나 보통은 비트 '0'은 0V로 하며 여기서는 파형을 잘 이해하도록 (–) 전압으로 표시한 것이다(비트란 'binary digit'의 합성어이다). 그림 7-6에서는 준위가 8개이므로 2^3=8에서 3비트가 필요하다. 준위 수를 늘리면 더욱 세밀하게 양자화할 수 있으며 2^4=16(4비트), 2^5=32(5비트) 등과 같이 비트수가 늘어나게 된다. 아날로그 신호를 2진수로 부호화하는 것을 펄스부호변조라 하며 간단히 PCM(pulse code modulation)이라 한다.

아날로그는 ADC(analog-to-digital converter)를 통해 디지털로 변환되며, 역으로 디지털은 DAC(digital-to-analog converter)를 통해 아날로그로 변환된다. 아날로그 신호는 파형이 무한가지이지만 디지털 신호에는 오직 두 종류의 파형밖에 없으므로 잡음에 매우 강하다. 즉 아날로그 신호는 전송 도중에 잡음이 섞이면 제거하는데 한계가 있지만, 디지털의 경우는 오직 두 종류의 파형만 서로 구별하면 되므로 아날로그에 비해 잡음 특성이 대단히 우수하다. 다만 디지털에서는 비트의 위치를 파악하는 동기화(同期化, synchronization)에 많은 공이 든다. 즉 그림 7-6의 디지털 신호가 수신기에 전달되었을 때를 생각해 보자. 수신측에서는 무수한 '1'과 '0'의 흐름에서 연속적으로 3 비트씩을 묶어 하나의 표본값으로 변환하여야 하지만 그 시작을 알 수 없는 것이다. 이를 위해 송신측에서는 사전에 약속된 특정 부호를 주기적으로 전송해줌으로써 수신측이 동기화할 수 있도록 하고 있다.

표본율

여론 조사할 때 표본을 잘 취해야 한다. 표본 수가 너무 적으면 예측에 오류가 많아지고 표본이 너무 많으면 필요 없는 인력 및 시간 낭비가 된다. 마찬가지로 그림 7-6과 같이 아날로그 신호를 표본화할 때도 표본간격을 정하는 일이 중요하며, 1초당 표본 수를 표본율(또는 표본 주파수)라 한다. 표본율에 대한 이론은 매우 복잡하지만 그 결론은 매우 명쾌하며 다음과 같다:

> 임의의 신호를 표본화할 때 최적의 표본율은 신호의 최대 주파수의 두 배이다.

즉 표본율을 R이라 하고 신호의 최대 주파수를 f_{max}이라 하면

$$R=2f_{max}$$

이다. 음성신호를 예로 들어보자. 음성신호의 최대 주파수는 3kHz 정도이지만 여유있게 4kHz로 하면 표본율은 8kHz가 된다. 즉 초당 8000개의 표본을 취하는 것이다. 그리고 표본의 비트수를 n이라 하면 초당 비트수(bps; bit-per-second)는 8000n[bps]이다.

대역폭 디지털 신호의 대역폭은 그림 7-4의 (c)를 이용하여 간단히 계산할 수 있다. 즉 비트 펄스의 시간폭만 알면 그 역수가 바로 대역폭인 것이다. 이제 최대 주파수가 f_{max}인 임의의 신호를 표본화하여 n 비트로 부호화한다고 하자. 그러면 초당 비트수가 $2nf_{max}$[bps]이므로 비트 펄스의 시간폭(T)는 $T=1/(2nf_{max})$[s]이 된다. 따라서 대역폭(B)은

$$B=2nf_{max}[Hz]$$

이며 바로 초당 비트수와 같다. 앞서 예를 든 음성신호의 경우 8비트로 부호화하면(n=8) 디지털 신호의 대역폭은 8000×8=64kHz가 된다. 이는 아날로그 신호의 대역폭 3kHz에 비해 매우 넓은 것이다. 일반적으로 디지털 신호는 아날로그에 비해 대역폭이 넓지만 그 대가로 잡음 특성이 좋아지는 것이다(두 마리 토끼를 쫓을 수 없다).

7-3 유선통신

송신기와 수신기를 그림 7-7과 같이 금속 전선으로 연결하여 전기신호를 보내는 방법을 유선통신(有線通信)이라 하며 전선으로는 구리가 가장 많이 사용된다. 유선통신의 대표적인 예가 지금 우리가 사용하고 있는 전화이다. 전화를 통신 수단으로 사용하기 위해 전세계적으로 수많은 전화선이 깔려 있는 상태이다.

그림 7-7 유선통신

표피효과 전화선의 대역폭은 180~3200Hz 정도이다. 따라서 3200Hz 이상의 주파수는 전화선을 통해 전송할 수 없다. 그러면 왜 구리선인 전화선은 대역폭이 제한되는가? 그림 7-8이 이를 설명해 준다. 일반적인 도체에 직류전류가 흐르면 전류는 그림 (a)와 같이 도체의 단면적을 골고루 통과한다. 그러나 저주파의 교류전류가 흐르면 전류는 그림 (b)와 같이 도체의 표면 쪽을 통해서만 흐르기 시작하며 이를 표피효과(skin effect)라 한다. 주파수가 높아질수록 표피효과가 더 심해져 고주파 전류에서는 그림 (c)와 같이 아주 도체의 표피를 통해서만 흐르게 된다. 표피효과는 상용 주파수에서는 그다지 현저하지 않지만 주파수가 높을수록(1000Hz) 현저하게 된다. 전류가 흐르는 표피의 두께를 표피효과 두께(D_s)라 하며 이는 주파수의 제곱근에 반비례한다. 즉 주파수가 4배로 증가하면 표피효과 두께는 2배로 좁아진다. 도체의 저항은 전류가 흐르는 면적에 반비례한다. 따라서 주파수가 높을수록 표피효과 두께가 좁아지고 그 결과 저항은 증가하므로 금속 전선은 대역이 제한될 수 밖에 없는 것이다. 표피효과를 줄이기 위해 하나의 굵은 도체를 사용하는 대신 그림 (d)와 같이 여러 개의 가는 도체들을 다발로 묶어 도선으로 사용한다.

그림 7-8
표피효과

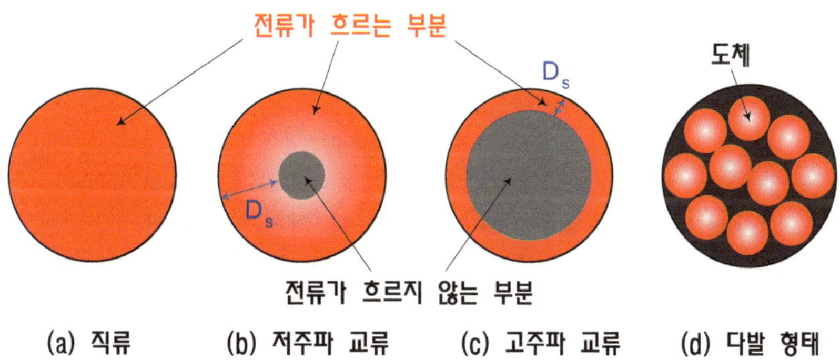

유선통신에서 사용하는 전선은 신호의 대역폭에 따라 신중히 선택하여야 하며 그림 7-9가 그 예를 보여준다. 그림 (a)의 전화선에서는 가장 보편적이고 값이 싼 구리선을 이용한다. 전화선은 표피효과 등의 이유로 180~3200Hz 정도로 대역이 제한되므로 거의 음성신호에 대해서만 사용된다. 그림 (b)의 유선 TV(케이블 TV)에서는 대역폭이 4.5MHz인 영상신호를 전송해야 하므로 동축케이블(coaxial cable)을 사

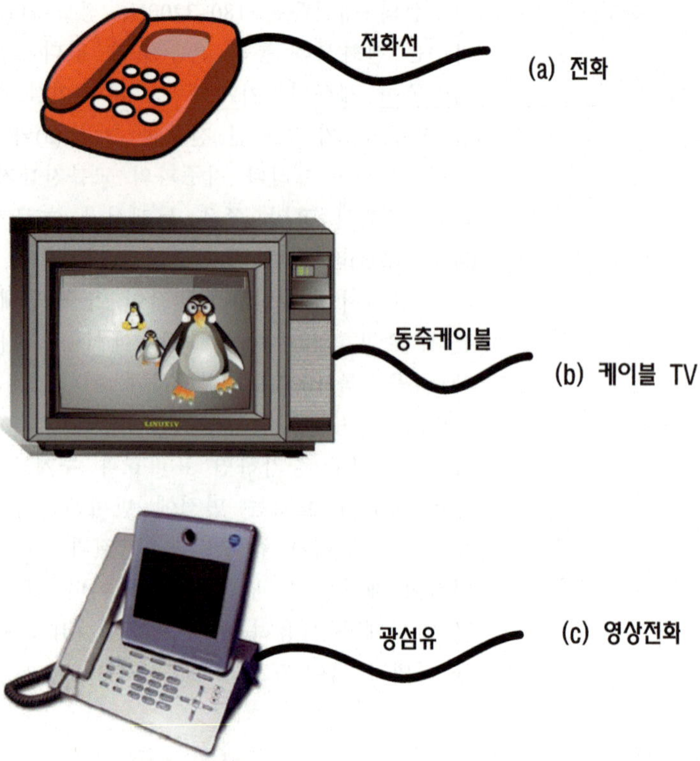

그림 7-9
유선통신에 사용되는 전선

용한다. 그리고 상대방 얼굴을 보면서 전화할 수 있는 그림 (c)의 영상전화(videophone) 경우, 음성신호는 기존의 전화선을 통해 전송하고 영상신호는 광섬유(光纖維, optical fiber)를 이용해 따로 전송한다. 광섬유는 그 대역폭이 거의 무한대이므로 앞으로 가능한 모든 전선이 광섬유로 대체될 것이다. 이제 이들 세 가지 전선에 대해 간단히 알아보도록 한다.

꼬임형 전선

전화선을 포함한 대부분의 구리선들은 그림 7-10의 (b)와 같이 두 선을 꼬은 형태로 되어 있는 것은 왜 그럴까? 그 이유는 그림 (a)이다. 쌍방 통신을 위해서는 구리선 두 개를 한 조로 하여 전선을 만든다. 이 경우 각 구리선에 흐르는 교류전류는 그림 (a)에 표시된 바와 같이 암페어 법칙에 의해 주위에 자장을 형성하며 이 자장은 시간에 따라 변한다(교류전류이므로). 시간에 따라 변하는 자장은 다시 패러데이 법칙에 의해 전장을 형성하며 이 전장이 상대방 구리선에 전달

그림 7-10
전선간의 간섭과 꼬임형 전선

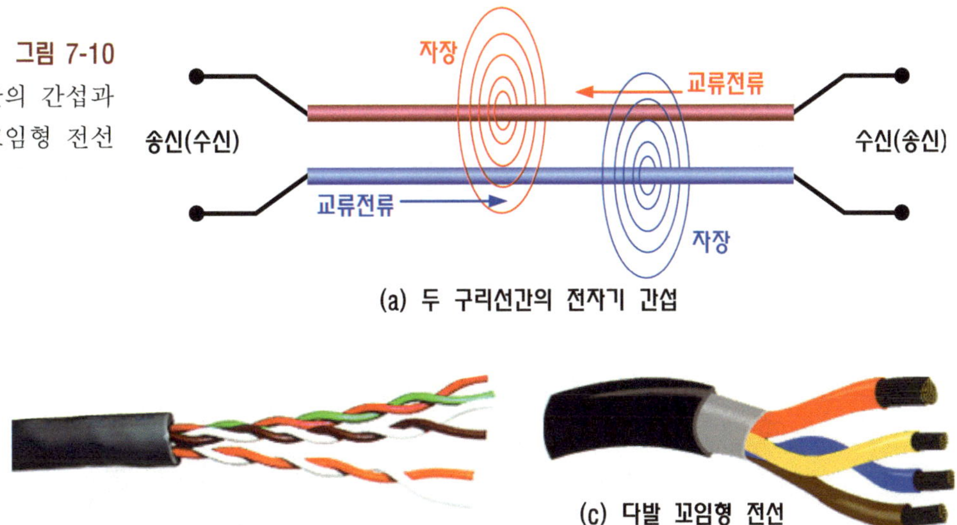

(a) 두 구리선간의 전자기 간섭

(b) 꼬임형 전선(전자기간섭 완화)

(c) 다발 꼬임형 전선
(전자기간섭과 표피효과 완화)

되어 전류에 영향을 주는 것이다. 그 결과 한쪽 전선의 정보가 다른 전선으로 전달되며 이러한 현상을 누화(漏話, crosstalk)라 한다. 전화할 때 종종 엉뚱한 사람의 목소리가 들리는 것은 이 때문이다. 누화는 다름아닌 전자기 간섭(EMI; electromagnetic interference)이다. 이를 막기 위해 두 전선을 그림 (b)와 같이 꼬으면 전선의 방향이 순간 순간 변하므로 유도 전장의 방향이 상쇄되게 된다. 물론 단위 길이당 꼬으는 회수를 늘리면 늘릴수록 전자기 간섭은 줄어들며 이러한 전선을 TPW(twisted-pairs wire)라 한다. 그림 (c)는 다발로 된 전선을 꼬아 전자기 간섭과 표피효과를 완화시킬 수 있으므로 대역폭이 넓어진다.

동축케이블

그림 7-11의 동축케이블은 2차 세계대전 중에 개발되어 통신의 속도를 개선시켰다. 그림 (b)의 동축케이블 구조에서 중심부 도체(core)는 구리선이며 코어와 바깥 도체 사이는 절연체로 단절되어 있다. 그리고 맨 바깥의 피복은 외부로부터의 전자기 간섭(EMI)를 최소화한다. 동축케이블은 TPW보다 훨씬 넓은 수십 MHz 수준으로 영상신호를 전송할 수 있으므로 현재 케이블 TV 회사들에 의해 사용되고 있다. 동축케이블이 길수록 신호의 감쇄가 심해지므로 수 km마다 증폭기를 설치하여야 한다. 다음에 설명할 광케이블의 출현으로 동축케이블의 이점이 퇴색되어 점차 광섬유로 대체되고 있는 실정이다.

그림 7-11
동축케이블

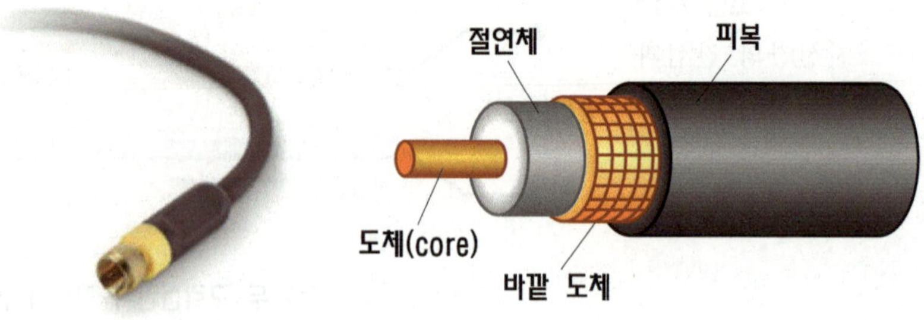

(a) 외형 (b) 구조

광섬유 광케이블의 외형과 구조는 그림 7-12(a), (b)와 같다. 광섬유는 순수한 유리이며 굵기는 거의 머리카락 수준으로 매우 가늘면서도 대역폭은 수십만 GHz로 거의 무한정에 가깝다. 광섬유는 전기가 아닌 빛을 전달한다. 즉 LED나 레이저 다이오드로 전기신호를 빛으로 변환시킨 다음 그림 (c)와 같이 광섬유에 입사시키면 클래딩에 의해 전반사되어 광섬유를 타고 전송된다. 광섬유는 앞으로의 가장 유망한 정송 수단 중 하나이며 그 쓰임새는 날로 증가할 것이다. 따라서 광섬유에 대해서는 나중에 광통신 부분에서 보다 자세히 알아보도록 한다.

그림 7-12
광섬유

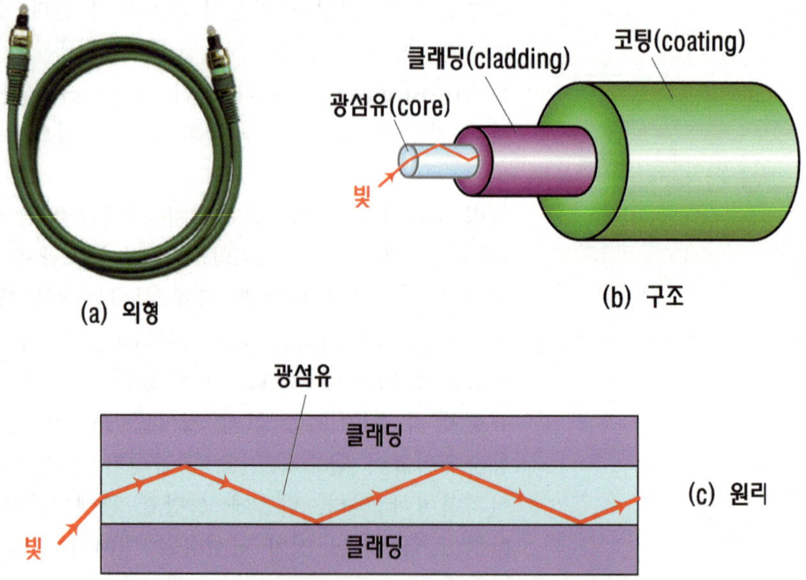

(a) 외형 (b) 구조 (c) 원리

7-4 무선통신

무선통신은 신호를 전파로 바꿔 공중이란 매체를 이용해 전달하는 것이며 전선이 필요없다. 무선에서는 'radio'란 용어를 사용하는데 이는 전파를 '방사하는 작용'이란 뜻의 'radiation+operation'의 합성어이다. 즉 무선통신은 모두 radio이므로 텔레비전도 라디오이고, 휴대폰도 라디오이며 라디오도 라디오인 것이다. 공중이란 전달 매체는 모든 주파수를 허용하므로 대역폭이 무한대이다. 그러나 공중이라는 하나의 매체를 수많은 통화 당사자들이 공유하여야 하는 문제가 무선통신의 첫 번째 문제이며 두 번째 문제가 안테나의 길이(크기)이다.

안테나 길이

안테나는 도체 내의 전기 흐름을 전파로 변환시키고, 또 전파를 도체 내의 전기 흐름으로 변환시키는 장치로서 통신 기기의 출입문과 같다. 안테나를 통해 전파를 효율적으로 방사시키기 위해서는 안테나의 길이를 신호의 주파수에 맞추어 정해야 한다. 즉 일반적으로 안테나의 길이는 전송하고자 하는 신호의 파장 수준이다. 한 예로 그림 7-13의 다이폴(dipole) 안테나 경우, 안테나 길이(L)은 신호의 반파장과 같게 해야 한다. 여기서 신호의 파장(λ)은 신호의 주파수(f)와 광속($c=3\times10^8$m)으로부터

$$\lambda=c/f\ [m]$$

이므로 다이폴 안테나 길이($L=\lambda/2$)는 다음과 같다.

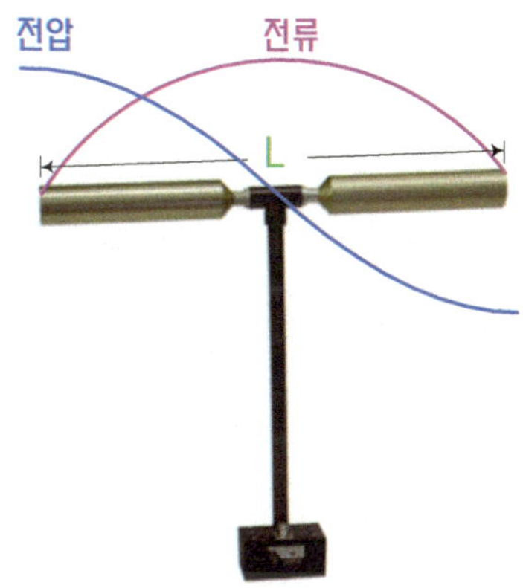

그림 7-13
다이폴 안테나

$$L = \frac{c}{2f} = \frac{3x10^8}{2f} \quad [m]$$

음성신호의 경우 300~3000Hz 중간 부분인 1kHz를 안테나로 방사한다고 하면 f=1000이므로 안테나 길이가 $L=1.5\times10^5m=150km$이 되어야 한다. 이는 물론 실현 불가능한 일이며 이를 해결하는 방법이 변조(變調)이다. 여러분들이 흔히 사용하는 AM, FM, PCM 등에서 'M'은 변조(modulation)를 의미한다.

변조(AM)

변조(變潮)의 원리는 여러분이 잘 알고 있는 삼각함수의 곱하기 정리를 이용한다. 안테나 길이가 주파수에 반비례하므로 그림 7-14와 같이 신호의 스펙트럼을 높은 주파수 대역으로 이동시켜 버리는 것이다. 전송하고자 하는 신호를 $\cos\omega_1 t$라 하면($\omega_1=2\pi f_1$) 그 양측 스펙트럼은 그림 (a)에 표시된 바와 같다. 여기에 충분히 높은 주파수($f_c>>f_1$)의 정현파 $\cos\omega_c t$를 곱하면 삼각함수 정리에 의해 다음과 같다.

$$\cos\omega_1 t\ \cos\omega_c t=0.5\cos(\omega_c-\omega_1)t+0.5\cos(\omega_c+\omega_1)t$$

위 식의 우변의 스펙트럼은 그림 7-14(a)에서 주파수 $f_c(\omega_c)$를 중심으로 자리잡고 있음을 알 수 있다. 그 결과 변조후의 스펙트럼은 변조전의 스펙트럼을 주파수 f_c만큼 이동한 것과 같게 되는 것이다(진폭은

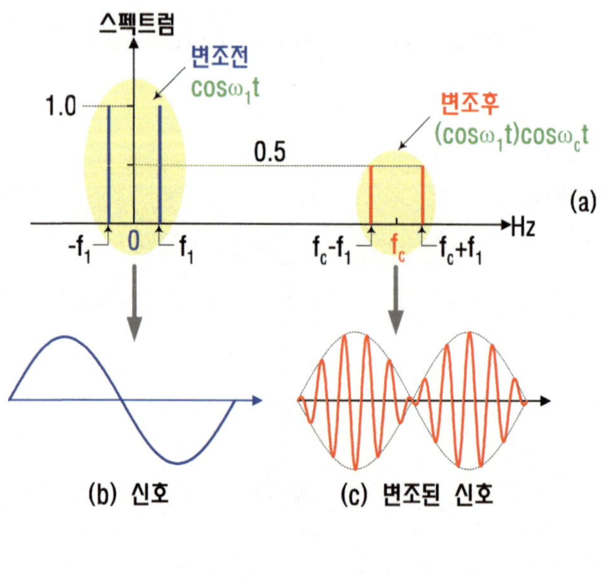

그림 7-14
스펙트럼 이동

0.5배). 이것이 바로 스펙트럼 이동의 원리이다. 여기서 눈여겨 볼 것은 변조전의 (–) 주파수인 $-f_1$이 변조후에는 f_c-f_1로 (+) 주파수가 되어 실재하게 된다는 것이며, 이 이유로 양측 스펙트럼이 필요한 것이다(그림 7-5 참조). 수치로 예를 들어보기 위해 f_1=1kHz, f_c=1MHz로 하자. 그러면 변조후의 두 주파수는 f_c-f_1=0.999MHz, f_c+f_1=1.001MHz로 거의 같으므로 안테나를 중심 주파수 1MHz에 맞추면 그 길이는 L=150m가 되어 현실적인 크기가 된다. 이상의 변조 방식이 다름아닌 여러분들이 익히 듣고 있는 진폭변조(AM; amplitude modulation)이다. 여기서 정현파 $\cos\omega_c t$를 반송파(搬送波, carrier)라 하며 f_c를 반송 주파수, 무선 주파수, 라디오 주파수(RF; radio frequency) 등으로 부른다.

그림 7-14는 전송 신호가 단일 주파수인 경우이며 이를 일반적인 신호로 확장하면 그림 7-15와 같다. 즉 임의의 스펙트럼을 가진 신호에 반송파를 곱하기만 하면(진폭변조) 변조 후에는 스펙트럼이 고주파 영역으로 이동한다. 여기서 유의해야 할 것은 대역폭이다. 대역폭은 실제 주파수인 (+) 주파수의 범위이다. 따라서 그림 7-15에서 변조전의 대역폭은 $B=f_1$이지만 변조후에는 그림에서 보듯이 $B=2f_1$으로 두 배가 된다. 물론 그 이유는 (–) 주파수가 (+) 주파수로 이동되었기 때문이며 변조후의 대역폭을 보통 전송대역이라 부른다.

그림 7-15
진폭변조

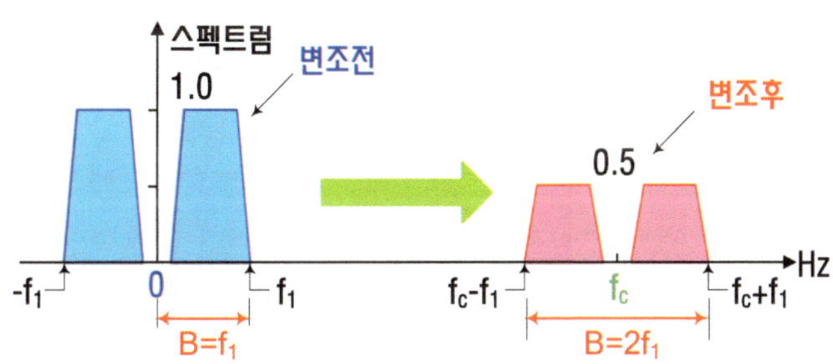

다중화(多重化)

변조는 안테나 길이 문제를 해결할 뿐 아니라, 다중화(多重化)를 실현시킴으로써 공중을 수많은 사람들이 공유할 수 있게 해준다. 그림 7-16은 변조를 통한 다중화를 보여준다. 그림 (a)와 같이 서로 다른 세 사람이 각각의 라디오 주파수(f_1, f_2, f_3)로 무선통신을 한다고 하자. 전파가 각 안테나로부터 방사되고 나면 파형이 공중에서 모두 합해지므로 시간상에서는 서로 분간할 수 없다. 그러나 그 이면에 있는 스

그림 7-16
다중화

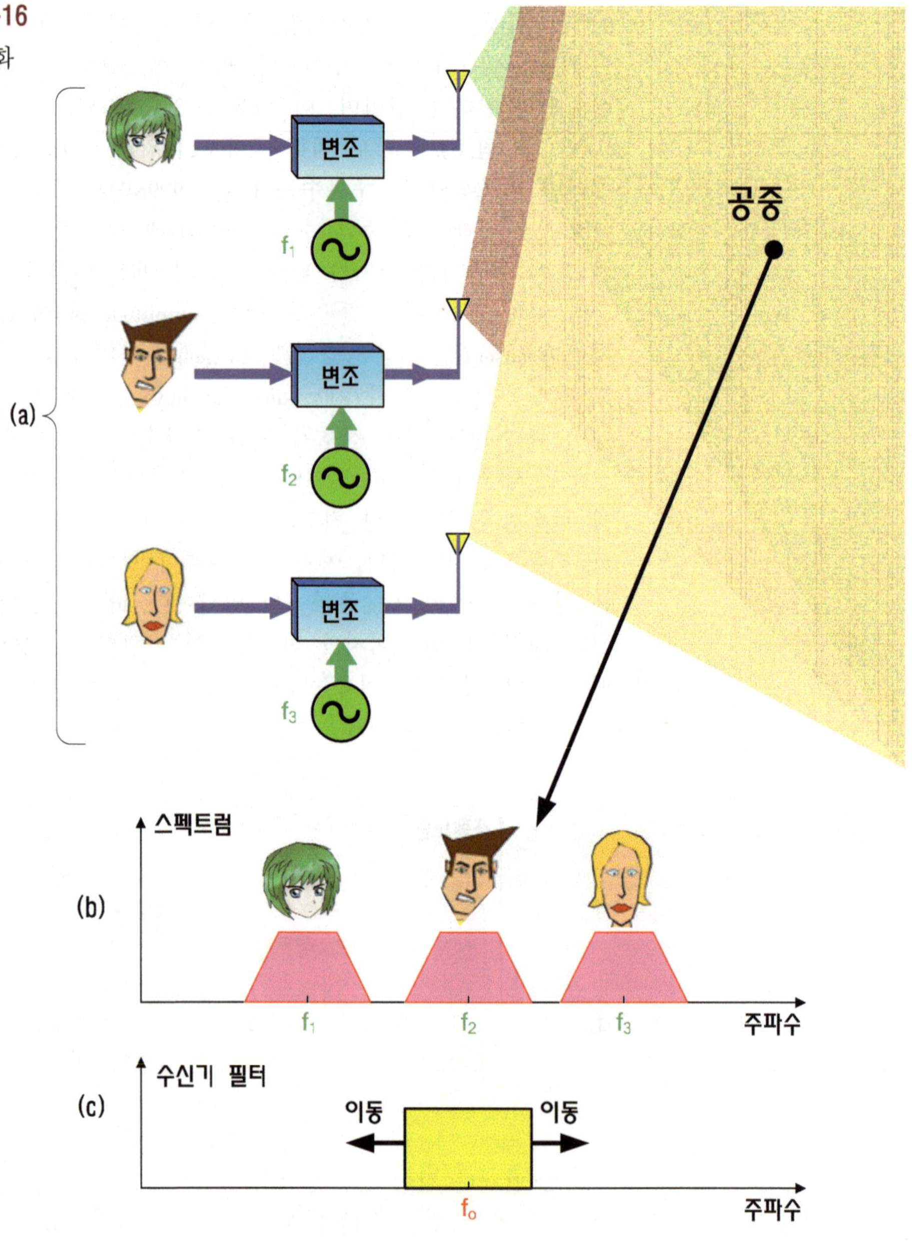

펙트럼은 그림 (b)와 같으며 f_1, f_2, f_3의 간격을 적당히 하면 서로의 스펙트럼이 겹치지 않게 할 수 있다. 따라서 수신기는 필터를 이동시켜 원하는 채널만 선택할 수 있는 것이다. 예를 들어 필터의 중심 주파

수 f_o를 f_2에 맞추면 채널 2가 선택되는 것이다. 여러분들이 라디오나 TV의 다이얼을 돌리는 것이 바로 수신기 필터를 이동시키는 작업이며 이를 동조(同調, tuning)이라 한다. 그림 7-16은 전파의 파형들이 시간상에서는 겹치지만 주파수상의 스펙트럼은 서로 구별되므로 이를 주파수분할 다중화(FDM; frequency-division multiplexing)이라 한다.

주파수 변조 (FM)

앞에서 설명한 방식이 진폭변조이다. 아날로그 통신에는 또 다른 중요한 방식인 주파수 변조(FM; frequency multiplexing)이 있으며 그림 7-17이 AM과 FM과의 차이를 보여준다. 그림 (a)의 AM에서는 변조된 신호는 주파수는 변하지 않고 진폭만 변하므로 진폭변조라 한다. 이에 비해 그림 (b)의 FM에서는 변조 후의 진폭은 변함이 없다. 대신에 주파수만 신호의 세기에 비례하여 높아지거나 낮아지므로 주파수 변조라 하는 것이다. 그림 7-17은 AM과 FM의 파형 간의 차이를 보여준다. 한편 두 방식의 스펙트럼상의 차이는 극명하며 그림 7-18이 이를 보여준다. 즉 AM 변조는 스펙트럼의 형태는 변하지 않고 위치만 이동하지만 FM에서는 스펙트럼 형태도 변조전과 완전히 달라진다. 실제로 주어진 신호를 FM 변조하고 난 후의 스펙트럼을 정확히 알기가 거의 불가능하다. 다만 다행히도 우리의 주 관심사인 전송대역은 근사적으로 구할 수 있다. FM의 특징은 AM에 비해 전송대역(B)이 넓다

그림 7-17
아날로그 통신: AM과 FM

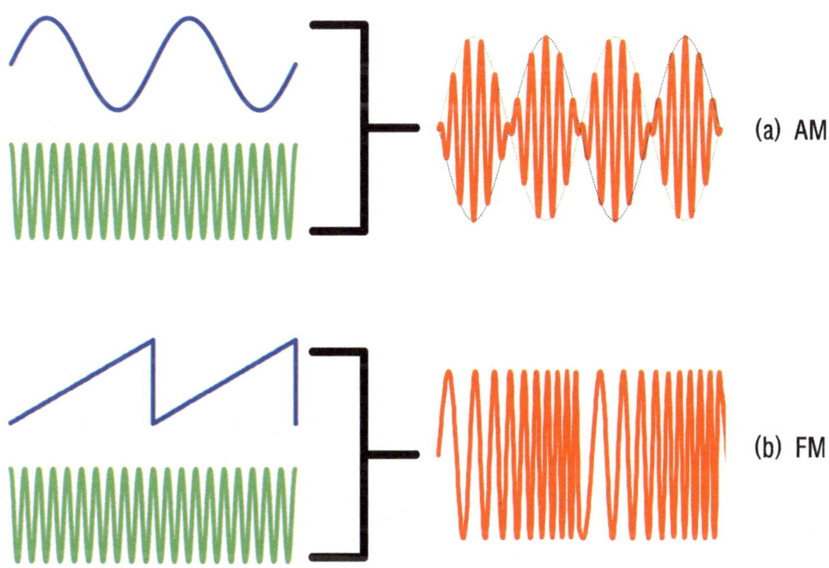

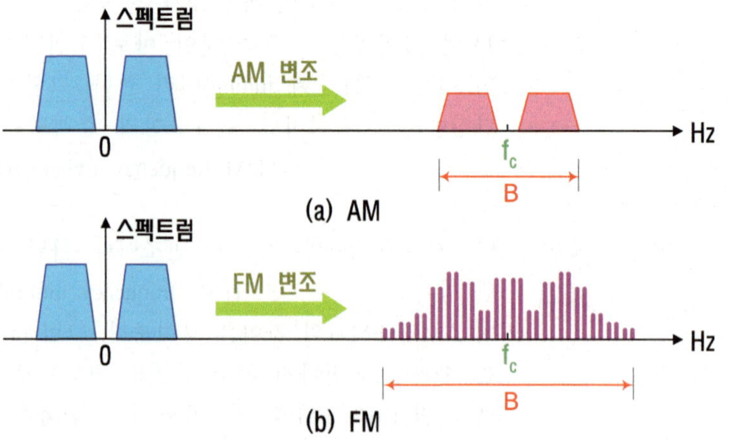

그림 7-18
AM과 FM의 스펙트럼

는 점이며, 전송대역이 넓을수록 잡음 특성이 좋아진다. 그러나 전송대역이 넓을수록 다중화에 불리하므로 이 역시 두 마리 토끼를 쫓을 수 없는 이치인 것이다. 참고로 상업 AM 방송에서는 음성신호의 최대 주파수를 4kHz로 하고 전송대역은 10kHz로 할당하고 있다. 그리고 FM 방송에서는 음성신호의 최대 주파수를 15kHz로 하고(FM이 AM에 비해 음질이 월등한 이유 중 하나이다), 전송대역은 200kHz로 할당하고 있다.

스테레오 방송

스테레오 방송은 현장감있고 입체적인 음향을 제공한다. 스테레오 방식이 나오기 전에 단청음(monophonic; 간단히 모노) 방식의 FM 수신기가 이미 수없이 보급되고 있었으므로 그 이후 나온 스테레오 방송도 기존의 모노 수신기를 만족시켜야 했다(이는 흑백 TV와 컬러 TV와의 관계와 같다). 즉 스테레오 방송을 하되 모노 수신기로도 들을 수 있어야 하므로 이를 감안한 방식이 그림 7-19이다. 송신 측의 스튜디오에는 그림 (a)와 같이 사람의 귀를 모방하여 두 개의 마이크를 배치하며 각 마이크에 입력된 음향을 R(right), L(left)로 표현하기로 한다. R과 L 두 신호를 합하고 뺀 L+R, L–R의 두 신호를 FM 변조하여 전송한다. 물론 L+R과 L–R의 스펙트럼이 겹치지 않도록 사전 조치를 하며 이에 대해서는 더 이상 설명하지 않는다. 수신기에서는 복조(변조의 역과정)를 통해 L+R, L–R의 두 신호를 검파한다. 두 신호를 더하여 2L을 얻고 빼서 2R을 얻은 다음 각기 다른 스피커로 전달하면 된다. 물론 모노 수신기인 경우는 한 쪽만 들으면 된다.

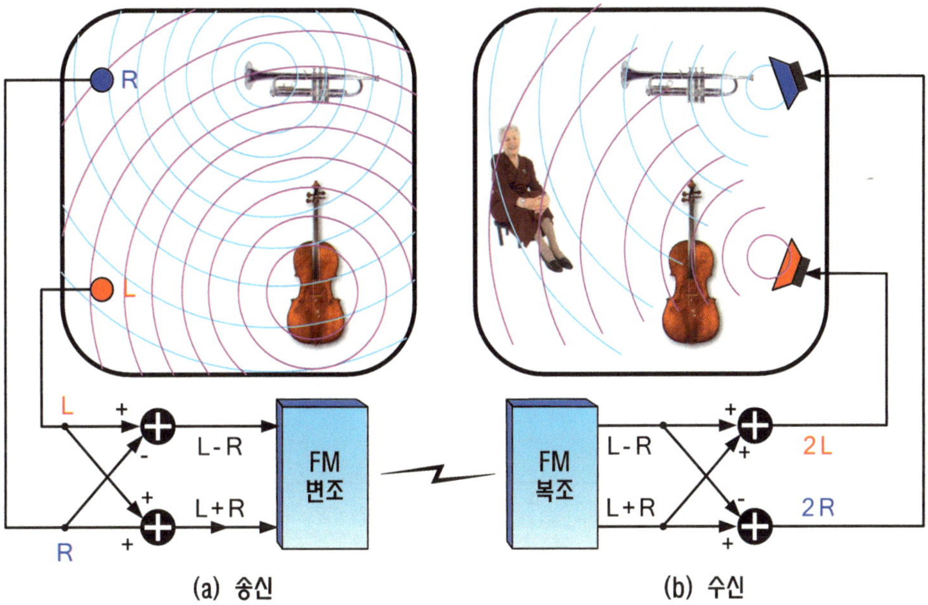

그림 7-19 스테레오 방식

아마츄어 무선 (HAM)

AM과 FM 변조된 신호의 스펙트럼은 그림 7-18과 같이 반송 주파수를 중심으로 완전히 대칭적이다. 음성(300~3000Hz)을 AM 변조한 경우를 보다 자세히 보인 것이 그림 7-20(a)이다. 반송 주파수(f_c)의 위쪽에 자리잡은 대역을 상측파대(上側波帶)라 하고 아래쪽에 자리잡은 대역을 하측파대(下側波帶)라 한다. 상측파대는 간단히 USB(upper sideband)라 하고 하측파대는 LSB(lower sideband)라 한다. 완전히 대칭인 USB, LSB 중 하나만 전송할 수 있으면 전송대역이 반으로 줄어들 것이며 이런 변조방식을 단측파대(SSB; single sideband) 변조라 한다. 그리고 보통의 AM은 USB, LSB를 모두 전송하므로 양측파대(DSB; double sideband) 변조라 부르기도 한다. SSB는 그림 (b)와 같이 필터를 이용해 간단히 만들 수 있다(그림 (b)는 USB를 취한 경우이다). 그러나 필터를 이용하기 위해서는 반송파를 중심으로 빈 공간이 있어야 하며 다행히 음성의 경우는 약 600Hz의 공간이 비어있다. SSB를 이용하면 다중화를 2배로 높일 수 있으며 이를 이용하는 대표적인 경우가 아마츄어 무선사들이 전세계를 통해 자유롭게 통화할 수 있는 'HAM'이다. HAM의 어원은 분명치 않으나 'armateur radio'를 발음상 간단히 한 것이라는 설과 욕설이란 설도 있다. 그림 7-21은 HAM에서

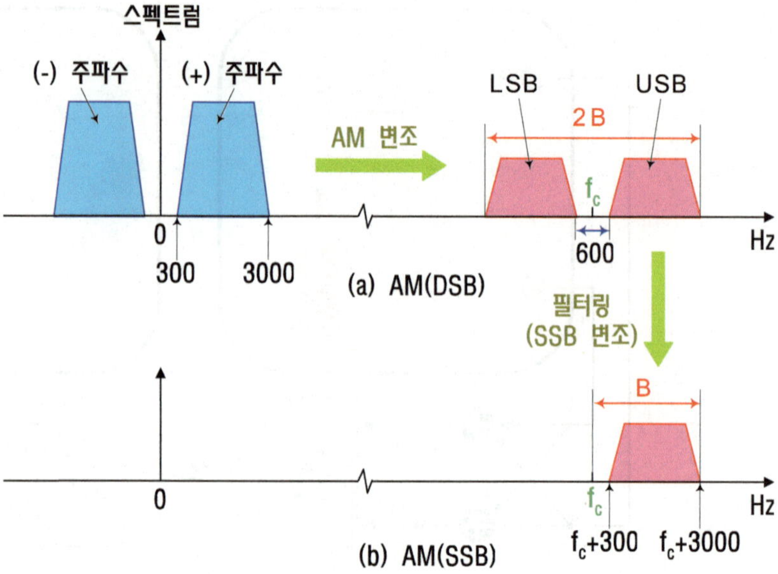

그림 7-20
SSB 변조

그림 7-21
라디오 스캐너

필요한 라디오 스캐너(radio scanner)의 한 예이다. SSB는 상업 AM방송에서는 사용하지 않으며, 그 이유는 수신기가 복잡해져 단가가 높아질뿐 아니라 음질이 저하되기 때문이다.

코드리스폰

지금은 휴대폰(cell phone)으로 인해 그 가치가 좀 떨어진 감이 있지만 그림 7-22와 같이 코드없이 집안을 마음대로 다니면서 통화할 수 있는 코드리스폰(cordless phone)이 있다. 코트리스폰은 기존의 유선전화에 무선통신을 접속한 것이며 무선은 FM 방식이다(43~50MHz). 유선을 통해 전화기로 전달된 신호는 전화기 내부의 FM 변조기에 의해 44.32MHz의 반송파로 변조된 다음 무선으로 수화기에 전달된다. 수화기는 수신된 FM 신호를 복조하여 내장된 스피커를 통해 음성을 듣게 된다. 그리고 수화기를 통해 한 말은 반송파 49.28MHz로 FM 변조된 다음 무선으로 전화기에 전달되며 전화기는 이를 복조하여 유

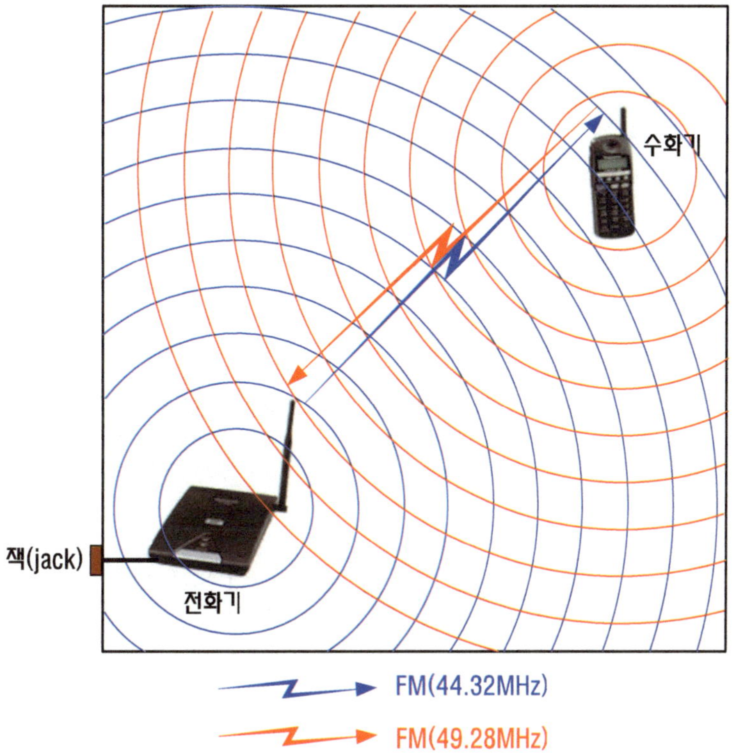

그림 7-22
코드리스폰

선으로 전송한다. 이와 같이 두 가지 다른 주파수를 사용함으로써 전송과 수신을 동시에 할 수 있다. 현재는 43~50MHz 대역뿐 아니라 900MHz, 2.4GHz 및 5.8GHz에서 동작하는 방식도 선보이고 있다(주파수가 높아질수록 통화 범위가 넓어진다).

7-5 정현파를 만드는 발진기

변조에서 가장 중요한 부분이 바로 정확한 주파수의 반송파, 즉 정현파를 만드는 일이다(라디오 주파수에 대해서는 그림 2-39 참조). 무선통신에서 정확한 정현파를 만드는 장치가 발진기(發振器, oscillator)이다. 발진기는 여러분들도 모르게 이미 경험한 경우가 많으며 그림 7-23이 그 한 예이다. 나들이 갈 때 관광 버스 안에서 마이크로 이야기

그림 7-23
발진 현상의 예

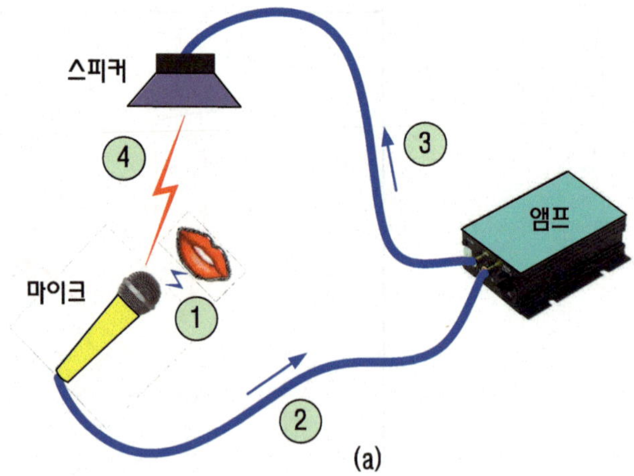

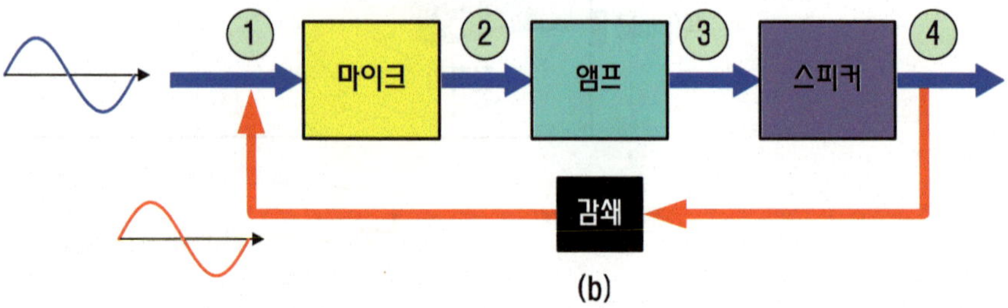

하거나 노래할 때(그림 7-23(a)) 갑자기 "삑"하는 격렬한 소리가 들리는 것을 종종 경험하곤 하며 이것이 바로 발진 현상이다. 그림 (a)를 보자. 마이크를 통해 이야기를 하면(①) 앰프에 전달되어(②) 증폭된 다음 최종 종착지인 스피커로 전달된다(③). 그러나 여기서 끝나는 것이 아니며 실제로는 스피커 출력의 일부가 다시 마이크를 통해 입력되며 이를 피드백(feedback)이라 한다(피드백은 궤환 또는 되먹임으로 번역한다). 그림 (a)는 도식적으로 그림 (b)와 같으며 이로부터 발진 이유를 알아보자. 만일 음성신호에 포함되어 있는 수많은 정현파들 중에서 어떤 한 주파수의 정현파(그림상의 파란색)가 ①에서 ④로 전달되고 다시 궤환된 것(그림상의 빨간색)이 원래의 정현파(파란색)와 위상이 같고 진폭은 더 크다면 어떻게 될까? 궤환된 정현파(빨간색)가 다시 한바퀴 돌아 제자리에 돌아오면 진폭은 더욱 커지게 되며 이런 과정이 순간적으로 반복됨에 따라 정현파의 진폭은 무한대가

될 것이다(그러나 실제로는 가능한 최대 진폭에서 멈춘다). 이것이 발진이며 발진은 오직 한 가지 주파수에서만 일어난다. 즉 "삑" 소리는 하나의 정현파가 내는 소리이며 이를 단조음(單調音, single tune)이라 한다. 특히 그림 (a)에서 마이크가 스피커에 가까울수록 더 많은 양이 궤환되므로 발진이 쉽게 일어난다. 문제는 발진 주파수이며 이는 발진 당시의 여러 가지 환경 요소에 의해 정해진다.

자주 접하는 발진 예를 하나 더 들어보자. 라디오 프로 중에 청취자가 라디오를 들으면서 동시에 방송국 스튜디오의 사회자와 대화하는 경우가 많으며 그림 7-24가 이를 보여준다. 청취자의 소리는 전화를 통해 입력된 다음(①) 유선으로 방송국 스튜디오에 전달되고(②) 이것이 스튜디오의 스피커와 마이크 및 증폭기를 거쳐 안테나를 통해 청취자가 듣고 있는 라디오로 전달된다(③). 그리고 라디오의 출력이 다시 전화기로 궤환되므로(④) 라디오와 전화기가 가까울수록 발진이 일어나기 쉽다. 여러분들이 이런 프로를 듣고 있는 중에 갑자기 라디오에서 "삑"하는 발진이 일어나면 사회자는 시청자에게 라디오를 멀리하거나 돌려 놓으라고 요구한다. 이것은 다름아닌 궤환 경로(④)를 약화시키거나 차단시키는 것이다. 이상의 원리를 의도적으로 이용하는 것이 전자 발진기이며 그림 7-25(a)와 같다. 궤환 경로에 있는 주파수선택 회로는 발진 주파수를 마음대로 조절할 수 있게 하며 증폭기는 약화된 신호를 키워 지속적인 발진이 일어나도록 한다. 그림 (b)는 전자 발진기의 기본 회로 예이다.

그림 7-24
라디오를 통해 일어날 수 있는 발진 현상의 예

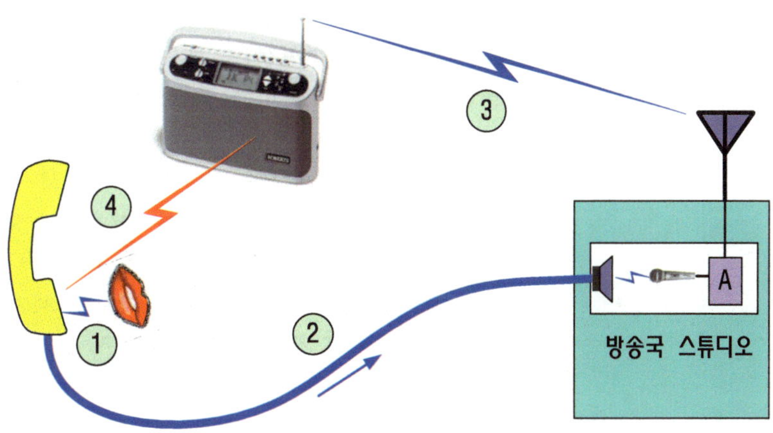

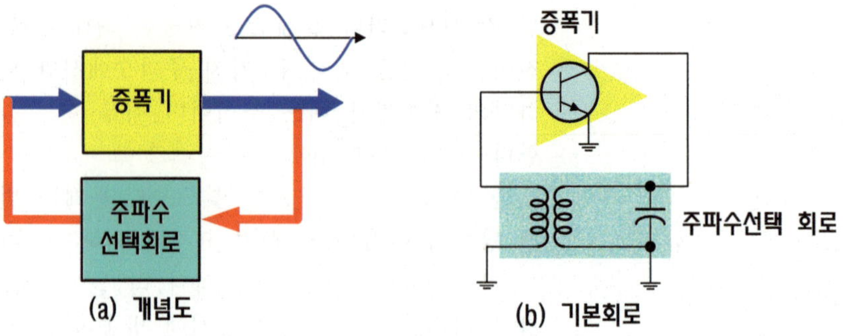

그림 7-25
전자 발진기

7-6 텔레비전(TV)

주사 (scanning)

현대의 정보화 시대에서 가장 막강한 영향력을 발휘하는 것 중의 하나가 텔레비전임은 부인할 수 없다. 영상신호는 가로축과 세로축의 2차원 신호이며 시간축에서 1차원인 전파로 전송하려면 어떻게 해야 하는지 보여주는 것이 그림 7-26이다. 그림 (a)는 글쓰기 과정이다. 왼쪽에서 오른쪽으로 한 줄을 쓰고 나면 한 칸 아래로 내려가 반복하며, 한 장을 다 쓰고나면 다음 장의 첫 번째 줄의 처음(종이의 맨 위 맨 왼쪽)부터 다시 시작한다. 이 과정을 그대로 흉내낸 것이 텔레비전이며 TV에서는 글쓰는 과정을 주사(走查, scanning)라 할 뿐이다(글자 하나는 화소 하나에 비유하면 된다). 그림 (b)는 TV의 주사 과정이다. 수평주사는 글 한 줄(수평선)을 쓰는 것과 같으며 수평귀선(歸線, retrace)은 글 한 줄을 마치고 다음 줄 처음으로 가는 것과 같다. 그리고 수직귀선은 종이 한 장을 다 썼을 때(종이 맨 아래, 맨 오른쪽) 다음 종이의 첫 줄 첫 번째(종이 맨 위, 맨 왼쪽)으로 가는 것과 같다. 당연히 귀선 동안에는 글을 쓰지 않듯이 TV에서도 화면에 영상을 보여주지 않는다. 즉 간혹 동기가 잘못되었을 때 보이는 검은 선이 바로 이것이며 그림 (b)에서 주사선을 화면 밖으로 삐져 나오게 그린 이유이다.

TV 송신기와 수상기(TV에서는 수신기를 受像機라 한다)의 관계는, 한 사람이 쓴 글(촬영)을 다른 사람에게 전해주면서(전송) 그대로 베끼게 하는 것(수상)과 같다. 참고로 공학에서는 촬영(撮影)이란 말 대신 촬상(撮象)이란 용어를 쓰므로 앞으로는 촬상으로 한다.

그림 7-26
영상신호의 1차원 처리

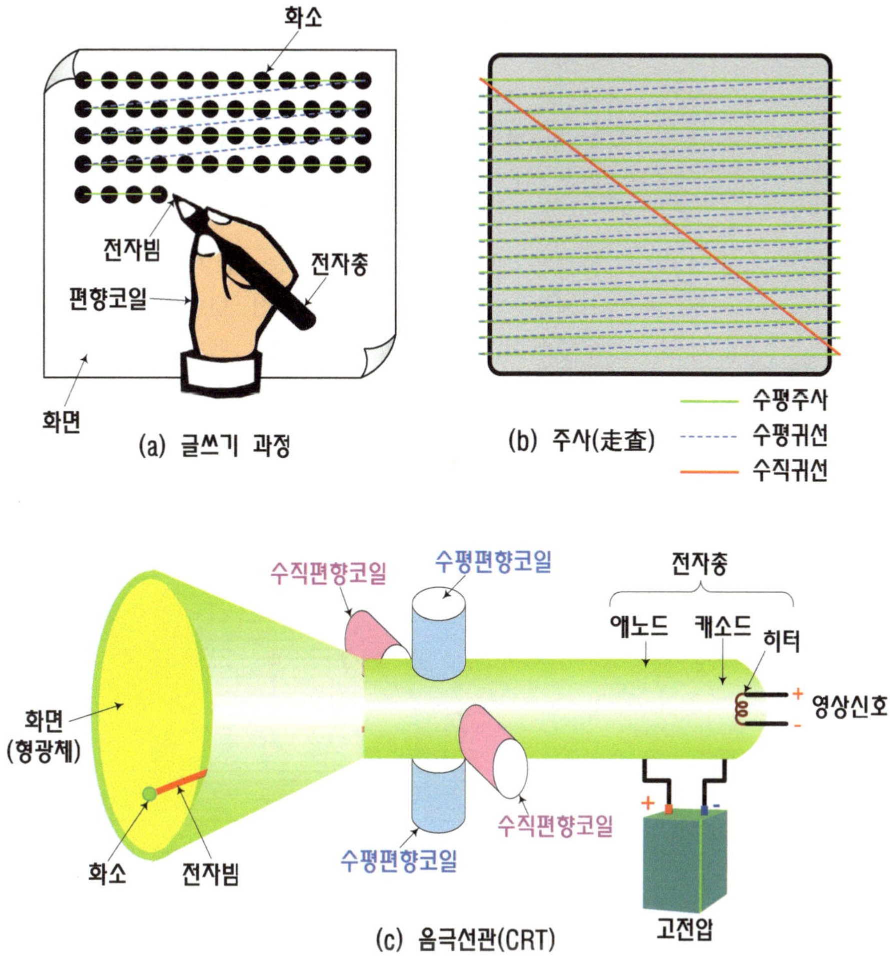

그림 7-26(c)는 수상기에서 화면을 주사하는 음극선관(CRT; cathode ray tube)의 원리이며 그림 (a)의 글쓰기와 함께 생각하면 이해하기 쉽다. CRT에 입력되는 영상신호(1차원 전기신호)에 의해 히터가 동작하여 캐소드를 가열시키면 영상신호의 세기에 비례하는 열전자가 캐소드로부터 방출된다. 열전자들은 양극인 에노드에 의해 가속되어 전자빔 형태로 애노드를 통과한다. 전자빔을 만드는 히터, 캐소드, 애노드를 전자총이라 하며(연필과 같다) 전자빔은 최종적으로 화면에 화소를 그린다(연필심과 같다). 전자석인 편향코일은 자장을 이용해 전자빔을 상하, 좌우로 휘게 하며(손과 같다) 수평편향 코일은 좌우로, 수

직편향 코일은 상하로 조정한다(플래밍의 왼손법칙). 수상기 화면은형광체가 발라져 있으며 여기에 전자빔이 부딪치면 빔의 세기에 따라 명암이 나타난다(화소). 우리나라에서 사용하는 미국 NTSC 방식에서는 한 화면당 수평선이 525개이며 1초당 30장의 화면을 전송한다. 따라서 1초에 525×30=15,750개의 수평선이 전송된다.

복합영상 신호

사람은 알아서 한 줄씩 또는 한 페이지씩 옮아가면서 글을 쓰지만 기계는 그렇지 못하다. 따라서 텔레비전에서는 그림 7-27(a)와 같이 수평선(H; horizontal line)이 끝날 때마다 수평동기 신호를 보내고 화면(전문 용어로는 프레임)이 끝날 때마다 수직동기 신호를 보낸다. 따라서 TV 신호는 영상의 명암을 나타내는 휘도(輝度)신호(또는 흑백신호)와 주사를 제어하는 동기신호로 구성되며 이 둘을 합친 것을 복합영상 신호라 한다. 앞으로 휘도신호는 흑백신호로 부르기로 한다.

그림 7-27
복합영상 신호

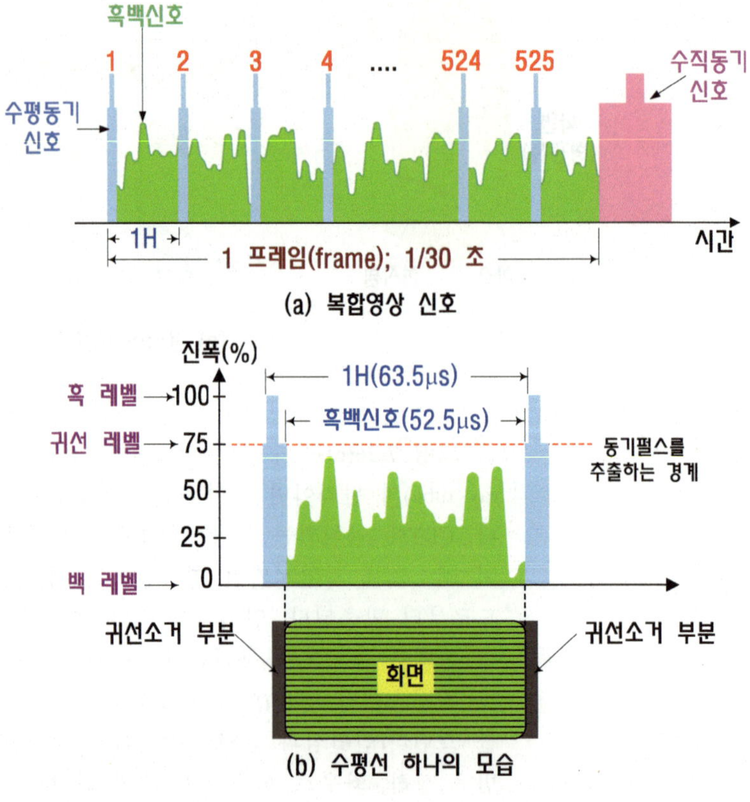

그리고 그림 7-27(a)에서 1H는 수평선 하나의 길이(시간)을 나타내며

$$1H = \frac{1}{15750} = 63.5\mu s$$

이다. 그림 (b)는 수평선 하나를 자세히 보인 것이며 1H(63.5μs) 동안에 수평동기 신호가 11μs를 차지하고 남은 52.5μs 동안에만 흑백신호가 화면에 나타난다. 이는 문서를 작성할 때 좌우에 여백을 두고 글을 쓰지 않는 것과 같으며 그림에 표시된 귀선소거 부분이 이에 해당한다. 물론 수직귀선 동안에도 화면에 검은 부분이 나타나며 이는 텔레비전의 동기가 흐트러졌을 때 화면과 화면 사이에서 나타나는 검은 부분이다. 그리고 그림 (b)에서 복합영상 신호의 최대 진폭을 100%로 할 때 흑백신호는 75%(귀선 레벨) 이상을 넘지 않도록 제한한다. 그 이유는 수상기에서 동기신호만 쉽게 분리할 수 있게 하기 위함이다. 즉 복합영상 신호의 75% 이상 수준만 통과시키면 수평동기 펄스만 남게 된다.

이제부터 여러분들은 '영상'이라 해서 2차원 신호로 생각해서는 안된다. 단지 수평선을 행으로 나열한 1차 전기신호이며 그 사이 사이에 일정한 주기로 동기 신호가 삽입되어 있을 뿐이다. 다만 2차원 신호를 1차원으로 분해하여 전송하기 위해서는 음성신호에 비해 굉장히 빠른 속도로 전송하여야 하므로 전체적으로 대역폭이 넓어진다는 점만 이해하면 된다. 복합영상 신호(1차원 전기신호이다!)의 스펙트럼은 그림 7-28(a)와 같으며 대역폭이 약 4.5MHz에 이른다(음성신호에 비해 비교도 되지 않게 넓다). 그런데 특이한 점은 영상신호의 스펙트럼을 확대해보면 그림 (b)와 같이 다발 형태의 스펙트럼들이 15,750Hz(15.75kHz) 간격으로 흩어져 있다는 것이며(15,750은 1초당의 수평동기 펄스의 개수이다) 머리 빗는 빗살과 같다. 이 이유는 전문적인 지식이 요구되므로 더 이상 언급하지 않겠지만 다만 이 그림을 잘 봐두면 뒤에 설명할 컬러 텔레비전을 쉽게 이해할 수 있다.

텔레비전은 영상신호 외에 음성신호도 전송하여야 하며 영상신호와 스펙트럼이 겹치지 않도록 섞어야 한다. 이를 위해 음성신호는 반송 주파수 4.5MHz로 FM 변조하여 그림 7-29와 같이 영상신호 스펙트럼과 서로 겹치지 않게 합한다. FM의 대역폭은 0.25MHz, 즉250kHz로 한다(상업 FM 방송에서는 200kHz이다). 이상으로 그림 7-29는 복합영상 신호와 음성신호를 모두 포함한 전체 스펙트럼이다.

그림 7-28
복합영상 신호의 스펙트럼(흑백 TV)

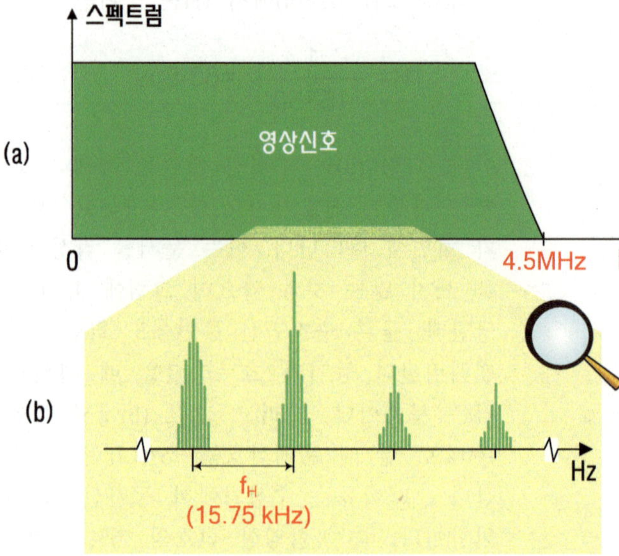

그림 7-29
흑백 TV 신호의 전체 스펙트럼

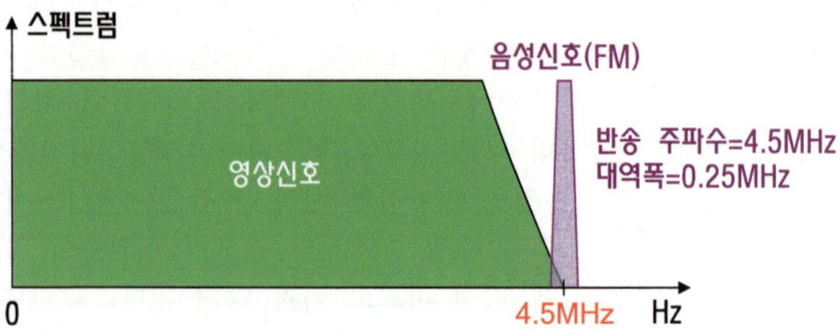

컬러 TV

지금은 흑백 TV가 거의 사라지고 없다. 그러나 1954년 컬러 TV 방송이 시작될 무렵 이미 전세계적으로 수많은 흑백 TV가 보급된 상태였다. 따라서 새로운 컬러 방식이 기존의 흑백 수상기와도 양립될 수 있도록 설계되어야 했다. 즉 컬러 TV는 영상을 나타내는 흑백신호 외에 색상을 나타내는 색신호가 부가되며, 기존의 흑백 TV로 시청할 경우에도 흑백 영상을 볼 수 있도록 하였다. 물체의 색상은 무수히 많지만 모두 빛의 삼원색(그림 7-30(a))의 조합이다. 따라서 광필터를 이용하여 빛의 삼원색으로 분리한 다음 이를 전송하는 것이 컬러 TV의 기본 원리이다. 이때 사용되는 대표적인 광필터가 그림 (b)와 같은

그림 7-30
빛의 삼원색과 빛의 분해

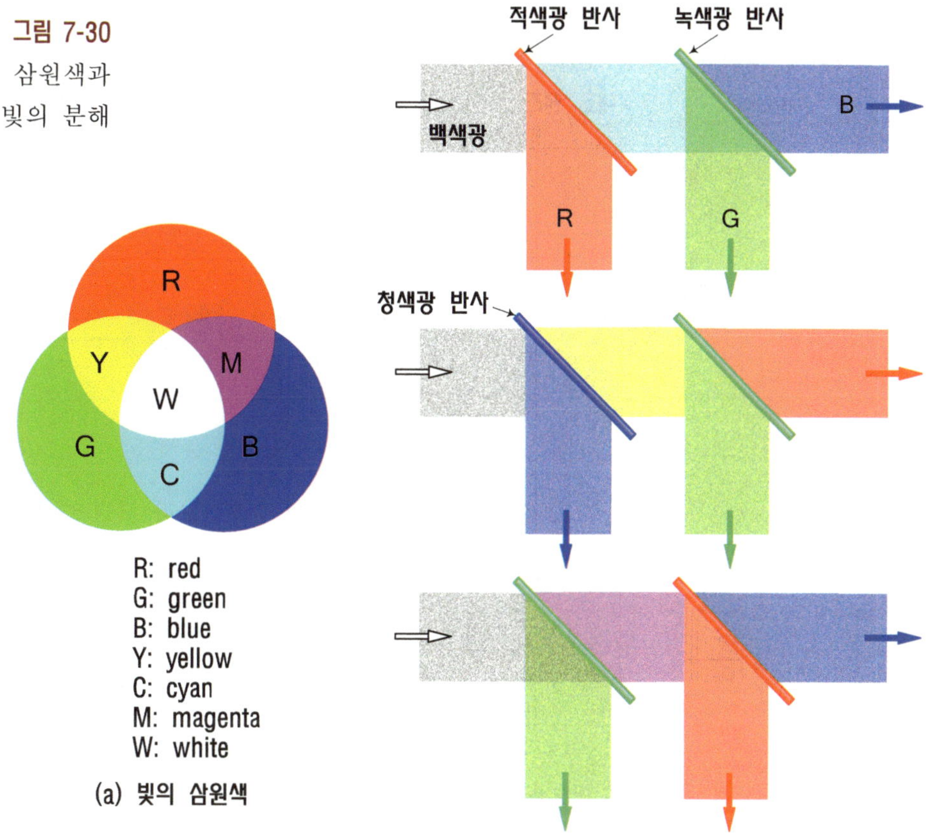

(a) 빛의 삼원색

(b) 다이크로익 미러(dichroic mirror)

다이크로익 미러(dichroic mirror)이다. 다이크로익 미러는 빛의 삼원색 중 한 가지만 반사시키며 나머지 둘은 통과시키는 거울이며 그림 (b)의 빛 분해는 그림 (a)를 참조하면 이해가 될 것이다. 피사체의 색상을 취하는 컬러 촬상기에는 몇 가지 방식이 있지만 현재 사용되고 있는 것이 비디콘(vidicon)이다.

비디콘은 그림 7-31과 같이 다이크로익 미러를 이용하여 피사체의 색상을 적(R), 녹(G), 청(B)의 세 성분으로 분해하며 따로 수집한다. 그리고 R 비디콘, G 비디콘, B 비디콘에 맺혀지는 각 영상을 1차원의 전기적인 신호로 바꿔(이를 R신호, G신호, B신호라 한다) 전파로 전달하는 것이다. 그림 7-31에서 R신호와 G신호 및 B신호를 합하면 바로 흑백신호가 됨을 알 수 있다. 즉 컬러 TV는 결국 흑백 TV 세 개를 합

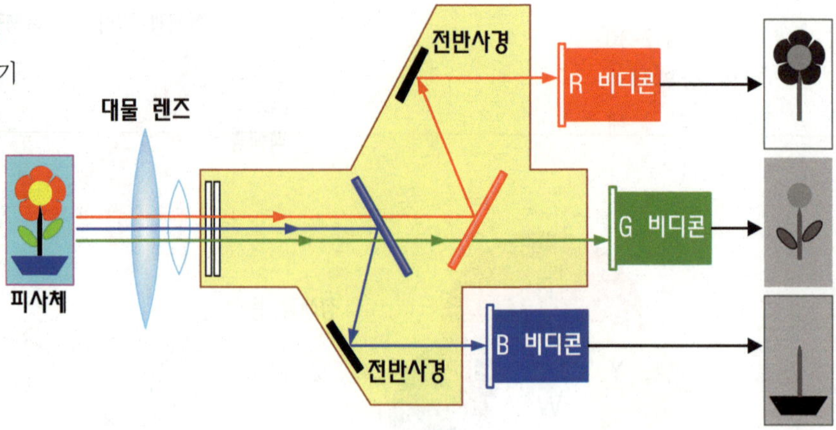

그림 7-31
컬러 촬상기
(비디콘)

한 것과 같다! 흑백신호를 간단히 Y신호라 하면 다음을 만족한다.

$$Y = R + G + B$$

이제 남은 문제는 R, G, B 세 신호를 어떻게 결합하여 전송하는가 하는 것이다. 먼저 고려해야 할 것은 기존의 흑백 TV를 만족시켜야 하므로 흑백신호 Y를 보내야 한다. 그리고 신호 R, G, B는 위의 식을 만족하므로 두 가지만 보내면 된다. 즉 G신호를 빼고 R신호와 B신호만 보내도 수상기에서는 G=Y−(R+B)의 관계에 의해 G신호를 간단히 찾아낼 수 있는 것이다. 다음으로 R신호와 B신호가 스펙트럼상에서 겹치지 않도록 섞어야 하며 이것이 색신호이다(섞는 방법에 대해서는 더 이상 언급하지 않기로 하자). 이제 남은 것은 흑백신호와 색신호를 섞는 것이다(물론 스펙트럼이 겹치지 않도록 한다).

화소의 크기는 영상신호에서 그림 7-32과 같이 주파수 차이로 표현된다. 즉 영상신호의 주파수는 화소가 작을수록 높아지고 화소가 클수록 낮아진다(화소의 크기가 작을수록 해상도가 늘어나므로 선명한 그림이 된다). 사람 눈은 매우 작은 화소의 색상은 구별하지 못한다. 즉 화소가 작아지면 명암보다 색상을 구별하는 능력이 훨씬 떨어진다. 따라서 색상에 있어서는 화소의 크기를 지나치게 작게 분해할 필요가 없으므로 컬러 TV 개발시 이를 이용하였다. 여러 가지 실험 결과를 바탕으로 명암을 표시하는 흑백신호는 대역폭(최대 주파수)를 4.5MHz로 하고 색상을 나타내는 색신호는 대역폭을 약 1MHz로 하기로 하였다(명암의 해상도에 비해 4.5배 이하). 여러분들이 TV를 볼 때

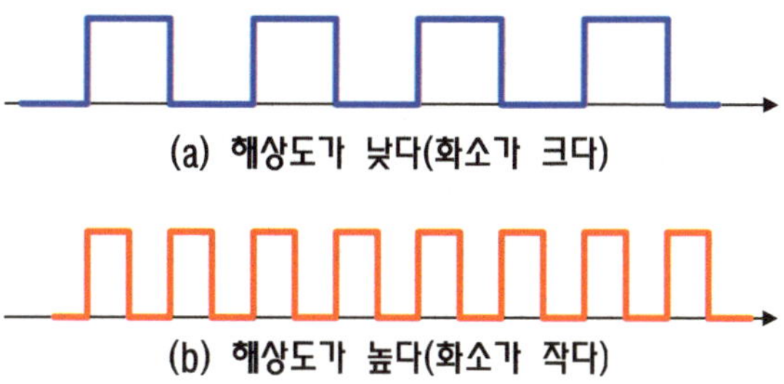

그림 7-32 해상도와 주파수 관계

무늬의 변화가 심한 옷에는 색상이 흐트러지는 것을 보았을 것이며 이것이 색상의 해상도를 줄인 결과이다. 이렇게 색상의 해상도를 줄여야만 했던 이유는 기존의 흑백신호와 양립해야 하는 조건 때문이다. 즉 이미 TV의 대역폭은 전파 법규상 제한된 상태이므로 색신호의 스펙트럼을 위한 더 이상의 공간이 없었던 것이다. 그러나 다행히 흑백신호의 스펙트럼이 빗살 모양이어서(그림 7-28 참조) 그림 7-33과 같이 빗살 사이의 공간에 색신호의 스펙트럼을 배치하기로 한 것이다(색신호의 스펙트럼 역시 빗살 형태이다). 색신호를 3.58MHz로 AM 변조한 다음 흑백신호와 합해지며, 스펙트럼은 그림 (a)와 같이 서로 겹쳐보이지만 실제로는 그림(b)와 같이 겹치지 않게 된다. 이상으로 그림 7-33이 컬러 TV의 전체 스펙트럼이다.

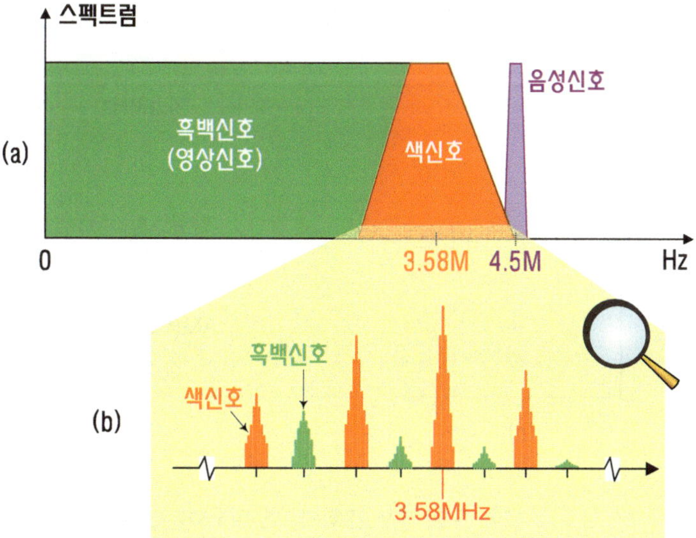

그림 7-33 컬러 TV의 스펙트럼

TV 신호 변조 컬러 TV 신호(동기신호+흑백신호+색신호)를 안테나로 보내 전파로 방사하기 위해 진폭변조를 하며 그림 7-34가 그 과정을 보여준다. TV 신호(그림 (a))를 AM(DSB) 변조하면 그림 (b)와 같이 영상반송 주파수를 중심으로 대칭이 된다. 그 결과 대역폭이 2×4.5=9MHz에 이르며 AM 방송의 10kHz와 FM 방송의 200kHz에 비해 대단히 넓은 폭을 차지한다. 만일 그림 7-20의 SSB 방식을 취할 수 있으면 TV 신호의 전송대역이 절반 수준인 4.5MHz가 될 것이다. 그러나 그림 7-34(b)에서 보는 바와 같이 USB와 LSB가 붙어있으므로 영상반송 주파수를 중심으로 빈 공간이 없다. 따라서 USB와 LSB를 분리하는 필터를 만들기가 실제로 거의 불가능하므로 순수한 SSB 방식을 사용할 수 없다. 대신에 그림 (c)와 같이 LSB를 완전히 제거하지 않고 일부를 남겨두며 이를 잔류측파대(殘留側波帶) 방식이라 하고 VSB(vestigial sideband)로 부른다. VSB 방식을 이용하면 TV 신호의 대역폭은 6MHz가 된다.

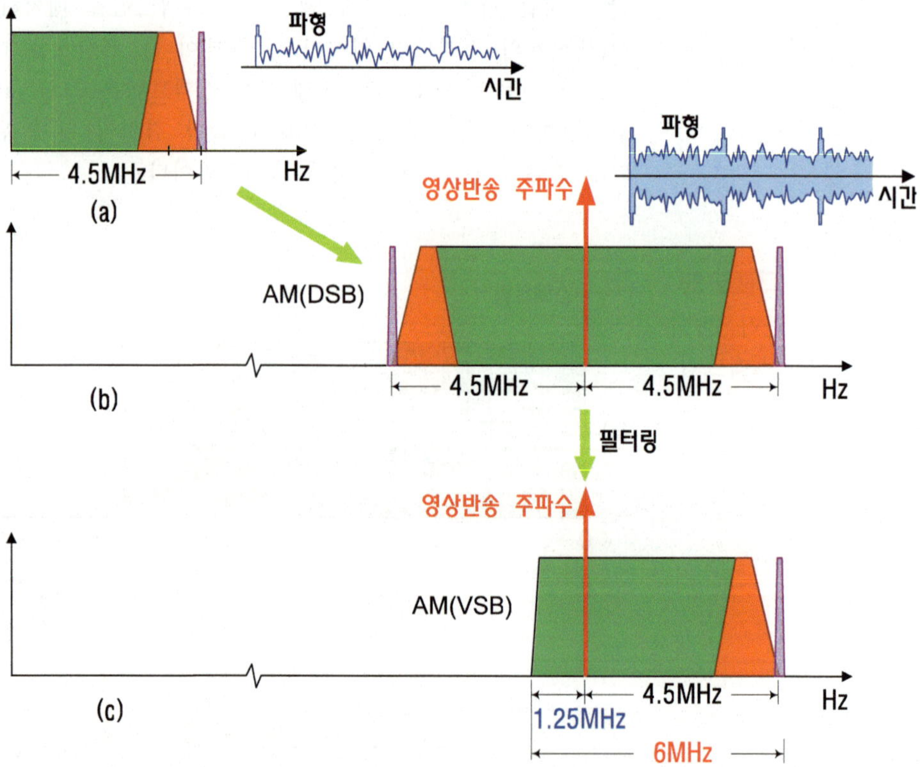

그림 7-34 TV 신호의 변조(VSB 방식)

현행 TV 방송은 한 채널당 6MHz가 할당되며 사용 주파수대는 다음과 같다(그림 2-39 참조):

54~88MHz(VHF 채널 2에서 6)
174~216MHz(VHF 채널 7에서 13)
470~890MHz(UHF 채널 14~83)

TV 수상기

그림 7-35는 컬러 TV 수상기의 간단한 구조이며 컬러 TV에서의 주사 역시 그림 7-26(a)의 글쓰기 과정과 같다. 다만 단순한 연필 한 자루

그림 7-35 컬러 TV 수상기

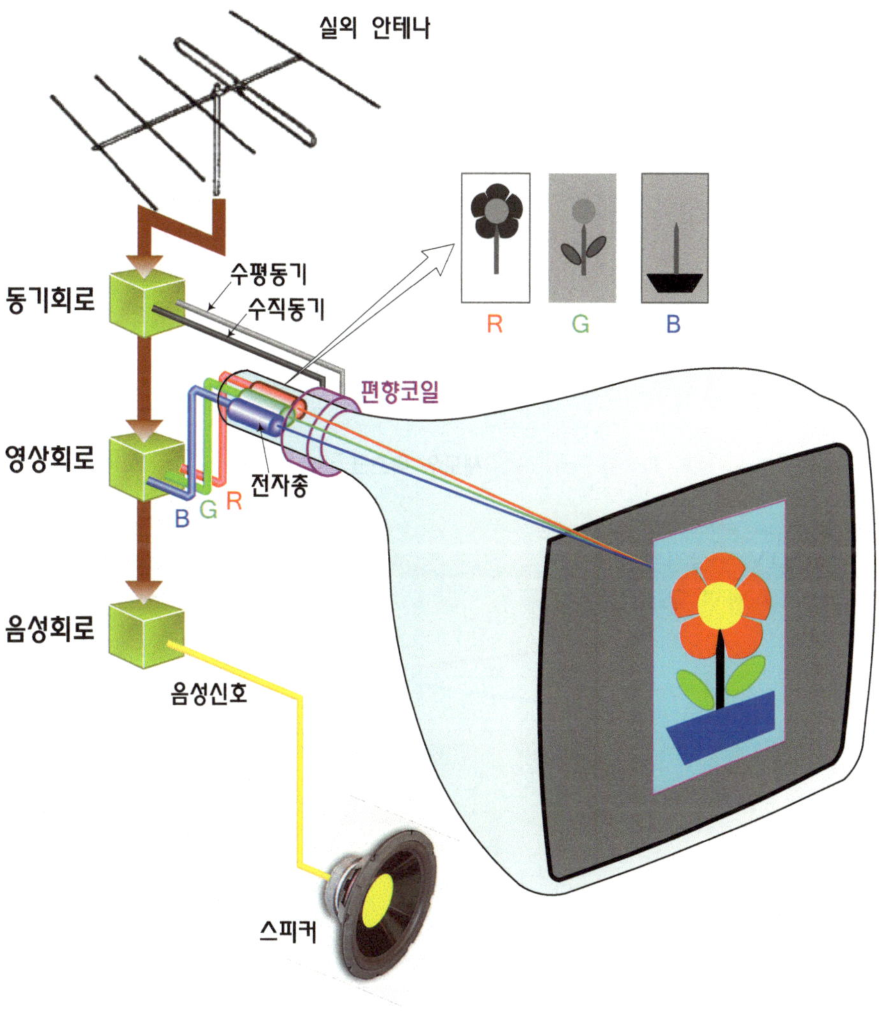

대신에 색연필 세 자루를 이용한다고 생각하면 되며, 세 자루 색연필에 해당되는 것이 그림 7-35의 세 종류 전자총이다. 안테나에 들어온 전파는 복조된 다음 동기신호와 영상신호 및 음성신호 세 종류로 분리된다. 동기신호는 그림 7-27(b)와 같은 방법으로 영상신호로부터 간단히 분리되며 이들은 수평 및 수직편향 코일에 전달되어 주사를 제어한다. 그리고 영상신호는 Y신호와 색신호(R신호, B신호)로 되어 있으며 G=Y–(R+B)의 관계로부터 G신호를 찾는다. 이제 완전한 색신호 R신호, G신호, B신호를 각각의 전자총에 전달하면 각 신호의 세기에 비례하여 각각의 전자빔이 방출된다. 그림 7-35에서 전자빔을 색으로 표현한 것은 시각효과를 위한 것뿐이지 실제로 색깔이 있는 것이 아니다. 각 전자총에서 나온 세 가지 전자빔은 그림 7-36과 같이 화면 안쪽에 발라진 형광 도트(dot)에서 만난다. 형광 도트는 전자빔이 부딪치면 각각 R, G, B의 빛을 발하면서 한 화소의 명암과 색상을 그려주는 것이다. 전자빔은 형광 도트에 닿기전에 매우 작은 구멍이 배열되어 있는 얇은 금속판을 통과하며 이를 섀도우 마스크(shadow mask)라 한다. 섀도우 마스크의 구멍이 있는 위치에만 형광 도트가 칠해져 있으므로 구멍을 통과한 전자빔만 형광 도트에 도달한다. 컬러 TV의 수평줄은 525개이지만 실제 화면에 표시되는 것은 512개이다. 그리고 한 화면당 화소수, 즉 해상도는 512×400 화소이다.

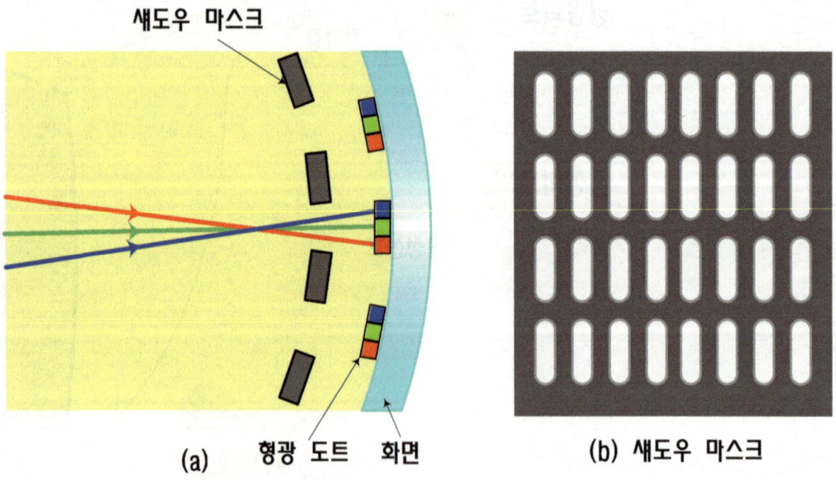

그림 7-36 컬러 TV 수상기의 화면 구조

7-7 VCR과 캠코더(camcorder)

우리는 여러 종류의 영상 매체를 통해 정보를 입수하고 있다. 공중파 방송, VCR(video cassette recorder), 케이블 TV 등이 대표적인 경우이며 그림 7-37이 이들의 영상 전달 과정을 보여준다. 그림 (a)의 공영 TV 방송에서는 앞서 설명한 것처럼 채널 2~83을 통해 무선으로 전달한다. 다음으로 그림 (b)는 가정용 녹화 장치인 VCR이며 비디오 테이프에서 헤드(head)로 검출된 영상신호는 방송국에서 변조하기 전의 영

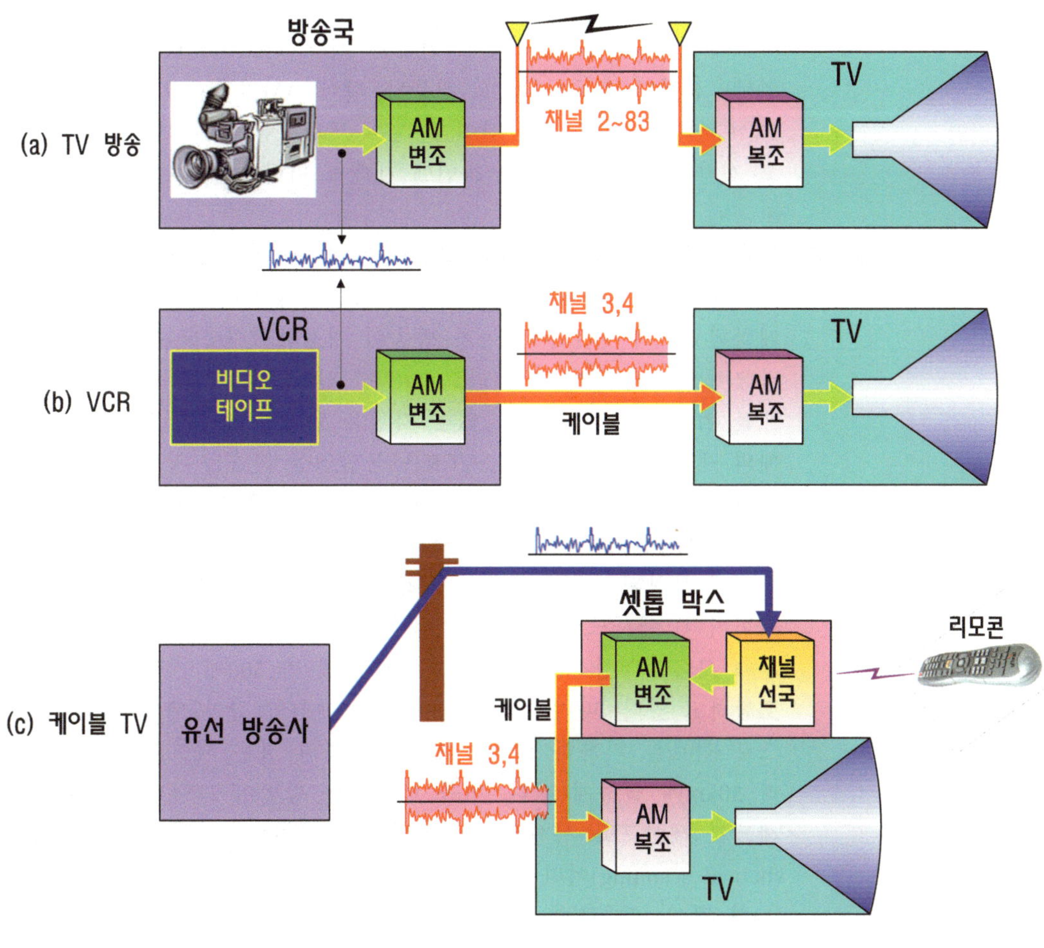

그림 7-37 여러 가지 영상 매체

상신호와 같다. 그러나 이 신호는 바로 TV로 전달되지 않고 방송국에서 하는 것과 같이 AM 변조(VSB)를 거친 다음 전달되며, 이는 TV가 변조된 신호를 받도록 되어 있기 때문이다(변조되지 않은 신호는 TV가 이해하지 못한다). VCR의 영상신호는 채널 3(60MHz)이나 채널 4(66MHz)의 영상반송 주파수로 변조되어 케이블을 통해 TV에 연결되며 TV는 VCR의 출력을 마치 방송국으로부터 전달된 것과 같이 생각하고 처리한다(VCR은 조금 뒤에 자세히 알아보도록 한다).

그림 (c)는 많은 사람들이 즐기는 케이블 TV이다. 유선 방송 회사에서는 동축선이나 광케이블을 통해 수십 가지 내지는 수백 가지의 영상을 전달하며 가입자는 셋톱 박스(set-top box)를 설치하게 된다(셋톱 박스란 'TV 세트 위에 놓인 상자'란 뜻이다). 케이블을 통해 셋톱 박스에 전달된 신호들 중에 원하는 것을 리모콘으로 선택하며(채널 선국) 선택된 신호는 VCR 경우와 같이 AM변조된 다음 선을 통해 TV에 연결된다. 케이블 상에는 많은 프로그램이 있지만 사용료를 내고 계약하지 않은 프로는 화면에 제대로 나타나지 않는다.

VCR

현재 유통되고 있는 VCR은 VHS(video home system) 방식이며 흔히들 VTR(video tape recorder)이라고 부르기도 한다. VTR은 1956년 처음으로 개발되었으며 이로부터 녹화 방송이 가능해졌다(그 전에는 모든 TV 방송이 생방송이었다). 그리고 1969년 일본 소니에서 부피가 큰 테이프를 카세트로 대신할 수 있는 가정용 VCR을 개발함으로써 영상 매체의 새로운 장을 열었다. VCR은 복합영상 신호를 자기 테이프에 기록하고 재생하는 방식이며 그 구조는 그림 7-38과 같다. 복합영상 신호 중 음성신호는 음성 헤드에 의해 녹음(재생)되며 영상신호는 헤드드럼에 부착된 2개의 헤드에 의해 녹화(재생)되며 헤드드럼은 VCR의 핵심이다. 헤드드럼은 약간 기울어져 있는 것이 특징이다(그림 (b)는 실제 모습). 영상신호는 음성신호에 비해 약 500배 정도 많은 정보를 포함하고 있다. 따라서 만일 음성 녹음에서와 같이 테이프 주행 방향으로 정보를 기록하게 되면 2시간 녹화의 경우 테이프의 길이가 무려 50km에 달하게 된다. 이를 해결하는 방법이 그림 7-39(a)와 같이 헤드가 테이프를 사선으로 주행하도록 하며 이 방식을 나선형 주사(helical scanning)이라 부른다. 헤드드럼은 헤드를 두 개로 하여 그림 (b)와 같이 교대로 동작하게 하여 효율을 높인다. 두 개의 헤드가 테이프를 사선으로 주사하면 테이프에 기록되는 영상신호 트랙은 그림

그림 7-38
VCR의 구조

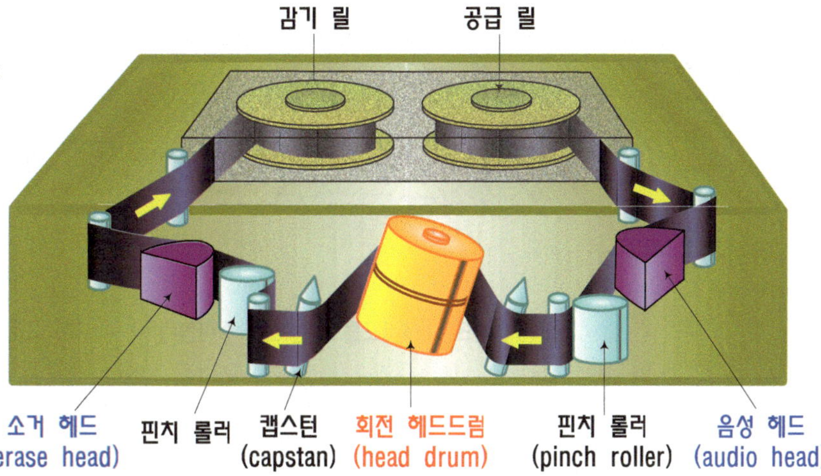

(a) VCR의 구조

(b) VCR의 일부

(c)와 같은 사선 패턴이 된다. 정보량이 적은 음성신호와 제어신호의 경우는 테이프 위쪽에 테이프가 주행하는 방향으로 기록한다. 헤드드럼은 1초에 30번 회전하며 이는 초당 30장 전송되는 TV 영상(프레임)의 전송률과 맞추기 위한 것이다. 그 결과 그림 7-39의 (c)와 같이 헤드A의 트랙과 헤드B의 트랙이 교대로 자리잡으며 두 트랙을 합한 것이 한 프레임 분의 영상이다. 즉 한 프레임이 525개의 수평선 주사선으로 구성되어 있으므로 테이프의 한 트랙에는 한 프레임의 절반인 262.5개의 주사선이 들어있는 것이다. 그림 (c)를 자세히 보면 헤드의 회전방향은 트랙의 방향과 약간 다르다. 그러나 테이프의 주행 방향

그림 7-39
VCR의 헤드와 테이프상의 트랙

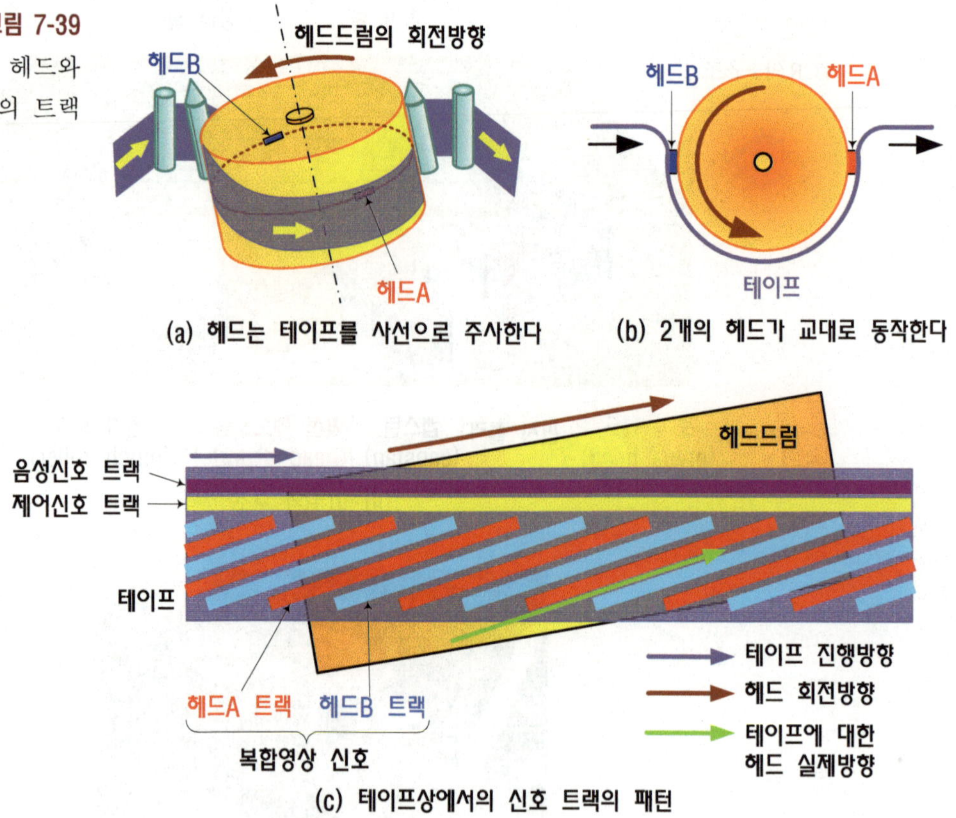

을 고려하면 테이프에 대한 헤드의 실제 진행방향은 트랙의 방향과 일치하게 된다. 테이프에 기록된 복합영상 신호와 음성신호는 TV 신호의 경우와 동일하다. 그리고 제어신호는 테이프의 주행속도와 헤드드럼의 회전속도를 제어하여 정확한 영상이 녹화 및 재생되도록 도와준다.

캠코더

녹화 장치인 VCR에 촬영 장치인 카메라를 일체화한 것이 캠코드(camcorder; camera+video recorder의 합성)이다. 즉 캠코더의 덮개를 벗긴 그림 7-40(a)에서 VCR 장치가 들어 있음을 확인할 수 있다. 그리고 카메라는 그림 (b)와 같이 CCD를 이용하여 촬상하며 렌즈와 결합된다(CCD는 4-4절 참조). 캠코드에도 여러 가지 방식이 있다. 가장 보편적인 것이 VHS 방식이며 녹화 테이프를 일반 VHS 방식의 VCR에 바로 접속하여 볼 수 있으므로 편리하다.

그림 7-40
캠코더

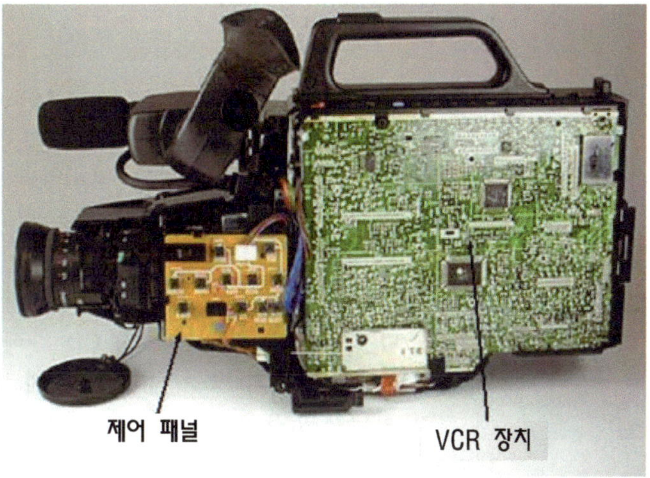

(a) 덮개를 벗긴 캠코더

(b) 캠코더의 CCD

7-8 평면 디스플레이 장치(LCD와 PDP)

디스플레이 장치 CRT는 고전압에서 동작하고 부피가 크며 평면으로 하기 어렵지만 액정(液晶, liquid crystal)이나 플라즈마(plasma)를 이용하면 저전압으로 동작하면서 부피가 작은 평면 디스플레이가 가능하다.

LCD

그림 7-41
액정분자

생활 주변에서 접하는 LCD(liquid crystal display)의 예는 랩톱(lap-top) 컴퓨터, 디지털 시계, 전자레인지, CD 플레이어 등등이 대단히 많다. 액정은 액체와 고체의 중간 성질의 소재로서 1922년 프리델이 다음 세 가지 형태가 있음을 발견하였다: 스멕틱상(Smectic mesophase; Sm), 네마틱상(Nematic mesophase; Nm), 콜레스테릭상(Cholesteric mesophase; Ch). 대부분의 액정은 분자가 그림 7-41과 같이 막대 모양을 하고 있다. Sm은 탁하면서 점성을 가지며 비누와 비슷한 성질이 있으므로 그리스어 '스멕터스(비누와 같은)'에서 이름이 붙혀졌다. 이것은 가늘고 긴 분자가 층상으로 배열하고 각 층에서 분자의 장축이 층의 면에 직각이 되도록 정렬되어 있다. Nm은 탁하지만 유동성이 있고 분자의 장축이 한 방향으로 정렬되어 있지만(고체 성질) 그 외에는 전혀 무질서한 구조이다(액체 성질). 조직 모양이 실과 같으므로 그리스어 '네마토스(실모양의)'에서 이름이 붙혀졌다.

LCD의 주류를 차지하고 있는 것은 TN(Twisted Nematic)형으로 그림 7-42의 (a)와 같이 편광판을 부착한 두 장의 도전성 유리기판(전극) 사이에 Nm을 봉입한 것이다. 제조 방법은 다음과 같다: 먼저 두 유리판에 같은 방향의 편광판을 부착한 다음, 두 장의 유리 표면에 대해 Nm 분자 배열이 평행이 되도록 표면 처리한다. 그런 다음 두 유리판이 서로 90°가 되도록 틀어버린다. 그러면 층별 분자배열의 방향이 조금씩 틀어지면서 마지막 층에서는 처음과 90°가 되며 아울러 두 편광판의 방향도 서로 90°가 된다. 그림 (a)는 두 유리판(전극) 사이에 전압을 가하지 않은 상태이다. 이 상태에서 전면 편광판에 빛을 입사시키면, 빛은 액정을 통과하면서 분자의 배열방향에 맞추어 편광방향을 틀면서 진행한다. 따라서 후면 편광판에 이르면 빛의 편광방향이 편광판과 일치하므로 빛은 통과할 수 있다. 그러나 그림 (b)와 같이 유리 전극 사이에 충분한 전압을 걸어주면 액정 분자들이 모두 그림과 같이 두 유리판에 대해 직각 방향으로 정렬되므로 액정을 통

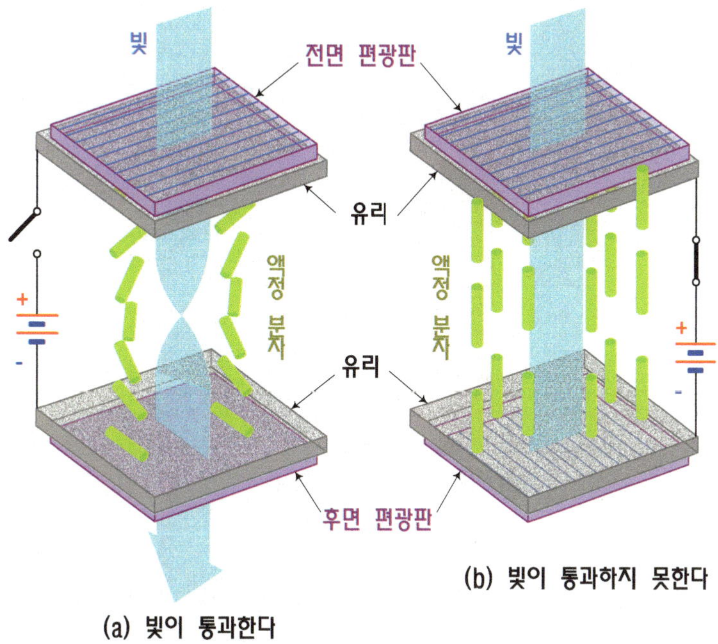

그림 7-42
TN형 LCD

과하는 빛은 편광 방향을 틀지 않는다. 따라서 후면 편광판에 도달한 빛은 편광판과 편광 방향이 90°가 되어 통과할 수 없게 되는 것이다. 전압을 좀 더 약하게 하면 액정 분자 배열이 완전히 일직선이 되지 않으므로 약간의 성분은 후면 편광판을 통과할 수 있다. 즉 후면 편광판을 통과하는 빛의 세기는 유리 전극 사이의 인가 전압에 따라 다음과 같이 조절된다: 충분한 전압에서는 빛이 통과하지 않으므로 검게 보이고, 전압이 0일 때는 빛이 완전히 통과하여 희게 보일 것이며, 중간 수준의 약한 전압에서는 회색으로 보일 것이다. 따라서 그림 7-42는 하나의 흑백 화소와 같다.

이상의 원리를 이용하면 컬러 화소는 그림 7-43과 같이 만들 수 있으며 하나의 화소는 R형광체, G형광체, B형광체로 된 세 개의 컬러 화소로 구성된다(전극은 투명한 유리판). 단 각 컬러 화소에 대해 세 가지 전극(R전극, G전극, B전극)을 따로 설치한다. 후면 편광판에 부착될 공통 전극은 세 컬러 화소뿐 아니라 전체 LCD 화소에 걸쳐 공통으로 사용되므로 한 장만 있으면 된다. 공통 전극과 R전극, G전극, B전극 사이의 각 전압에 의해 R형광체, G형광체, B형광체에 대한 빛의 세기가 달라져 한 화소에 대한 색상 배합이 이루어지는 것이다.

그림 7-43
LCD의 컬러 화소

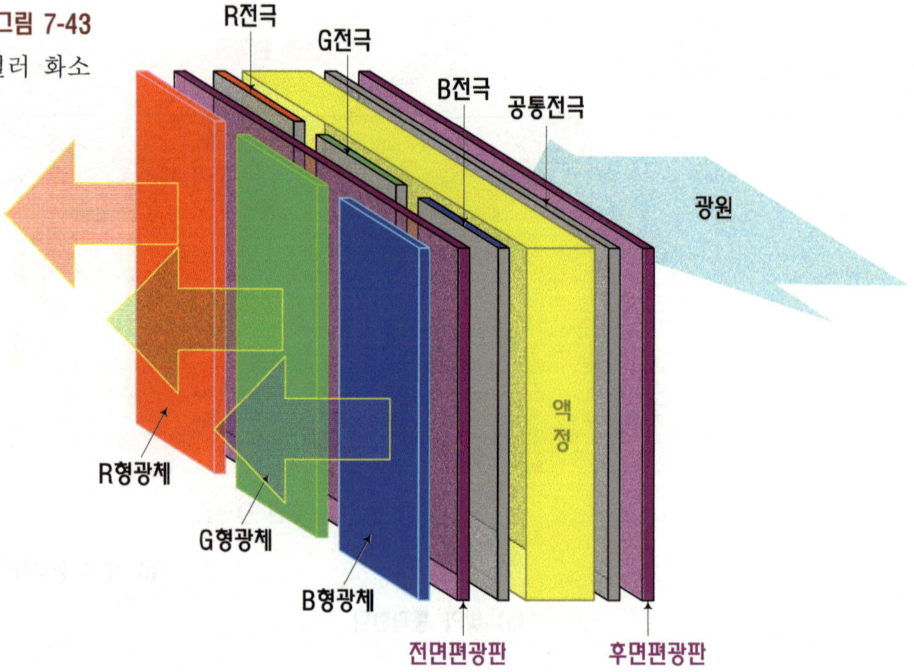

PDP LCD 외에 또 하나의 평면 디스플레이가 PDP(Plasma Display pannel)이며 그 원리는 바로 우리가 늘 사용하는 형광등에 있다(네온사인도 같다). 그림 7-44(a)는 형광등의 한쪽 전극 부분만 보인 것이며 내부는 불활성 기체(아르곤)로 채워져 있다. 그리고 유리관 내부에 묻어 있는 약간의 수은이 증발한 수은 가스도 들어있다. 양쪽 전극에 전압을 가하면 내부에 방전이 일어나 플라즈마 상태가 된다(6-8절 참조). 그림 (b)와 같이 양쪽 전극의 전압으로 가속된 전자들이 수은 가스 원자와 격렬하게 충돌하며, 흥분한 수은 원자의 전자들이 높은 에너지 궤도에 올라가게 된다. 흥분한 원자들이 다시 제 궤도로 내려오면서 에너지를 빛으로 방출하며 대부분 자외선이다. 자외선은 가시광선 밖이므로 눈에 보이지 않지만 형광등 내부의 형광 코팅에 충돌하여 가시광선을 방출하게 한다. 가시 광선의 종류는 형광 코팅 물질에 따라 다르다. 적색, 녹색 및 청색을 내는 매우 작은 형광등 세 개를 한 조로 만든 것이 바로 그림 7-45의 PDP 화소이다. 단 수은은 사용하지 않는다.

그림 7-44
형광등 원리

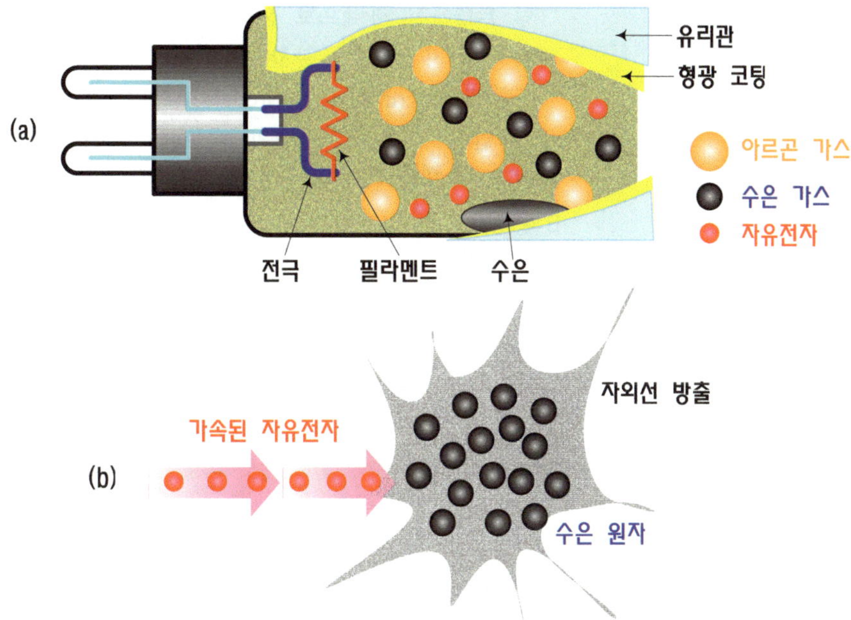

그림 7-45
컬러 플라즈마 화소

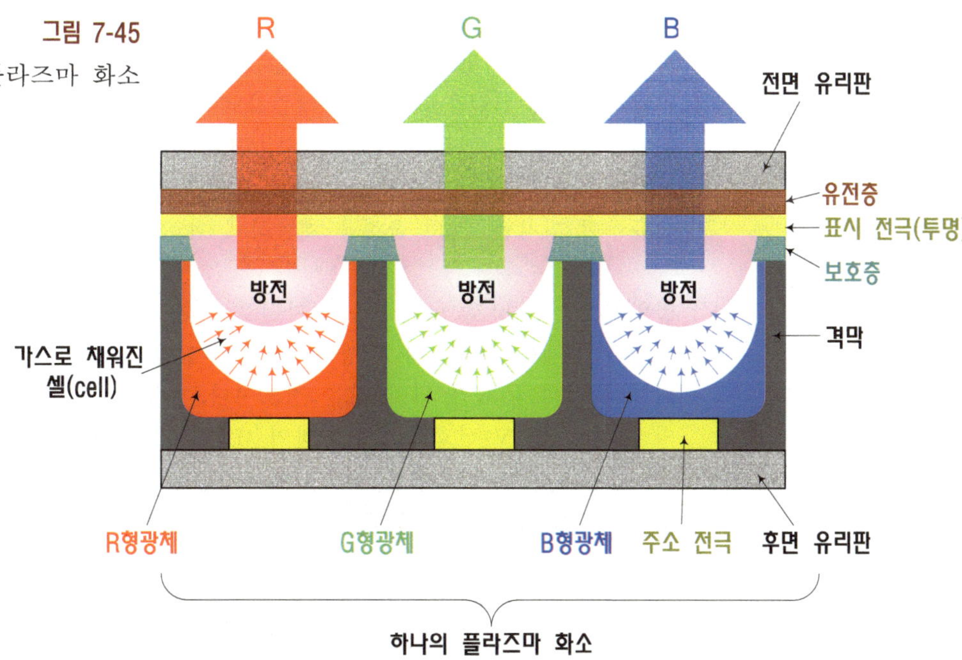

그림 7-45에서 격막으로 분리된 세 가지 셀(cell)은 내부에 R, G, B형광체가 발라져 있으며 불활성 가스로 채워진 다음 보호층으로 밀봉된다. 표시 전극(display electrode)와 각 주소 전극(address electrode) 사이에 전압을 가하면 각 셀의 내부에 방전이 일어나며 형광등과 같은 원리로 자외선이 방출된다. 이 자외선이 각 형광체에 충돌하여 R, G, B의 세 빛을 내게한다. 그림 7-45가 바로 PDP에서 하나의 컬러 화소가 되는 것이다.

7-9 디지털 TV(DTV)

앞서 배운 TV는 아날로그 방식이다. 여러분들은 근자에 DTV(디지털 TV), HDTV(고해상도 TV), 디지털 위성 TV, 디지털 케이블 TV, DVD, DVD 플레이어 등등 혼란스러울 정도로 디지털에 관한 용어를 많이 접하고 있을 것이다. 사실 HDTV는 디지털 TV의 한 방식이며 디지털 케이블 TV와 디지털 위성 TV는 완전한 디지털 TV가 아니다(조금 뒤에 설명한다). 디지털 시스템은 다양한 하드웨어와 소프트웨어를 동시에 이용할 수 있으므로 사람들은 본능적으로 아날로그 신호를 디지털화하고자 한다. 실제 지금 대중화되어 있는 아날로그 TV는 해상도가 가장 낮은 컴퓨터 모니터 수준에도 미치지 못하며, 가장 좋은 컴퓨터 모니터의 경우 아날로그 TV 해상도의 10배에 달한다. 이러한 이유들이 디지털 TV의 출현을 재촉하게 된 것이다.

영상 압축 일반적으로 아날로그 신호를 디지털로 변환하면 대역폭이 넓어진다. 그러나 현재는 광섬유나 위성 등 훌륭한 전송 수단이 제공되므로 대역폭이 거의 문제가 되지 않을 정도이다. 디지털 TV는 그림 7-46(a)의 아날로그 TV 신호를 표본화하여 '1'과 '0'의 펄스로 부호화(PCM)하여 유선 또는 무선으로 전송하는 것이다. 앞서 7-2절에서 디지털 신호의 대역폭에 대해 설명했으며 이를 아날로그 TV 신호에 적용해 보자. 그림 (b)와 같이 영상신호의 최대 주파수(f_{max})가 4.5MHz이며 이를 8비트의 PCM으로 변환한다면 디지털 신호의 대역폭(B)은 B=2×8×4.5MHz=72MHz가 된다. 대역폭은 초당 비트수(bps)와 같으므

그림 7-46
아날로그 TV
신호와 스펙트럼

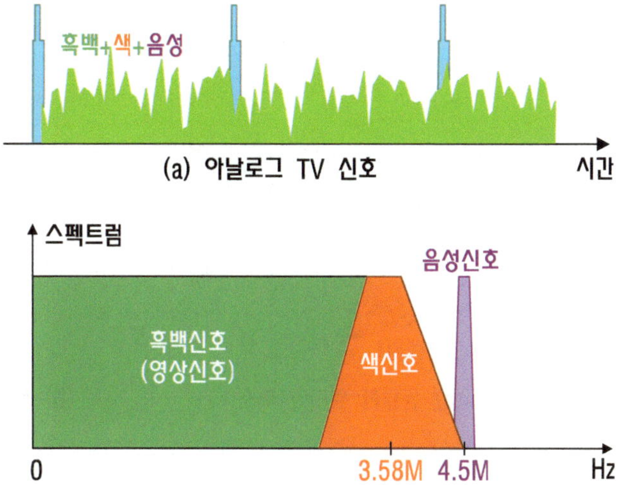

(a) 아날로그 TV 신호

(b) 아날로그 TV 신호의 스펙트럼

로 디지털 TV는 초당 무려 7,200만 개의 펄스를 전송하여야 한다. 그런데 실제 DTV에서는 비트율을 19.39Mbps(1Mbps=10^6bps), 즉 초당 1,923만 개만 허락하고 있다. 어떻게 이것이 가능할까? 이것이 바로 디지털의 현란한 기술들 중 하나인 데이터 압축(data compression)이다. 표준 압축 기술을 MPEG(Moving Pictures Experts Group)이라 하며 특히 그 중에서 MPEG-2가 영상신호 압축에 사용된다. 여러분들이 사용하는 MP3 플레이어는 오디오 압축 기술인 MPEC-3를 이용한 것이므로 이름을 MP3라 한 것이다. 데이터 압축은 아날로그 형태에서는 거의 불가능하며 디지털 형태에서만 가능하다.

영상 데이터 압축의 원리는 중복되는 정보를 줄이는 것이다. 즉 TV는 1초에 30장의 화면을 보내므로 연이은 두 화면의 시간 차는 불과 1/30초이다. 따라서 아주 활발하게 움직이는 영상을 제외하고 보통의 동영상을 느린 동작으로 보면 1/30초 사이의 영상은 거의 동일할 것이다. 다시 말해 연이은 화면 사이는 정보가 거의 대동소이하며 이는 음성의 경우 같은 말을 여러 번 반복하는 것과 같다. 따라서 중복되는 정보를 줄임으로써 데이터를 압축시킬 수 있는 것이다. 그림 7-47을 보자. 그림 (a)와 같이 연이은 두 프레임(화면)의 같은 위치에 있는 두 화소는 서로 거의 유사하다. 그리고 그림 (b)와 같이 한 프레임상에서 인접한 두 화소도 거의 유사할 것이다. 먼저 그림 (a)의 원리를 이용하여 인접한 두 프레임간의 차이(이를 차신호라 한다)만 전

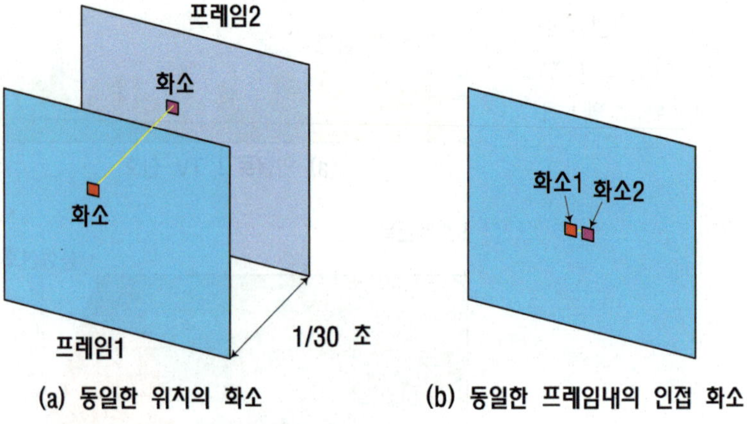

그림 7-47
프레임간, 화소간의 상관도

송하는 방식이 그림 7-48이다. 프레임 n의 영상을 F_n이라 하고 프레임 차신호를 f_n이라 하면 그림에 표시된 바와 같이 $f_n = F_{n+1} - F_n$이다. 그림 7-49는 프레임 차신호를 만들어 전송한 다음 수신기에서 원화를 재생하는 방법을 보여준다. 물론 수신기에서는 한 프레임 이상의 영상 정보를 디지털로 저장할 수 있는 메모리와 더하기 등의 연산을 수행할 수 있는 CPU(중앙처리장치)가 필요하다.

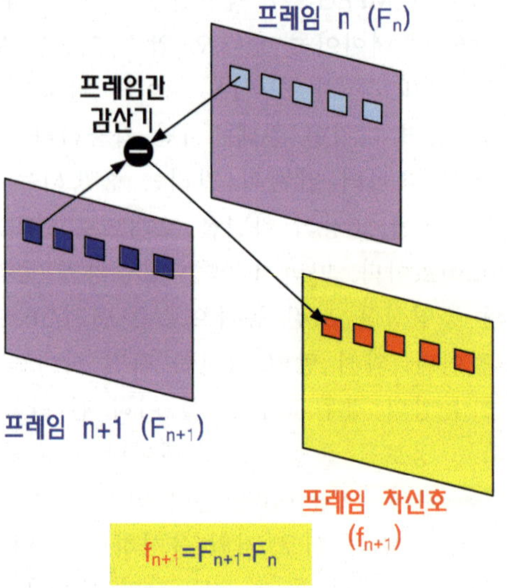

그림 7-48
프레임 차신호

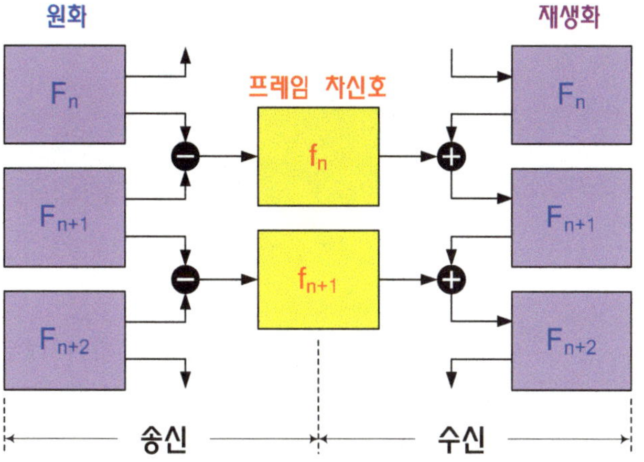

그림 7-49
프레임 차신호와 원화 재생

그림 7-47에서 (a)와 (b) 두 성질을 모두 이용하여 영상을 압축하는 방법이 그림 7-50이며 이를 복합 차부호화 방식이라 한다. 즉 먼저 프레임 차신호를 만들고 다시 프레임 차신호상에서 인접한 화소간의 차를 만들어 전송하며 이를 복합 차신호라 한다. 이와 같은 과정은 고도의 하드웨어와 소프트웨어의 결합이 요구되며 MPEG-2 모듈은 그림 7-51과 같은 형태의 하드웨어로 제공되고 있다.

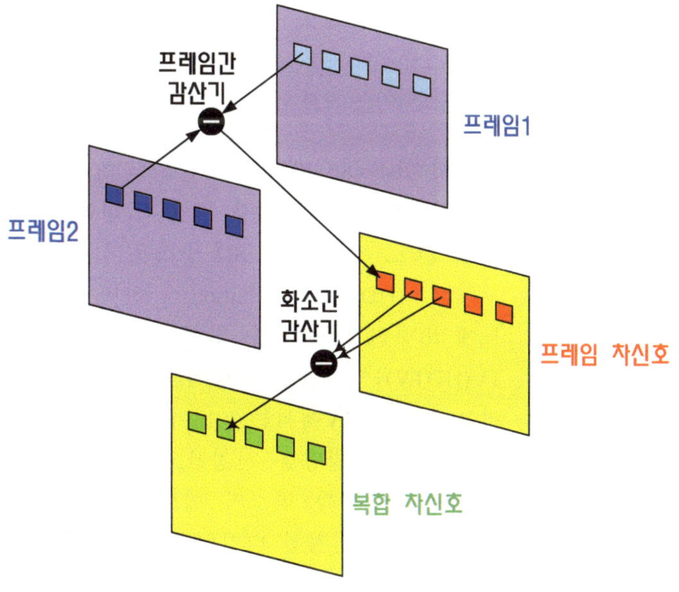

그림 7-50
복합 차부호화

그림 7-51
MPEG-2 모듈의 예

영상신호를 디지털화하면 잡음 특성이 매우 우수해지지만 비트 전송률이 높아 대역폭이 넓어진다. 그러나 위와 같은 압축 기술을 이용하여 대역폭(또는 비트율)을 수십배 정도로 줄일 수 있을뿐 아니라 기타 우수한 디지털 기술(소프트웨어 및 하드웨어)들을 적용할 수 있다.

디지털 TV

진정한 디지털 TV는 다음과 같이 모든 것이 디지털 차원이다:

- 아날로그 카메라보다 해상도가 훨씬 높은 디지털 카메라 사용
- 디지털 방식의 전송
- 디지털 방식의 디스플레이

디지털 TV의 해상도(화면당 화소수)는 다음 세 가지 방식이 있다:

- 704×480 화소
- 1280×720 화소
- 1920×1080 화소

HDTV

위에서 704×480 방식을 표준해상도(SD; standard definition)라 하며 일반 아날로그 TV와 가장 가깝다. 따라서 아날로그 TV 프로그램을 디지털 TV로 방송할 때 SD 방식을 사용한다. 그리고 1920×1080 방식을 고해상도(HD; high definition)라 하며 아날로그 방식의 512×400의 해상도에 비하면 탁월할 수 밖에 없다(화소수가 10배). HD 방식의 디지털 TV(HDTV)는 아날로그 방식과 화면 종횡비가 다르며 아날로그 TV에서는 3:4, HDTV에서는 9:16이다. 아날로그 TV로 디지털 케이블 TV나 디지털 위성 방송을 시청하고자 하면 디지털 신호를 아날로그로 변환시켜주는 셋톱 박스가 별도록 필요하며, 결국은 아날로그 영상을 보게 되므로 진정한 디지털 TV가 아니다.

DVD 여러분들은 CD, DAD, DVD, DVR 등 분간하기 어려운 비슷한 이름의 디지털 기록 장치들을 듣고 있다. 그러나 DVD(digital video disk)는 원리 및 구조가 DAD(digital audio disk) 및 CD(compact disk) 등과 거의 같으며 메모리 용량만 CD 등에 비해 월등히 크다. DVD는 원래 'digital versatile disk'의 약자이지만 영화를 보는 것이 목적이므로 'digital video disk'로 보는 것이 더 적합하다. DVD는 1997년에 출현하면서 VHS가 장악하고 있는 홈비디오 시장을 휩쓸어 버릴 정도로 장점이 많다. 즉 MPEG-2를 이용하여 데이터를 1/40로 압축할 수 있으며(133분 녹화 분량 수록), 수평선이 720개의 점으로 돼 해상도가 높으며, 되감기 등이 필요없이 원하는 부분으로 바로 접근할 수 있다. 음질의 경우는 돌비 디지털 서라운드(Dolby digital surround) 방식으로 아주 탁월하며 32개의 언어로 다중화할 수 있다.

사실 DVD의 동작은 그림 7-52의 LP 레코드판(그림 (a))과 재생을 위한 자기 헤드(그림 (b))의 원리와 같다. 레코드 표면에는 홈이 나선형으로 패여 있으며 그 홈에 따라 아날로그 신호에 의해 트랙이 만들어진다. 레코드가 회전하면 트랙상의 헤드 바늘은 트랙의 굴곡에 따라 압력을 받게 된다. 이 압력에 따라 자석이 움직이고 이는 코일 내에 자속을 변화시켜 유도 전압이 발생하는 것이다.

그림 7-53은 DVD 디스크와 DVD 플레이어를 보여준다. DVD 디스크의 나선형 트랙상에는 그림 (b)와 같이 데이터층에 디지털 신호 '1'과 '0'에 해당하는 두 가지 형태만의 요철(凹凸)이 형성되어 있으며

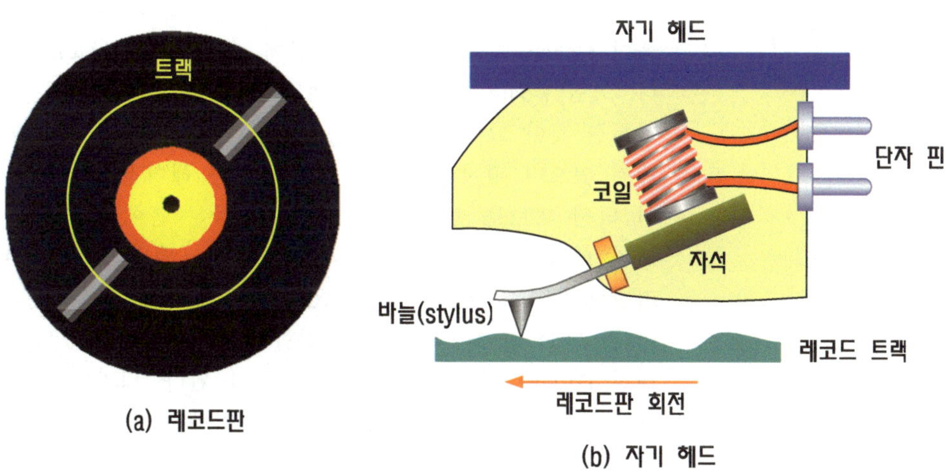

(a) 레코드판

(b) 자기 헤드

그림 7-52 LP 레코드와 재생헤드

그림 7-53
DVD 플레이어

(a) DVD

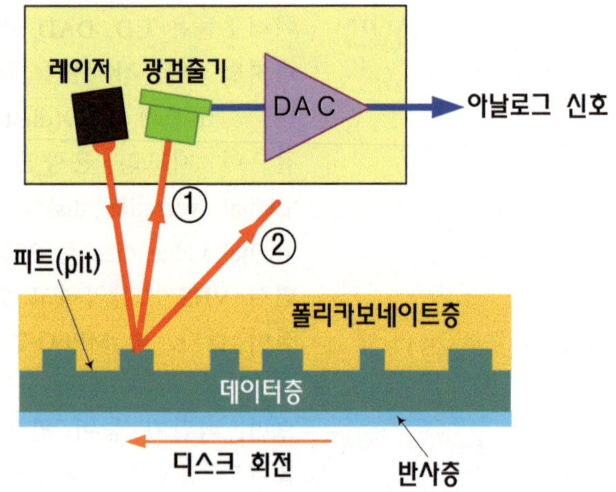

(b) DVD 플레이어

레이저광이 데이터층에서 반사되면 광다이오드 등으로 된 광검출기에 의해 수집된다. 이때 피트(pit; 파인 부분)가 있는 부분과 없는 부분에서는 빛의 반사 각도가 다르며 광검출기에 빛이 닿으면(①) **'1'**이고 그렇지 않으면(②) **'0'**이다. 즉 피트의 패턴(디지털 신호)가 광검출기에 의해 전기신호로 변환된 후 디지털-아날로그 변환기(DAC)에 의해 아날로그 신호로 변환된다. LP 레코드에서는 판과 바늘이 직접 접촉하므로 마모가 심하여 수명이 짧지만 DVD에서는 빛을 이용하므로 디스크와 기계적인 접촉이 없어 수명이 매우 오래 간다. 뿐만 아니라 정보를 기록하는 단위인 피트는 겨우 깊이가 120nm(1nm=10^{-9}m)이고 폭이 600nm에 불과하므로 한 장에 수 GB(giga byte)을 저장할 수 있다. 그림 7-54(a)는 맨 디스크의 보다 자세한 구조이며 여기에 피트를 기록한 것이 그림 (b)이다. 평지와 홈의 표면에는 유기 색소층이 덧칠해져 있으며 평지에 데이터를 기록하는 레이저 빛이 닿으면 그 부분이 타서 피트를 만들게 되는 것이다(물론 홈에도 피트를 새길 수 있으며 데이터 저장 능력은 두 배가 된다). 일반적으로 CD에 데이터를 저장하는 것을 "CD를 굽는다(CD burner)"라고 표현하는 것은 이 이유이다. CCD 카메라와 VCR을 결합한 것이 아날로그 캠코더이며 VCR 대신 DVD를 결합하면 디지털 캠코가 된다. 디지털 캠코더는 화질이 매우 우수하고 디지털 TV와 바로 결합해서 볼 수 있지만 DVD 한장에 한 번 밖에 녹화할 수 없는 단점이 있다.

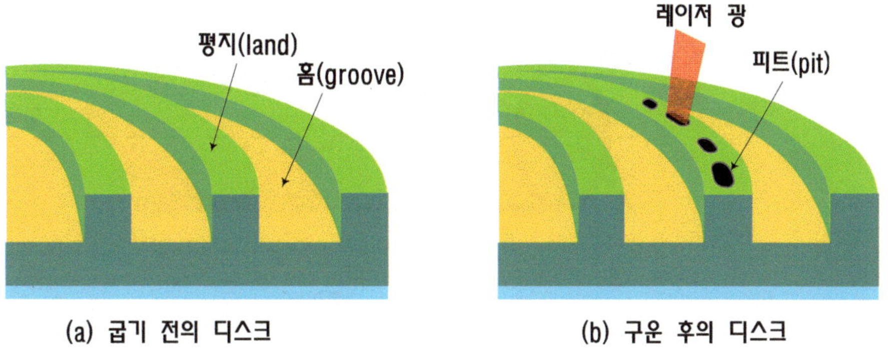

그림 7-55
DVD 굽기

7-10 광통신

그림 7-56은 광섬유의 특성을 일목요연하게 보여준다. LED, 레이저 다이오드 등의 발광소자에 의해 전기신호에서 빛신호로 변환되어 광섬유에 입사한 빛은 광섬유(코어)와 클래딩 사이의 경계면에서 반사된다. 이때 입사각이 임계각보다 크면 전반사가 일어나므로 빛은 계속적인 반사를 통해 코어를 따라 광속으로 진행한다. 광섬유는 여러 주파수의 빛신호를 다중화하여 한꺼번에 전송할 수 있다. 먼저 그림 (b)는 같은 주파수 대역에 있는 신호들을 변조 주파수를 달리하여 다중화한 주파수분할 다중화이다. 그리고 그림 (c)와 같이 입사각을 다르게 하면 서로의 진행 경로가 달라지므로 역시 다중화할 수 있다(이를 multi-mode라 한다). 그림 (b)와 같이 여러 개(수백 내지는 수천까지)의 광섬유를 다발로 묶어 한 케이블에 내장할 수 있으며 이를 광케이블(optical cable)이라 한다. 광섬유의 장점은 다음과 같다:

- 구리선에 비해 값이 싸고, 가볍고, 가늘다.
- 가늘기 때문에 광케이블에 많은 광섬유를 묶을 수 있다.
- 전송 거리에 따른 신호 감쇄가 적다(1km당 10% 내외).
- 각 광섬유의 빛신호간에 간섭이 일어나지 않는다(잡음이 적다).
- 전력이 적게 든다.
- 디지털 신호에 적합하므로 디지털 시스템과 잘 어울린다.
- 빛이 전달되므로 열이 발생하지 않는다(화재 위험이 없다).
- 탄력성이 있어 잘 구부러지므로 배선하기 용이하다.

그림 7-56
광섬유의
여러 성질

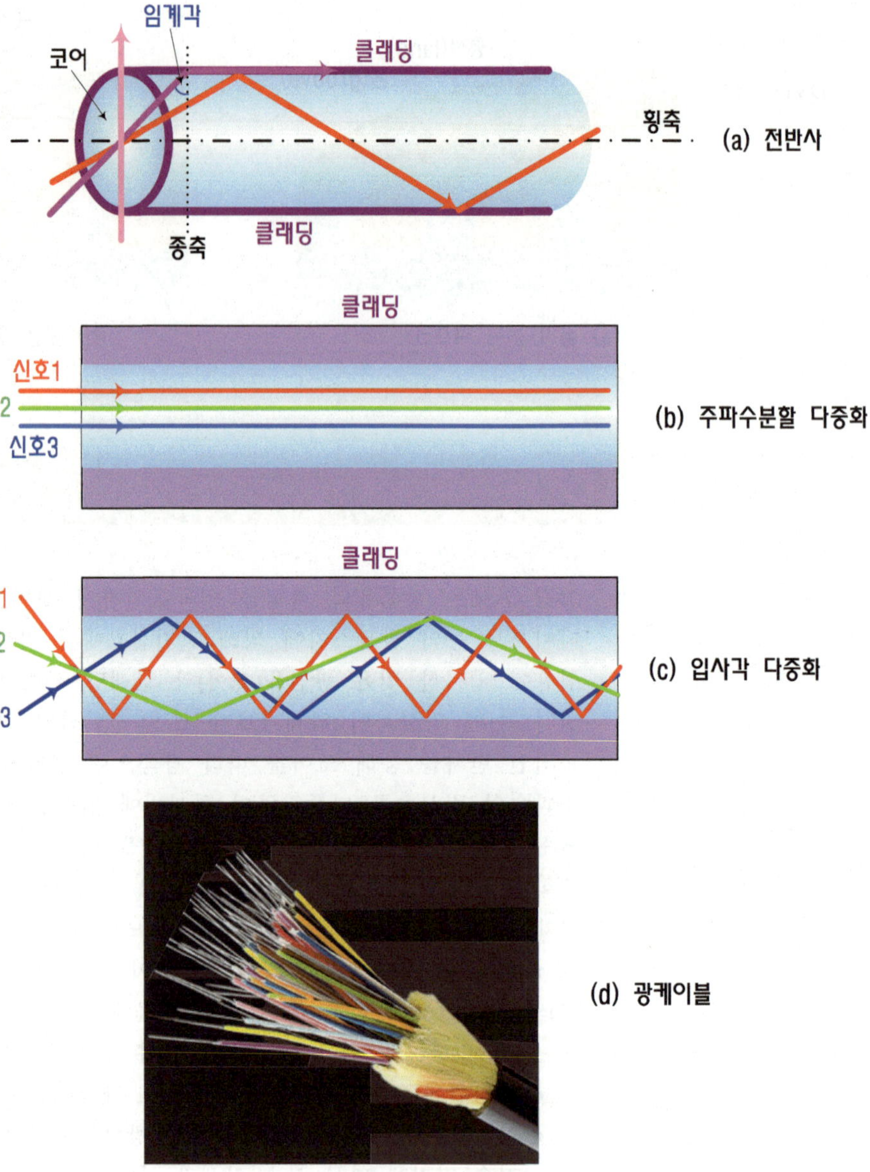

이상과 같은 장점들로 인해 많은 산업체, 특히 장거리 통신과 컴퓨터 네트워크 분야에서 광섬유가 비약적으로 사용되고 있다. 기본적인 광통신 시스템은 그림 7-57과 같이 송신기, 광케이블, 광증폭기, 수신기

그림 7-57
광통신

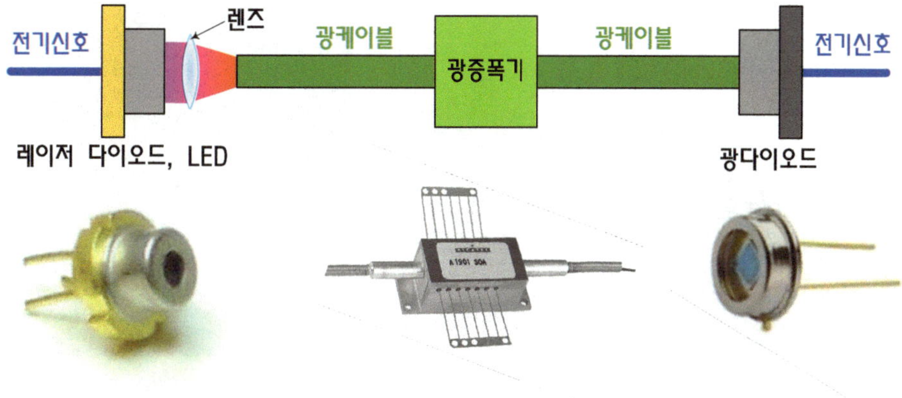

로 구성된다. 송신기에서는 전기신호가 레이저 다이오드나 LED 등에 의해 빛으로 변환되며 빛의 집속도를 높이기 위해 렌즈를 사용하기도 한다. 광통신에서 통상 사용하는 빛의 파장은 적외선대인 850nm, 1300nm, 1,550nm 등이다. 빛이 광섬유로 전송되면서 감쇄가 일어나므로 1km 이상의 장거리일 경우는 중계기인 광증폭기(광재생기라 하기도 한다)를 사용하여 빛의 세기를 증폭시켜주어야 한다. 수신기에 도달한 빛 신호는 광다이오드 등을 통해 다시 전기신호로 변환된다.

7-11 위성통신

가장 원시적인 통신방식이 그림 7-58(a)의 봉수대(烽燧臺)이다. 봉홧불은 영상신호이고 무선으로 전달된다. 그리고 전송 매체는 빛이므로 광통신이다. 즉 봉수대는 무선을 이용한 광통신 방식으로 영상신호를 전송하는 것이다. 그리고 봉수대는 가능한 한 많은 사람의 시선(line-of-sight)에 들어오도록 높은 곳에 자리잡으며 이것이 위성통신이다. 봉홧불 전달 방식은 위성중계와 같으며 최종적으로 사람에게 보고되는 것은 지상중계이다. 바로 봉수대에는 현대 통신이 지향하고자 하는 첨단 방식이 모두 담겨 있는 것이다. 봉수대를 이해하면 그림 (b)의 위성통신을 이해하기 쉬울 것이며, 위성통신은 시선이 닿는 부분이 대단히 넓기 때문에(지구의 1/3 정도) 광역 통신에 적합하다.

(a) 봉수대

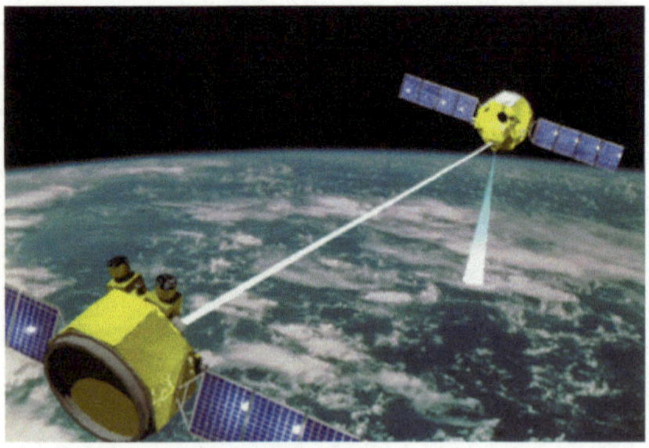

(b) 통신위성

그림 7-58 봉수대와 통신위성

통신위성 전파는 주파수가 높을수록 가시광선에 가까워 빛과 같이 직진하는 성질이 강해진다. 직진하는 전파는 빌딩이나 산과 같은 장애물을 만나면 반사된다. 그러나 가장 큰 반사는 지구 그 자체이다. 즉 지구 표면이 곡선이므로 그림 7-59(a)와 같이 직진하는 전파가 도달하는 거리(D)가 제한된다. 그러나 통신위성을 이용하면 그림 (b)와 같이 넓은 범위에 걸쳐 장애물 없이 중계할 수 있다. 텔레비전 위성은 지상에서 약 35,700km 상에 있는 정지궤도(geostationary orbit)상에 위치한다. 정지궤도에서는 위성의 회전 속도가 지구의 자전 속도와 같으므로 지구상에 대해 항상 일정한 자리에 머무는 것과 같다. 따라서 지상의 안테나는 항상 위성을 향하여 고정되어 있으므로 안테나를 회전시킬 필요가 없다. 그러나 정지궤도는 지구로부터 매우 멀기 때문에 지구에 도달하는 전파가 약하므로 위성과 수신기는 모두 전파를 집속시키는 접시 안테나(또는 파라볼릭 안테나)를 사용한다.

접시 안테나(dish antenna)는 그림 7-60과 같이 표면이 포물경인 사발 형태로 되어 있다. 송신기의 경우 전송 신호를 중심부의 피드혼에 공급하면 포물경 표면에 의해 전파가 반사되어 폭이 좁은 빔 형태로 전송된다. 반대로 수신기의 경우는 안테나의 포물경에 반사된 전파들이 피드혼에 집속되어 강한 전파를 얻을 수 있으며 이 신호가 수신기로 전달되어 처리된다. 초기의 아날로그 방식의 위성 TV는 C-대역(3.4~7GHz)을 사용하였으며 현재의 디지털 위성 TV 방송은 Ku-대역(12~14GHz)을 사용한다. 통신위성의 이용은 그림 7-61과 같다.

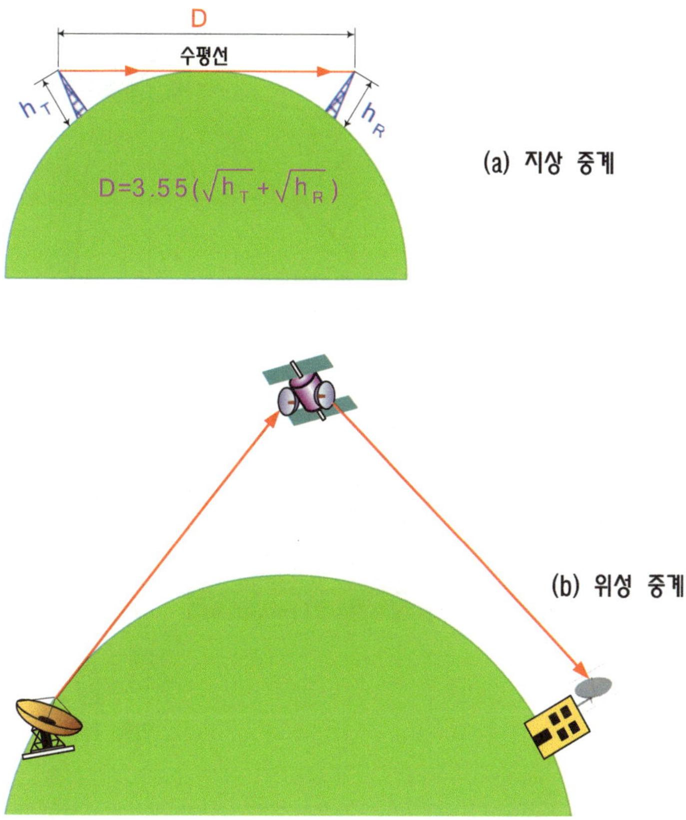

그림 7-59
지상 중계와 위성 중계

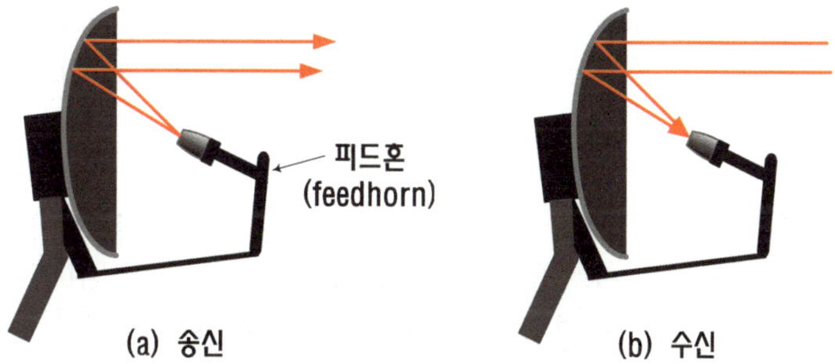

그림 7-60
접시 안테나

그림 7-61
통신위성의 이용

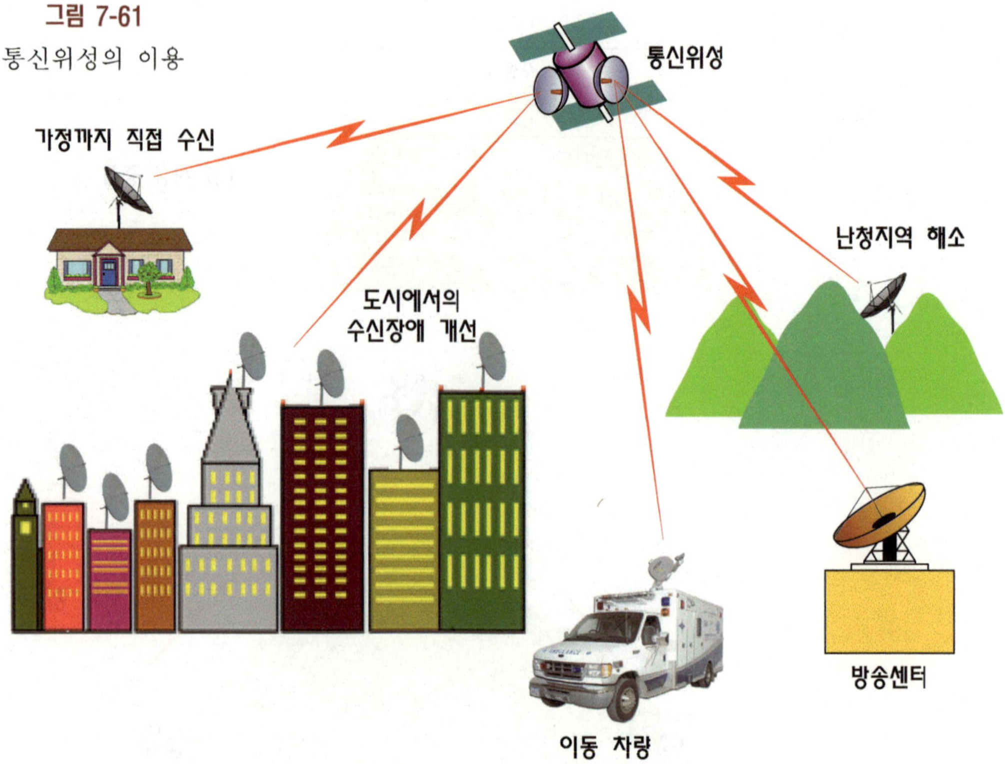

직접 위성방송

초기의 위성 TV와는 달리 위성으로부터 가정으로 직접 전송되는 방식을 DBS(direct broadcast satellite)라 하며 전적으로 디지털 방식이다. DBS는 DTH(direct to home)이라 하기도 하며 주요 구성은 다음과 같다(그림 7-62): 프로그램 공급자, 방송 센터, 위성 안테나, 수신기. 방송센터는 다양한 프로그램 제작원으로부터 위탁받은 프로그램들을 정지궤도 상에 있는 통신위성에게 전파로 송신한다. 위성은 방송 센터로부터 수신한 신호를 지상으로 재전송하며 수신기는 접시 안테나를 통해 수신하여 시청할 수 있다. 방송 센터는 모든 프로그램을 디지털로 변환한 다음 MPEG-2로 압축시켜 위성으로 전송한다. 만일 압축을 하지 않으면 채널당 270Mbps의 방대한 데이터를 전송하여야 하며, 위성은 30개의 채널 정도밖에 수용할 수 없다. 그러나 압축을 하면 270Mbps를 5내지 10Mbps로 줄일 수 있으므로 위성은 약 200개의 채널을 수용할 수 있다. 압축된 디지털 신호는 암호화(encrypt)된 다음 위성으로 전송하여 가입자만 시청할 수 있게 한다. 압축되고 암호화

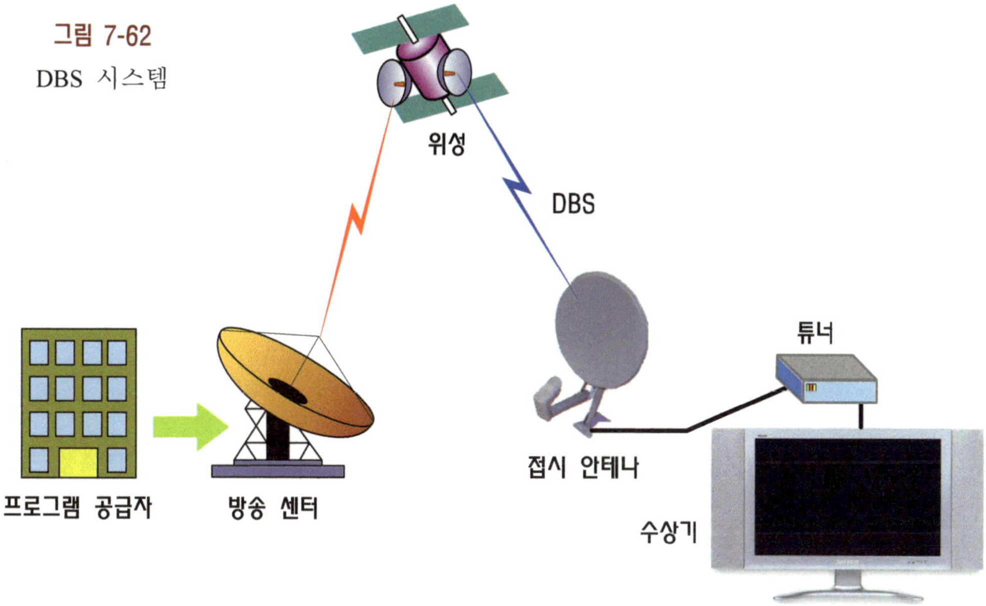

그림 7-62
DBS 시스템

된 디지털 신호는 전파를 이용해 위성으로 송출되며 위성은 접시 안테나를 통해 이를 수신한 다음 증폭한다. 증폭된 신호는 위성의 또 다른 안테나를 통해 지상의 수신기 안테나로 전송된다. 만일 수신기가 기존의 아날로그 방식이면 디지털 신호를 아날로그로 변환하는 컨버터(converter)가 필요하다.

GPS

여러 개의 위성을 이용하여 지구상의 한 점의 위치를 알아내는 위치 측정(항법) 시스템인 GPS(global positioning system)는 삼변측량(三邊測量, trilateration)법을 이용한다. 그림 7-63(a)에서, 알려진 평면상의 세 점(A, B, C)이 있을 때 임의의 한 점의 위치(▲)는 세 점과의 거리로부터 알아낼 수 있으며 이것이 삼변측량법이다. 즉 각 기준점을 중심으로 원을 그렸을 때 세 원이 만나는 점이 측정점인 것이다. 공간상에서 한 점의 위치를 알고자 할 때는 기준점을 중심으로 한 구를 생각하면 되며 최소한 4개의 기준점(구)가 필요하다. GPS에서는 그림 (b)와 같이 위성 3개(A, B, C)를 이용하고 나머지 하나는 지구로 한다. 그림 7-64는 세 개의 위성과 지구를 이용하는 GPS이다. 위성은 그림에 표시된 바와 같은 형태의 사전에 약속된 특수 패턴의 디지털 신호를 전송하며 수신기 역시 이에 대한 정보를 갖고 있다. 이를 이용하면

그림 7-63
삼변측량

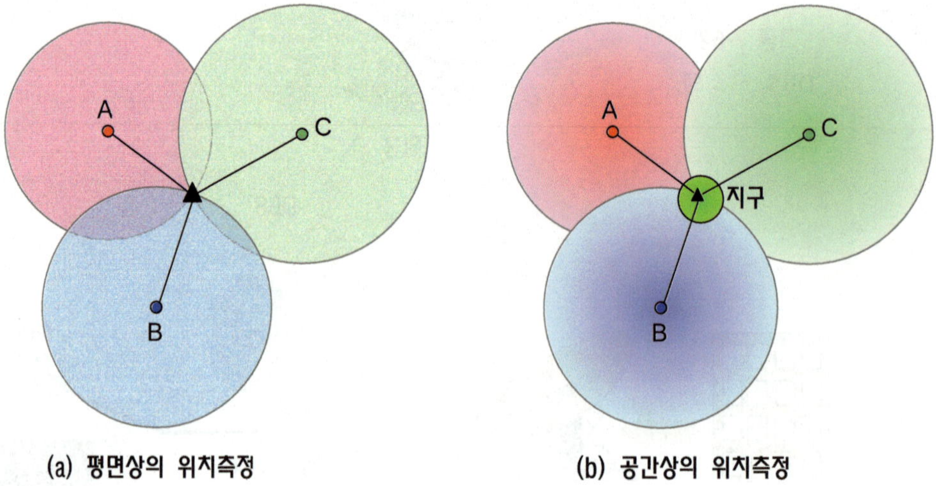

그림 7-63
GPS 수신기

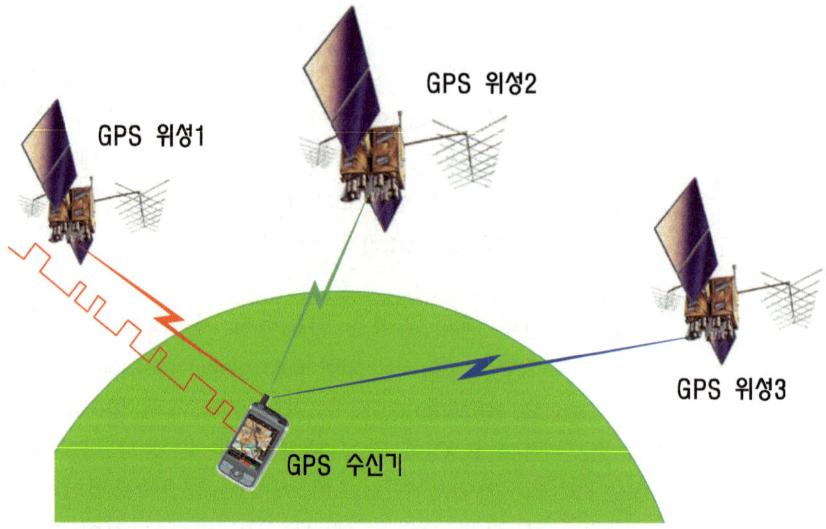

수신기는 각 GPS 위성으로부터 수신된 전파로부터 전파가 도달하는데 걸린 시간을 알 수 있으며 여기에 빛 속도를 곱하면 해당 위성과 수신기 사이의 거리가 계산된다. 세 위성으로부터의 거리를 바탕으로 수신기는 자신의 위치를 계산할 수 있으며 이를 수신기 바탕 화면에

표시해 준다. GPS 위성은 지상에서 19,300km 상공의 궤도에서 지구를 하루에 두 번 일주한다. 그림 7-65(b)와 같이 위성은 모두 27개이며 그 중 24개는 동작하고 나머지 3개는 사고를 대비한 예비용이다.

그림 7-65
GPS 위성군

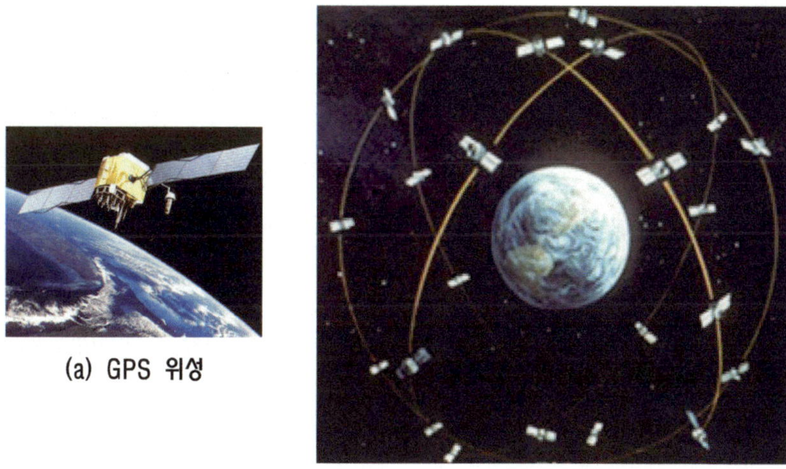

(a) GPS 위성

(b) GPS 위성군

7-12 이동통신(휴대폰)

셀 분할

지금 젊은 세대 중 절반 이상이 휴대폰 중독에 걸렸다 할 정도로 휴대폰에 열광하고 있으며 PDA, MP3, GPS 및 무선 인터넷 기능이 첨가되면서 휴대폰은 날로 맹위를 떨치고 있다. 통신에서는 통신 장비나 중계기나 가능한 한 높은 전력과 넓은 통신범위를 가져야 한다는 것이 일반적인 상식이다. 그러나 휴대폰은 이와 반대로 오히려 각 기지국(중계기)의 송출전력을 일정 수준 이하로 낮추어 통신 범위를 의도적으로 제한시킨다. 이렇게 함으로써 기지국의 수를 확장할 수 있어 가입자 수를 늘릴 수 있는 것이다. 물론 휴대전화 단말기의 경우도 송출전력을 0.6W 이하로 제한하며 이러한 저전력으로 인해 배터리를 오래 사용할 수 있는 이점도 얻을 수 있다. 그림 7-66은 휴대전화를

그림 7-66
휴대폰의 원리

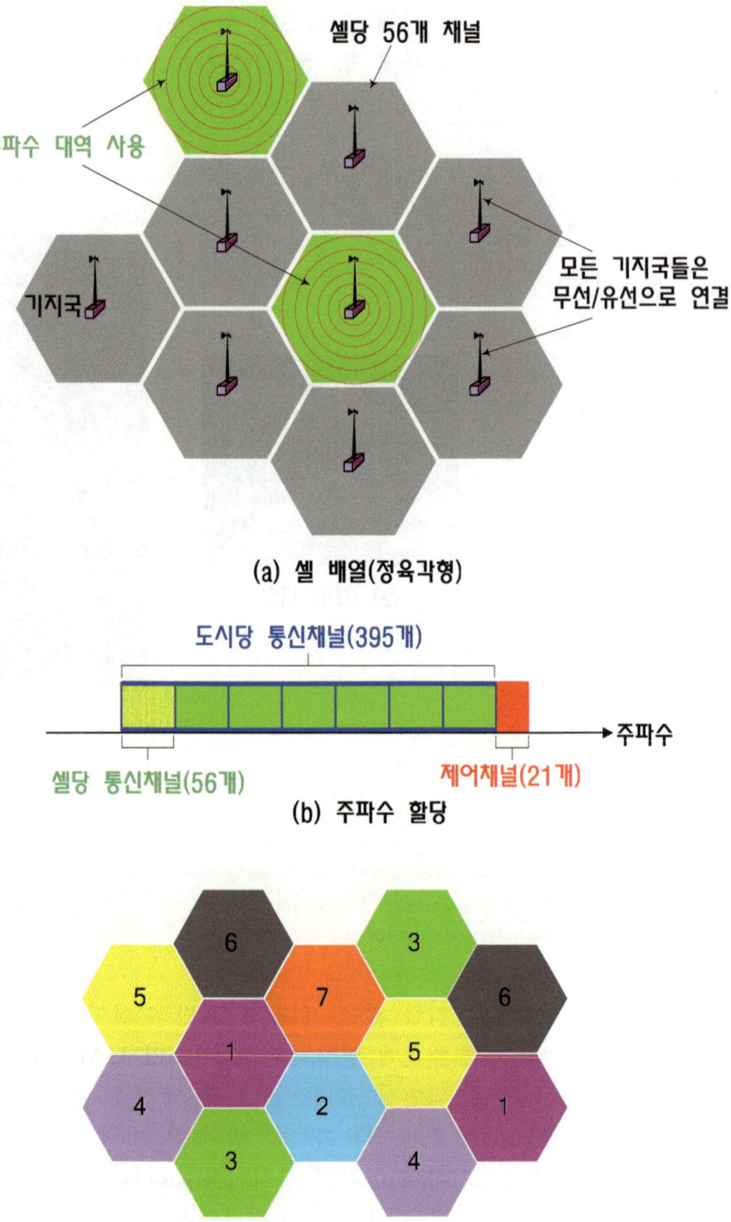

(c) 주파수 재사용: 같은 색(번호)는 같은 대역 사용

이용한 이동통신의 원리를 보여준다. 한 지역(이를테면 도시)을 그림 (a)와 같이 정육각형 형태의 작은 영역으로 분할하며 각 영역을 셀(cell)이라 한다(그래서 미국에서는 휴대폰을 cell phone이라 한다). 이렇게 하는 이유는 한정된 주파수대를 보다 많은 사람들이 동시에 사용할 수 있게 하기 위함이다. 셀의 면적은 26km^2 정도로 하며 각 셀의 중앙에는 무선중계기인 기지국이 하나씩 설치되어 있다. 그리고 기지국의 송출전력은 관할 영역에만 이를 수 있을 정도로 제한한다.

주파수 재사용

이해를 쉽게 하기 위해 아날로그 방식의 휴대폰에 대해 알아보기로 하자. 그림 7-66(b)는 이동통신의 주파수 대역 할당 방법을 보여준다. 한 도시에는 395개의 통신채널과 21개의 제어채널이 할당되며, 통신채널은 휴대폰간의 실제 통신에 사용되고 제어채널은 특수 용도로 사용된다(조금 뒤에 설명한다). 그리고 각 셀에는 395개의 통신채널의 1/7씩이 할당되며 채널 수로는 56개 채널이다(한 채널을 통해 송수신을 동시에 할 수 있다). 따라서 각 셀에서는 56명이 동시에 휴대폰으로 쌍방 통화할 수 있는 것이다(디지털 방식은 이보다 3배 정도이다). 각 셀은 395개의 통신채널 중 서로 다른 1/7씩만 사용하므로 결국 한 도시에 7개의 셀밖에는 설치할 수 없게 될 것이다. 그러나 각 셀의 송출전력이 그 영역에만 제한되기 때문에 그림 (a)와 같이 얼마 이상 떨어진 셀(녹색으로 표시)끼리는 같은 주파수대를 사용해도 간섭이 일어나지 않으며 이를 주파수 재사용(reuse)이라 한다. 주파수 재사용은 한 지역에 충분한 셀을 배치할 수 있게 하며 보통 12개나 7개의 셀을 한 묶음으로 하여 반복한다. 물론 한 묶음에 속하는 셀들(즉 이웃한 셀들)은 서로 다른 주파수대를 사용하여야 한다. 그림 7-66(c)는 7개의 셀을 한 묶음으로 하여 주파수를 재사용한 예를 보여준다.

통신 절차

이동통신망은 그림 7-67과 같으며 이동통신자와 사이뿐 아니라 이동통신자와 고정통신자(일반전화 가입자)와도 통화가 가능하게 한다. 먼저 각 셀의 기지국은 모두 이동통신 제어국(MTSO; Mobile Telephone Switching Office)과 유무선으로 연결되어 있으며 기지국은 단순한 중계기이며 모든 제어는 MTSO에 설치된 컴퓨터에 의해 이루어진다. 먼저 이동통신자간의 통신 절차를 간단히 설명하면 다음과 같다:

(1) 송신자가 휴대폰을 걸면 전화를 거는 사람과 상대방의 전화번호가 가장 가까운 기지국을 거쳐 MTSO로 전달되며, 이 신호들은 제어

그림 7-67
이동통신망

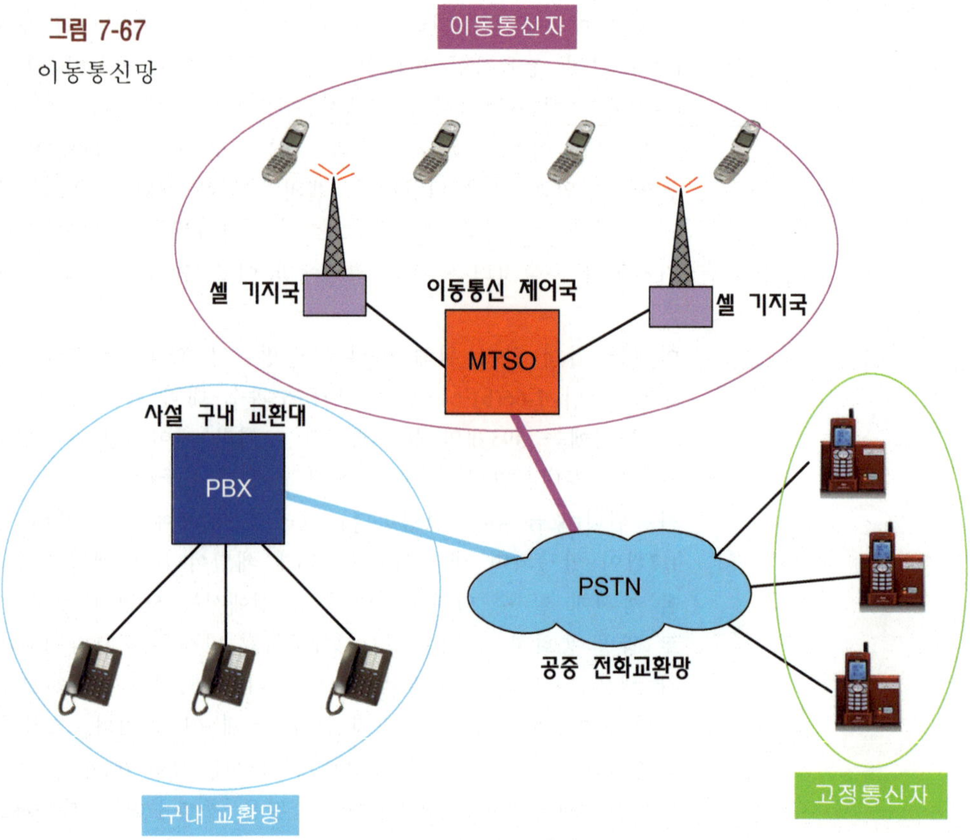

채널의 주파수를 통해 전달된다(그림 7-66(b) 참조).

(2) MTSO는 제어채널을 통해 수신된 송수신 전화번호를 컴퓨터에 저장되어 있는 데이터베이스를 통해 확인한다.

(3) 가입자로 확인되면 MTSO는 해당 셀 할당된 56개의 통신채널 중 빈 곳을 골라 송신자가 사용할 수 있도록 허락하며, 이 채널을 통해 통화가 시작된다(통신채널은 양방향이므로 송수신자가 동시에 통화할 수 있다). 따라서 휴대폰을 걸 때마다 통신채널은 달라질 수 있다..

휴대폰으로 사설 구내 교환대(PBX; Public Branch Exchange)를 통하거나 전화교환국을 통해 고정통신자와도 통신할 수 있다. 이때는 MTSO가 수신자의 전화번호를 검토하여 이동통신자인지 고정통신자인지를 판단하며 후자인 경우 공중전화 교환망(PSTN; Public Switched

Telephone Network)을 통해 연결시켜 준다. 그림 7-68은 이동통신자가 통화 중에 한 셀의 영역을 벗어나 다른 셀 영역으로 진입할 때를 설명한다. 벗어나기 시작하는 셀의 기지국에는 수신되는 신호가 점차 약해질 것이며 다가가는 셀의 기지국에서는 수신되는 신호가 점차 세어질 것이다. 이 두 셀의 기지국은 이러한 정보를 MTSO와 서로 주고 받는다. 그러다 어느 시점에 휴대폰이 한 셀을 완전히 벗어났다고 판단되면 MTSO는 제어채널을 통해 해당 휴대폰에게 새로 진입한 셀의 통화채널로 바꾸도록 지시한다(인접한 셀은 주파수대가 다르다). 이와 같이 MTSO는 모든 지시를 제어채널을 통해 휴대폰에게 내리며 실제 통화는 통화채널을 통해 이루어진다(그림 7-66(b)). 그리고 한 이동통신사의 셀을 벗어나 다른 이동통신사의 셀로 진입하는 과정에서는 처리하는 동안 잠시 공백이 생길 수 있으며 이를 로우밍(roaming)이라 한다.

그림 7-68
셀 교환

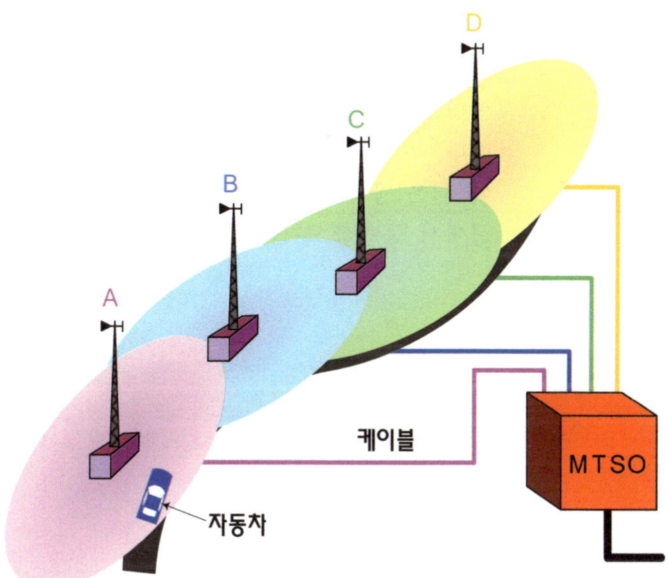

2G, 3G

아날로그 방식 휴대폰은 1세대(1G) 기술이라 하고 디지털 방식을 2세대(2G) 기술이라 부른다. 디지털 방식은 음성을 '1'과 '0'의 비트로 변환시킨 다음 압축(compression)시켜 전송한다(영상압축과 같은 원리이다). 이 압축 기술은 아날로그 신호에는 적용할 수 없고 디지털 신호에만 적용시킬 수 있으며 압축을 이용하면, 아날로그 휴대폰이 차지하는 대역폭 하나를 3~10개 정도의 디지털 휴대폰이 사용할 수 있다. 2G 휴대폰에서 사용하는 다중화 방식은 다음과 같다:

(1) 주파수분할 다중접속(FDMA; Frequency Division Multiple Access)
(2) 시분할 다중접속(TDMA; Time Division Multiple Access)
(3) 부호분할 다중접속(CDMA; Code Division Multiple Access)

3G 휴대폰은 가장 최근의 이동통신 기술이며 진정한 멀티미디어를 겨냥한 것으로서 특히 스마트폰(smartphone)이라 부른다. 그리고 음성과 영상 파일 및 웹기반 응용을 수용하기 위해 넓은 대역폭과 빠른 전송속도가 특징이다. 3G 휴대폰은 3Mbps까지의 강력한 전송속도가 가능하며 이는 3분짜리 MP3 음악을 약 15초 내에 다운받을 수 있는 속도이다. 이와 비교하면 가장 빠른 2G 휴대폰의 전송속도는 최대 144kbps이며 3분짜리 MP3 음악을 다운받는데 약 8분이 소요된다. 3G 휴대폰의 고속 데이터 전송률은 인터넷을 통해 정보를 내려받는데 있어서 뿐아니라 대용량의 멀티미디어 파일을 주고 받는데도 이상적이다. 따라서 3G 휴대폰은 거의 미니-랩톱(laptop) 수준이며 다음과 같이 넓은 응용 범위를 수용할 수 있다: 화상 회의(video conference), 웹상에서 동영상 수신, 팩스 송수신, 이메일 수신.

8

PC와 인터넷

8-1 PC의 구성

8-2 메인보드 CPU, BIOS, 메모리, PCI, AGP, IDE, I/O 포트,

8-3 기억장치 플로피 디스크 드라이브, 하드 디스크 드라이브

8-4 입출력 장치 자판(키보드), 마우스, 모뎀(MODEM)

8-5 근거리 통신망(LAN) 이더넷(Ethernet), CSMA/CD, LAN 브리지, LAN 스위치, 네트워크 형태

8-6 인터넷(internet) 라우터(router), 클라이언트-서버, 인터넷 주소

8-7 디지털가입자 회선(DSL)

8-8 무선 네트워크 무선 LAN, 블루투스, PDA, 홈네트워크

8-1 PC의 구성

현대 사회에서 가장 빠르게 발전하면서 가장 막강한 영향을 미치는 것이 바로 개인용 컴퓨터(PC; personal computer)이다. PC는 항상 손 가까이 있으면서 원하는 것을 빠르고 쉽게 처리해 준다. 초기의 컴퓨터는 계산용이 주였다. 그러나 이제는 인터넷을 통해 문서, 음향, 영상 등의 정보교환이 주가 되면서 새로운 멀티미디어 사회를 창출하고 있다. PC뿐 아니라 대형 컴퓨터 역시 그 기본 구조는 그림 8-1과 같이 동일하며 다만 용량과 속도 등에 차이가 있을 뿐이다. 컴퓨터는 인체의 두뇌에 해당하는 중앙처리장치(CPU; central process unit)가 모든 것을 관장한다. CPU는 자료를 저장하는 기억장치와, 모니터나 프린터 등과 같은 주변기기와 버스(bus)를 통해 연결되어 있으며 데이터(디지털 형태)는 버스를 타고 이동한다. 모든 기억장치는 주소가 할당되며

그림 8-1
컴퓨터 구성

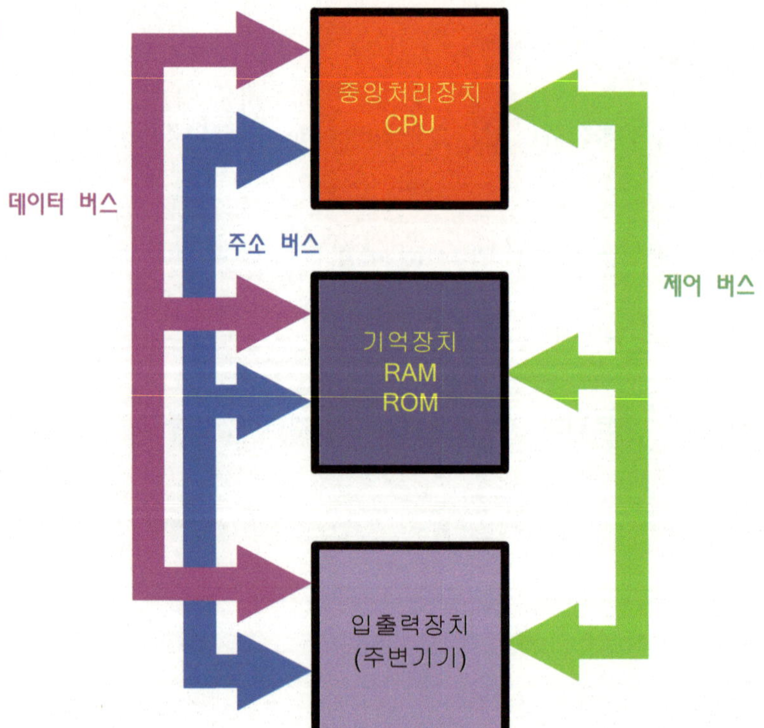

CPU가 임의의 기억 장소에 접근할 때는 주소 버스(address bus)를 통해 지정한 다음, 데이터 버스(data bus)를 통해 지정된 기억 장소에 데이터를 전송한다. CPU가 기억 장소에 데이터를 저장하는 동작을 "쓴다(write)"로 표현하고, 기억 장소로부터 데이터를 받아들이는 것을 "읽는다(read)"로 표현한다. 기억장치 중에는 쓰고 읽을 수 있는 것을 RAM(random access memory)이라 하고 읽기만 하고 쓸 수 없는 것을 ROM(read-only-memory)이라 한다.

컴퓨터에는 자판, 마우스, 모니터, 디스크 드라이브, 스피커, 프린터 등 다양한 주변기기가 결합되며 주변기기 역시 컴퓨터 못지 않는 발전을 보이고 있다. 컴퓨터는 주변기기와 통신을 원할히 하기 위해 복잡한 결합 방식이 사용되며 이들 역시 CPU와 케이블과 같은 버스로 연결된다. 여러분들은 컴퓨터에 연결된 복잡한 케이블들을 봤을 것이다. 컴퓨터는 클럭(clock)이라는 일정한 펄스에 따라 동작하며 이를 위해 컴퓨터 내부에는 매우 정확한 발진기가 내장되어 있다. CPU는 클럭에 맞추어 최소 단위의 동작들을 조합하여 보다 고차원의 일을 수행하며 최소 단위의 동작을 마이크로오퍼레이션(microoperation)이라 한다. 따라서 CPU를 마이크로프로세서(microprocessor)라 부르기도 한다. CPU는 제어 버스(control bus)를 통해 기억장치와 주변기기들을 통제한다.

그림 8-2는 PC의 보다 구체적인 구성을 보여준다. 컴퓨터에서 가장 중요한 부분이 메인보드(mainboard)이며 메인보드는 CPU를 간직하면서 컴퓨터 모든 부분을 CPU와 결합시켜준다. 메인보드 내에서는 모든 구성 요소들이 버스를 통해 CPU와 결합되며 주변기기 역시 케이블 등과 같은 버스로 결합된다. 현재 많은 종류의 주변기기가 개발되고 있으며 이들을 통해 정보들을 쉽게 저장하고 입력 및 출력시킬 수 있다. 주변기기에는 기억 용량을 늘리기 위한 보조 기억장치인 플로피 디스크, 하드 디스크 및 CD가 있으며 이들을 통해 대용량의 정보를 저장할 수 있다. 다음으로 기본 입력장치인 자판, 마우스가 있으며 영상신호를 간단히 입력시킬 수 있는 스캐너와 웹카메라가 있고 음성을 입력시키는 마이크도 있다. 출력 장치로는 가장 중요한 모니터를 위시해 스피커와 프린터가 있다. 그리고 무엇보다도 PC의 영역을 넓혀준 인터넷과 PC 통신을 위해 모뎀(modem)이 내장되어 있다. 그림 8-2와 같이 하드웨어적으로 결합된 PC를 운영하는 프로그램을 운영체계(OS; operating system)라 하며 ROM에 저장되어 있다.

그림 8-2
PC의 메인보드와
주변장치들

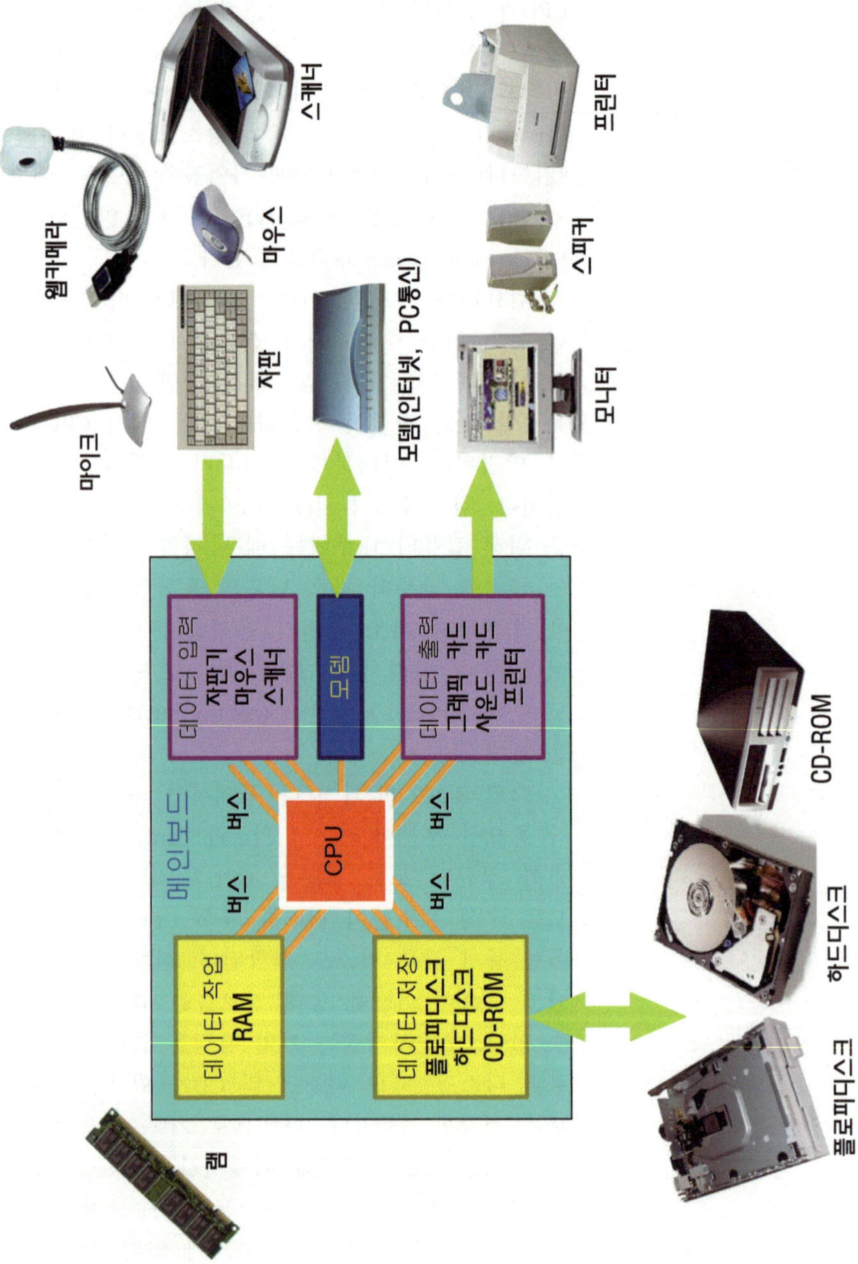

8-2 메인보드

PC의 모든 구성 요소들이 CPU와 결합하기 위해 메인보드에 연결되어 있으므로 메인보드를 마더보드(motherboard)라고도 한다. 메인보드의 기본적인 구성은 그림 8-3(a)와 같으며 가장 중요한 것은 CPU이다. 메인보드에는 외부 장치를 결합하기 위해 슬롯(slot)이나 포트(port) 등이 설치되어 있으며(PCI 슬롯, AGP 슬롯, ISA 슬롯, IDE 슬롯, I/O 포트 등) 슬롯에는 그림 (b)와 같이 카드가 삽입된다.

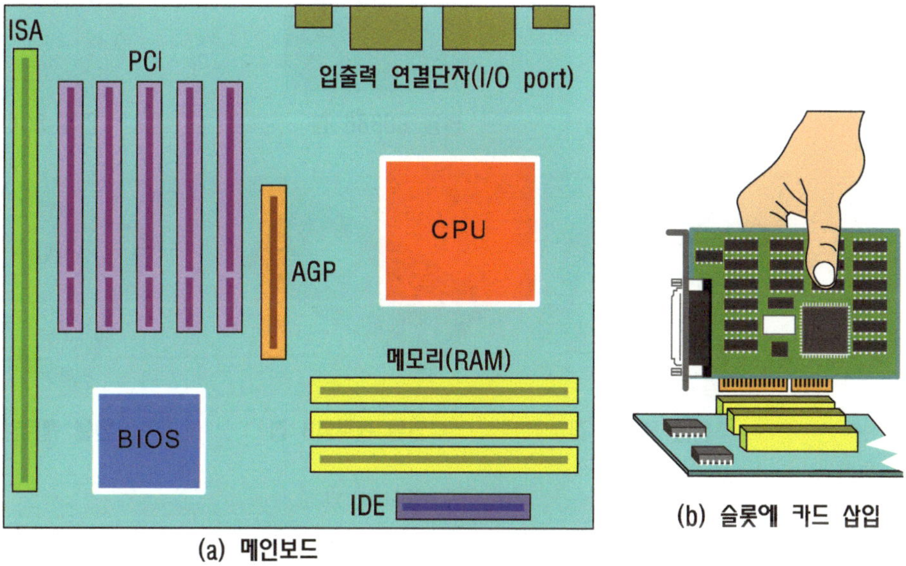

그림 8-3 (a) 메인보드의 기본 구성 (b) 카드 삽입

CPU

CPU는 하나의 칩으로 된 막강한 엔진이며 다음의 그림 8-4가 우리를 숨가쁘게 달려오게 한 장본인들이다. IBM-XT, IBM-AT, 286, 386, 486, 펜티엄, 펜티엄2, 펜티엄3, 펜티엄4 등등 쉴새없이 개선되어 오늘에 이르고 있으며 이들에 의해 화려한 멀티미디어 사회가 열리게 된 것이다. 1971년에 발표된 인텔 4040은 더하기와 빼기만 할 수 있는 4-비트 칩이었지만 모든 것이 칩 하나에 들어가게 한 시작이었다. 그 후 1974년에 발표된 8080은 8-비트 컴퓨터 칩으로서 비로소 PC에 장착되기 시작했으며 이후의 모든 칩들은 모두 8080을 근간으로 개선된

그림 8-4 CPU의 발전

그림 8-5 CPU 쿨러

것들이다. 그러나 8080은 트랜지스터 6,000개로 되어 있지만 최신 펜티엄4는 32-비트 컴퓨터로서 무려 125,000,000개의 트랜지스터가 집적되어 있으며 계산 속도는 약 만 배 이상이다. 대신에 수억 개의 트랜지스터가 소비하는 전력에 의한 열이 대단하므로 CPU는 그림 8-5와 같이 방열판이 구비된 별도의 쿨러(cooler)가 필요하다.

BIOS

마이크로프로세서(CPU)는 하드웨어이며 이것이 동작하기 위해서는 일련의 명령을 수행하여야 하는데 이를 소프트웨어라 한다. 소프트웨어에는 두 종류가 있다. 먼저 컴퓨터를 전반적으로 운영하는 운영체계인 OS(Operating system)이며 여기에는 마이크로소프트의 윈도우(Window)

그림 8-6 BIOS

를 비롯해 리눅스(Linux)가 있다. 다음으로 특수한 업무를 수행하도록 작성하는 응용 프로그램이 있으며 브라우저(browser), 워드 프로세서, e-메일 등이 여기에 포함된다. 여러분들은 항시 새로운 응용 프로그램을 구입하여 컴퓨터에 깔 수 있다. 그러나 컴퓨터가 성공적으로 동작하기 위해서는 또 다른 소프트웨어가 필요하며 이것이 메인보드에 내장되어 있는 BIOS(basic I/O system)이다(그림 8-6). 컴퓨터를 켜면 OS가 RAM에 깔리게 되며 이를 '부팅(booting)'이라 한다. 그러나 부팅 전에 중요한 역할을 하는 것이 BIOS('바이오즈'로 읽는다)이며, 전원이 켜지는 순간 RAM이나 자판기, 마우스 및 모든 주변기기의 결합 등을 검사한 다음 문제가 없으면 OS에게 모든 통제권을 넘겨준다. 만일 검사중 오류가 발견되면 화면에 여러 가지 에러 메시지를 표시해 준다. 한 마디로 BIOS는 컴퓨터의 주요 하드웨어와 OS 사이를 중재해 주며 이를 위해 ROM이 내장되어 있다.

메모리

그림 8-7 RAM 카드

메인보드 내에는 읽고 쓸 수 있는 메모리인 RAM이 있다. 여러분들이 작성하는 사용자 프로그램이 저장되고 실행 결과가 기억되는 곳이며 전원이 나가면 RAM의 내용은 바로 지워진다. RAM을 확장하기 위해 메인보드 내에 메모리 슬롯이 있어며 여기에 그림 8-7과 같은 RAM 카드를 삽입하면 된다. RAM에는 SRAM(static RAM), DRAM (dynamic RAM), SDRAM(synchronous dynamic RAM), CMOS RAM 등 여러 가지가 있다.

PCI, AGP

컴퓨터 주변기기는 CPU와 동작 속도가 다르므로 CPU와 데이터를 주고받기 위해서는 매개체인 인터페이스(interface)가 필요하다. 주변기기를 메인보드와 결합하는 PCI(Peripheral Component Interconnect) 버스가 메인보드 내에 슬롯으로 설치되어 있으므로 PCI 카드를 삽입할 수 있다. PCI 카드에는 모니터와 연결되는 그래픽 카드, 스피커와 연결되는 사운드 카드, 외부 전선과 연결되는 모뎀 카드, 랜(LAN; Local Area network)을 위한 랜카드 등이 있으며 그림 8-8과 같이 삽입된다. 특히 3차원 그래픽이나 애니메이션 등에서 화질과 컴퓨터의 속도를 높이기 위해 그래픽 카드와 컴퓨터를 중재하는 것이 AGP(Accelerated Graphic Port)이다. PCI는 한번에 64비트 데이터를 취급할 수 있지만 ISA는 32비트밖에 취급하지 못한다.

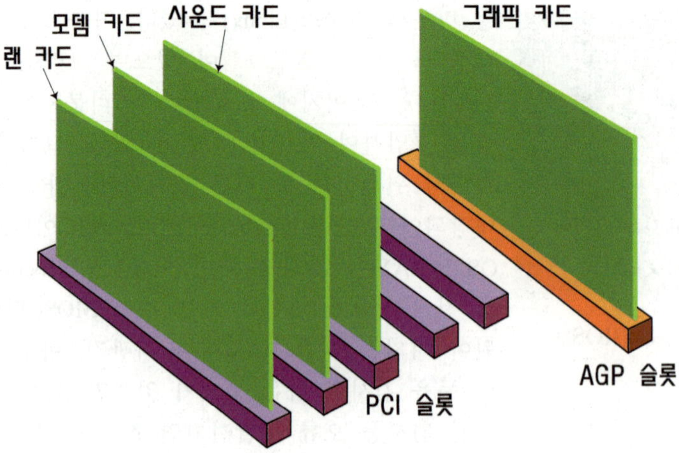

그림 8-8
PCI 카드와 AGP 카드

그림 8-9는 여러 가지 PCI 카드의 예를 보여준다.

- 사운드 카드(그림 (a))는 아날로그 오디오 신호를 디지털로(ADC), 디지털을 아날로그로(DAC) 변환시켜 컴퓨터가 오디오 신호를 저장하거나 재생하게 한다. 그리고 I/O 포트를 통해 마이크나 스피커와도 연결된다.
- 그래픽 카드(그림 (b))는 컴퓨터 내에 비트로 저장된 영상 데이터를 우리가 알아볼 수 있도록 변환시켜서 I/O 포트의 케이블을 통해 모니터로 전송한다. 그래픽 카드는 보통 VGA(Video Graphics Array)로 부르고 있다. 메인보드와 마찬가지로 그래픽 카드 역시 프로세서, RAM, BIOS 칩 등이 내장되어 있으며 특히 그래픽 카드의 프로세서를 별도로 GPU(Graphics Processing Unit)라 한다. CPU가 범용인 것과는 달리 GPU는 그래픽 작업을 위한 복잡한 수학적이고 기하학적인 계산을 전문적으로 수행하도록 되어 있으며 일반적인 CPU보다 더 많은 트랜지스터로 집적화되어 있다. 따라서 GPU에도 많은 열이 발생하므로 별도의 쿨러와 방열판으로 보호되고 있다.
- 모뎀 카드(그림 (c))는 컴퓨터의 디지털 데이터를 전화선 등을 통해 전송하거나 수신하는데 사용된다. 모뎀의 역할은 디지털 데이터를 전화선으로 전송하기에 적합하도록 변조하고(modulator), 전화선을 통해 수신된 신호를 디지털로 복조하므로(demodulator) 'modulator-demodulator'를 합성하여 'modem'이라 한다. 모뎀은 컴퓨터를 전세계적으로 깔려 있는 전화선과 연결시키기 위해 60년대에 출현하였으며

그림 8-9
PCI 카드의 예

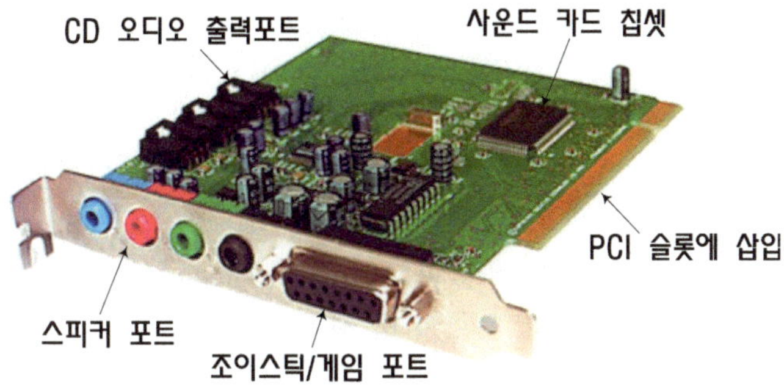

(a) 사운드 카드

(b) 그래픽 카드

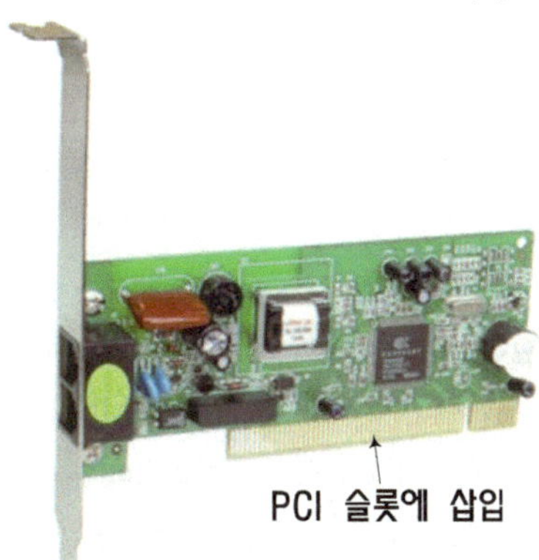

(c) 모뎀 카드

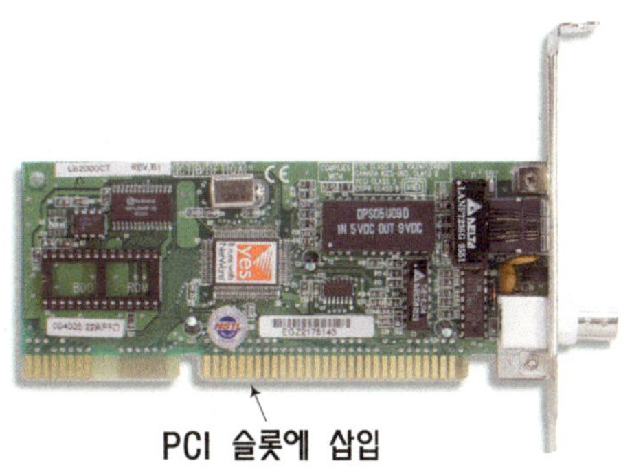

(d) 랜 카드

현재 대부분의 PC에는 모뎀이 카드 형태로 내장되어 있다.

- 랜 카드(그림 (d))는 컴퓨터가 다른 컴퓨터들과 함께 LAN의 일원이 되게 해주며, 연결된 컴퓨터들은 통신선을 공유하여 정보를 주고받을 수 있다(LAN에 대해서는 뒤에서 알아본다).

IDE

그림 8-10 IDE 케이블

IDE(Integrated Drive Electronics) 제어기는 보조 기억장치인 플로피 디스크 드라이브, 하드 디스크 드라이브 및 CD-ROM을 컴퓨터와 효율적으로 접속시키기 위한 위한 총괄적인 인터페이스이다. IDE가 출현하기 전에는 각기 다른 제조 회사의 하드 디스크 드라이브 간에 호환성 문제로 제품이 재대로 성능을 발휘할 수 없는 경우가 많았다. IDE 소자들은 그림 8-10과 같은 리본(ribbon) 케이블을 통해 서로 연결되며 리본 케이블은 40개 또는 80개의 전선이 들어있다.

I/O 포트

입출력 포트에는 그림 8-11과 같이 여러 가지 케이블이 결합되며 이들의 핵심은 어떠한 방식으로써 얼마나 빠른 속도로 데이터를 입출력시키냐 하는 것이다.

- 직렬(serial) 포트(그림 (a))는 데이터를 한 바이트(byte; 8비트를 묶어 바이트라 한다)씩 묶은 다음 한번에 한 비트씩 전송하는 직렬 전송 방식을 택한다. 따라서 전송 시간이 오래걸리며 대신 케이블이 한 가닥만 있으면 된다. 직렬 전송은 모뎀, PDA, 디지털 카메라 등에에 주로 사용된다.
- 병렬(parallel) 포트(그림 (b))는 한 바이트의 데이터, 즉 8비트를 나란히 동시에 전송하므로 병렬 전송이라 하며 직렬 포트에 비해 속도가 빠른 대신 전선의 수가 8개로 늘어난다. 병렬 포트는 프린터와의 결합에 사용된다. 표준 병렬 포트는 초당 50~100 Kbyte를 전송할 수 있다.
- USB(Universal Serial Bus) 포트(그림 (c))는 직렬 및 병렬 포토의 어려운 점을 해결한 것으로 마우스에서 프린터에 이르기까지 현재 가장 널리 사용되고 있다. USB는 최대 480 Mbps까지 전송할 수 있으며, 컴퓨터와 연결하기가 아주 쉽고, 허브(hub) 등을 이용하면 127개의 장치까지 컴퓨터와 연결할 수 있다. USB를 이용하는 장치는 다음과 같이 거의 대분분을 망라한다: 프린터, 스캐너, 마우스, 조이스틱(joystick), 디지털 카메라, 웹카메라, 모뎀, 스피커, 전화, 영상전화, 네트워크 등등.

그림 8-11
다양한 I/O 포트 케이블

(a) 직렬 포트

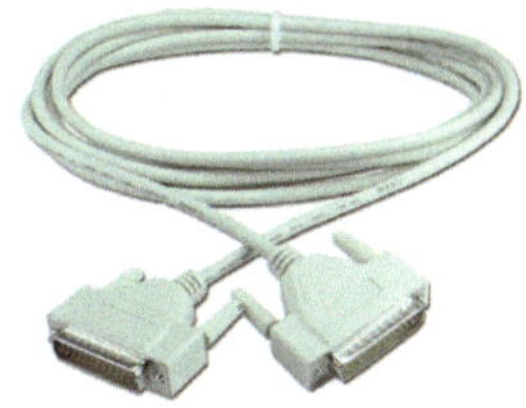

(b) 병렬 포트

(c) USB 포트

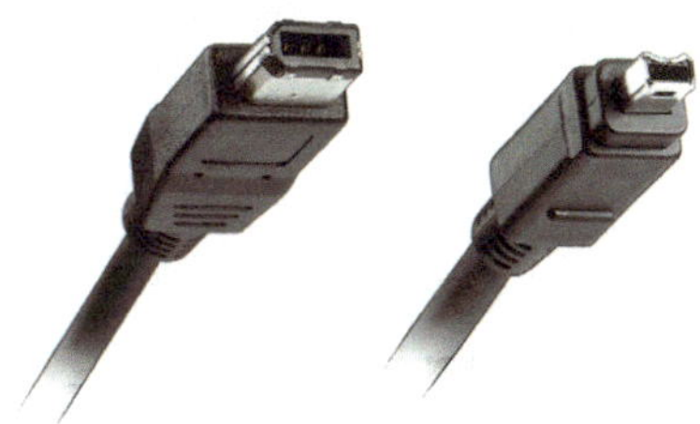

(d) 파이어와이어(firewire) 포트

• 파이어와이어(FireWire) 포트(그림 (d))는 캠코드, 디지털 카메라 등 디지털 비디오 장치를 컴퓨터에 연결하는 가장 인기있는 방법이며 현재의 전송속도가 800 Mbps이고 앞으로는 3.2 Gbps로 증가할 것으로 예상될 만큼 빠르다. 파이어와이어는 IEEE1394로 규격화 되었으며 주로 PC와 AV(Audio-Video)기기의 접속을 상정한 통신규격으로서 디지털 동영상 전송 등을 의식해서 만든 것이다. 'Fire-Wire'라는 명칭은 '불에 타서 연기가 올라가는 것만큼 빠른 속도'라는 뜻이다. 그림 8-12는 PC 뒷면에 있는 I/O 포트들의 모습이다.

그림 8-12
I/O 포트

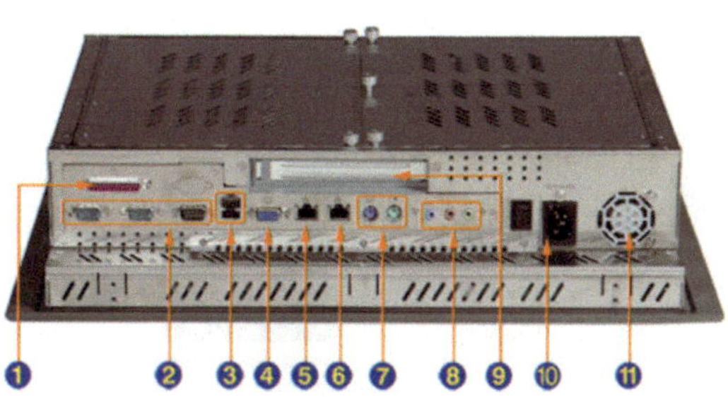

1.병열 포트트	2.직렬 포트
3.USB 포트(2개)	4.VGA 포트
5,6.LAN 포트	7.자판, 마우스 포트
8.오디오	9.PCI 확장슬롯
10.전원	11.쿨링팬

8-3 기억장치

컴퓨터 외부에서 연결되는 보조 기억장치는 대용량이며 프로그램이나 문서, 그림 등의 데이터를 영구적으로 저장한다. 일반적인 카세트 테이프는 리본형이며 길이에 따라 데이터를 저장한다. 따라서 중간 단계의 데이터에 접근하기 위해서는 빨리감기나 되감기를 해야하므로 시간이 많이 소비된다. 컴퓨터에서는 처리 속도가 생명이므로 디스크 형태로 하여 임의의 위치에 즉시 접근할 수 있게 한다.

플로피 디스크 드라이브

그림 8-13의 플로피 디스크 드라이브(FDD; floppy disk drive)는 1967년 개발되었으며 초기의 8인치에서 발전하여 현재는 용량이 1.44 Mbyte인 3.5인치 디스켓으로 발전하였다(규모가 작아져 디스켓이라 부르게 됨). 이전의 5.25인치 디스크는 잘 휘는 플라스틱 형태였으므로 '플로피(floppy)'라 하였으며 딱딱한 3.5인치 경우에도 이 용어를 그대로 사용되고 있다. 플로피 디스크는 카세트 테이프와 기록 및 재생 원리가 동일하며 그림 8-14가 이를 보여준다. 그림 (a)와 같이 자기 디스크 표면에는 트랙이 나 있으며 각 트랙은 섹터(sector)로 세분화된다. 그림 (b)에서 쓰기/읽기 헤드는 디스크의 양면에 각각 위치하며 함께 움직인다. 그러나 두 헤드는 직접 마주보는 위치에 두지 않으며 그 이유는 디스크 각 면에 쓰기(기록)하는 과정에서 생기는 간섭을 막기 위해서다. 각 헤드는 읽기와 쓰기 겸용이다. FDD에는 구동 모터와 스텝 모터 두 종류가 있으며 구동 모터는 디스크의 중앙에 있는 허브(hub)에 연결되어 디스크를 분당 300 내지 360 회전시킨다(rpm). 그리고 스텝 모터는 헤드가 직선 운동하게 하여 정확한 트랙에 위치하도록 한다.

그림 8-13
FDD

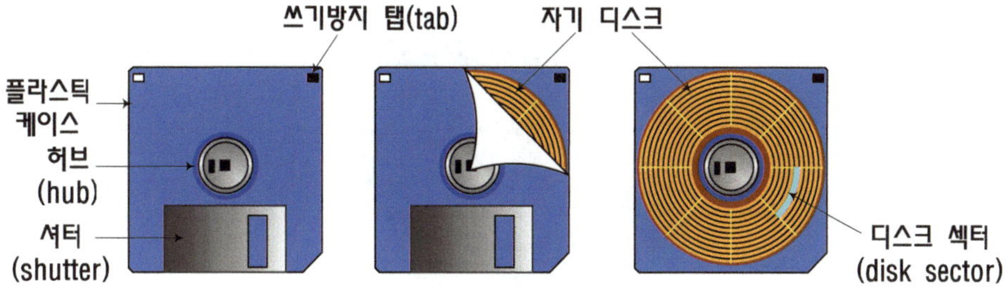

(a) 3½-인치 플로피 디스크

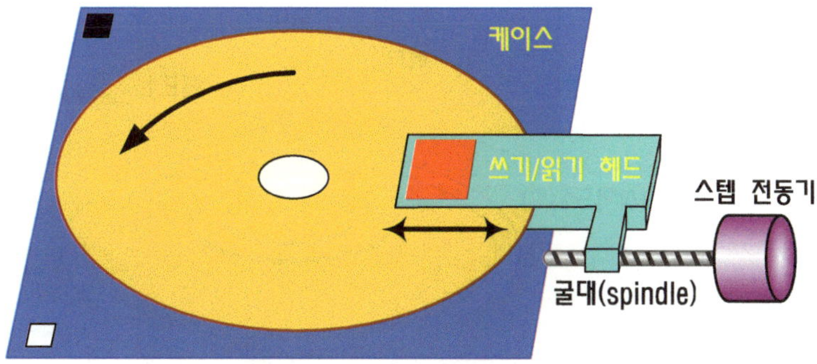

(b) 플로피 디스크 드라이브

그림 8-14 플로피 디스크와 FDD의 구동원리

하드 디스크 드라이브

하드 디스크(그림 8-15)는 1950년대에 발명되었으며 자성물질이 입혀진 딱딱한 알루미늄(또는 유리) 원반으로 되어 있으므로 하드 디스크라 한다. 전형적인 데스크-탑 컴퓨터의 하드 디스크 용량은 10~40 Gbyte에 이르며, 초당 50~40 Mbyte를 CPU에 전송할 수 있다. 하드 디스크 드라이브(HDD)는 용량을 늘리기 위해 그림 8-16(a)와 같이 여러 층의 원반을 겹쳐 사용하며(그림에서는 2개의 원반), 각 원반은 양면(사이드)에 두 개의 헤드를 가지고 있다. 원반들은 구동 모터에 의해 회전하며 회전 속도는 3,600 또는 72,000 rpm이다. 그림 (b)와 같이 끝에 헤드가 부착된 암은 원반 중심의 허브로부터 가장자리까지 움직일 수 있으며 초당 50번 이동할 수 있다. CD-ROM은 DVD와 같은 원리이므로 7-9절의 그림 7-53을 참조하기 바란다.

그림 8-15
HDD 내부

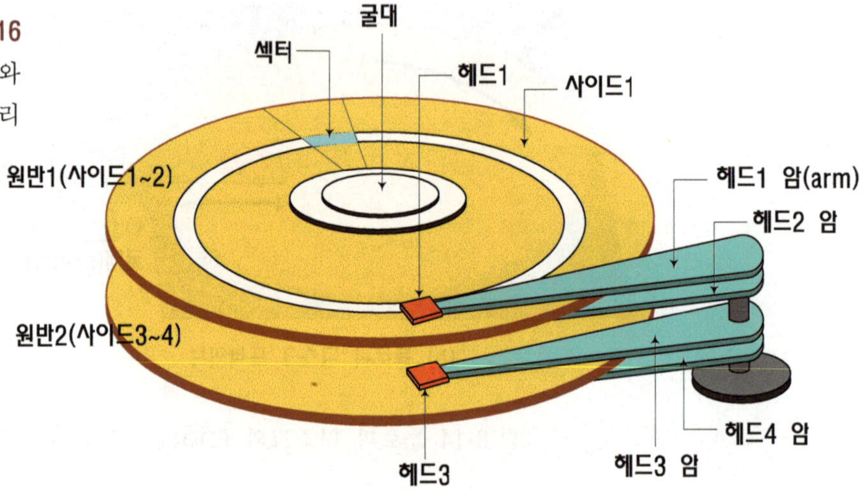

(a) 하드 디스크 드라이브 구조

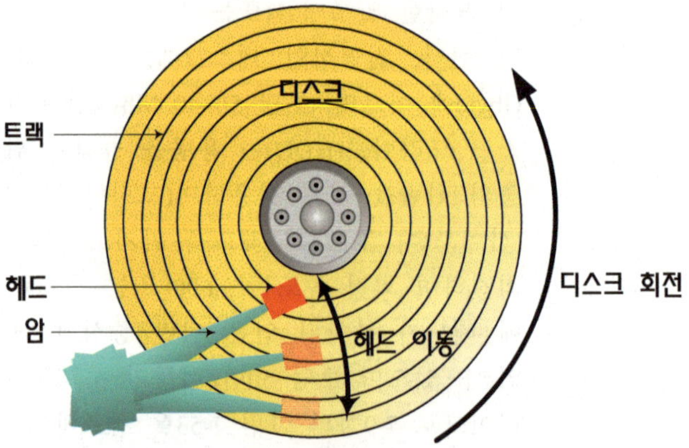

(b) 구동원리

그림 8-16
HDD의 구조와 구동원리

8-4 입출력 장치

자판(키보드)

그림 8-17 자판

자판(그림 8-17)을 통해 컴퓨터에 프로그램과 자료를 입력시키면 자판은 컴퓨터가 이를 이해할 수 있는 신호로 바꿔준다. 자판에는 문자, 숫자, 기능키 및 제어키를 포함하여 대략 80~100개의 글쇠가 있다. 자판의 밑바닥에는 그림 8-18(a)와 같은 자판행렬(key matrix)이 있으며 각 글쇠 아래에는 스위치 회로가 설치되어 있다. 스위치 회로는 평상시는 열린 상태이지만 글쇠를 누르면 그 글쇠 아래의 스위치 회로가 닫히므로 적은 전류가 흐르기 시작한다. 그러면 자판에 내장된 그림 (b)의 제어회로에서 어떤 글쇠가 눌러졌는지 파악한 다음 컴퓨터에 전달한다. 즉 자판행렬은 글쇠를 누르는 기계적인 동작을 전기적인 신호로 바꿔주는 것이다. 이를 위해 마이크로프로세서 내부의 ROM에는 자판행렬에 대한 조회표(look-up table)가 내장되어 있다. 자판은 그림 (c)와 같은 PS/2형 케이블이나 USB 케이블을 통해 컴퓨터와 연결된다.

그림 8-18 자판의 구조

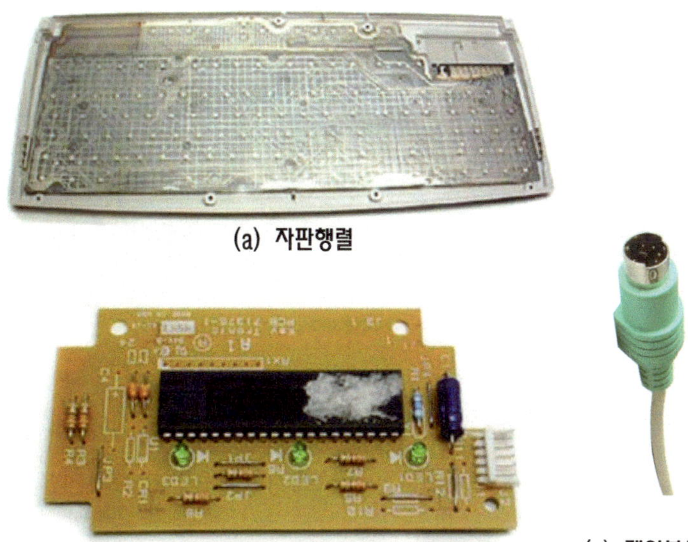

(a) 자판행렬

(b) 마이크로프로세서와 제어회로

(c) 케이블(PS/2 형)

마우스

길을 물을 때 말로 설명하는 것보다 손가락으로 가리키는 것이 빠르며 이것이 마우스의 원리이다. 마우스는 1960년대에 이미 구상된 것이지만 윈도우 3.1에 의해 GUI(Graphic User Interface)가 표준화되면서 급속히 확산되기 시작했다. 마우스의 주목적은 마우스를 사용하는 사람의 손동작을 컴퓨터가 이해할 수 있는 신호로 변환시켜 주는 것이다. 그림 8-19는 볼을 이용한 마우스의 바닥 모습이다. 마우스에는 볼과 접촉하는 롤러가 두 개 있으며(그림에서는 보이지 않음) 이들은 볼과 함께 회전한다. 단 롤러 하나는 볼의 x-방향 움직임을, 다른 하나는 y-방향 움직임을 각각 분담하여 감지한다. 두 롤러의 움직임은 두 개의 적외선 LED와 두 개의 적외선 센서에 의해 광학적으로 감지되도록 되어 있다. 즉 손의 기계적인 운동이 광학적으로 감지되는 것이다. 마우스 역시 자판과 같이 PS/2형 케이블이나 USB 케이블로써 컴퓨터와 연결된다. 현재는 광(optical)마우스, 무선 마우스, 블루투스(bluetooth) 마우스, RF 마우스 등이 사용되고 있다.

그림 8-19
볼(ball) 마우스의 바닥 모습

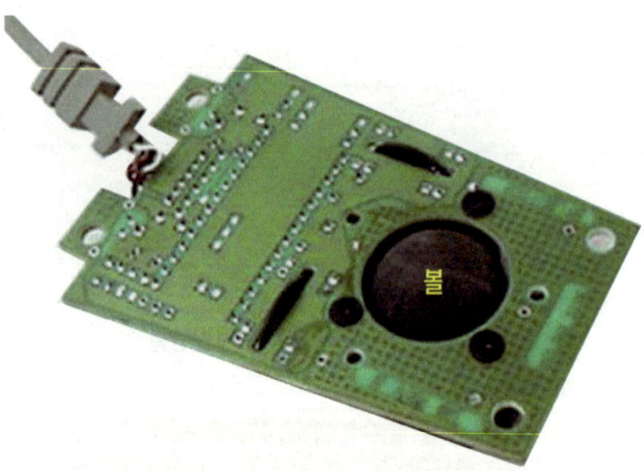

모뎀 (MODEM)

전화선은 디지털 전송이나 광대역 통신에는 부족한 점이 많지만 전 세계적으로 깔려 있는 막강한 조직이므로 어떠한 새로운 통신 수단도 이를 포용하는 쪽으로 개발되어야 한다. 모뎀은 디지털 데이터를 전화선을 통해 전송하는 인터넷이나 PC 통신을 위해 필수적이며 그림 8-20과 같이 모뎀은 디지털 신호를 AM이나 FM과 유사한 방법으로 변조하여 전화선으로 전달한다. 초기의 모뎀 전송속도는 300bps였

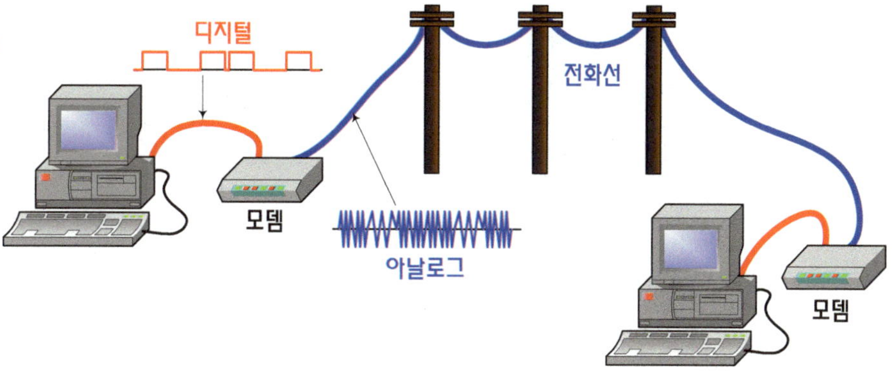

그림 8-20
모뎀

으며 변조는 FM 변조였다(정확히 FSK). 현재는 보다 정교한 변조(PSK, QAM 등)를 이용하여 56Kbps 정도에 이르고 있다. 모뎀 외에 케이블 모뎀(cable modem)이란 것이 있다. 모뎀이 사용하는 것은 구리선의 전화망이지만 초고속 인터넷을 사용할 수 있는 케이블망은 동축 케이블과 광케이블로 이루어져 있으므로 전화선에 비해 대역폭이 훨씬 넓다. 그러나 케이블망도 디지털 데이터를 전송할 때 디지털을 아날로그로, 아날로그를 디지털로 변환하는 기술이 필요하며 이를 위해 개발된 것이 케이블 모뎀이다. 케이블 모뎀의 최대 전송속도는 30Mbps에 이르며 실제 최적속도는 200kbps~2Mbps 정도이다.

8-5 근거리통신망(LAN)

이더넷 (Ethernet)

컴퓨터 주변 장치들이 각종 카드를 통해 컴퓨터와 하나로 연결되듯이 컴퓨터와 컴퓨터를 NIC(Network Interface Card)를 통해 연결하여 정보를 공유할 수 있도록 한 것을 네트워크(network) 또는 통신망이라 한다. 네트워크 기술은 크게 두 그룹으로 나눌 수 있다. 하나는 빌딩이나 회사 등과 같이 비교적 가까운 지역 내에 있는 장치들을 묶는 근거리 통신망(LAN; Local Area Network)이며 다른 하나는 수 km 정도 떨어진 장치들을 묶는 광역통신망(WAN; Wide Area network)이다. LAN의 시초는 1973년 미국의 제록스사와 디지털이큅먼트사 및 인텔이 공통으로 개발한 이더넷(Ethernet)이다. 그림 8-21은 이더넷의 구성이

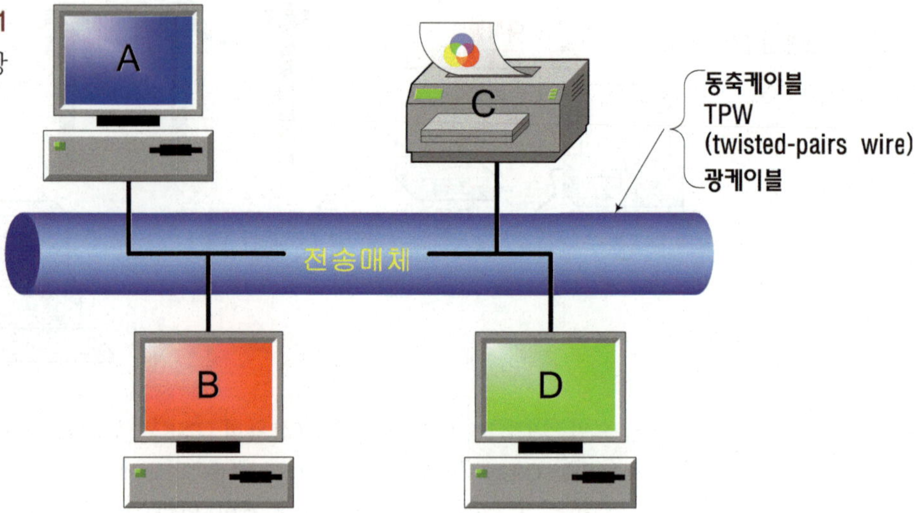

그림 8-21
이더넷 통신망

며 모든 네트워크의 기본을 이룬다. 이더넷은 여러 가지 장치들이 하나의 전송매체(medium)에 연결되며 전송매체를 공동으로 사용하여 정보(전기신호)를 주고받는다. 전송매체로는 동축 케이블과 TPW, 광케이블 등이 사용되며 초기의 이더넷에서는 동축 케이블을 사용하였지만 지금은 TPW나 광케이블을 사용하는 것이 보통이다. 전송매체에 연결된 장치들을 노드(node)라 부르며 하나의 노드에 딸린 전용선을 세그먼트(segment)라 부른다. 그리고 전송매체를 통해 각 노드가 통신하는 짧은 메시지를 프레임(frame)이라 부른다.

프레임은 사람의 언어에 있어서 문장과 같으며 각 프레임에는 목적지 노드(수신자라 부른다)와 발송지 노드(발신자라 부른다)의 주소가 포함되어야 한다. 주소는 사람의 이름과 같은 것으로 이더넷에 연결된 어떤 장치도 같은 주소를 가져서는 안된다. 그림 8-21에서 하나의 노드가 또 다른 노드에 정보(프레임)를 전송하면 모든 노드들이 프레임을 동시에 받게 된다. 그러나 프레임에 포함된 발송 주소지를 조사한 후 자기 주소에 보내진 것이 아니면 프레임 내용을 검토도 하지 않고 차단시킨다. 각 노드들이 프레임을 전송하고자 하면 먼저 통신망이 사용 중인지를 조사하여야 하며 이는 전송매체의 전기적인 신호로 알 수 있다.

네트워크에서는 '프로토콜(protocol)'이란 용어가 빈번히 사용된다. 원래 프로토콜은 국가간의 협약을 담은 의정서(議定書)를 말하지만 네트워크에서는 통신을 관장하는 일련의 규칙들을 의미한다. 컴퓨터와 프로토콜의 관계는 사람과 언어의 관계로 비유할 수 있다. 즉 네트워크상의 두 장치가 성공적으로 통신하기 위해서는 두 장치는 같은 프로토콜(즉 언어)을 이해하여야 한다.

CSMA/CD

그림 8-21에서 각 노드들은 전송매체를 공통으로 사용하므로 통신상에 충돌이 생길 수 있으며 이를 방지하는 방법이 CSMA/CD(Carrier-Sense Multiple Access with Collision Detection)이다. 이더넷에서는 하나의 노드가 또 다른 하나의 노드에게 통신을 하면 다른 모든 노드들이 함께 프레임을 받게 되며 이를 의미하는 것이 MA(multiple access)이다. 즉 회의 석상에서 한 사람이 발표하면 다른 모든 사람이 듣게 되는 것과 같다. 그리고 노드가 통신을 하고자 하면 통신망이 사용중인지 확인하여야 하며 이를 CS(carrier sense)라 한다. 이는 회의석상에서 한 사람의 발언이 끝나기를 기다린 다음 자기 의견을 발표하는 것과 같다. 요약하면 CSMA란 회의석상에서 한 사람의 발표를 모든 사람이 듣고 있다가 그 사람의 발언이 끝나면 다른 사람이 발언하는 것과 같다. 여기서 문제가 되는 것은 여러 사람이 동시에 발언하게 되는 경우이다. 즉 통신망이 비자 말자 기다리고 있는 두 노드 이상이 동시에 정보를 전송하는 것이 충돌이다. 이런 경우에 대비하여 데이터를 전송한 노드는 자신의 데이터가 손상되지 않았는지 확인하고 손상이 있으면 다시 전송하게 된다(CD; collision detection). 그러나 두 노드의 데이터 재전송이 충돌후 동일한 시간 후에 일어나면 충돌이 재발되므로 각 노드의 재전송 시간을 일정한 방법으로 변경시켜준다.

LAN 브리지 (bridge)

이더넷에서 연결되는 노드가 증가하면 각 노드들이 통신을 위해 대기하는 시간이 늘어나게 된다. 이를 해결하기 위해 그림 8-22와 같이 네트워크를 여러 개로 분리하여 브리지로 연결하는 방법이 사용된다. 브리지의 목적은 네트워크1과 네트워크2 상에서 필요없는 정보 흐름을 차단하는 것이다. 예를 들어 네트워크1에 나타난 프레임의 목적지 주소가 A 또는 B 노드이면 이 프레임은 네트워크2 상에 나타날 필요가 없으므로 브리지가 이를 차단하는 것이다. 반대로 네트워크1의 프레임의 목적지 주소가 C나 D일 경우는 브리지는 프레임이 네트워크2로 진행되도록 조치한다. 그러나 세분화된 네트워크가 비대해지면 브리지 방식 역시 한계에 부딪히게 된다.

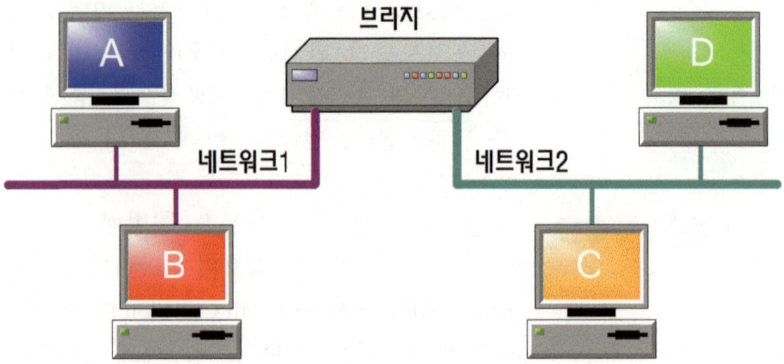

그림 8-22
이더넷 브리지

LAN 스위치 (switch)

브리지를 발전시킨 것이 LAN 스위치이다. 오늘날 대부분의 기본적인 네트워크에서는 노드들이 단순히 허브(hub)를 통해 서로 결합되며 허브는 그림 8-23과 같이 교차로에 비유할 수 있다(각 차량을 프레임에 비유된다). 프레임들은 그림과 같이 통신망 상에서 자기 차례가 오기를 기다려야 하며 노드들이 많이 연결될수록 대기 시간은 길어진다. 스위치는 입체 교차로나 고가도로와 같으며 차량들이 대기하지 않고 바로 진행할 수 있게 한다. 그림 8-24는 현대적인 이더넷 구성의 예

그림 8-23
이더넷 허브의 비유
(차량은 프레임)

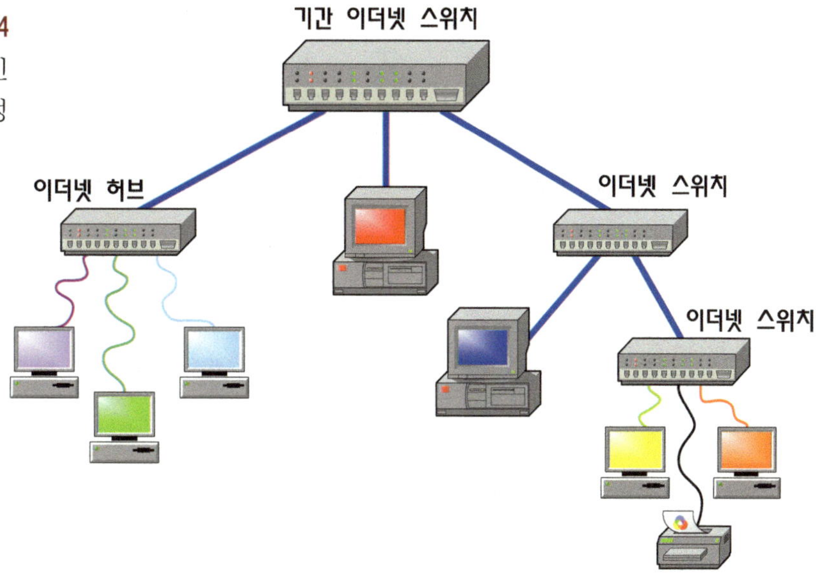

그림 8-24 현대적인 이더넷의 구성

를 보여준다. 기간 이더넷의 기간(基幹)은 'backbone(척추)'이라 부르며 LAN에서 WAN으로 연결하기 위한 주요 회선으로 대역폭이 넓은 대용량의 광케이블 등으로 구성된다.

네트워크에서 많이 사용되는 용어 중 하나가 패킷(packet)이며 이는 소화물을 뜻하는 'package'와 덩어리를 뜻하는 'bucket'의 합성어이다. 우체국에서는 화물을 적당한 덩어리로 나누어 각 덩어리에 행선지를 표시하는 꼬리표를 붙이는데 이러한 방식을 데이터 통신에 접목시킨 것이다. 즉 네트워크 상에서는 정보를 여러 개의 패킷으로 분리하여 각각 따로 전송하며, 모든 패킷에는 도착지의 주소가 포함되어 있다. 전송된 패킷들은 수신자 노드에 도착하면 재조립되어 하나의 정보로 전해진다. 그리고 네트워크에 결합된 소자들, 예를 들면 컴퓨터의 NIC(Network Interface Card; 랜카드)들은 어떤 것이든 실제 주소가 있으며 이를 MAC(Media Acess Control) 주소라 한다.

네트워크 형태 (topology)

각 노드들이 네트워크에 접속되는 실제적인 형태를 토폴로지라 하며 그림 8-25와 같은 종류가 있다. 각 유형의 특징은 다음과 같다.

- 버스 형(그림 (a)): 각 노드는 하나의 기간을 따라 순차적으로 연결되며 하나의 노드에서 전송된 정보는 목적지 노드에 도착할 때까지 기간을 따라 이동한다. 버스 네트워크 양단은 저항으로 연결되며 이

그림 8-25
네트워크 형태

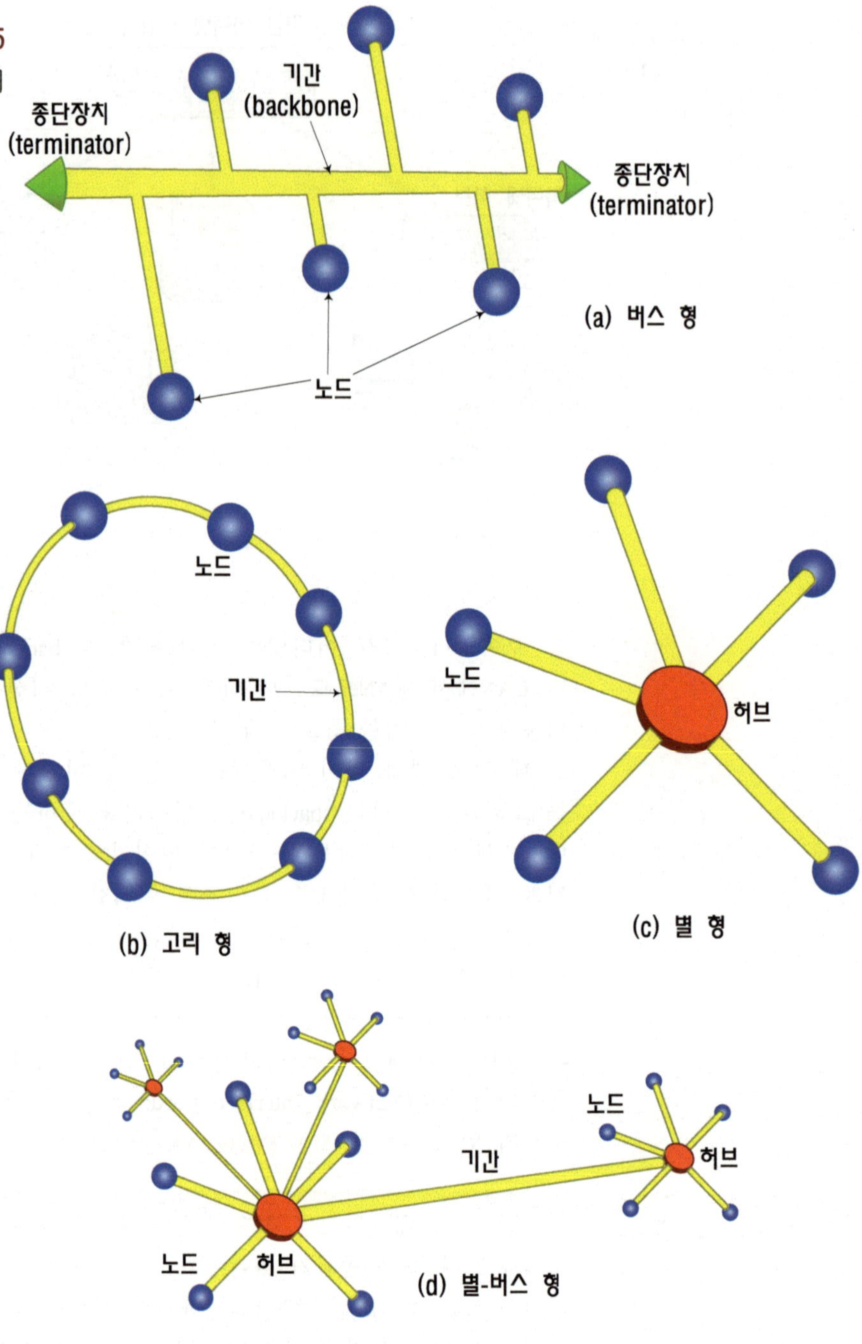

는 케이블의 끝부분에서 신호가 반사되어 다시 돌아오는 것을 막기 위함이며 이를 종단장치라 한다.

- 링 형(그림 (b)): 링 형은 버스 형과 같지만 네트워크의 양단이 서로 만나 원형을 이루는 점이 다르다. 링 네트워크에서는 토큰(token)을 이용하여 통신 순서를 결정한다. 즉 첫번째 노드는 데이터를 토큰과 함께 두번째 노드에 전송하며, 두번째 노드는 정보가 자기 한테 온 것이면 이를 접수하고 나아가 더할 것이 있으면 더한 다음 토큰과 함께 세번째 노드로 전송한다. 이와 같은 과정은 첫번째 노드로 다시 돌아올 때까지 반복된다. 이 방식은 토큰을 가진 노드만 데이터를 전송할 자격이 주어지며 다른 노드들은 토큰이 자신에게 돌아올 때까지 기다려야 하며 이를 토큰-링(token-ring) 방식이라 한다.
- 별 형(그림 (c)): 별 형에서는 각 노드들이 허브라는 중앙 장치에 연결되며, 허브는 임의의 노드에서 온 신호를 접수하여 다른 모든 노드들에게 전송시킨다. 즉 허브는 데이터에 대해 어떤 간섭도 하지 않으며 다른 노드들을 단순히 결합시켜 주는 역할만 한다.
- 별-버스 형(그림 (d)): 이것은 별 형과 버스 형을 결합한 것으로 현재 가장 보편적으로 사용되는 방식이다.

8-6 인터넷(internet)

라우터 (router)

20세기 최대의 통신 수단 중 하나가 인터넷(internet)이다. 인터넷은 지구상의 크고 작은 모든 네트워크들을 하나로 결합한 것이므로 그 이름도 'interconnected network'에서 유래한다. 인터넷은 주인이 없으며 1992년 창설된 인터넷 협회라는 비영리 단체가 인터넷의 정책과 규약 등을 관장하고 있다. 인터넷은 전지구를 통틀어 어떤 상대와도 수 초내에 이메일(e-mail)을 주고 받을 수 있다. 그리고 웹 페이지나 이메일, 파일 내려받기 등을 통해 PC에 정보를 저장하고 필요하면 가공하여 다시 전송하는 일이 일상 생활처럼 되고 있다. 인터넷에 어두운 이른바 '넷맹'은 실로 엄청난 정보를 접할 기회를 놓치고 있는 것이다. 인터넷의 이러한 위력은 일반인은 거의 모르고 지내는 기계인 라우터(router)에 의해 가능하며 그림 8-26이 이를 보여준다. 라우터는

그림 8-26
인터넷에서의
라우터 역할

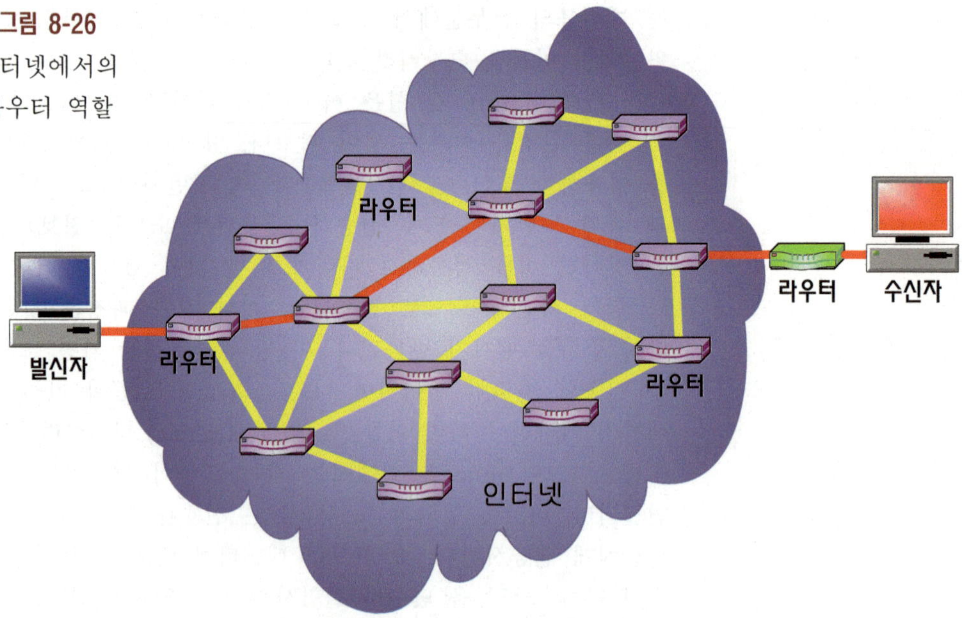

패킷에 담긴 수신처의 주소를 읽고 수신처에 이르는 수많은 경로들 중 가장 적절한 경로들을 선택하여 데이터를 전송하는 특수 용도의 컴퓨터이다. 라우터는 인터넷을 접속할 때는 반드시 필요하며 그 기능은 다음과 같다:

- 원하지 않는 곳으로 정보가 전달되는 것을 방지함으로써 많은 양의 데이터가 선의의 대기자들을 괴롭히지 않도록 한다.
- 원하는 목적지로 정보가 반드시 전달되도록 한다.

인터넷을 통한 패킷 전송과 일반 전화선을 통한 정보전송에는 큰 차이가 있다. 일반 전화선으로 장거리 통화(예를 들어 국제 통화)를 할 경우 발신자와 수신자 사이에는 TPW, 동축 케이블, 광케이블, 위성 통신등의 복합체로 구성된 전송매체가 연결된다. 그러나 발신자가 수화기를 내려놓기 전에는 그 전송매체는 변하지 않으며, 일단 통화를 중지하고 다시 시도하면 전송매체가 변경될 수 있다. 그러나 인터넷을 통해 정보를 전송할 때는 이와 완전히 다르다. 즉 정보는 먼저 여러 개의 패킷으로 분해되며 각 패킷은 서로 다른 경로를 따라 수신처로 전송된다. 즉 각 패킷이 전송되는 경로는 그때마다의 네트워크 환경에 맞추어 라우터에 의해 정해지기 때문에 예측할 수 없는 것이다. 물론 다른 경로를 거치더라도 각 패킷에는 동일한 수신처 주소가 있으므로 결국 하나의 노드에 이르러 재결합되는 것이다. 이와 같이 인터넷은 단순한 선의 연결인 무생물이 아니라 살아움직이는 무생물과 같은 것이며 그 배후에는 라우터가 있다. 라우터는 일반 PC용으로부터(그림 8-27(a)) 규모가 대단히 큰 네트워크에 대한 대형 컴퓨터 수준의 라우터(그림 (b))까지 다양하다. 인터넷은 수백만 대의 컴퓨터들이 하나의 네트워크로 연결된 것이므로 각 컴퓨터들은 누구와도 서로 대화할 수 있다. 가정에 있는 PC를 인터넷에 접속하기 위해서는 전화선 모뎀을 이용하거나, 인터넷 서비스업체(ISP; Internet Service Provider)와 연결된 DSL(Digital Subscriber Line)이나 케이블 모뎀을 이용하면 되며 그림 8-28은 그 예를 보여준다.

그림 8-27
라우터

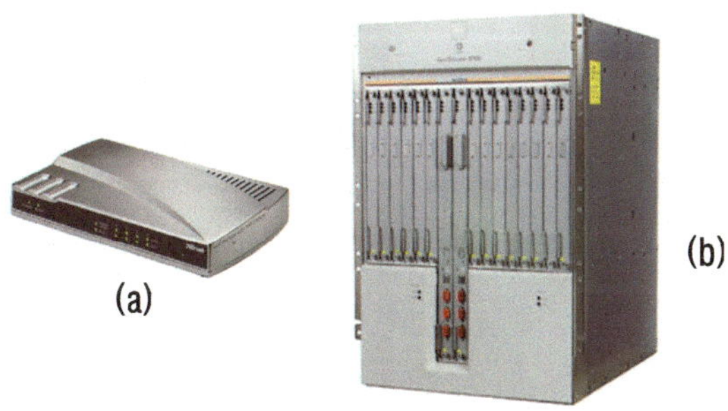

그림 8-28
가정에서의 인터넷 접속

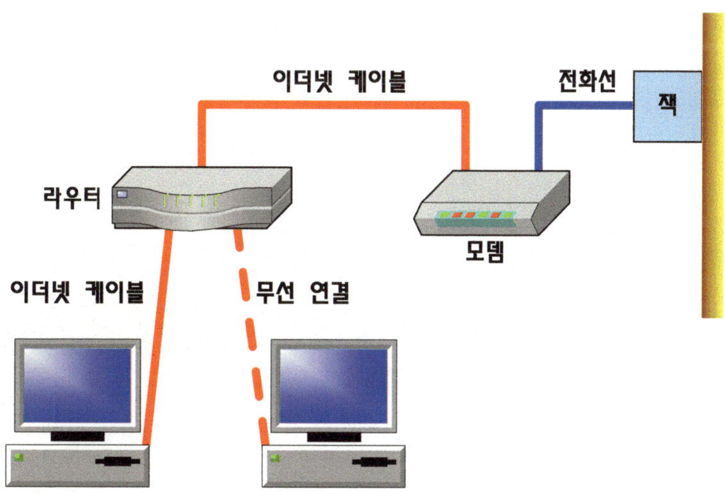

회사나 대학교 등에 있는 컴퓨터는 보통 사내의 LAN과 직접 연결되는 NIC가 내장되어 있으며, 회사의 LAN은 T1선(line)과 같은 고속의 전화선을 통해 ISP와 연결된다(일반 전화선은 모뎀을 이용해 3만~5만 bps의 속도로 전송할 수 있지만 T1선의 경우는 150만 bps의 속도로 데이터를 처리할 수 있다). 그림 8-29와 같이 사내의 LAN과 연결된 ISP는 더 큰 규모의 ISP에 접속되며 가장 큰 ISP는 광케이블과 같은 기간(backbone)으로써 큰 지역이나 나라 전체를 담당할 수 있다. 나아가 전세계의 기간들은 광케이블, 해저 케이블, 통신위성 등을 통해

그림 8-29
가정과 회사에서의 인터넷 접속 단계

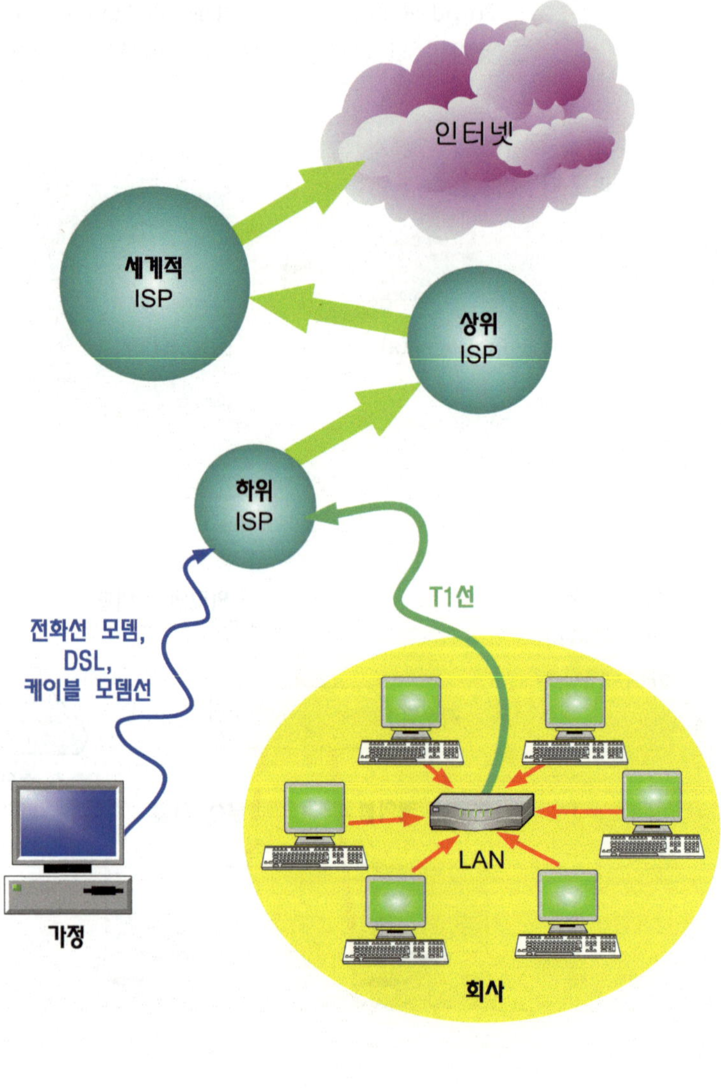

서로 연결된다. 이와 같은 방법으로 인터넷상의 모든 컴퓨터들은 인터넷상의 다른 모든 컴퓨터들과 연결되는 것이다.

클라이언트-서버 시스템

인터넷의 많은 부분에서 기본 개념으로 사용되는 것이 그림 8-30의 클라이언트-서버(client-server) 시스템이다(클라이언트는 고객, 의뢰인이란 뜻이다). 일반적으로 말하자면, 인터넷상의 모든 기계들은 서버와 클라이언트의 두 범주로 나눌 수 있다. 서버란 다른 기계에게 서비스를 제공하는 기계를 일컬으며 웹(Web) 서버, FTP(File Transfer Protocol) 서버 등이 그 예이다. 그리고 컴퓨터를 이용해 서버가 제공하는 서비스를 받는 쪽이 클라이언트이다(사용자라 하기도 한다). 여러분들이 www.yahoo.com에 있는 야후!와 연결하여 한 페이지를 읽게 되면 야후!는 서버이고(대단히 큰 기계들의 집합체) 여러분은 사용자, 즉 클라이언트가 되는 것이다. 물론 기계 하나가 서버와 클라이언트를 겸하는 것이 보통이지만 일반 사용자들은 거의 클라이언트에 속한다. 서버 역할을 하기 위해서는 반드시 서버 프로그램이라는 특정 프로그램이 서버 컴퓨터에 설치되있어야 한다(표 8-1 참조). 또한 일반 사용자 입장에서도 서버에 접속할려면 클라이언트 프로그램이 있어야 한다. 예를 들어 FTP 서비스를 제공하고 제공받기 위해서는 서버 컴퓨터에는 FTP 서버 프로그램이, 클라이언트 컴퓨터에서는 FTP 클라이언트 프로그램이 설치되 있어야 한다. 우리가 일반적으로 이야기하는 서비스 프로그램들은 거의 대부분 클라이언트 프로그램에 해당한다. 통상적으로 하나의 컴퓨터가 웹 서버, 이메일 서버, FTP 서버 등과 같이 여러 가지 서버 역할을 겸하면서 클라이언트가 요구하는 서비스에 해당하는 프로그램을 수행한다. 일반 사용자의 컴퓨터는 ISP의 컴퓨터를 서버로 인식하여 인터넷의 여러 서비스를 이용한다.

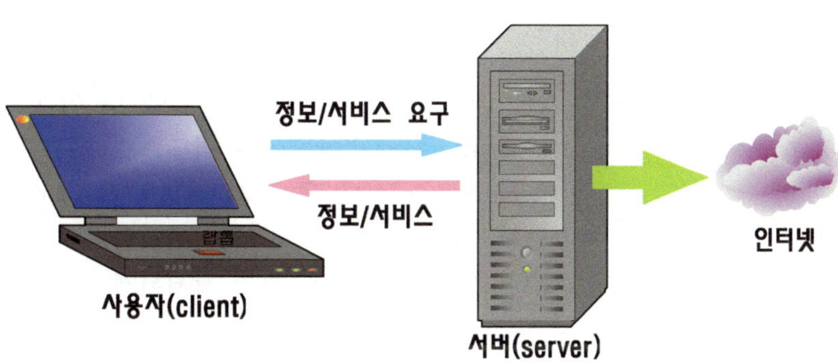

그림 8-30
클라이언트-서버 시스템의 개념

표 8-1
서버 종류

서버의 종류	서비스	기능
POP 서버	Post Office Protocol	전자 송수신, 즉 메일을 전달한다.
SMTP 서버	Simple Mail Transfer Protocol	메일로부터 전자우편을 받아서 상대방의 SMTP 서버로 보낸다. POP 서버와 함께 메일 서버라 한다.
DNS 서버	Domain Name System	도메인 네임을 관리, 유지한다.
웹 서버	Word Wide Web	홈페이지를 보관하고 브라우저의 요구에 따라 보여준다.
뉴스 서버	News	정보를 전자게시판 형식으로 교환하는 뉴스 그룹을 운영하는 서버
프록시 서버	Proxy	특정 조직의 LAN과 외부 네트워크 사이에서 방화벽(firewall) 역할을 수행하며, 동시에 여러 외부 서버의 데이터를 대신 받아주는 네트워크 캐쉬(cache) 역할을 한다.
텔넷 서버	Telnet	원격 시스템의 접속을 지원한다.
FTP 서버	File Transfer Protocol	파일의 송수신을 지원한다.
메일링리스트 서버	Mailinglist	메일의 리스트를 관리한다.
Archie 서버	Archie	FTP 서버들의 정보를 관리한다.
고퍼 서버	Gopher	메뉴식 정보검색 서비스를 관리한다.
기타		화상, 오디오 등

인터넷 주소

1974년에 TCP(Transmission Control Program) 패킷 교환망 프로토콜이 디자인되고 1975년에 TCP/IP(Internet Protocol)를 개발하기에 이르렀다. IP는 컴퓨터들이 인터넷을 통해 통신하는데 사용하는 언어이다. 1983년 인터넷 역사의 한 페이지를 장식하는 TCP/IP의 확립은 대단한 사건이었으며 TCP/IP는 지금도 인터넷의 표준 프로토콜로 사용되고 있다. 그리고 인터넷상의 모든 기계들은 각기 고유한 번호(주소)가 할당되며 이를 IP 주소라 한다. IP 주소는 본래 숫자로 되어 있기 때문에 암기하기 어렵다. 일례로 '203.237.66.11'이라는 IP 주소를 사람이 이해하기 쉬운 'www.daejin.ac.kr'로 쓸 수 있으면 훨씬 편리할 것이다. 이렇게 IP 주소를 알기쉬운 이름으로 바꿔주는 서비스가 DNS(Domain Name System)이다. 즉 DNS 서버는 'www.daejin.ac.kr'이라는 주소를 자동적으로 '203.237.66.11'로 변환시켜준다. 이와 같이 TCP/IP와 DNS의 출현으로 인터넷의 기반이 확립되게 된 것이다.

8-7 디지털가입자 회선(DSL)

인터넷에 접속하기 위해서는 보통의 모뎀, 사무실의 LAN, 또는 케이블 모뎀을 이용한다. 나아가 디지털가입자 회선(DSL; Digital Subsriber Line)을 이용하면 일반 전화선을 이용하여 매우 빠르게 데이터를 주고 받을 수 있다. DSL의 장점은 다음과 같다:

- 항상 인터넷과 접속되며 일반 전화선을 이용할 수 있다.
- 속도가 보통의 모뎀보다 훨씬 빠르다.
- 기존의 전화선을 이용하므로 별도의 회선을 설치할 필요가 없다.
- DSL을 제공하는 업체에서 DSL 모뎀을 대여해 준다.

그러나 다음과 같은 단점이 있다:

- DSL 연결은 업체의 센터와 가까울수록 동작이 잘된다.
- 인터넷에 데이터를 전송하는 것보다 받을 때가 더 빠르다.
- 아무데서나 서비스를 받을 수 없다.

DSL은 수많이 깔려 있는 기존의 구리 전화선 특성을 십분 활용하는 것이다. 기존의 구리 전화선은 POTS(Plain Old Telephone Service)라고 부르며 POTS의 대역폭을 사람의 음성 대역인 3,400Hz로 의도적으로 제한해 왔다. 여기서 '의도적'이라 한 이유는 구리 전화선은 실제로 1.5MHz까지 취급할 수 있기 때문이다. 그러면 왜 3.4kHz 수준으로 대역폭을 제한시켜 왔는가? 그 이유는 다음과 같다: 전화선은 두 가닥의 구리선간에 전자기 간섭이 일어나지 않도록 꼬임형으로 만든다(그림 7-10). 그러나 주파수가 높을수록 두 구리선간의 전자기 간섭이 심해지므로 주파수를 음성대역인 3.4kHz로 제한한 것이며 그 당시에는 음성신호가 전부였기 때문이다. 또 이렇게 함으로써 전자기 간섭을 걱정하지 않고 좁은 공간에 많은 전화선을 꾸려 넣을 수 있었기 때문이다. 즉 전화선에는 3.4kHz 이상부터 약 1.5MHz까지 남은 대역이 많다는 것이며, 아날로그 대신 디지털 신호를 전송하는 현대의 장비들은 이 남은 대역을 활용할 여지가 많은 것이다. 이것이 바로 DSL이 하는 일이다. 그리고 대부분의 가정이나 적은 규모의 사무실들은 인터넷으로부터 정보를 내려받는 경우(download)가 인터넷에 데이터를 올리는 경우(upload)보다 훨씬 많으며 이를 이용한 것이 비대칭형 DSL(ADSL; Asymmetrical DSL)이다. ADSL의 원리는 그림 8-31과 같다. 그림 (a)의 CAP 방식은 초창기 ADSL 방식이며 전화선의 대역을 세 부분으로 쪼개 사용한다. 먼저 0~4kHz 대역은 기존의 음성신호를 전송한다. 그리고 25~160kHz 대역은 사용자가 인터넷에 데이터를 올릴 때 사용하며(upstream), 240kHz~1.5MHz 대역은 사용자가 인터넷으로부터 데이터를 내려 받을 때 사용한다(downstream). 따라서 데이터를 올릴 때(32~768kbps)보다 내려받을 때(1.5~8Mbps)의 전송 속도가 훨씬 빠르게 된다(대역폭이 넓으므로). 이 방식은 세 대역이 서로 충분히 떨어져 있으므로 서로간의 간섭이 일어날 가능성이 최소화된다.

그림 (b)는 오늘날 대부분의 ADSL 장비에 채용되는 DMT 방식이다. DMT는 그림과 같이 전체 대역을 폭이 4kHz씩인 247개의 채널로 쪼개 사용한다. 즉 하나의 구리선을 대역폭이 4kHz인 247개의 선으로 나누어 각 선에다 모뎀을 접속하는 것과 같다. 따라서 사용자는 자기 컴퓨터에 247개의 모뎀을 설치한 것과 같은 효과를 얻을 수 있다. 그림 8-31의 두 방식은 전화선에 음성신호와 디지털 신호를 주파수분할

그림 8-31
ADSL 원리

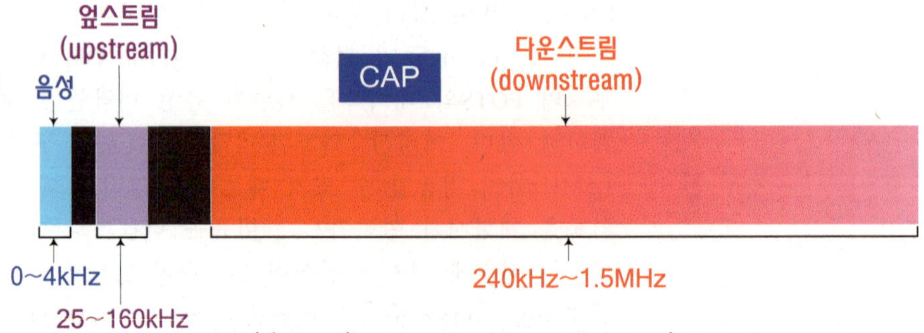

(a) CAP(Carrierless Amplitude/Phase)

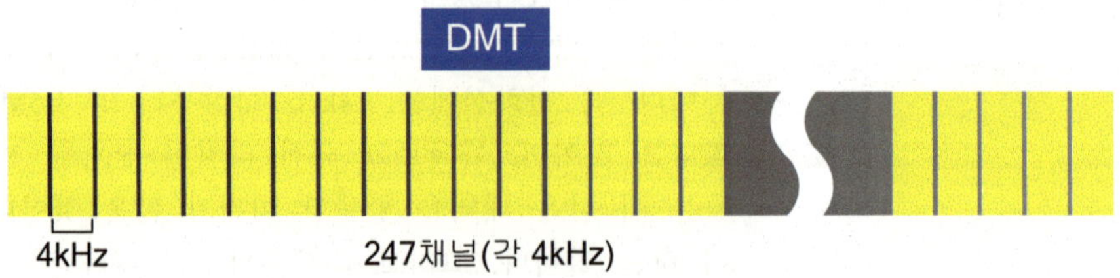

(b) DMT(Discrete MultiTone)

방식으로 전송하므로 음성신호를 얻기 위해 0~4kHz만 통과시키는 필터를 사용한다. 그림 8-32는 POTS를 통해 기존의 전화교환망과 인터넷에 함께 접속할 수 있는 구성을 보여준다. 라우터(또는 스위치)로 결합된 LAN은 DSL 모뎀을 통해 전화선 잭에 연결되며, 전화교환망을 이용할 전화기와 팩스는 필터(0~4kHz)를 통해 잭에 연결되어 모두 POTS를 통해 전화교환국으로 전달된다. 여기서 전화교환망을 이용할 경우(전화기, 팩스)는 스위치를 통해 전화교환망과 연결되고 인터넷을 이용할 경우(DSL LAN)는 DSLAM(DSL Access Multiplexer) 장치를 통해 인터넷과 접속된다. DSL에는 ADSL, SDSL, VDSL 등이 있다(xDSL).

그림 8-32
POTS를 통한 DSL 통신

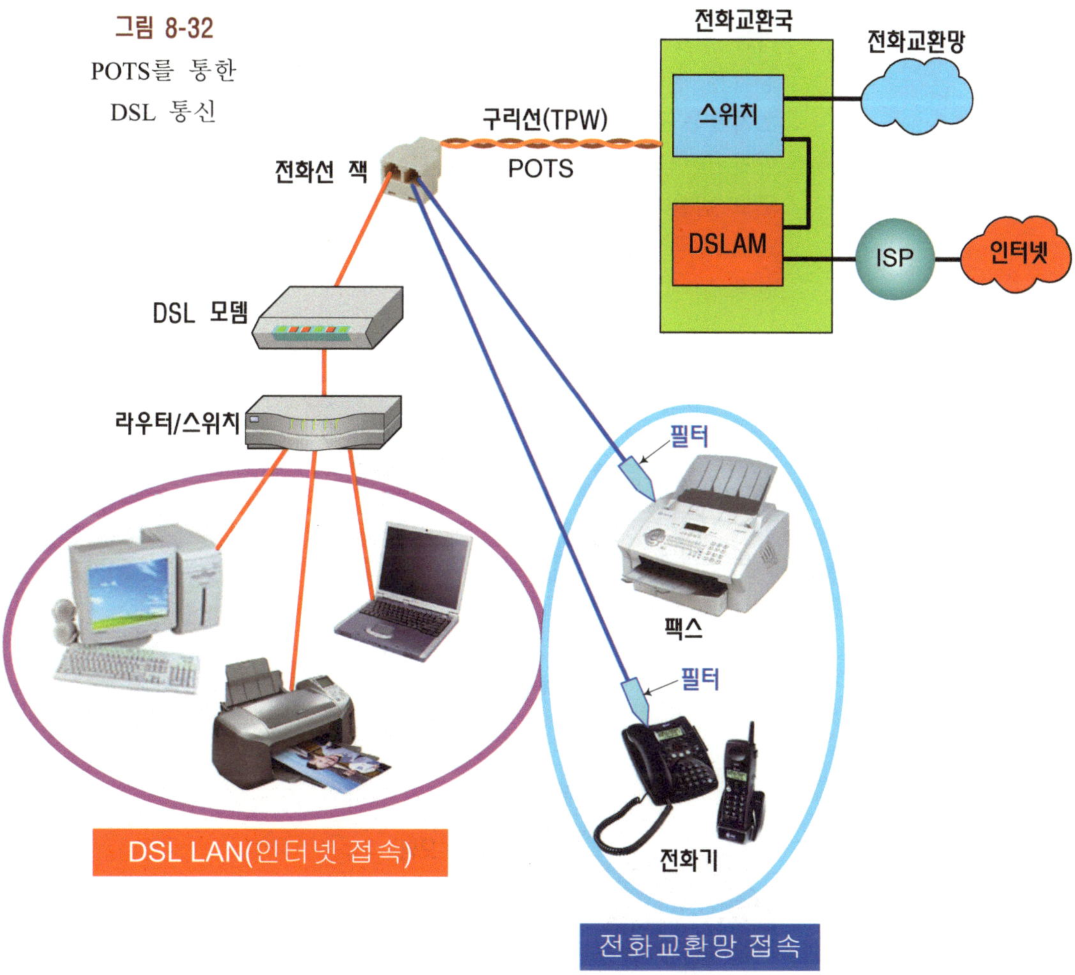

8-8 무선 네트워크

무선랜 무선랜(wireless LAN)은 무선 네트워크를 이용하여 하이파이(HiFi) 오디오처럼 편리하게 사용한다 해서 와이파이(WiFi)라 부른다. 전파를 이용하므로 전화선이나 전용선이 필요없으나 PAD나 컴퓨터에는 무선랜 카드가 장착되어야 한다. 중계기인 무선접촉장치(AP; Access Point)가 설치된 곳을 중심으로 일정한 거리내에서 PDA나 노트북 컴퓨터를 통해 초고속 인터넷을 이용할 수 있다. 그림 8-33은 와이파이 라우터를 중심으로 구성된 무선랜의 예이며 좁은 공간에서 유용하다. 그림 8-34는 이더넷 결합과 무선결합으로 된 LAN을 인터넷에 접속시키는 경우이며 빌딩과 같이 규모가 큰 장소에서는 각 층에 무선접촉장치를 설치하여 통합하면 대규모 LAN을 구축할 수 있다. 무선랜은 초기에는 전파 도달거리가 10m에 불과했으나 현재는 50~200m 정도까지 늘어났다. 전송속도는 4~11Mbps로 대용량의 멀티미디어 정보도 주고 받을 수 있으며 장시간 사용해도 사용료가 저렴하다. 특히 유선연결이 복잡한 백화점이나 병원, 박물관 등과 전시회, 세미나, 건설현장 등 일시적으로 네트워크를 설치하는데 매우 유리하다.

그림 8-33
무선랜

그림 8-34
무선랜과 이더넷 결합

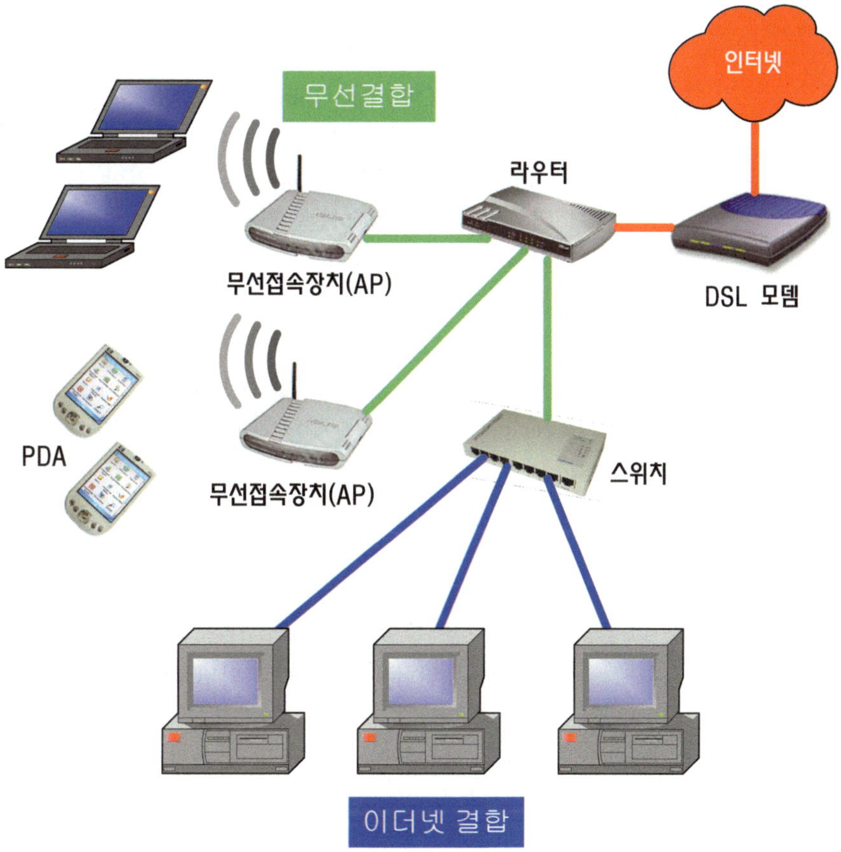

블루투스 전자 기기들을 결합하는 방법에는 다음과 같은 방법들이 있다.

- 전선(electrical wire)
- 연결 케이블(직렬, 병렬, USB, FireWire)
- 이더넷 케이블
- WiFi(무선랜)
- 적외선 통신(리모콘이 한 예)

전자 기기들이 갈수록 다양해지므로 이들을 서로 연결하는 일이 나날이 복잡해지고 있으며, PC의 경우만 보더라도 뒷면에 얽히고 설킨 연결선들을 볼 수 있을 것이다. 전자 장치들을 결합하는 데는 먼저 위의 방법들 중 어떤 것을 택할 것인가 결정해야 한다. 그리고 각 장치들의 특성, 예를 들어 전송속도 등을 고려하여야 하며 다음으로 각 장치들의 고유한 프로토콜간의 조율이 필요하다. 이러한 절차는 거의 전문가 수준이므로 일반인으로서 간단한 작업이 아니다. 한편 리모콘과 같은 적외선(IR; Infrared) 통신은 무선(적외선)으로 기기를 작동시키며 신뢰도가 높고 가격이 비싸지 않아 대단히 많이 사용되고 있다. 그러나 기기에 똑바로 대고 작동시켜야 하며 한 기기에 하나씩의 장치가 따로 필요하다는 단점이 있다(일반 가정집에는 보통 두 개 이상의 리모콘들이 나뒹굴고 있다). 이를 해결하기 위해 개발된 것이 블루투스(Bluetooth)이다. 블루투스는 근거리에 있는 장치들이 쌍방향으로 실시간 통신이 가능하도록 저전력의 무선으로 결합시켜주며 사용자가 개입할 필요가 없도록 한다. 예를 들면 이동 컴퓨터(mobile computer), 휴대폰, 헤드셋(headset), 개인휴대 정보 단말기(PDA), PC, 프린터 등의 기기 간에 정보 전송을 목적으로 한다. 특히 블루투스는 배터리 전력을 절약하기 위해 매우 낮은 전력으로 동작하게 한다. 블루투스는 10세기 덴마크와 노르웨이를 통일한 바이킹 왕 'Herald Bluetooth(910~985)'의 이름에서 따온 것으로, 블루투스가 스칸디나비아 반도를 통일한 것처럼 각종 디지털 기기들을 하나의 무선통신 규격으로 통일한다는 상징적 의미를 띤다.

블루투스는 그림 8-35와 같이 2.45GHz 대역(2.402GHz~2.480GHz)의 전파를 사용하여 데이터를 전송하며, 다른 시스템과의 간섭을 피하기 위해 약 1mW(10^{-3}W)의 매우 약한 신호를 사용한다(휴대폰의 경우 최대 3W의 신호를 보낼 수 있다). 따라서 블루투스-장착 기기의 통신거리는 약 10m로 제한된다. 블루투스는 10m 이내에 있는 8개 장치를 동시에 연결시킬 수 있으며 이들은 모두 2.45GHz 대역에서 통신한다. 따라서 각 기기들간에 간섭이 생길 수 있으므로 이를 피하기 위해 주파수-도약 확산 스펙트럼(Frequency-hopping Spread spectrum) 변조 방식을 이용한다. 이 기술은 그림 8-36과 같이 2.402GHz~2.480GHz 대역

그림 8-35
블루투스에 할당된 대역

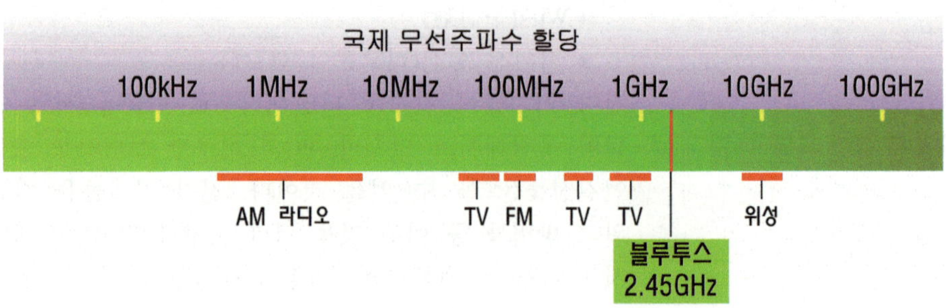

그림 8-36
블루투스 채널

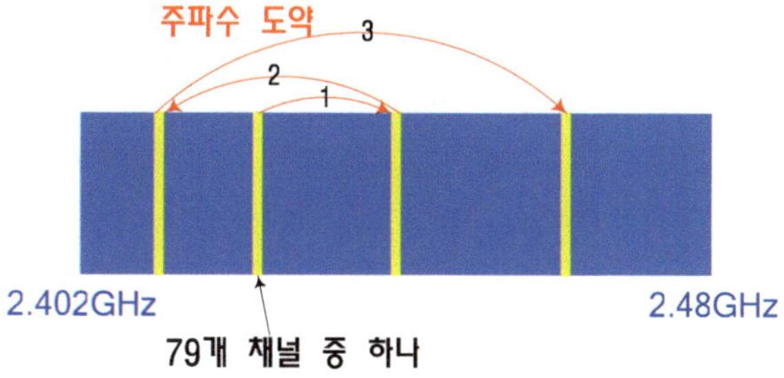

을 79개의 채널로 나눈다. 그리고 하나의 블루투스-장착 기기가 하나의 채널을 사용하되, 고정된 채널을 사용하는 것이 아니라 시간에 따라 무작위로 채널(주파수)을 바꿔서 사용하는 것이다(그래서 주파수 도약이라 한다). 즉 스파이가 전파탐지에 걸리지 않도록 채널을 계속 바꿔가며 통신하는 것과 같으며, 바꾸는 순서는 탐지자 입장에서는 무작위로 된 난수표와 같지만 통화 당사자간에는 그 순서가 이미 약속되어 있는 것이다. 블루투스에서는 1초에 무려 1,600번이나 채널을 바꾸므로 기기간에 간섭이 일어날 확률은 거의 없다. 그림 8-37은 PC에 장착하는 PC 블루투스 무선카드와 블루투스-장착 기기들의 예를 보여준다.

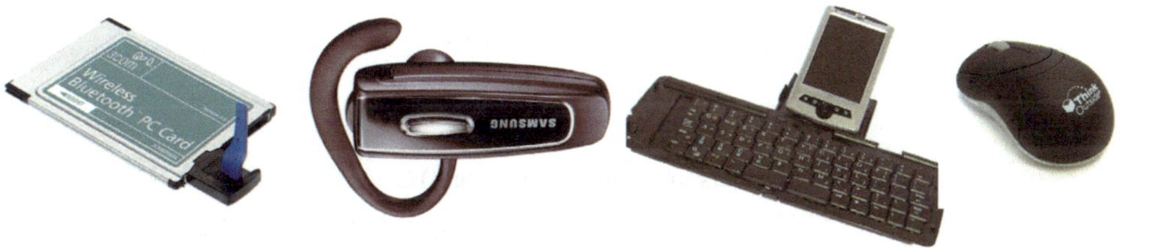

(a) 블루투스 무선 PC카드 (b) 블루투스 헤드셋 (c) 블루투스 자판 (d) 블루투스 마우스

그림 8-37 블루투스-장착 기기의 예

지금 여러분 거실에 다음과 같은 현대적 전자 기기들이 빼꼭이 들어차 있다고 하자: TV, 위성 TV, 스테레오, DVD 플레이어, 코드리스폰(cordless phone), 휴대폰, PAD, PC, 노트북 PC, 디지털 카메라(디카). 그림 8-38과 같이 이들 각 기기들에 블루투스를 장착하여 하나로 묶은 것을 피코넷(piconet; pico는 10^{-12}으로서 매우 작다는 뜻)이라 부른다.

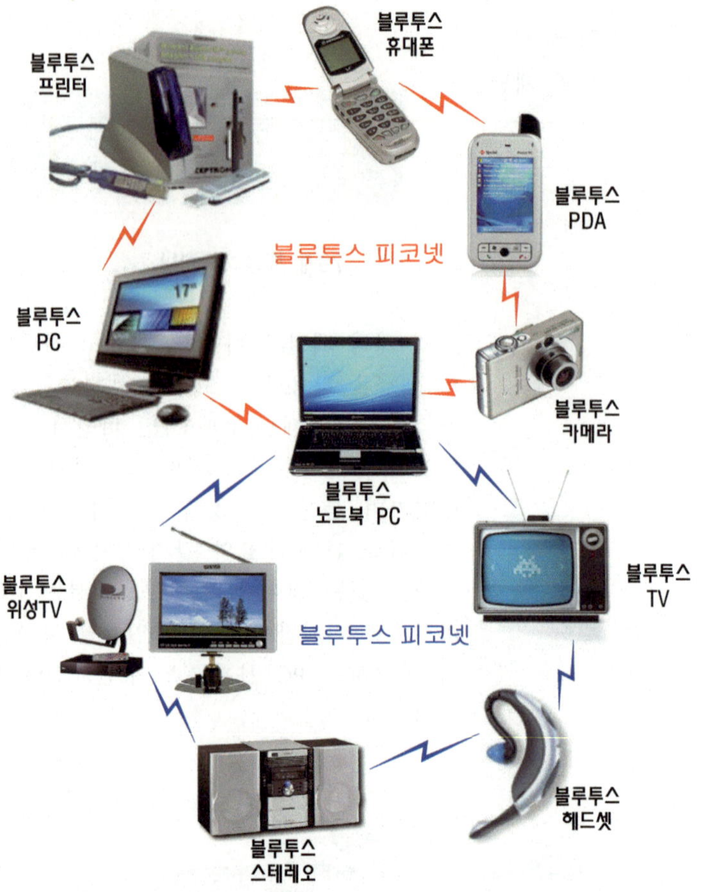

그림 8-38
피코넷

PDA PDA(Pdersonal Digital Assistant)는 그림 8-39와 같이 크기가 작아 손바닥에 들어가므로 'palmtop'이라 하기도 하며 PC를 보조하도록 설계된 것이다. PAD는 개인비서와 같이 전화번호부, 약속, 그날의 업무 등 개인 생활을 관리해준다. 뿐만 아니라 'Palm OS'를 설치할 수 있어 이-메일, 웹브라우저(인터넷), 멀티미디어(음성 및 영상) 등 PC 차원의 다양한 소프트웨어를 실행할 수 있다. PAD는 특히 PC와 정보를 공유할 수 있게 한 일종의 축소판 PC이므로 PC와 PAD에 정보를 동시에 보관할 수 있다. 즉 PAD의 정보를 PC로, PC의 정보를 PAD로 간단히 옮길 수 있으므로 업무 중에 PAD에 기록된 정보를 그대로 PC에 저장할 수 있어 편리하다. 그림 8-40은 PAD의 구성이며 근본적으로 PC 구성과 같음을 알 수 있다. 즉 자판, 터치 스크린, LCD 표시장치는

그림 8-39

PAD

그림 8-40

PAD 구성

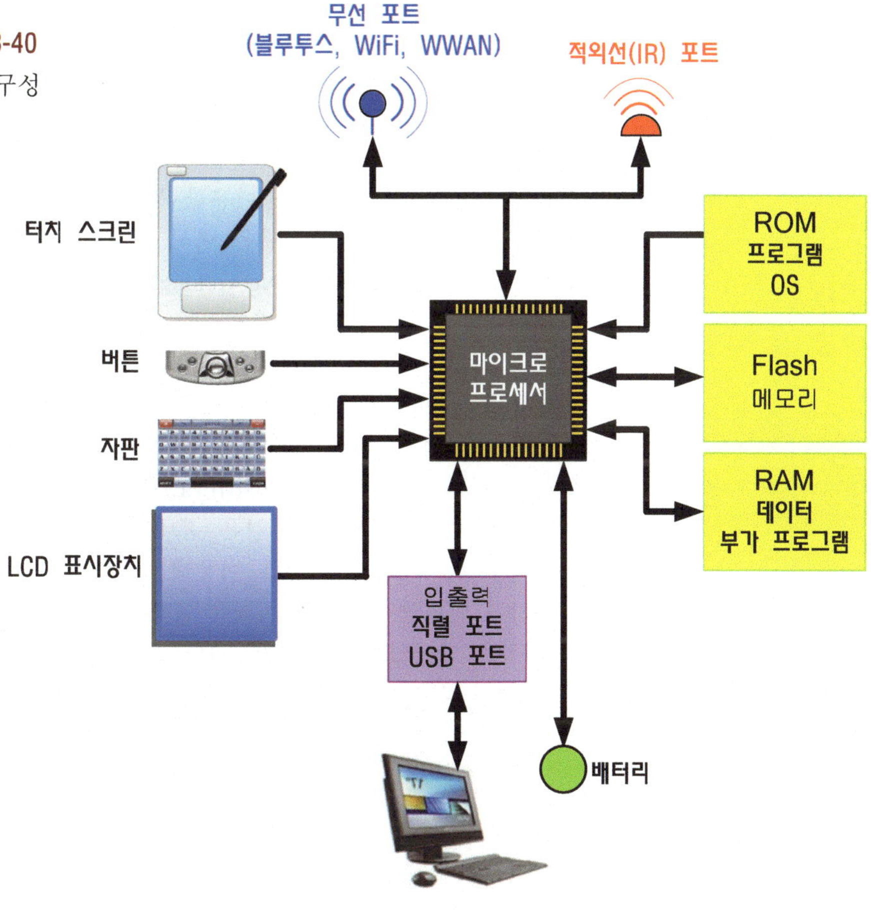

각각 PC의 자판, 마우스, 모니터와 같다. 그리고 PC와 같이 입출력 포트(직렬, USB)를 통해 외부와 연결할 수 있다. 기억장치 역시 PC와 같이 프로그램과 OS를 저장하는 ROM과 데이터와 부가 프로그램을 저장하는 RAM 및 전원이 차단되도 정보가 지워지지 않는 플래쉬(flash) 메모리가 내장되어 있다. 그리고 블루투스, 와이파이(WiFi), WWAN(Wireless WAN) 등을 통해 무선 네트워크가 가능하며 적외선 통신을 통해 리모콘과 같은 기능을 갖추고 있다.

홈네트워크

가정 내의 모든 가전 및 정보 기기를 유무선으로 결합함으로써 시간과 장소에 구애받지 않고 가정을 통제할 수 있도록 구축하는 것을 홈네트워크(Home network)라 한다. 홈네트워크는 디지털 기기를 위주로 하므로 디지털홈(digital home)이라고도 하며 가정자동화(HA; Home Automation)라고도 한다. 홈네트워크를 구축하는 방법은 전력선을 이용하는 전력선 네트워크, 전화선을 이용하는 전화선 네트워크 및 무선을 통한 무선 네트워크로 나눌 수 있으며 그림 8-39가 한 예를 보여준다. 전력선 네트워크를 이용한 통신은 주로 큰 전력이 요구되는 에어컨, 냉장고, 세탁기와 같은 백색 가전기기에 적용된다. 전화선 통신은 'HomePNA(Phoneline Networking Alliance)'이라 하며 전화기, PC, 스캐너, 팩스 등을 묶는데 유리하다. 무선 기기인 휴대폰, PDA, 무선카메라 등은 이더넷이나 LAN, WAN을 이용한 유선 통신이나 WiFi나 블루투스를 이용한 무선통신으로 결합할 수 있다. 그리고 음성이나 영상을 전달하는 AV(Audio-Video) 기기와 같은 멀티미디어 정보를 전달하는 데는 미국전기전자학회(IEEE)가 표준화한 IEEE 1394 통신방식이 유리하다. 그림 8-41과 같은 홈네트워크가 구축되면 여러분은 집 밖에서도 PC나 휴대폰 등을 이용해 인터넷을 통해 가정을 자유로이 통제하고 관리할 수 있다. 아직은 표준화 등 여러 가지 기술적인 문제가 과제로 남아있지만 조만간 홈네트워크가 구현될 날이 올 것이다.

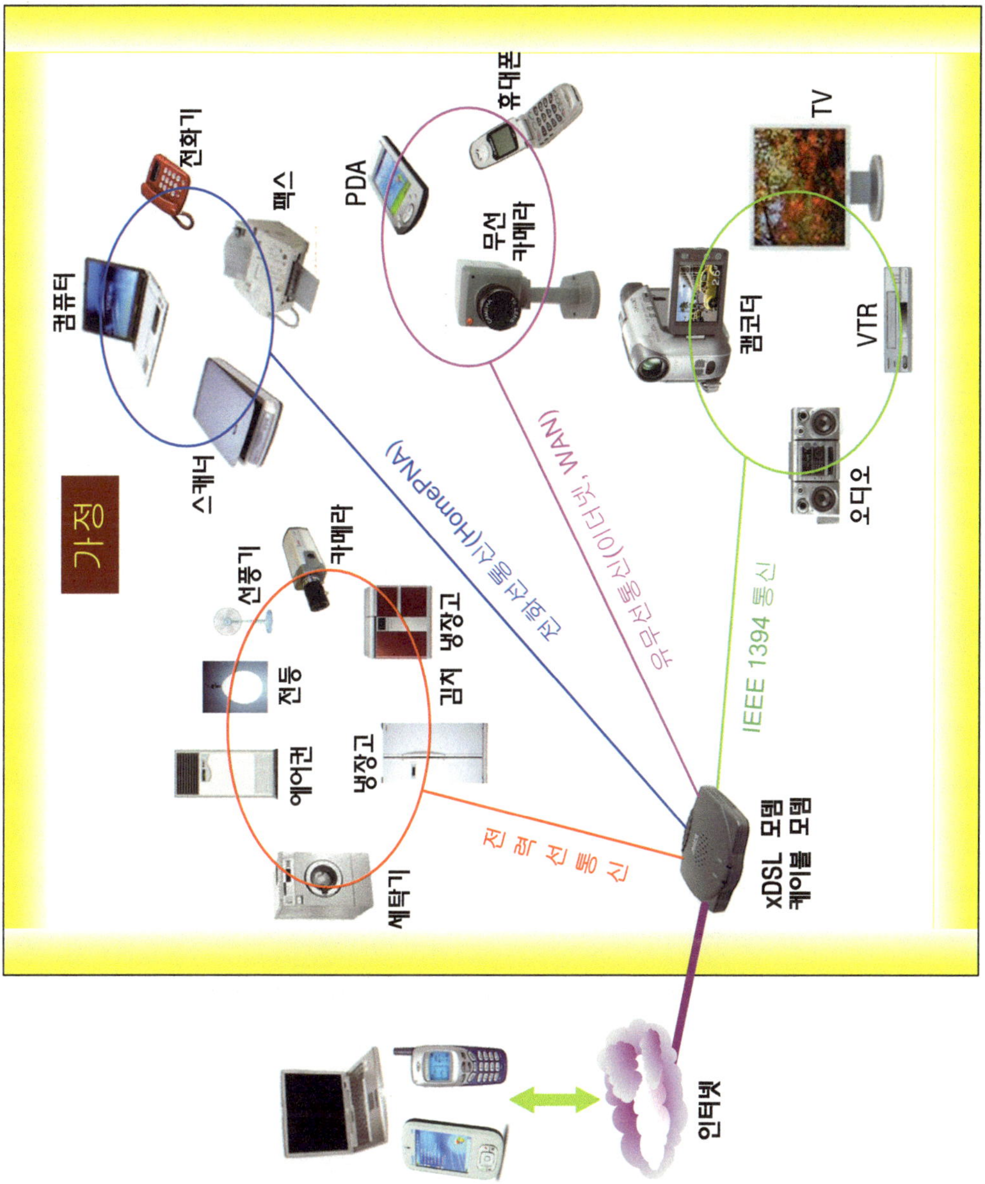

그림 8-41 홈네트워크(Home network)

9

센서

9-1 센서란 무엇인가?

9-2 자기를 이용한 센서 리드 스위치, 홀 센서

9-3 전자기 유도를 이용한 센서 전기제동, 차동변압기, 속도 및 가속도 센서, 전자 유량계

9-4 와전류를 이용한 센서 와전류, 와전류 차동변압기, 전자기 차폐, 회전 센서, 와전류 제동, 분리기, 근접 스위치

9-5 초음파를 이용한 센서 근접 스위치, 유량계, 레벨 센서

9-6 광을 이용한 센서 광센서 응용, 광결합기, 레이저 센서, 리모컨

9-7 정전용량을 이용한 센서 정전용량, 거리 센서, 차압 센서, 변위 센서, 레벨 센서, 습도 센서, 터치스크린

9-8 브리지식 센서 브리지 회로, 자동평형 계기, 용량 측정

9-9 온도 센서 측온 저항체, 서미스터, 열전대 온도센서

9-10 힘 센서

9-1 센서란 무엇인가?

지금은 자동화 시대이며 이를 이루기 위해서는 그림 9-1과 같이 기계가 여러 가지 물리량을 감지할 수 있는 다양한 센서들이 필수적이다. 자연계에는 전압과 전기와 같은 전기량 외에 힘, 속도, 거리, 무게, 압력, 온도, 습도 등 수많은 물리량들이 있다. 이러한 물리량을 감지하는 것을 센서(sensor)라 하며 이 용어는 거의 일상화 되어 있다. 센서는 기타의 물리량을 전기량으로 변환시키는 것이 주이며 그 이유는 바로 강력한 마이크로프로세서를 중심으로 한 다양한 전자 장치들을 이용하기 위해서이다. 실제로 우리는 일상 생활에서 수 많은 센서들 속에 살지만 잘 인식하지 못하고 있다. 자동문, 화장실의 자동세척기, 보온 전기밥솥, 자동 점등기, 자동 잠금 장치, 자동 화재 경보기, 지폐 교환기, 교통 카드, 신용 카드 등등 셀 수 없을 정도이다. 이 장에서는 센서의 원리와 그 응용에 대해 알아보기로 한다.

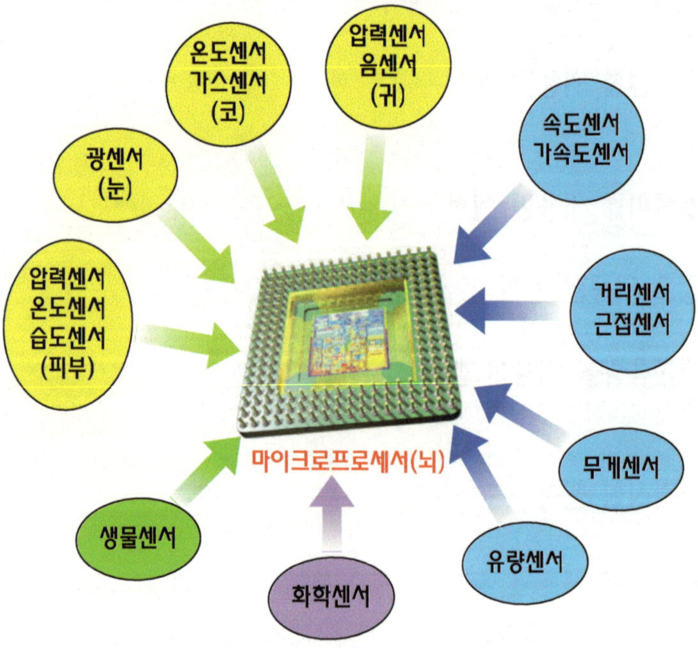

그림 9-1
센서의 종류

9-2 자기를 이용한 센서

리드 스위치 자장을 이용한 센서 중의 하나가 그림 9-2의 리드(reed) 스위치이다. 리드 스위치는 그림 (a)와 같이 가는 유리관 속에 자성체 리드와 불활성 가스를 함께 봉입한 구조이며, 두 자성체 리드는 적당히 겹치면서 간격을 두도록 한다. 리드 스위치는 평상시에는 열린 상태이지만 자석을 갖다 대면 그림 (b)와 같이 리드에 자속이 통과하여 자화되므로 서로 끌어 당기게 되어 스위치가 닫히게 된다(그림 2-4 참조). 그림 (c)는 리드 스위치의 전체 작동을 보여준다. 문이나 창문의 문지방과 틀의 한 편에 리드 스위치를 두고 다른 쪽에 자석을 붙여 두면 문이나 창문이 닫혀 있으면 리드 스위치가 닫히고, 억지로 밀면 리드 스위치가 열려 경보를 울리게 하면 방범 센서가 된다.

그림 9-2
리드 스위치와 동작원리

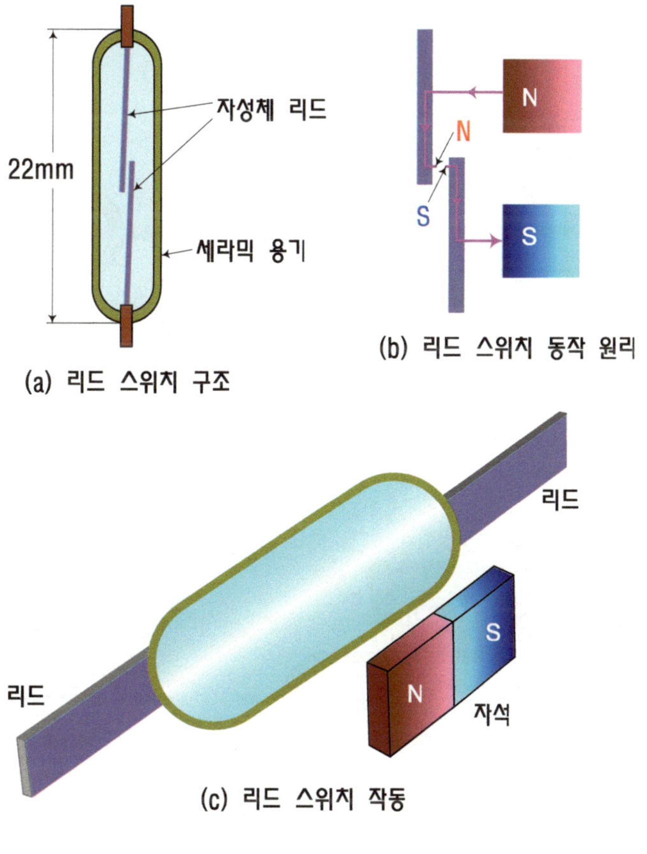

(a) 리드 스위치 구조

(b) 리드 스위치 동작 원리

(c) 리드 스위치 작동

자성을 띤 물질(자성체)은 어느 정도 이상의 온도로 가열하면 자성을 잃으며 이때의 온도를 큐리점(Curie point)이라 한다. 큐리점은 물질에 따라 다르며 철의 경우는 770°C이다. 큐리점을 이용하여 리드 스위치를 개폐하는 것이 그림 9-3의 감온(感溫) 리드 스위치이다. 온도를 감지하는 감온 페라이트(ferrite; 철 또는 철과 딴 금속의 산화물로서 자성체로 널리 이용됨)의 큐리점은 자석의 큐리점보다 낮은 것으로 하며 큐리점 이하에서는 리드가 그림 (a)와 같이 자화되므로 스위치는 닫힌다. 그러나 주위 온도가 페라이트의 큐리점 이상일 때는 페라이트가 자성을 상실하므로 리드가 자화되는 양상은 그림 (b)와 같다. 따라서 두 리드 사이에 흡인력이 생기지 않으므로 스위치는 열리게 된다. 이 원리를 이용한 것이 과열방지 스위치이다. 전기 보온밥솥의 경우, 보온용 감온 페라이트는 큐리점을 70~75°C로 하고, 밥솥용은 140°C인 망간-아연 페라이트가 쓰이고 있다. 감온 리드 스위치는 그림 9-4와 같은 방식으로도 구현할 수 있다. 즉 평상시에는 그림 (a)와

그림 9-3
감온 리드 스위치

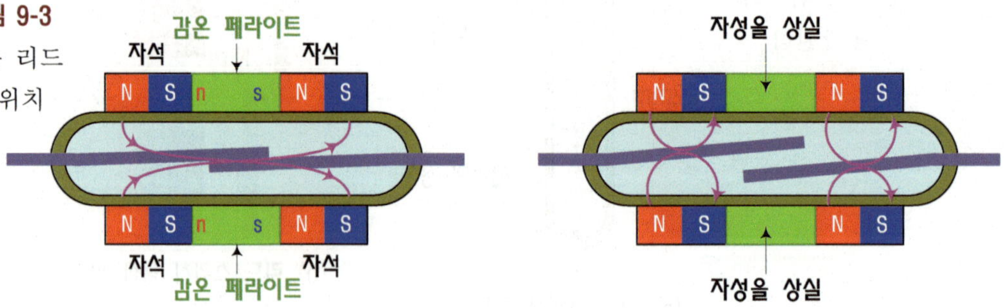

(a) 평상시 (b) 높은 온도

그림 9-4
감온 리드 스위치

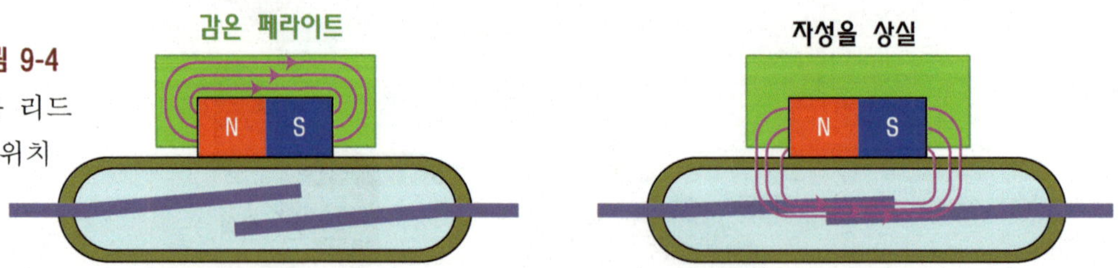

(a) 평상시 (b) 높은 온도

같이 자석의 자속은 강자성체인 페라이트를 통해 형성되므로 리드는 거의 자화되지 않으며 스위치는 열린다. 그러나 큐리점 이상에서는 페라이트가 자성을 상실하므로 자석의 자속은 그림 (b)와 같이 리드를 통해 형성되며 스위치는 닫히게 된다.

홀센서 홀효과(3-4절 참조)를 이용하면 자장의 세기를 간단히 측정할 수 있으며 현재는 IC(Integrated Circuit) 홀센서가 나와 있으므로 그 응용 범위가 확대되고 있다. 그림 9-5는 그 중에서 몇 가지 예를 보인 것이다. 그림 (a)에서 회전하는 물체에 자석이 부착되어 있으며 자석이 홀센서를 스쳐갈 때마다 펄스와 같은 전압이 발생된다. 따라서 홀센서는 물체의 접근을 감지할 수 있으며 이를 근접 스위치(proximity switch)라 한다. 뿐만 아니라 자석이 통과할 때마다 생기는 전압 펄스를 헤아리면 물체의 회전속도도 감지할 수 있다. 그림 (b)의 원리는 그림 (a)와 같다. 그림 (c)는 액체를 담은 용기에 자석을 부착한 부자(浮子)를 띠

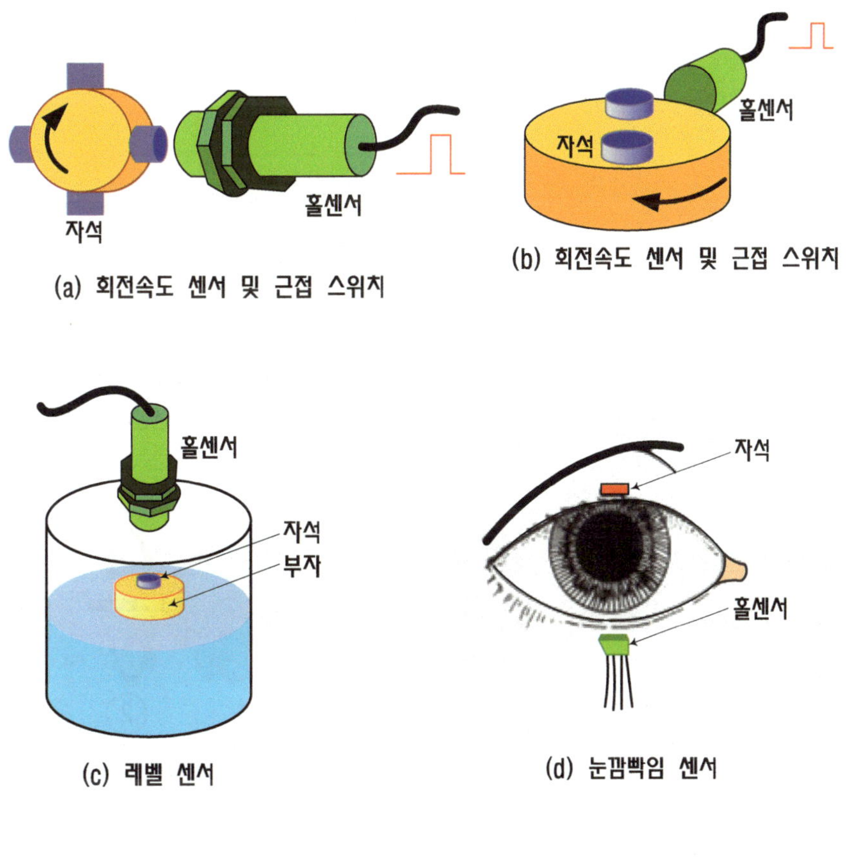

그림 9-5
홀센서의 응용

운 것이다. 액체의 수위가 높아질수록 자석이 홀센서에 가까워지므로 홀센서의 출력 전압은 증가한다(자속이 강해지므로). 따라서 이 경우에는 홀센서가 레벨 센서로 동작한다. 그림 (d)는 눈깜빡임을 감지하는 센서이다. 즉 위쪽 눈꺼풀에 자석을 부착하고 아래쪽 눈꺼풀에 홀센서를 부착하면 눈을 깜빡일 때마다 자석이 홀센서에 가까워지므로 홀센서에는 펄스 형태의 전압이 발생한다. 따라서 단위 시간당 펄스 전압 수를 측정하면 눈을 깜빡이는 속도도 알 수 있다.

9-3 전자기 유도를 이용한 센서

전기 제동 발전기와 전동기의 원리가 되는 전자기 유도를 다양한 센서에도 응용할 수 있다. 발전기와 전동기에는 실제로 두 현상이 공존하며(그림 3-15 참조) 그림 9-6이 이를 보여준다. 그림에서 ①, ②, ③은 현상이 일어나는 순서를 나타낸다. 먼저 그림 (a)의 발전기 경우, 원동력 T_S

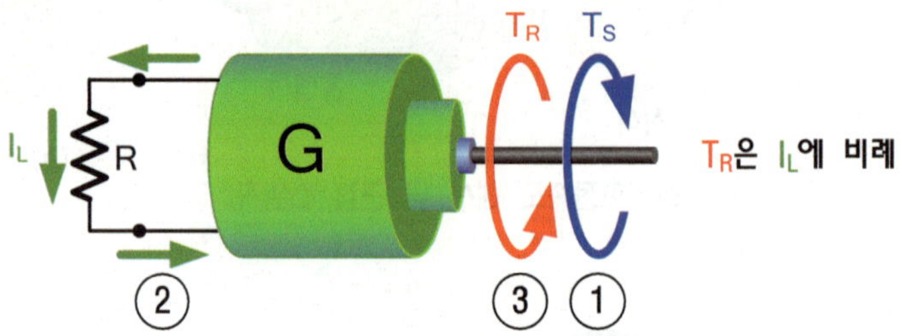

(a) 발전기에서의 전동기 현상(역토크)

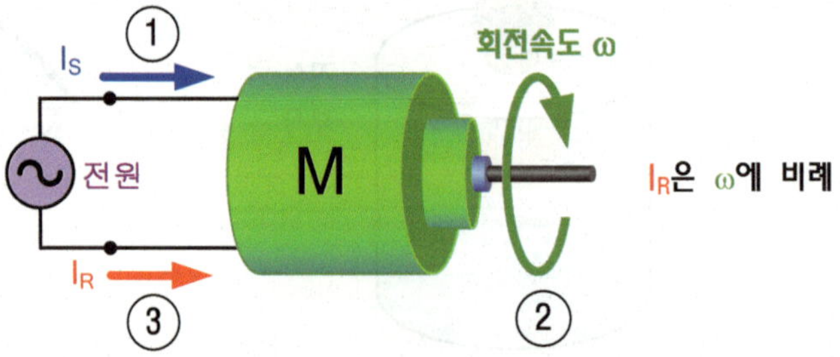

(b) 전동기에서의 발전기 현상(역기전력)

그림 9-6 발전기와 전동기 원리의 공존

의해 회전력이 가해지면(①) 부하 R에 전류 I_L이 흐르며(②) 이 전류는 발전기 내부의 코일을 통해 흐른다. 그 결과 전류가 흐르는 도체가 자장속에서 회전하게 되므로 전동기 원리에 의해 회전력 T_R이 발생하며(③), 이는 발전기의 회전을 방해하려는 쪽으로 생기는 역동력(역토크)으로 작용한다. T_R은 부하에 흐르는 전류 I_L에 비례하므로 발전기로부터 많은 전류를 끌어 쓸수록 역동력 T_R이 증가한다. 따라서 이를 극복하기 위해 원동력 T_S가 증가해야 하므로 에너지가 많이 소비된다. 이 원리가 바로 가정에서 전류를 많이 쓸수록 발전소에서는 더 많은 에너지를 소비해야 하는 이유이다. 그림 (b)의 전동기 경우는, 전원으로부터 전류 I_S를 공급하면(①) 이것이 자장속의 도체에 흐르게 되어 회전력(회전속도 ω)이 발생한다(②). 그 결과 전류가 흐르는 코일이 자장속에서 회전하게 되므로 발전기 원리에 의해 전류 I_R이 발생한다(③). 그러나 이 전류는 전원의 전류 I_S를 방해하는 쪽으로 흐르는 역기전력이다(I_R은 I_S와 반대방향이다). 역기전력 I_R은 회전속도 ω에 비례하므로 전동기를 빨리 회전시키기 위해서는 I_R을 극복하기 위해 더 많은 전류 I_S를 공급해야 한다.

그림 9-6(b)의 원리를 이용하면 회전하는 전동기를 맘출 때 기계적인 제동을 사용하지 않고 그림 9-7과 같이 전기적으로 제동을 가할 수 있으며 이를 전기제동(electric brake)이라 한다. 먼저 스위치가 단자 1에 있을 때는 전동기로 동작한다. 이 상태에서 전동기의 회전자를 멈추고자 하면 그림과 같이 스위치를 단자 2로 옮기기만 하면 되며, 이 상태는 그림 9-6(a)에서 원동력 T_S만 없는 것과 같다. 따라서 역동력 T_R이 회전자에 제동력을 가해주므로 회전자는 멈추게 되며 이것이 전기제동의 원리이다. 실제로 전기 열차에서는 전동기를 멈출 때 전원 공급 스위치를 단순히 부하(R)에 연결함으로써 제동력을 얻는다. 전기제동은 기계적인 제동과는 달리 접촉 없이 멈추게 할 수 있으므로 기계에 대한 마모가 생기지 않는다.

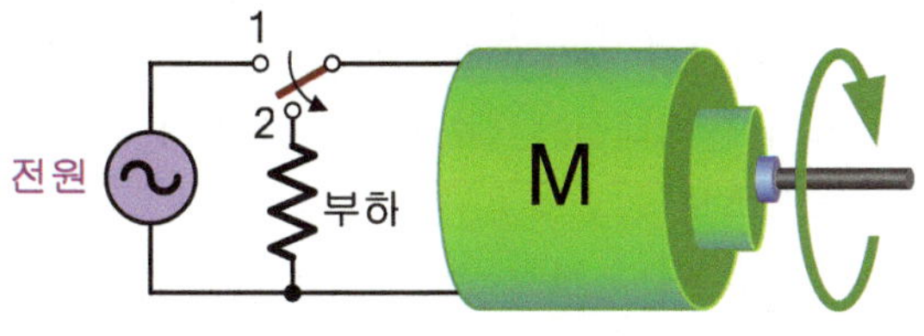

그림 9-7
전기제동

차동변압기

변압기(그림 2-19 참조)를 응용한 것이 그림 9-8의 차동변압기(差動變壓器)이며 여자(勵磁)코일에 교류전원을 가해주면 코어(core; 磁芯)를 통해 코일1과 코일2에 전압이 유도된다. 여기서 중요한 것은 자심이 좌우로 이동할 수 있다는 것이다. 자심의 위치에 따라 두 코일에 유도되는 전압 크기가 달라지며 그림 9-9가 이를 보여준다.

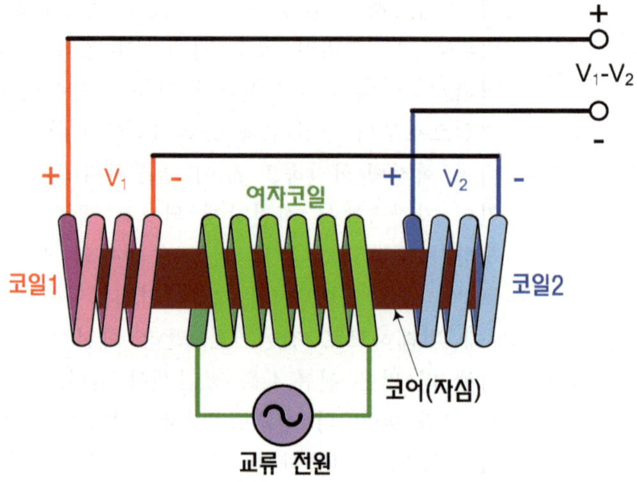

그림 9-8
차동변압기

그림 9-9의 (a)와 같이 코어가 차동변압기의 정중앙에 위치할 때는 코일1과 코일2 내부의 코어가 같다. 따라서 코일1에 유도되는 전압(V_1)과 코일2에 유도되는 전압(V_2)가 동일하므로 $V_1-V_2=0$이다. 다음으로 그림 (b)와 같이 코어가 중앙에서 오른쪽으로 이동하면 코일2는 코일1에 비해 더 많은 코어가 들어있게 된다(코일 내부에 강한 자성체가 많이 들어 있을수록 유도전압이 증가한다). 따라서 코일2에 더 많은 유도전압이 발생하므로 $V_1-V_2<0$이 된다. 그리고 그림 (c)와 같이 코어가 중앙에서 왼쪽으로 이동하면 그림 (b)와 반대 현상이 일어나 $V_1-V_2>0$이 된다. 여기서 전원이 교류이므로 V_1, V_2도 모두 교류이다. 따라서 차동변압기의 출력(V_o)는 V_1-V_2를 정류한 직류로 하며(정류기에 대해서는 4-2절의 그림 4-14 참조) 그 특성은 그림 (d)와 같다. 이상으로 차동변압기의 출력전압은 코어의 변위에 비례하며 이를 이용하면 여러 가지 센서로 활용할 수 있다. 차동변압기의 표시는 그림 (e)와 같이 한다.

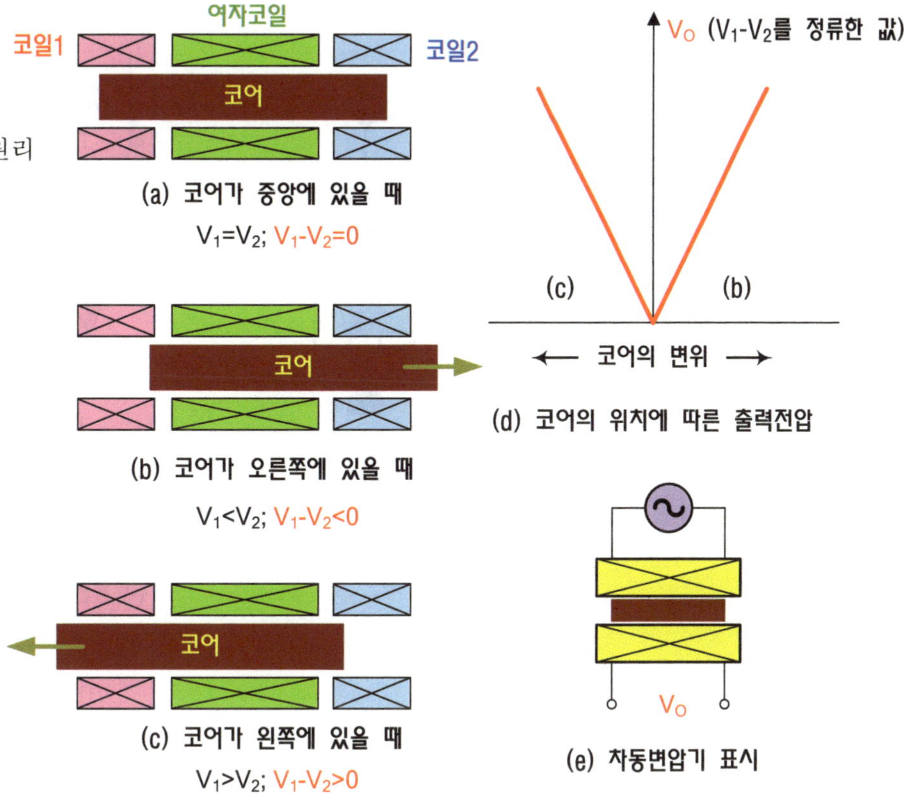

그림 9-9
차동변압기 원리

그림 9-10은 차동변압기를 이용한 몇 가지 센서들의 예이다. 먼저 그림 (a)는 무게를 다는 중량 센서이며 저울 위의 물체 무게가 무거울수록 코어의 변위가 위쪽으로 증가하므로 출력 전압(V_o)이 증가한다. 그림 (b)는 두 압력의 차를 감지하는 차압 센서이다. 코어의 변위는 U자관의 두 압력차에 비례하므로 V_o는 압력차에 비례한다. 그림 (c)에서 입구에 흘러들어 오는 유량이 늘어나면 부자의 밑에서 위로 받치는 압력이 증가하므로 부자의 변위, 즉 코어의 변위가 증가한다. 따라서 유량에 비례하는 출력전압을 얻을 수 있는 유량 센서가 된다. 그림 (d)는 온도를 감지하여 이에 비례하는 전압을 발생시키는 온도 센서이다. 액체 온도가 증가하면 감온부 온도도 증가하여 부르동(Bourdon) 관이 팽창하게 된다. 부르동관이 팽창하면 차동변압기의 코어가 위쪽으로 끌려 올라가 변위가 생기므로 이에 비례하여 전압이 발생한다. 즉 전압은 온도에 비례한다.

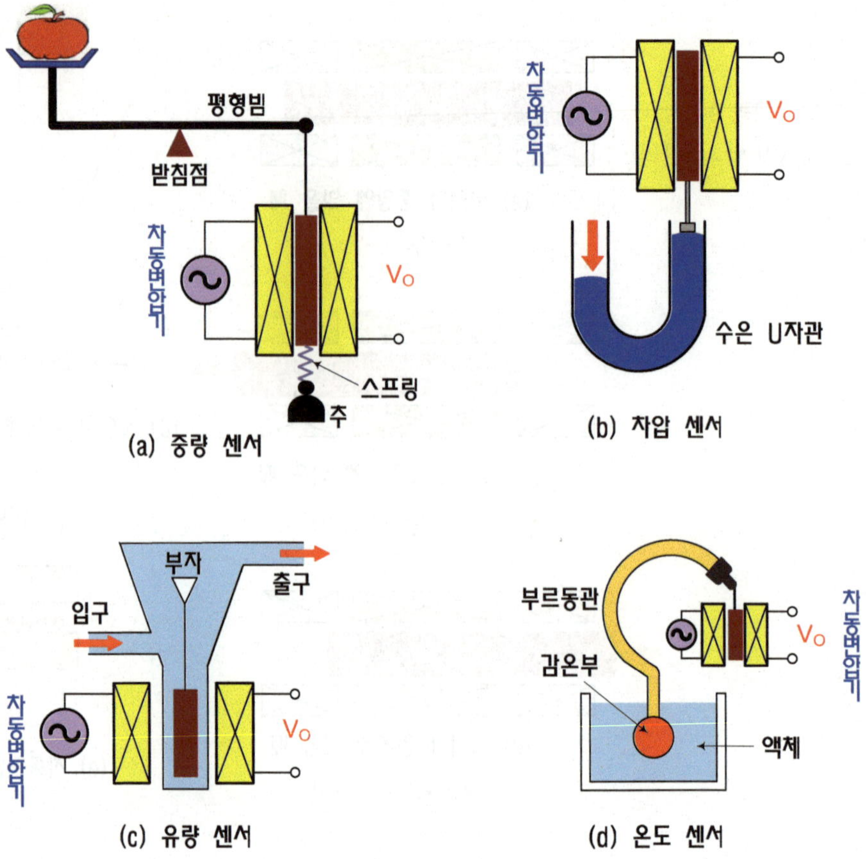

그림 9-10
차동변압기를 이용한 센서들

속도 및 가속도 센서

전자기 유도를 이용하여 물체의 속도(회전 속도)와 가속도를 측정하는 센서에 대해 알아보자. 직류 발전기는 그림 9-11과 같이 회전속도에 비례하여 전압을 발생시키므로 바로 회전속도 센서로 이용할 수 있다. 즉 회전하는 물체를 직류 발전기의 회전축과 연결하면 회전속도를 감지하여 이에 비례하는 전압으로 변환시킬 수 있다. 직류 발전기와 전동기는 제어 시스템에서 매우 중요한 위치를 차지한다.

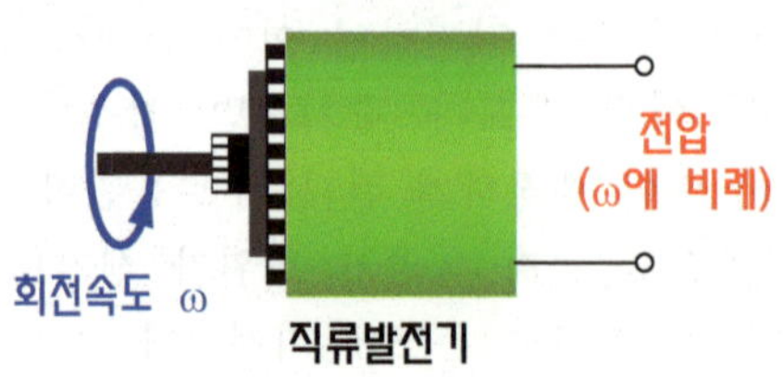

그림 9-11
회전속도 센서로서의 직류 발전기

엔진의 회전속도 등을 측정하는 센서를 타코미터(tachometer)라 하며 'tachos'는 그리스어로 속도(speed)를 의미한다. 그림 9-12(a)는 흔히 볼 수 있는 엔진 속도를 나타내는 계기판이다. 그 기본 구조는 그림 (b), (c)와 같으며 원리는 아라고 원판과 같다(그림 3-16 참조). 즉 회전축에 연결된 자석이 회전하면 이와 분리되어 있는 금속에 전류가 유도된다. 그리고 이 유도된 전류가 형성하는 자속과 자석의 자속 사이에 흡인력이 발생하여 금속이 회전하게 된다. 자석의 회전속도가 클수록 흡인력이 강해지므로 금속이 회전하는 각이 커지며 이와 결합된 와권 스프링의 토크도 증가한다. 따라서 금속의 회전력과 와권 스프링의 토크가 상쇄되는 각도에서 금속이 정지하게 되면 이에 부착된 지침이 계기판에서 속도를 나타내게 되는 것이다.

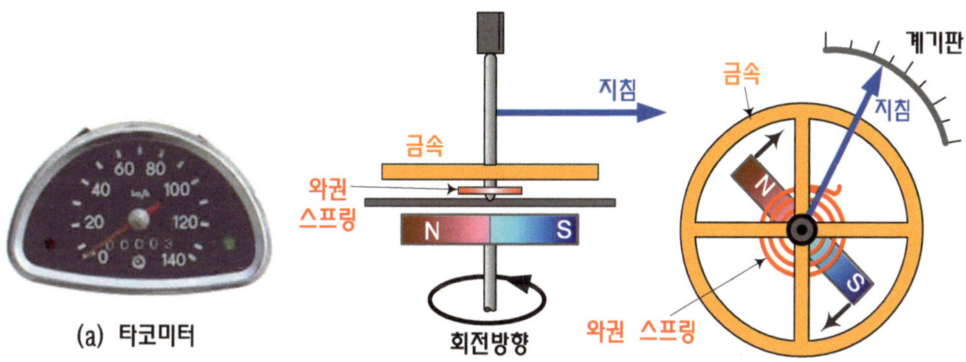

(a) 타코미터 (b) 구조 (c) 단면 구조

그림 9-12 타코미터와 구조 및 동작원리

스피커에 이용되는 음성코일(그림 2-27)을 이용하면 그림 9-13(a)와 같이 가속도 센서를 간단히 구성할 수 있다. 틀과 스프링으로 연결된 진자(振子)에 가속도에 의한 힘이 가해지면 진자는 좌우로 이동하게 되며 변위는 가속도에 비례한다. 따라서 코일에는 변위(가속도)에 비례하는 전압이 생기게 된다. 가속도에 의한 힘을 압전 소자에 가하여 힘(가속도)에 비례하는 전압을 얻는 방법이 그림 (b)이다. 가속도에 의한 힘이 질량에 가해지면 이 힘이 압전소자에 전달되어 전압이 발생하는 것이다(압전효과에 대해서는 5-2절 참조).

그림 9-13
가속도 센서

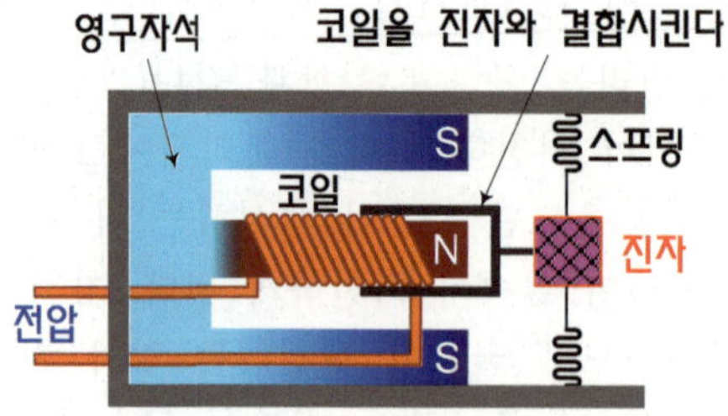

(a) 음성코일을 이용한 가속도계

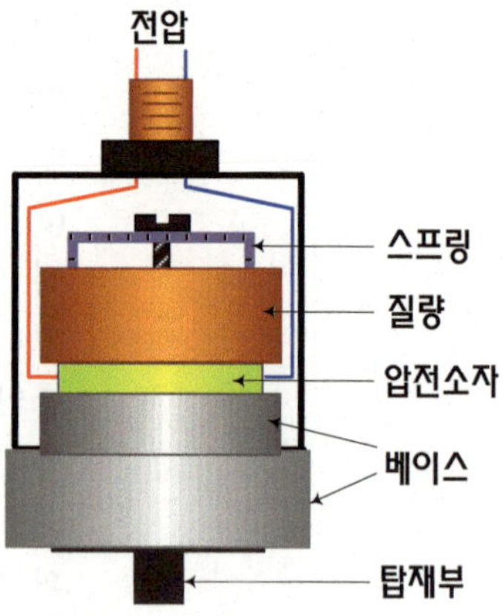

(b) 압전효과를 이용한 가속도계

전자 유량계

전도성이 있는 유체가 관속을 흐를 때, 발전기 원리를 이용하여 유체의 속도를 전자적으로 측정할 수 있는 전자 유량계가 있다. 그림 9-14는 여러분이 잘 아는 발전기의 원리를 보여준다. 자속과 수직방향으로 놓인 도체가 자속과 또 다른 수직방향으로 이동할 경우 도체에 유도되는 전압은 자속(B)와 도체의 길이(L)과 속도(u)의 곱에 비례한다. 이제 그림 (b)와 같이 비자성체인 플라스틱 등과 같은 관(내경

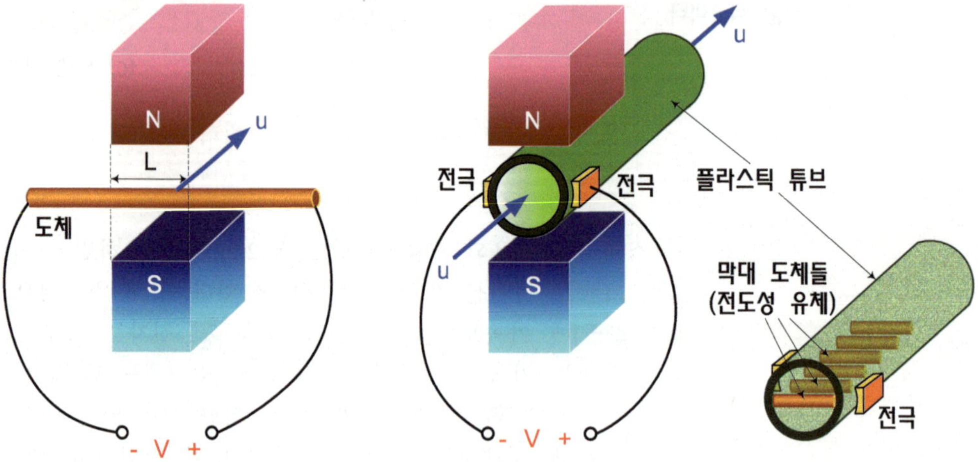

(a) 발전기 원리 (b) 유량계 (c) 가상의 막대 도체들

그림 9-14 전자 유량계의 원리

그림 9-15
공업용 전자 유량계

은 L)을 통해 전도성이 있는 유체가 속도 u로 흐르고 있다고 하자. 전도성이 있는 유체의 흐름은 그림 (c)와 같이 길이가 L인 가상의 도체들이 연이은 것으로 볼 수 있다. 따라서 가상 도체 양단에는 그림 (a)와 같은 원리로 전압이 유기될 것이며 이 전압이 전극에 의해 감지되는 것이다. 물론 이 전압은 관의 내경(가상 도체의 길이) L과 유체 속도(가상 도체 속도) u의 곱에 비례하므로 전압을 측정하면 역으로 속도 u를 알 수 있는 것이다. 전자 유량계는 원래 혈류(血流)를 측정할 목적으로 연구가 시작되었으나 정밀도가 매우 좋고 안정된 장치이므로 공업용으로 먼저 실용화되었다. 그림 9-15는 공업용 전자 유량계의 한 가지이다.

9-4 와전류를 이용한 센서

와전류

맴돌이 전류(2-3절의 그림 2-21, 2-22, 2-23 참조)는 와전류라고도 하며 전자기 유도의 한 현상이다. 와전류는 대단히 넓은 분야에서 센서로 활용되고 있으며 이 절에서는 와전류를 이용한 센서들에 대해 알아본다. 그림 9-16은 금속판에 생기는 와전류를 보여준다. 코일(전자석)의 자속이 금속판을 관통하면 자속을 중심으로 원형의 와전류가 형성된다(금속판은 무수한 가상 코일의 집합으로 볼 수 있다). 이때 와전류의 방향은 '청개구리 법칙'인 패러데이 법칙을 따르도록 정해진다(그림 2-17 참조). 즉 그림 9-16에서 보듯이 와전류에 의한 자장은 코일의 자장을 상쇄시키려는 쪽으로 형성됨을 유념하여야 한다. 그림 9-16에서 금속판에 전자석을 가까이 했을 때 일어나는 현상을 단계적으로 보여주는 것이 그림 9-17이다.

그림 9-17에서 (a)는 코일, 즉 전자석의 자속(Φ_1)이 금속판을 관통하는 모습이다. 다음 단계인 그림 (b)에서는 금속판에 와전류가 형성되는 것을 보여주며 와전류 자속(Φ_2)의 방향은 코일의 자속을 상쇄하는 쪽이다. 이와 동시에 코일을 관통하는 와전류의 자속을 상쇄시키기 위해 코일에도 유도 전압이 만들어지므로 전류가 증가하게 된다. 마지막 단계인 그림 (c)는 두 자속 Φ_1과 Φ_2의 합인 Φ를 보여주며 그 결과 전체 자속 Φ는 금속판을 통과하지 못함을 알 수 있다. 물론 Φ

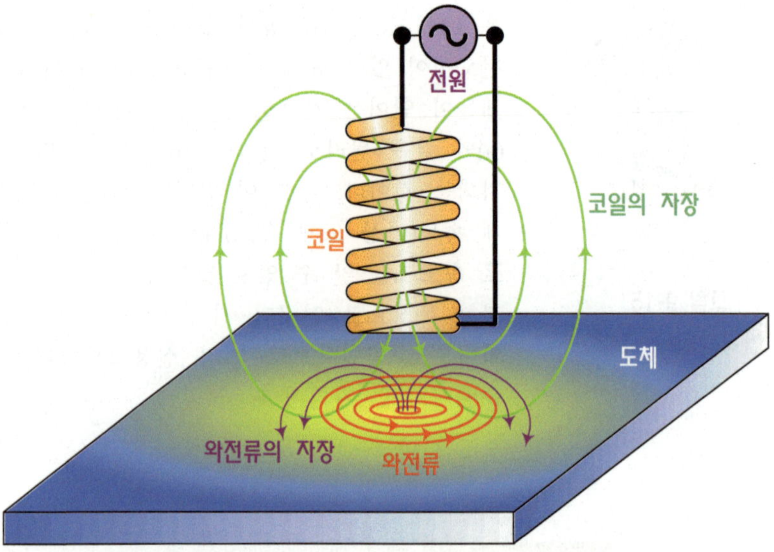

그림 9-16
와전류

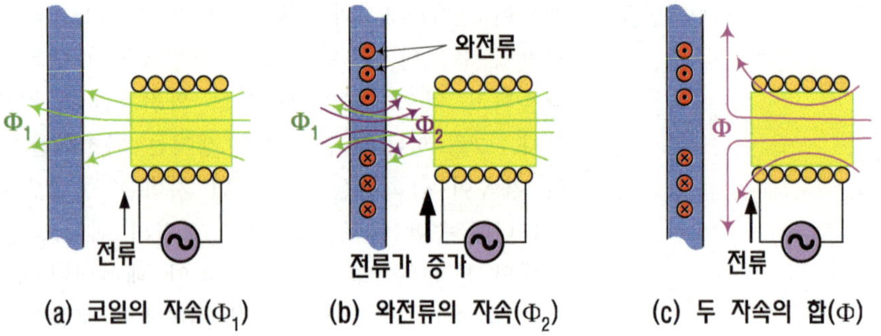

그림 9-17
와전류 영향

가 금속판을 통과하지 못하는 것은 코일의 전류가 교류일 때이다(이 원리를 이용한 것이 전자기 차폐이며 이에 대해서는 추후에 설명한다). 코일에 직류 전류가 흐를 경우는 와전류가 형성되지 않으므로 코일의 자속은 금속판을 통과한다.

와전류 차동변압기

와전류를 이용하면 그림 9-18의 차동변압기를 구성할 수 있으며 이를 와전류 차동변압기라 한다. 와전류 차동변압기 구조는 그림 9-8의 차동변압기와 약간 다르다는 것을 알 수 있다. 즉 차동변압기에 있는 코어가 없으며 여자코일이 가운데 있지 않다. 와전류 차동변압기 앞

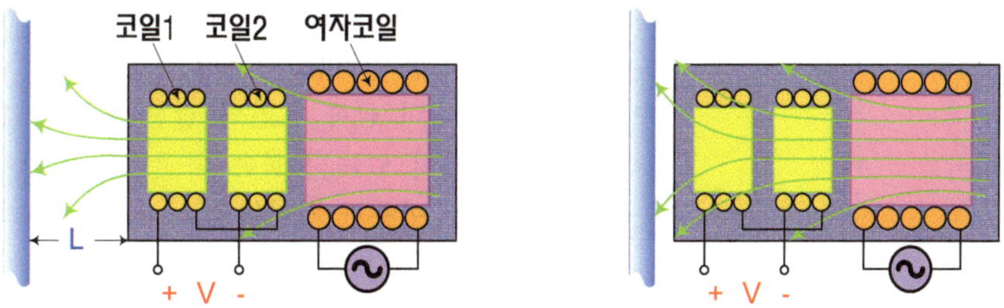

(a) 전압 V가 상대적으로 작다

(b) 전압 V가 상대적으로 크다

그림 9-18
와전류 차동변압기

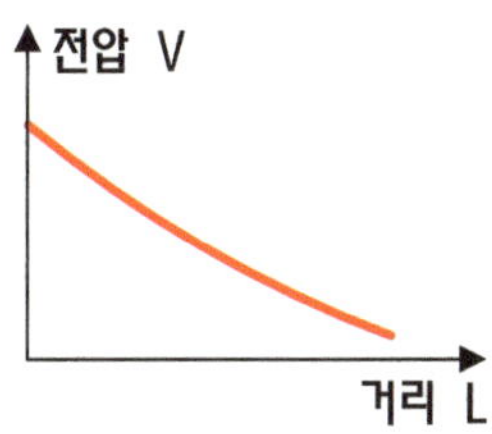

그림 9-19
와전류 차동변압기 특성

에 금속판이 멀리 떨어져 있을 때(L이 클 때)가 그림 (a)이며 가까울 때가 그림 (b)이다. 그림 (a)에서는 코일1과 코일2를 관통하는 여자코일의 자속이 동일하므로 두 코일의 유도전압도 같다. 따라서 두 코일의 전압차 V는 V=0이다. 그러나 와전류 차동변압기가 금속판에 가까워지면(L이 작을 때) 금속판에 생기는 와전류의 영향으로 코일1에 통과하는 자속이 줄어들게 된다(그림 9-17의 (a)와 (c)를 비교할 것). 반면에 코일2의 자속은 거의 변동이 없다. 따라서 코일1의 유도전압이 코일2에 비해 작아지므로 V>0이 된다. 즉 와전류 차동변압기의 출력 V는 금속판과의 거리 L이 작을수록 증가하고 L이 클수록 줄어들므로 그림 9-19와 같은 특성이 된다. 따라서 와전류 차동변압기는 거리를 감지할 수 있는 거리 센서로 활용된다. 와전류 차동변압기의 직선성을 더욱 좋게 하기 위해 그림 9-20과 같이 두 개의 차동변압기를 사용한다. 즉 물체가 좌우로 이동하면 한쪽 차동변압기의 출력은 증가

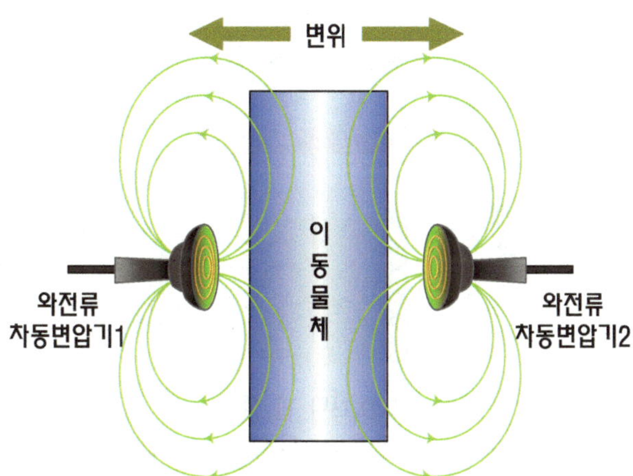

그림 9-20
두 개의 와전류 차동변압기를 이용한 거리 센서

하고 다른 차동변압기 출력은 감소하므로 이 두 전압 차를 출력으로 하면 더욱 정확한 거리를 측정할 수 있다. 그림 9-21은 와전류 차동변압기를 이용하여 금속 표면의 결함 부분을 감지하는 것이다. 즉 금속 표면에 결함이 있는 부분은 와전류가 작아지므로 출력 전압에 차이가 나는 것을 이용한 것이다.

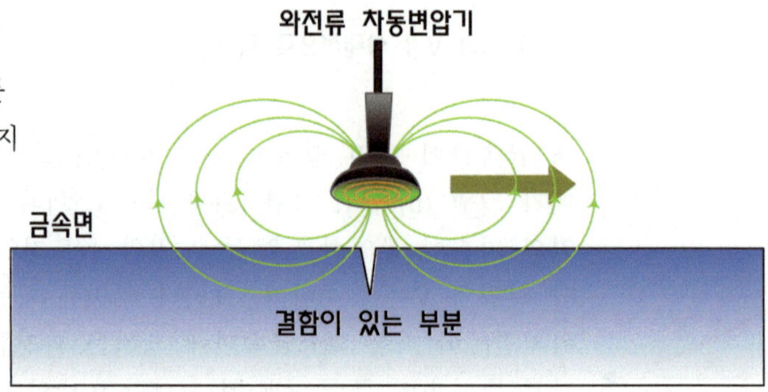

그림 9-21 와전류 차동변압기를 이용한 결함 부위 감지

전자기 차폐

그림 9-17을 이용하면 전자기파가 금속을 통과할 수 없게 할 수 있으며 이를 전자기 차폐(shield)라 한다. 그러나 도체에 흐르는 전류의 주파수가 높아지면 전류는 도체의 표면쪽을 통해 흐르기 시작하며 이를 표피효과라 한다(7-2절의 그림 7-8 참조). 따라서 그림 9-22의 (a)와 같이 금속의 두께(D)가 표피효과 두께(D_s)보다 충분히 클 때는 금속판에 충분한 와전류가 흐를 수 있으므로 금속판을 관통하여 이면의 공간에 자속이 나타나지 않는다. 그러나 금속판의 두께가 그림 (b)

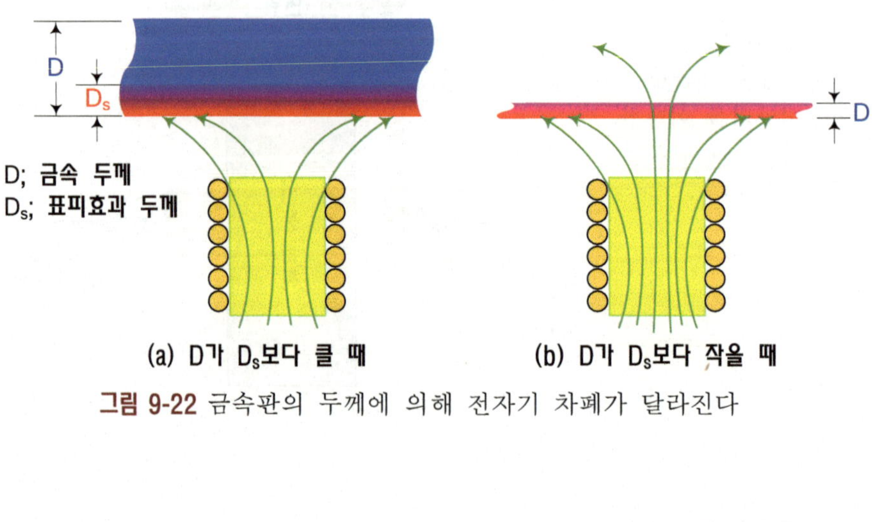

그림 9-22 금속판의 두께에 의해 전자기 차폐가 달라진다

와 같이 표피효과 두께보다 얇으면 충분한 와전류가 흐를 수 없으므로 자속의 상쇄가 불충분하다. 따라서 남은 자속이 금속판을 관통하여 이면의 공간으로까지 나오게 되므로 전자기를 완전한 차폐할 수 없다. 전자기 간섭(EMI; Electromagnetic Interference)을 차폐시키는 방법을 예로 들면 그림 9-23과 같다. 그림 (a)는 TPW(twisted-pairs wire)를 금속선으로 된 차폐망으로 둘러싼 것으로 전자기 간섭이 줄어들므로 데이터를 더 먼 거리로 전송할 수 있다. 그림 (b)는 기기의 케이스 안쪽면을 구리, 니켈, 은, 흑연 등으로 된 전도성 페인트를 칠하여 외부로부터의 전자기 간섭을 차폐시키는 것이다. 그리고 그림 (c)는 케이스 뒷 부분 자체를 전도성 플라스틱으로 성형한 것이다.

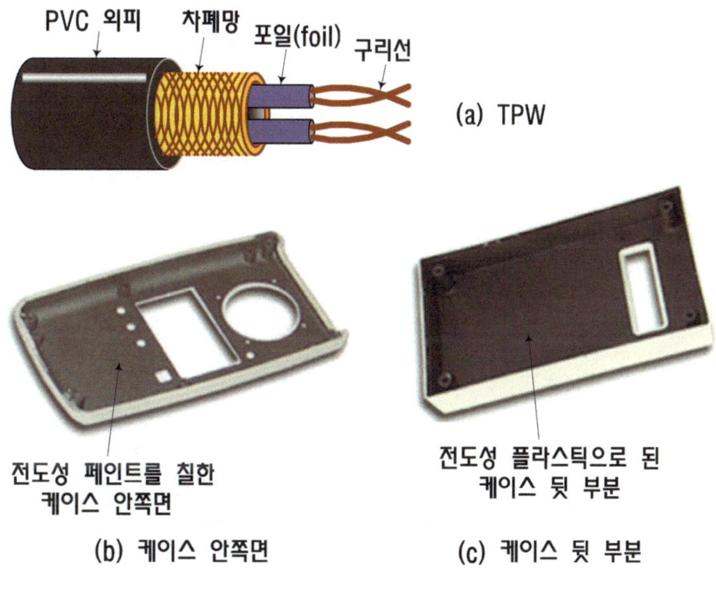

그림 9-23 전자기 차폐

그림 9-24는 와전류 차동변압기를 응용하여 금속 재료의 두께, 결함, 접합부 등과 같이 수평방향으로의 불연속 장소를 검출하는 센서이다. 코일1과 코일2 아래에 생성되는 와전류는 금속의 조건에 따라 달라진다. 금속의 조건이 같으면 와전류가 같고 와전류에 의해 코일1과 코일2에 유도되는 전압도 동일하다. 따라서 두 코일의 전압차는 0이 된다. 그러나 그림 (a)와 같이 재질이 다를 경우 두 코일 아래에 와전류가 같지 않기 때문에 두 코일에 유도되는 전압이 달라진다. 그

그림 9-24 수평방향으로 불연속 장소를 감지하는 센서

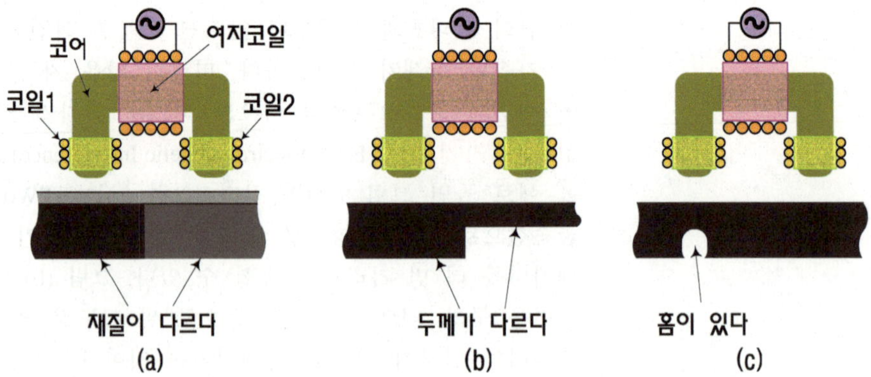

리고 그림 (b)와 같이 두께가 다르면 두께가 얇은 쪽의 와전류가 상대적으로 작아지고 그림 (c)와 같이 홈이 있는 부분에도 와전류가 작아지므로 역시 두 코일에 유도되는 전압에 차이가 생긴다.

회전 센서

와전류를 이용하면 그림 9-25(a)와 같이 회전하는 물체의 회전수를 검출할 수 있다. 회전 물체의 톱니가 영구자석 앞에 다가오면 톱니가 없는 부분에 비해 관통하는 자속이 증가한다(자석과 가까워지므로). 따라서 톱니 부분에는 더 많은 와전류가 형성되며 이 와전류에 의한 자속이 전압발생 코일을 관통하면서 전압을 유도한다. 즉 그림 (b)와 같은 원리로 코일에 유도 전압이 발생한다.

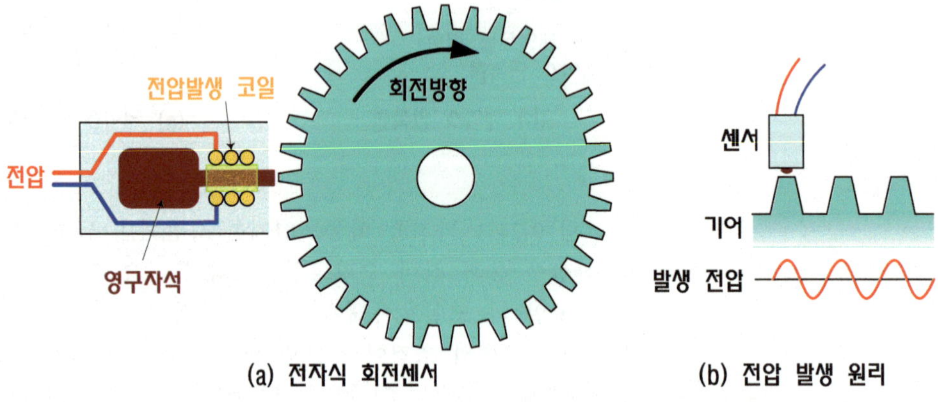

그림 9-25 와전류를 이용한 회전 센서

와전류 제동

앞에서 기계적인 접촉이 없어도 되는 전기제동(그림 9-7)에 대해 설명하였으며 그림 9-26은 와전류를 이용한 와전류 제동 원리를 보여준다. 그림 (a)에서 알루미늄이나 동판과 같은 금속판을 자극의 사이를 통해 뽑아내려고 하면 뽑아내는 데 상당한 힘이 필요하다. 즉 금속판을 위로 이동시키는 순간 금속판 윗부분을 관통하는 자속은 줄어들며 아랫 부분을 관통하는 자속은 증가한다. 따라서 이러한 변화를 상쇄하는 쪽으로 금속판에 와전류가 생기면서(윗쪽 가상 코일과 아랫쪽 가상 코일에 흐르는 와전류 방향을 잘 관찰할 것) 금속에 제동력이 가해지는 것이다. 또 하나의 예로 그림 (b)와 같이 구리로 된 미끄럼

그림 9-26
와전류 제동

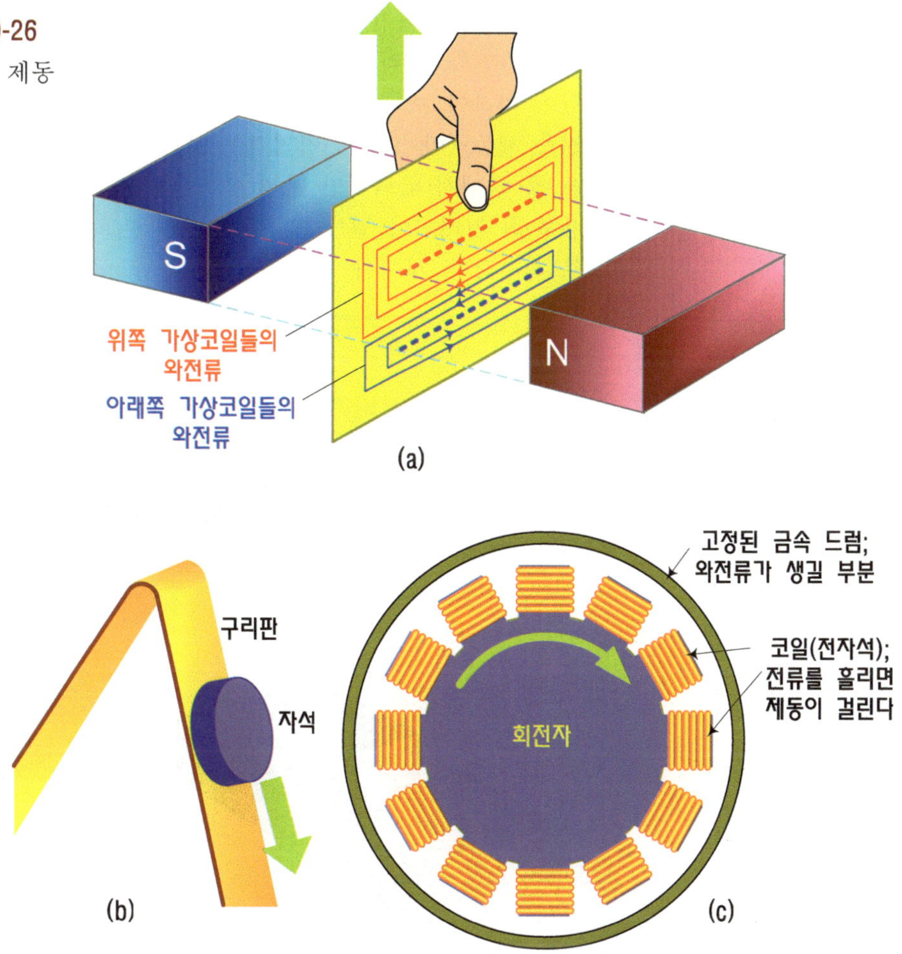

에 자석을 놓으면 자석이 이동하면서 구리판에 와전류를 유도하고 이 와전류에 의한 자속은 자석의 이동을 막는 쪽으로 형성된다. 그 결과 자석이 10cm 정도 미끄러지는 데 무려 4초 정도가 걸린다. 그림 (c)는 고정된 금속 드럼 내부에 코일이 부착된 회전자가 회전 하고 있는 것이다. 회전 중에는 코일에 전류를 흘리지 않는다. 회전자를 멈추고자 할 때는 코일에 전류를 흘려주면 와전류 금속 드럼에 와전류가 형성되어 제동력이 생기게 되는 것이다. 회전하는 것이 금속 드럼인 경우도 동일하다.

분리기

와전류를 이용하면 성질이 다른 물체들을 분류할 수 있으며 그 중 하나가 그림 9-27의 동전 분류기이다. 자극 사이를 통과하는 동전은 그 성질에 따라 와전류가 달라지고 이에 의해 동전에 가해지는 제동력도 달라진다. 따라서 그림과 같이 와전류가 적게 생기는 동전은 제동력이 약하여 보다 먼 착지점으로 낙하하며, 와전류가 크게 생기는 동전은 제동력이 강하여 착지점이 보다 가깝게 된다. 그림 9-28은 재활용 품 중에서 금속체만 분리 수거하는 장치이며 이 역시 와전류를 이용한다. 컨베이어 벨트를 구동하는 비전도성 외부 드럼은 느린 속도로 회전하며, 자석이 부착된 회전자는 드럼 속에서 매우 빠른 속도

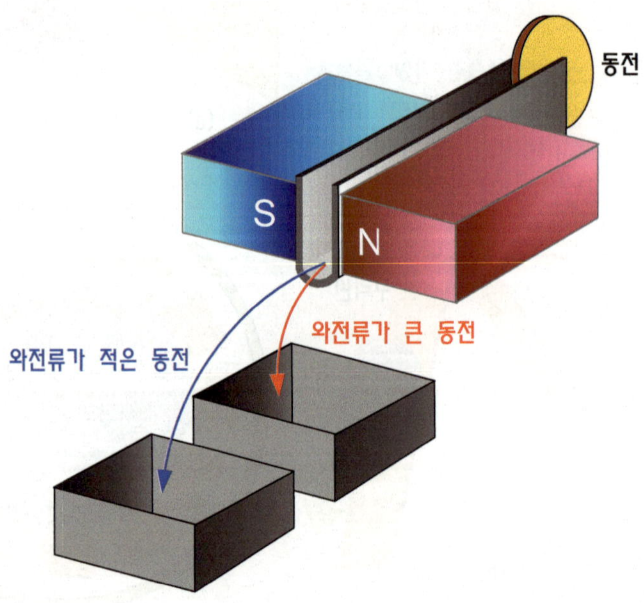

그림 9-27
동전 분류기

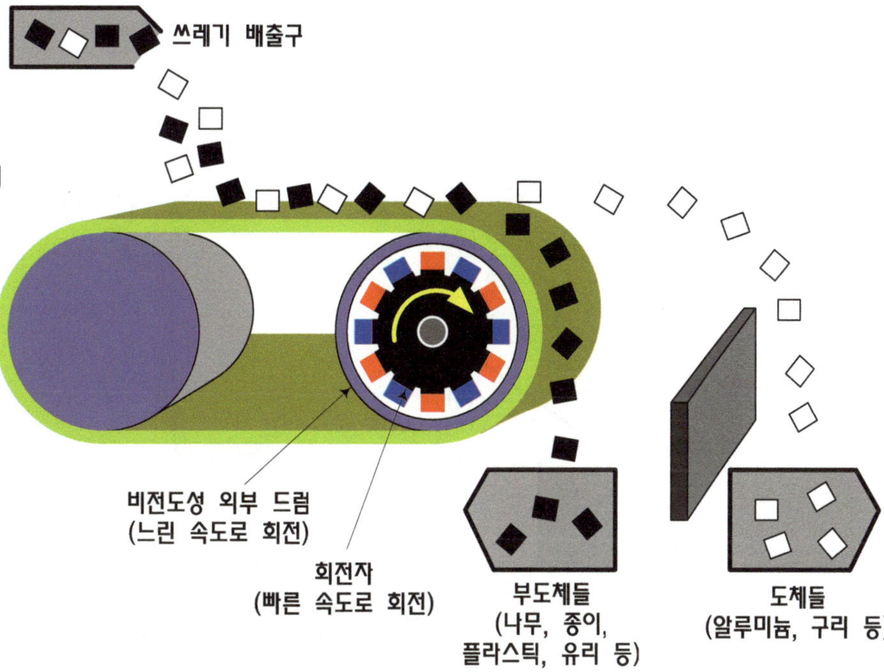

그림 9-28
금속 분리수거

로 회전한다. 그러면 컨베이어 벨트 위에서 천천히 이동하는 물체들 중에서 도체(금속체)에서만 와전류가 형성되며, 와전류에 의한 자속은 회전자의 자속과 반발하는 쪽으로 형성된다(회전자 회전 속도가 빠를수록 반발력은 커진다). 따라서 금속체는 반발력에 의해 먼 곳으로 튕겨나가 낙하하게 된다. 물론 부도체에는 반발력이 작용하지 않으므로 벨트 가까운 곳에 모이게 된다.

근접 스위치

와전류는 물체의 접근을 감지하는 근접 스위치로 활용되며 그림 9-29가 몇 가지 예를 보여준다. 그림 (a)는 컨베이어 벨트상에서 금속 마개가 없는 빈 병을 감지하는 것이다. 즉 금속 마개가 있는 병은 센서와 금속이 가깝기 때문에 많은 와전류가 생기지만 금속 마개가 없는 빈병은 와전류가 생기지 않는다. 그림 (b)는 플라스틱 용기안에서 액체가 소정의 수위에 도달하는 것을 감지하는 것이며, 그림 (c)는 상자안에 일정 개수의 금속 부품을 넣는 장치이다. 즉 금속 부품이 근접 스위치를 스쳐갈 때마다 감지하여 카운터로 헤아리면 되는 것이다. 그림 9-30은 도로의 교통량을 감지하는 차량 검지기로서 노면 아래

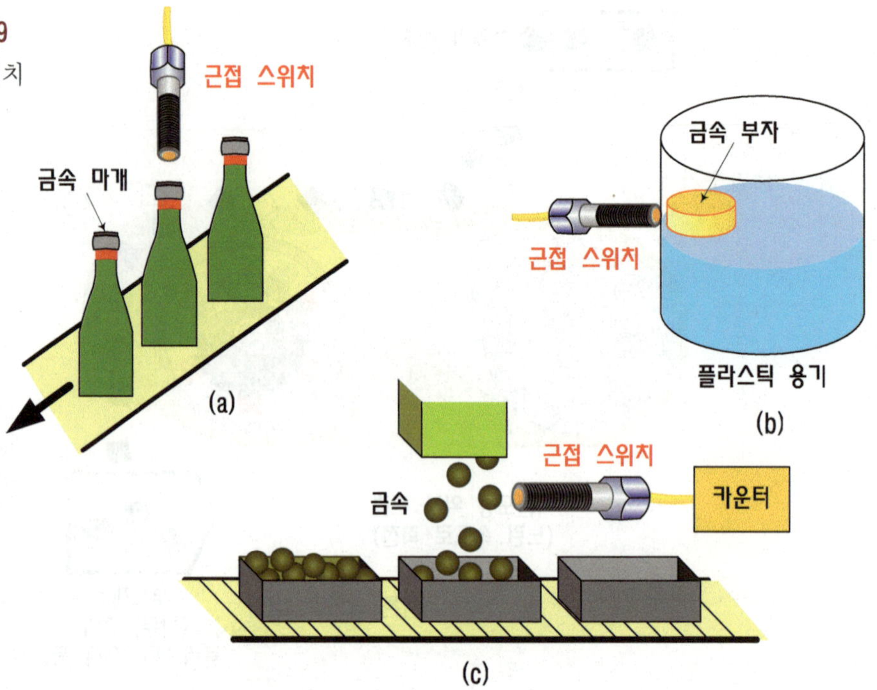

그림 9-29
근접 스위치

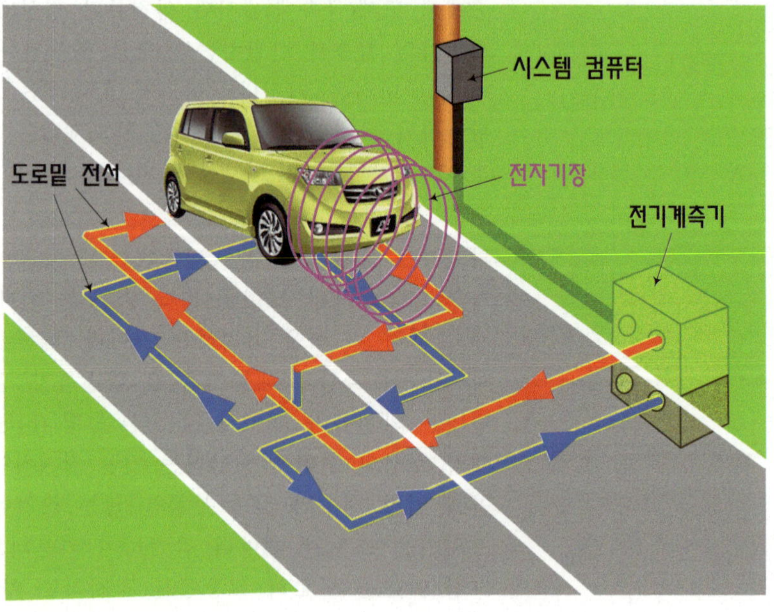

그림 9-30
차량 감지기

5~10cm 되는 곳에 코일을 매설하고 여기에 차가 들어오면 코일의 전자기장이 이를 감지한다. 즉 금속체인 차량이 전자기장을 통과할 때 차량에 와전류가 형성되며 이 와전류에 의한 자속이 다시 코일에 영향을 주어 전압을 발생시키기 때문이다.

9-5 초음파를 이용한 센서

근접 스위치 그림 9-31은 초음파 장치를 이용한 근접 스위치이다. 물체가 어느 한도 이내에 접근하면 반사된 초음파가 증가하므로 접근 정도를 감지할 수 있다.

그림 9-31
초음파 근접 스위치

유량계 발전기 원리를 이용한 전자 유량계(그림 9-14) 외에도 초음파를 이용한 유량계가 있다. 전자 유량계는 유체가 전도성이어야 하지만 초음파 유량계는 초음파가 전달될 수 있는 유체라면 모두가 적용할 수 있다. 그림 9-32(a)는 초음파 유량계의 원리를 보여준다. 초음파의 전파 속도를 c라 하고 유속을 u라 하면, 변환기1에서 변환기2로 초음파가 전달될 때는 물의 상대 속도에 의해 속도가 $c+u\cos\theta$이다. 반면에 변환기2에서 변환기1으로 전파되는 초음파는 속도가 $c-u\cos\theta$이다. 따라서 변환기1에서 변환기2로 전달되는 시간을 t_1, 변환기2에서 변환기1으로 전달되는 시간을 t_2라 하면

$$t_1 = \frac{L}{c+u\cos\theta} \qquad t_2 = \frac{L}{c-u\cos\theta}$$

이므로 두 시간의 차 $T=t_2-t_1$은 다음과 같다.

$$T = t_2 - t_1 = \frac{2Lu\cos\theta}{c^2 - u^2\cos^2\theta}$$

일반적으로 유체 속도 u는 수[m/s] 정도에 불과하지만 음속 c는 물의

그림 9-32
초음파 유량계

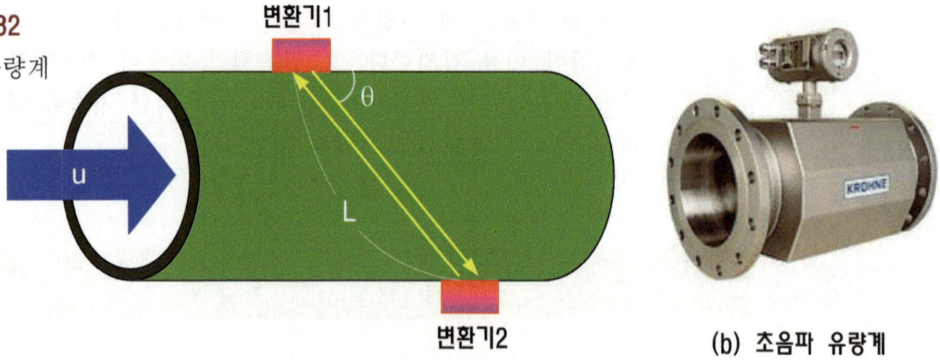

(a) 초음파 유량계 원리

(b) 초음파 유량계

경우 1,500[m/s]이므로 c>>u로 볼 수 있다. 즉 시간차 T와 유속 u는

$$T \fallingdotseq \frac{c^2T}{2L\cos\theta} \qquad u \fallingdotseq \frac{c^2T}{2L\cos\theta}$$

이므로 T를 측정하면 유속 u를 알 수 있는 것이다. 그림 9-32(b)는 초음파 유량계의 예이다.

레벨 센서 그림 9-33은 초음파 레벨 센서이며 수위에 따라 반사된 초음파의 전달 시간이 달라지므로 이를 측정하면 수위를 알 수 있는 것이다.

그림 9-33
초음파 레벨 센서

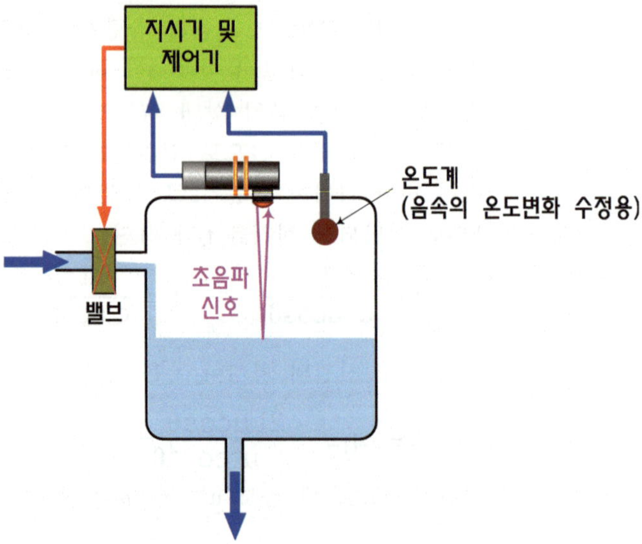

9-6 광을 이용한 센서

광센서 응용 4장에서 전기를 빛으로 변환시키는 LED, 레이저 다이오드 및 빛을 전기로 변환시키는 광다이오드, 태양 전지, CCD 등을 공부한 바 있다. 이들을 이용하면 그림 9-34와 같이 다양한 센서들을 만들 수 있으며 발광기(發光器)는 LED 등이고 수광기(受光器)는 광다이오드 등이다. 그림 (a)는 자기 테이프의 시작과 끝을 감지하는 장치이다. 시작과 끝

그림 9-34
광센서 응용

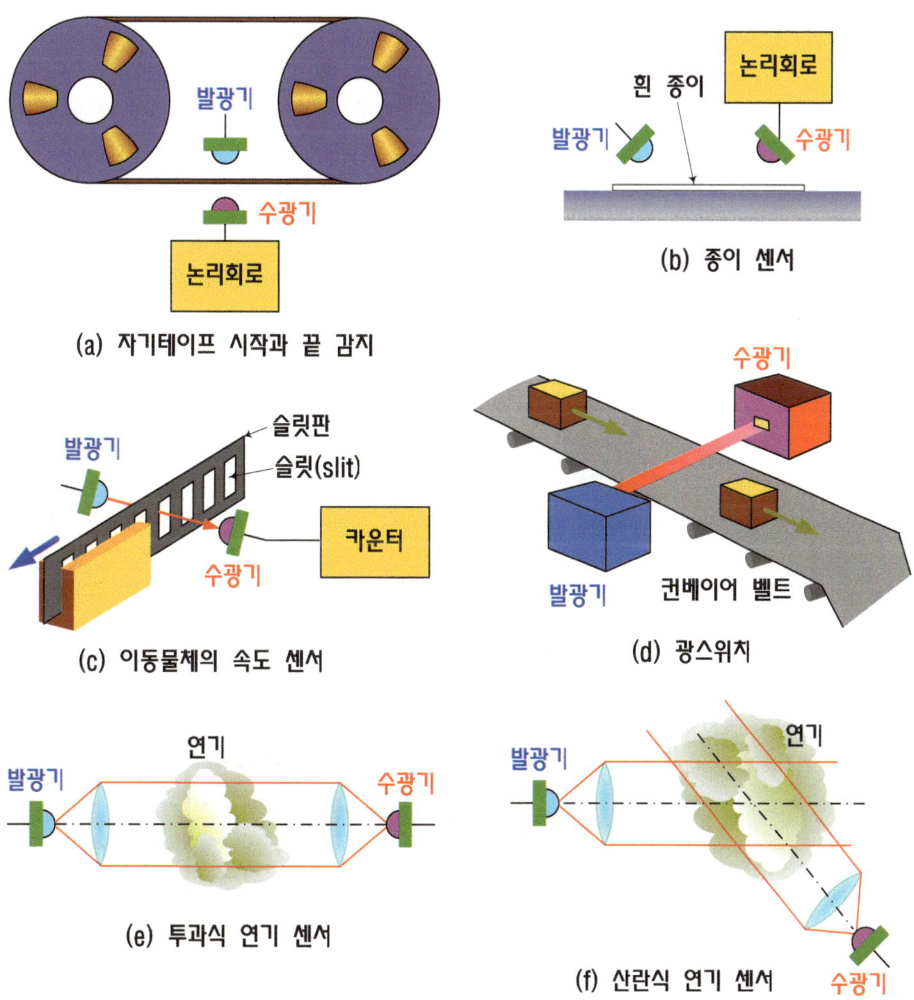

부분의 테이프에 빛이 통과하는 투명지를 부착해 놓으면, 테이프 중간 부분에서는 발광기의 빛이 수광기로 전달되지 않지만 시작과 끝 부분에서는 빛이 전달되므로 이를 감지하여 테이프 시작과 끝을 알 수 있다. 그림 (b)는 사무기에서의 종이 여부를 감지하는 것이다. 그림 (c)는 이동하는 물체의 속도를 감지하는 속도 센서로서 슬릿(slit)을 등간격으로 뚫어 놓은 슬릿판을 이동 물체에 부착해 놓았다. 그림 (d)는 발광기와 수광기 사이에 물체가 있는지를 감지하는 광스위치(light activated switch)이다. 화재시 발생하는 연기 감지기의 예들이 그림 (e), (f)이다. 그림 (e)는 감광식(투과식)이며 LED 등의 발광기에서 나온 빛이 미립자 형태인 연기에 의해 감쇠되는 현상을 이용한다. 수광기에 입사하는 빛의 세기로부터 연기에 의해 감쇠된 정도, 즉 연기가 심한 정도를 알 수 있다. 그림 (f)는 광산란식으로 연기가 없는 상태에서는 발광기의 빛이 수광기에 입사하지 않지만 연기가 발생하면 빛이 연기 입자에 의해 산란되므로 수광기에 빛이 입사하게 된다. 즉 수광기에 빛이 많이 입사될수록 연기가 심한 것이다.

광결합기

전기적으로는 절연되고 광학적으로만 결합된 발광기와 수광기를 갖추고 있는 광센서를 광결합기(photocoupler)라 한다. 광결합기에는 빛이 전달되는 경로가 노출되지 않는 포토아이솔레이터(photoisolator)와 노출되어 있는 포토인터럽터(photointerrupter) 두 종류가 있다. 포토아이솔레이터는 구조가 그림 9-34(a)와 같으며 발광부는 입력된 전기신호를 빛신호로 바꾸어 수광부로 전달하고 수광부는 빛신호를 전기신호로 바꿔 출력시킨다. 발광부와 수광부는 마주 대하며 그 사이는 투

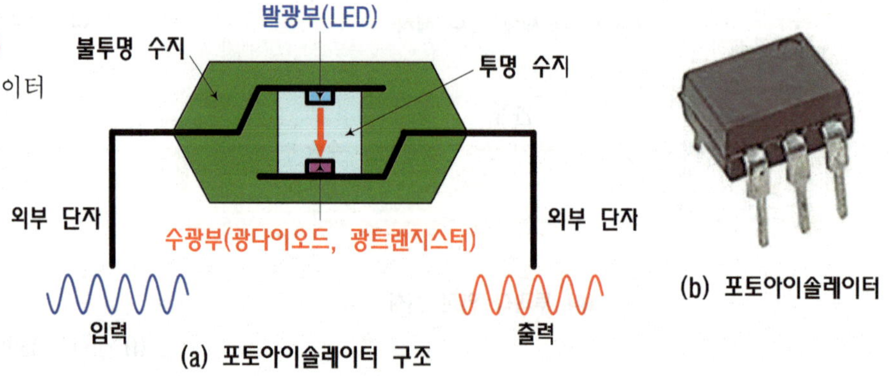

그림 9-35 포토아이솔레이터

명 수지로 채워지고 그 주변부를 불투명 수지로 감싼 구조이다. 포토아이솔레이터는 통신, 제어 및 모니터 분야에서 매우 널리 사용되고 있으며 그림 (b)와 같이 IC 형태로 제공되고 있다. 그림 9-36(a)는 포토인터럽터이며 마주 보는 발광부와 수광부 사이의 빛 경로가 노출되어 있다. 이 사이에 물체가 끼어 들면 빛이 차단되어 수광부 전류가 차단되는 방식이다. 포토인터럽터는 전기부와 기계부를 결합시키는 데 편리하며 그 예가 그림 (b)의 회전 속도 센서이다. 산업 분야에서 포토인터럽터의 응용은 매년 확대되고 있다.

그림 9-36
포토인터럽터

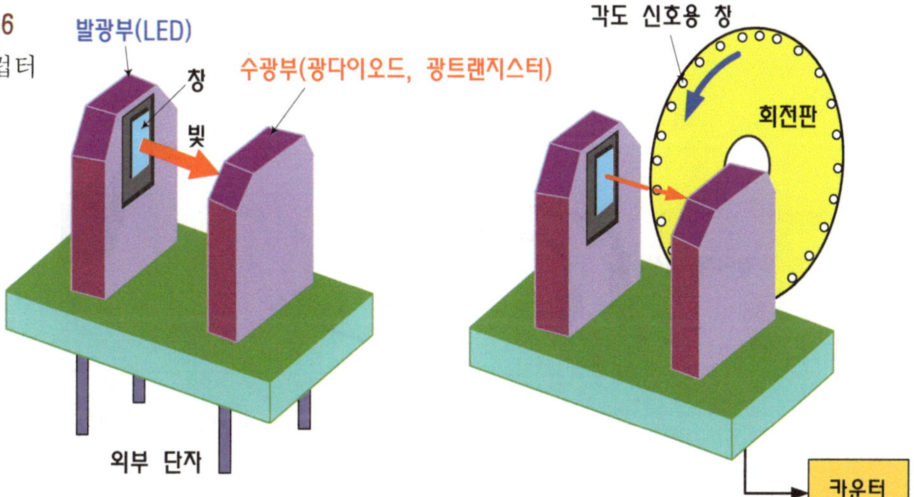

(a) 포토인터럽터 (b) 회전수 측정

레이저 센서

레이저 센서는 매우 정밀한 측정을 가능하게 하며 기본 구조는 그림 9-37과 같다. 광원으로부터 발사된 레이저 광이 물체에 반사되어 돌아왔을 때 걸린 시간이나 빛의 세기 등을 조사하면 물체까지의 거리를 알 수 있다. 이러한 기본 원리를 이용하면 거리 센서, 두께 센서 근접 스위치 등으로 활용할 수 있다. 그림 9-38은 레이저 센서를 두께 센서로 이용하는 예이다. 2개의 레이저 센서가 물체로부터의 거리를 감지하여 두 거리로부터 물체의 두께를 알아낼 수 있는 것이다. 이것은 종이나 얇은 철판, 투명 필름 등의 두께를 재는데 유용하다.

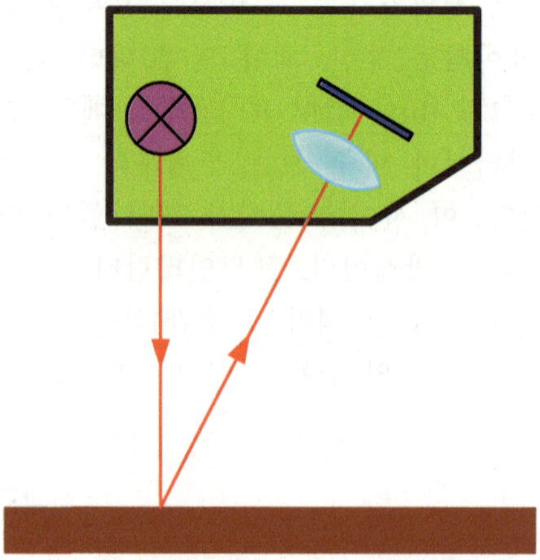

그림 9-37
레이저 센서의
기본 원리

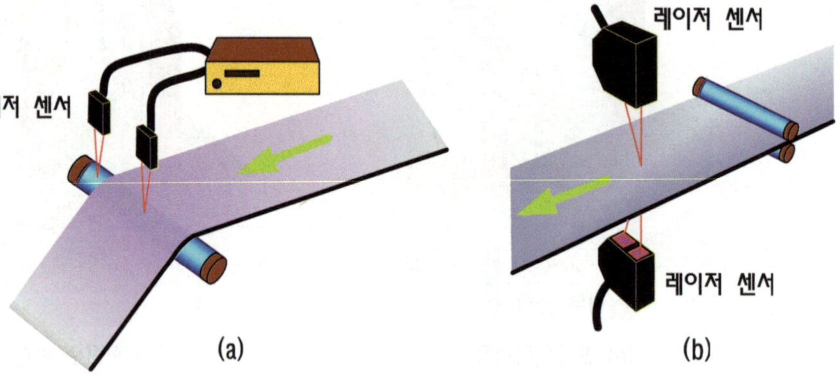

그림 9-38
두께 센서

리모컨 현재 많은 전자 기기는 리모컨(remocon; 'remote+control' 합성어)으로 제어하며 한두 개 이상의 리모컨이 없는 가정이 없을 정도이다. 그림 9-39(a)는 텔레비전 리모컨의 원리를 보여주며 적외선을 사용한다. 그 이유는 전파를 이용하면 벽을 통과해 다른 TV에 영향을 줄 수 있기 때문이다. 리모컨 스위치 조작에 따라 그림 (b)와 같은 디지털 형태의 리모컨 신호가 발생되며 펄스의 너비로써 정보를 전달한다. 예를 들어 펄스의 너비 T가 5ms이면 전원이 들어오고 나가게 하며 10ms이면 음량을 올린다고 하는 등이다. 그림 (b)와 같은 펄스는 직접 전달되지 않고 보통 36~40kHz 사이의 주파수로 변조된 다음 LED를 통해 적외

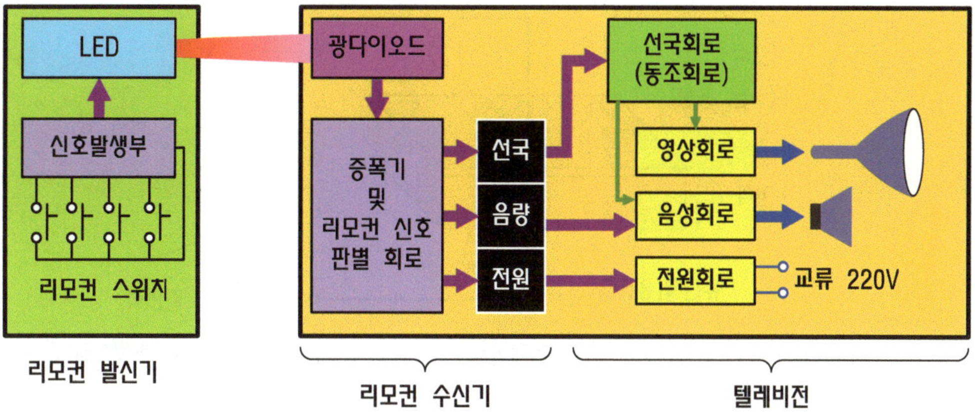

(a) 리모컨의 구성

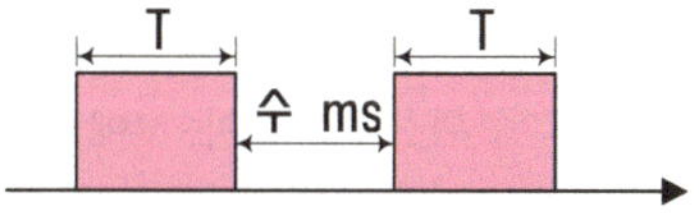

(b) 리모컨 신호의 예

그림 9-39 리모컨의 원리와 신호

선으로 전달된다. 그 이유는 햇빛이나 전등 등에 의해 항시 어느 정도의 적외선이 존재하기 때문에 이로부터 신호를 구별하기 위함이다. 수신기의 광다이오드에 수신된 적외선 신호는 전기 신호로 변환된 후 복조되며 이로부터 리모컨 신호를 판별하여 선국, 음량, 전원 등을 제어한다.

9-7 정전용량을 이용한 센서

정전 용량 커페시터는 전하를 담는 용기와 같다. 따라서 커페시터는 그림 9-40과 같이 물을 저장하는 그릇에 비유될 수 있으며 그 크기를 용량이라 한다. 그림 (a)에서 전압 V에 의해 양극판에는 양전하가 축적되고 음극판에는 음전하가 축적되며, 축적된 전하량을 Q라 하면 Q는 전압 V에 비례한다. 즉

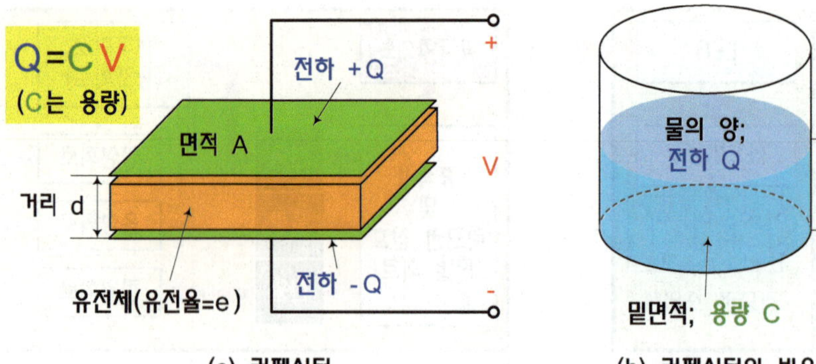

(a) 커페시터 (b) 커페시터의 비유

그림 9-40 커페시터

$$Q=CV$$

이며 C가 용량이다. 커페시터는 그림 (b)와 같이 물 담는 용기로 비유할 수 있으며 수위는 전위차 V에, 물의 양은 전하 Q에, 밑면적은 용량 C에 비유된다(Q=CV). 그림 (a)에서 용량 C는 극판의 면적(A), 거리(d) 및 유전체의 유전율(e)에 의해 다음과 같이 결정된다.

$$C=e\frac{A}{d}$$

이와 같이 커페시터의 용량은 A, d, 및 e에 따라 변하므로 이를 이용하면 다양한 센서를 만들 수 있으며 이를 정전용량 센서라 한다. 정전용량 센서를 설명하기 전에 유전체와 유전율이란 무엇인가부터 간단히 알아보도록 하자. 그림 9-41에서 두 극판 사이에 절연체가 놓이면 분극 작용에 의해 절연체 표면에 전하가 유도된다(그림 1-52 참조). 그 결과 양극판 쪽 표면의 음전하는 정전 유도에 의해 더 많은 전하를 양극판으로 끌어들이게 되고, 음극판 쪽의 양전하는 더 많은 음전하를 음극판으로 끌어들이게 된다(이와 같이 전하를 유도하므로 誘電體라 하는 것이다). 즉 결과적으로 같은 전압 V에 대해 더 많은 전하 Q를 축적하게 하며 유전율이 높을수록(분극이 잘 일어날수록) 전하가 더 많이 축적된다(용량이 증가). 물질에 따라 유전율이 다르며 물의 경우는 공기 유전율의 약 80배이며, 공기의 천 배 이상 달하는 물질도 있다. 커페시터의 면적(A)과 간격(d) 및 유전체 유전율(e)을 여러 가지 물리량에 의해 바뀌게 하면 그 변화는 용량(C)의 변화로 나타나므로 이를 측정하면 물리량을 감지할 수 있다.

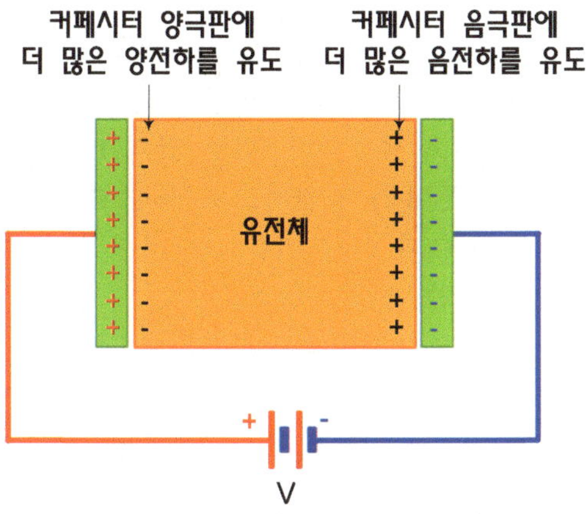

그림 9-41 유전체 작용

거리 센서

그림 9-42(a)는 용량성 프로브(probe)이며 이는 그림 (b)와 같이 거리 센서로 사용할 수 있음을 보여준다. 그림 (b)의 단면 구조에서 전극과 감지영역 아래에 있는 목표상의 전극이 커페시터를 이루며 그 용량은 전극과 목표물까지의 거리 d에 반비례한다. 따라서 용량을 측정하면 거리 d를 구할 수 있는 것이며 그림 (c)는 그 원리를 간단히 보여준다(용량의 측정에 대해서는 추후에 설명한다).

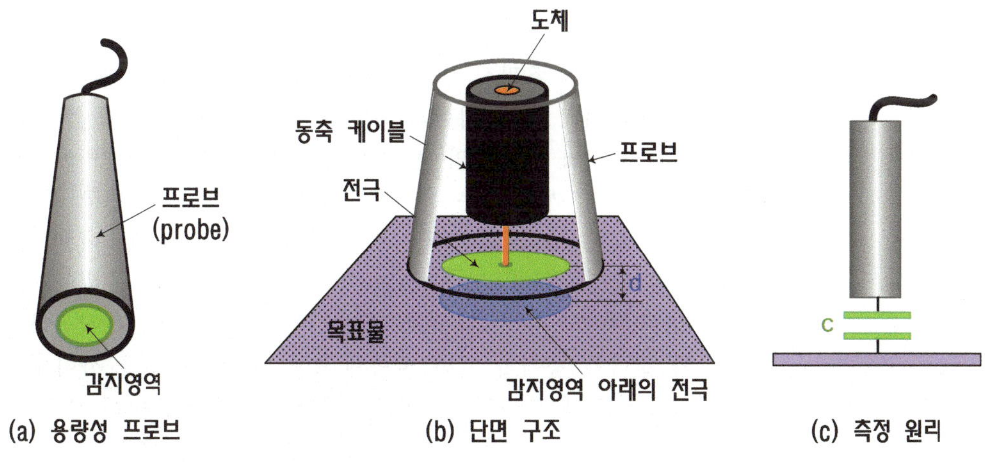

그림 9-42 용량성 프로브와 거리 센서

차압 센서

그림 9-43은 용량성 차압(差壓) 센서의 구조이다. 스프링으로 지지된 극판(녹색)은 상하로 움직일 수 있으며 나머지 두 극판(적색과 청색)은 고정되어 있다. 압력 P_1과 P_2가 같을 때는 d_1과 d_2가 같으므로 용량 C_1과 C_2도 동일하다. 만일 압력 P_1이 P_2보다 크게 되면 d_1은 감소하고 그만큼 d_2가 증가하므로 용량 C_1은 증가하고 C_2는 감소한다. 따라서 용량 C_1과 C_2의 비를 측정하면 압력 P_1과 P_2의 차를 알 수 있으며 이를 차압 센서라 한다.

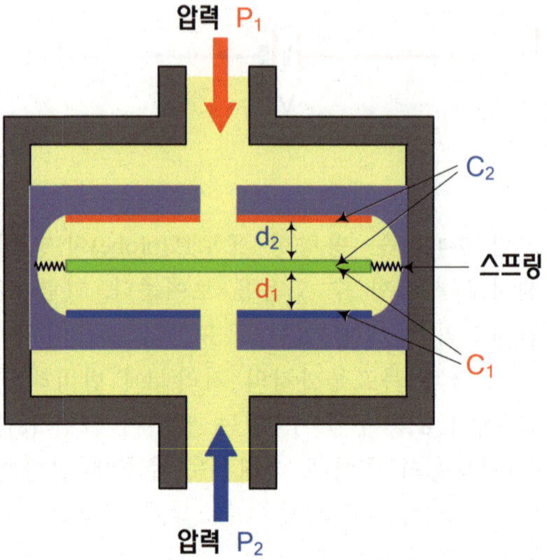

그림 9-43
용량성 차압 센서

변위 센서, 레벨 센서

그림 9-44는 용량성 변위 센서 및 레벨 센서를 보여준다. 그림 (a)에서 커패시터 극판 사이의 유전체를 이동하는 물체에 연결해 두면 물체의 변위가 유전체의 변위가 된다. 따라서 유전체의 이동으로 두 극판 사이에 끼여 있는 유전체의 면적이 변하므로 결국 용량이 변하게 되는 것이다. 즉 변위가 용량의 변화로 나타나므로 이를 측정하면 변위를 알 수 있다. 그림 (b)는 액체를 담는 용기의 수위를 감지하는 레벨 센서이다. 용기 내부에 있는 극판 A가 전극으로 작용하며 또 하나의 전극은 용기의 표면 금속체 B이다. 이 두 전극 사이에 있는 물이 바로 유전체가 되며 정전용량은 물의 높이 h에 비례한다. 따라서 A와 B 사이의 정전용량을 재면 수위 h를 알 수 있게 된다. 그림 (b)는 광석의 분말을 용기에 담을 때 그 양을 감지하는 레벨 센서이다.

그림 9-44
용량성 변위 센서와 레벨 센서

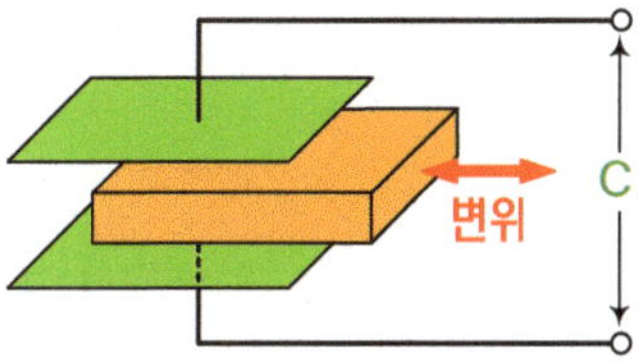

(a) 변위 센서

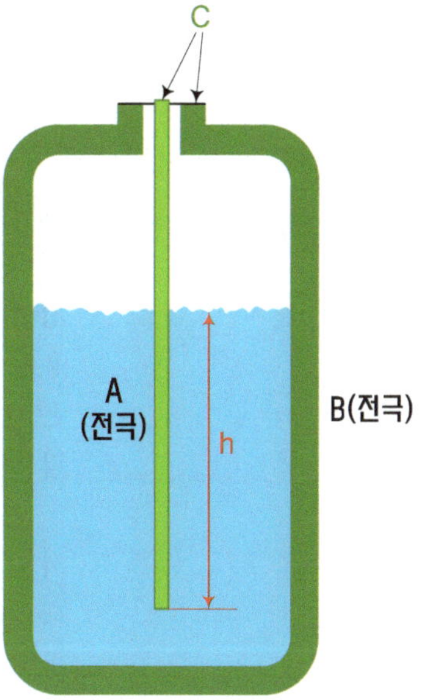

(b) 레벨 센서

(c) 분말 레벨계

습도 센서

커패시터의 유전체로 수분에 민감한 물질을 사용하면, 유전체가 수분을 흡수하는 정도에 따라 유전율이 변하게 된다. 따라서 용량이 변하므로 이를 측정하면 역으로 습도를 측정할 수 있다. 그림 9-45는 용량성 습도 센서의 구조와 외관을 보여준다. 유전체인 열경화수지 중합체(polymer)는 주위의 상대 습도에 비례하여 수분을 흡수하거나 방출함으로써 용량의 변화를 일으킨다. 이 용량의 변화를 측정하면 주위의 상대적인 습도를 알아낼 수 있다. 머리카락 묶음을 두 전극 사이에 끼우고 수분 함유량을 측정하는 모발 수분계 역시 같은 원리이

그림 9-45
용량성 습도 센서

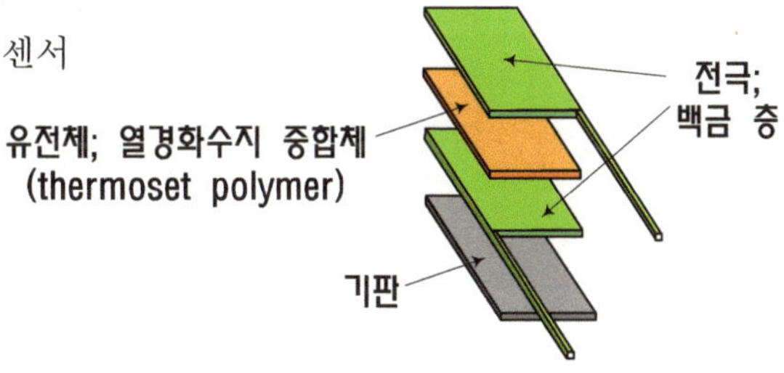

(a) 용량성 습도센서 구조

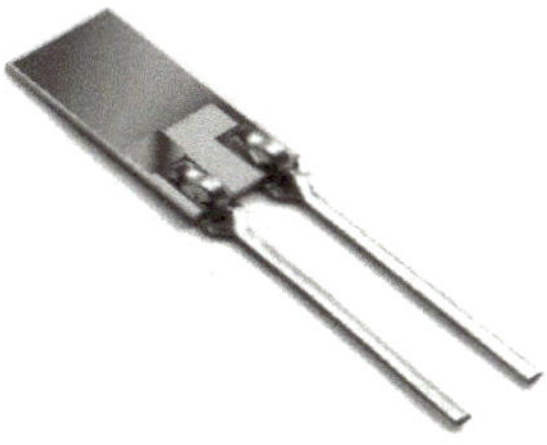

(b) 외관

다(건강한 상태의 머리카락은 보통 11~13% 정도의 수분을 함유하고 있다). 습도 센서로 피부의 수분 함유량을 측정하여 피부병을 진단하려는 연구도 진행되고 있다.

터치스크린

그림 9-46과 같이 하나의 전극과 유전체로 된 장치에 손가락을 접촉하면, 손가락이 또 하나의 전극으로 작용하여 전극과 손가락 사이에 정전 용량이 형성된다. 즉 손가락을 대지 않았을 때보다 댔을 때가 용량이 증가하므로 이를 감지하여 스위치로 사용할 수 있다. 이와 같은 접촉식 스위치는 대단히 많이 활용되고 있으며 그 중 하나가 그림 9-47의 용량성 터치스크린(touchscreen)이다.

용량성 터치스크린은 그림 (a)와 같이 두 장의 유리층 사이에 센서 그리드(grid)가 내장된 층이 삽입된 삼중 구조로 되어 있다. 가운데 층의 센서 그리드는 매우 가는 도선들로써 그림 (b)와 같이 행렬 형태로 배열되어 있어 x, y 방향의 위치를 감지하도록 되어 있으며 그 원리는 그림 (c)와 같다. 그림 (c)와 같이 터치스크린의 한 부분에 손가락을 대면 그 부분의 용량이 변한다. 이와 같이 행과 열로 된 센서 그리드의 한 부분에서 변한 용량은 터치 제어 칩에 의해 그 위치가 판독되며 이에 의해 손가락을 접촉한 위치(xy 좌표)를 알아낼 수 있는 것이다.

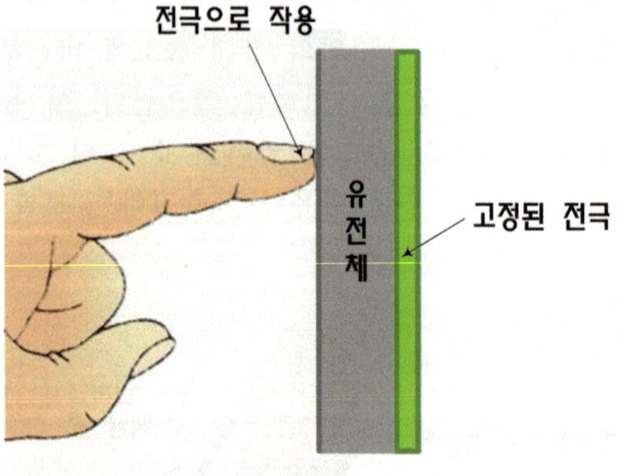

그림 9-46
용량성 스위치

그림 9-47
용량성 터치스크린의
구조와 동작원리

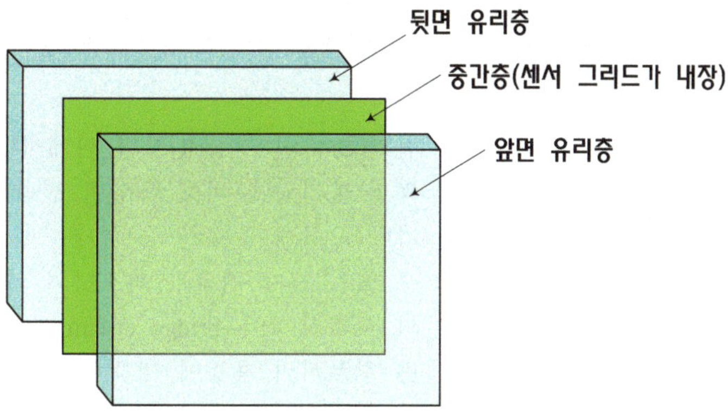

(a) 용량성 터치 스크린 구조

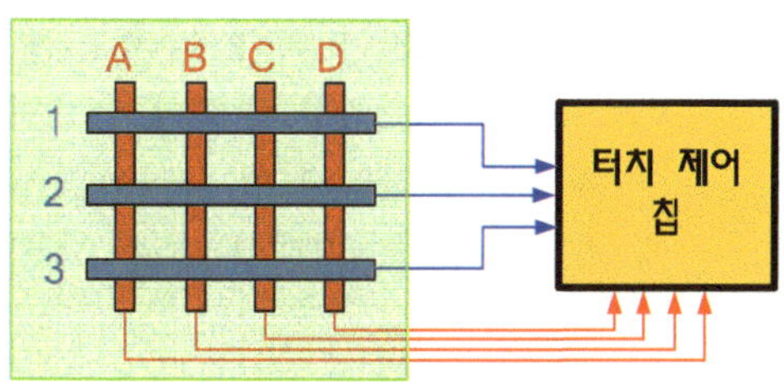

(b) 센서 그리드

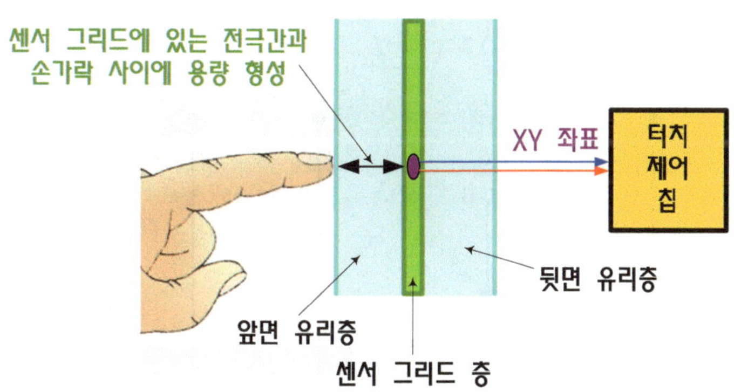

(c) 터치에 의한 용량 형성과 좌표 감지

9-8 브리지식 센서

브리지 회로

전기 소자인 저항(R)이나 커페시터(C), 인덕터(L) 등은 주위 환경이나 특정 물리량에 의해 특성이 변하므로 이를 측정하면 전기량 외의 물리량을 쉽게 측정할 수 있다. 그러기 위해서는 소자들의 값을 측정할 수 있는 전자 회로가 필요하며 가장 흔하게 사용되는 것이 그림 9-48의 브리지 회로(bridge circuit)이다(그림 9-48은 저항의 크기를 측정하는 회로이며 용량에 대해서는 뒤에 설명한다). 그림 (a)에서 저항 R_1, R_2, R_3, R_4가 $R_1R_4=R_2R_3$의 관계를 만족하면, 즉 대변으로 마주 보는 두 저항끼리의 곱이 서로 같으면, 단자 a, b 사이의 전압 V는 0이 되며 이를 평형상태라 한다(증명은 생략한다). 그리고 그림 (b)에서 4개의 저항 R_1, R_2, R_3, R_4가 $R_1R_4=R_2R_3$를 만족하는 평형상태에서 저항 R_1이 $R_1+\Delta R_1$으로 ΔR_1만큼 변했다고 하자(단 $\Delta R_1 \ll R_1$). 브리지 회로의 평형이 깨지면서 전압 V가 나타나며 V는 그림에 표시된 바와 같이 ΔR_1에 비례한다(k는 비례상수로서 R_1, R_2, R_3, R_4에 의해 결정되며 이에 대

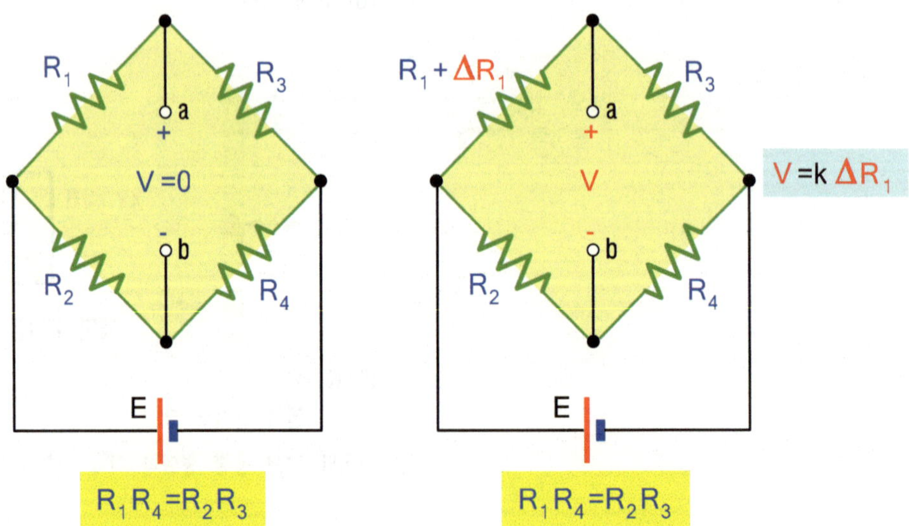

(a) 평형상태 (b) 불평형상태

그림 9-48 브리지 회로

한 증명도 생략한다). 그림 9-48(a)에서 저항 R_2와 R_4를 그림 9-49와 같이 하나의 슬라이딩(sliding) 저항으로 대신하면 스라이딩 접점 P의 위치에 의해 R_2와 R_4를 조절할 수 있다. 예를 들어 접점 P가 왼쪽 끝에 가면 $R_2=0$이고 R_4는 전체 슬라이딩 저항의 저항과 같으며, 접점 P가 오른쪽 끝에 가면 $R_4=0$이고 R_2가 전체 슬라이딩 저항의 저항과 같다. 슬라이딩 저항을 가진 브리지 회로를 이용하면 자동평형 계기(self-balancing instrument)를 손쉽게 만들 수 있다.

그림 9-49
슬라이딩 저항을 가진 브리지 회로

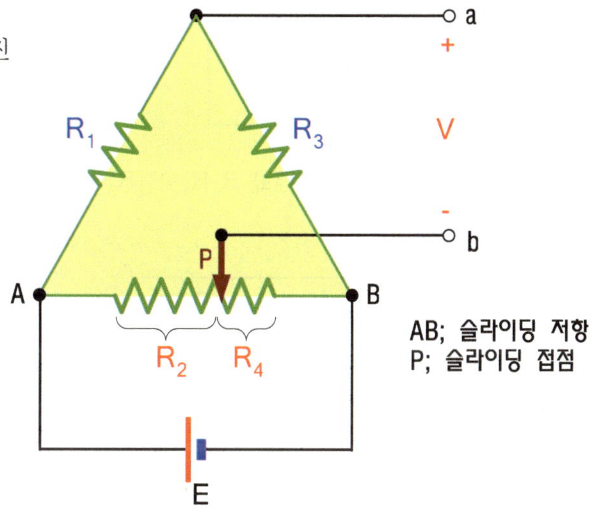

자동평형 계기

그림 9-50은 자동평형 계기의 원리이다. 그림 (a)에서는 접점 P가 $R_1R_4=R_2R_3$를 만족하는 위치에 있으며 브리지 회로는 평형상태에 있다($V=0$). 따라서 증폭기의 출력 전압(전동기의 입력 전압)도 0이므로 전동기는 정지한 상태가 된다. 이 상태에서 R_1이 갑자기 $R_1+\Delta R_1$으로 변하게 되면 $(R_1+\Delta R_1)R_4>R_2R_3$가 되어 $V>0$으로서 평형상태가 깨지며 V는 ΔR_1에 비례한다(그림 9-48(b)). 이로 말미암아 전동기에는 (+) 전압이 입력되므로 전동기가 그림에 표시된 방향으로 회전하면서 접점 P를 오른쪽으로 이동시키게 된다. 따라서 R_2는 점차 증가하고 R_4는 점차 감소하므로 결국 어느 시점에서 $(R_1+\Delta R_1)R_4=R_2R_3$가 되어 다시 평형상태가 되면 $V=0$이 되어 전동기도 정지하게 된다. 이 과정에서 P가 이동한 거리가 바로 ΔR_1에 비례하며 이는 지시계를 통해 나타나

그림 9-50
자동평형 계기의 동작 원리

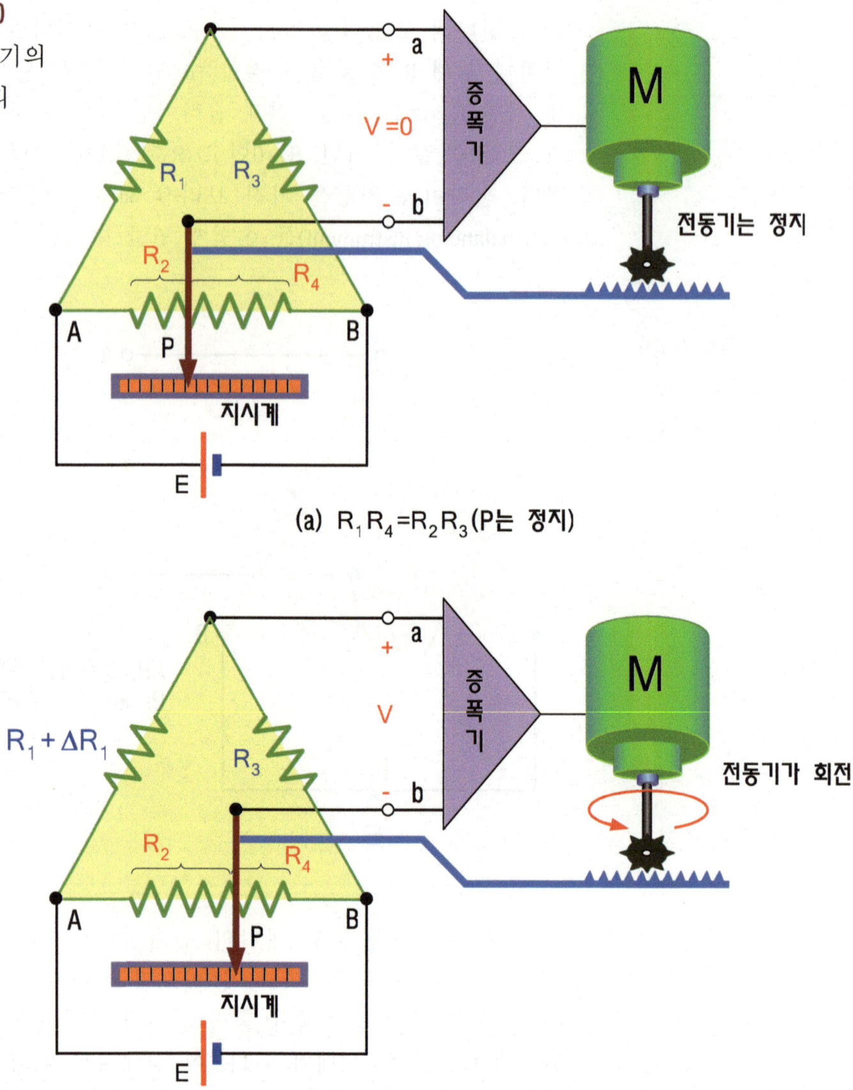

(a) $R_1R_4=R_2R_3$(P는 정지)

(b) $(R_1+\Delta R_1)R_4>R_2R_3$(P는 오른쪽으로 이동)

게 된다. 이상으로 그림 9-50의 자동평형 계기는 저항 R_1의 변화에 비례하는 양을 지시계를 통해 표시해 준다(지시계의 지침은 $\Delta R_1>0$이면 왼쪽으로, $\Delta R_1<0$이면 오른쪽으로 이동한다). 자동평형 계기를 이용하면 그림 9-51과 같이 어떤 물리량의 시간적인 변화를 지시계나 기

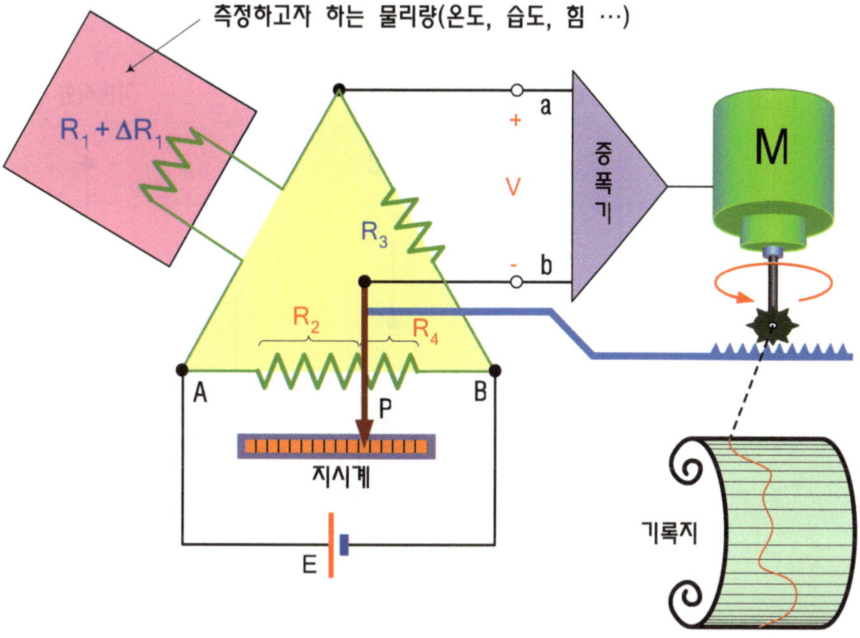

그림 9-51
센서에 사용되는 자동평형 계기

록지를 통해 관찰할 수 있다. 저항은 여러 가지 물리량(온도, 습도, 힘 등)의 센서로 많이 사용된다(이에 대해서는 조금 뒤에 설명한다). 예를 들어 그림 9-51에서 저항 R_1이 온도를 측정하는 센서일 경우 ΔR_1은 온도의 변화에 비례하게 되며 기록지나 지시계에는 ΔR_1에 비례하는, 즉 온도의 비례하는 변화가 나타나게 된다.

용량 측정

그림 9-52의 (a)는 2개의 저항과 2개의 커페시터로 된 용량성 브리지 회로이며 전원은 교류이다. 이 회로가 평형상태(V=0)가 될 조건은 그림에 표시된 바와 같이 $R_1C_2=R_3C_4$이다(증명은 생략한다). 그리고 R_1과 R_3 중 하나를 가변 저항기로 하여 값을 조정할 수 있게 한다(그림에서는 R_1). 예를 들어 R_3, C_2는 알려져 있고 C_4는 모른다고 하자. 가변 저항 R_1을 조절하여 회로가 평형상태에 있도록 하면 $C_4=R_1C_2/R_3$로 구할 수 있으며 이것이 브리지 회로를 이용한 용량 측정 방법이다. 앞에서 설명한 용량성 센서를 그림 9-52의 브리지 회로와 결합하면 여러 가지 물리량을 쉽게 감지할 수 있다. 참고로 그림 (b)는 인덕터의 인덕턴스를 측정할 수 있는 유도성 브리지 회로이며 평형조건은 $R_1L_4=R_3L_2$이다.

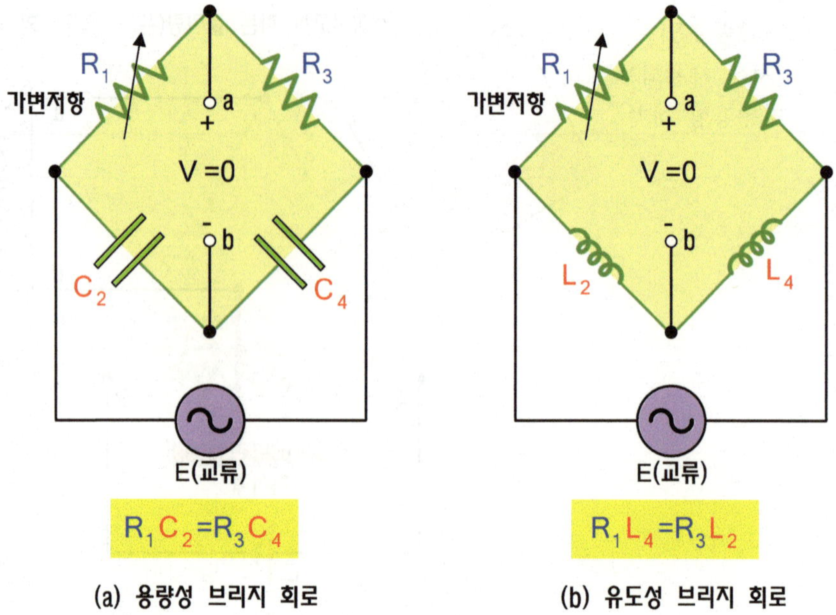

그림 9-52 용량성 및 유도성 브리지 회로

9-9 온도 센서

측온 저항체

온도 센서는 가전 제품인 전기 보온밥솥, 룸 에어컨, 건조기, 냉장고, 레인지 등을 위시해 자동차 엔진 등 수많은 분야에서 사용된다. 금속의 저항은 온도에 따라 변한다. 온도란 열의 세기이며 “열은 원자나 분자가 갖고 있는 운동(또는 진동) 에너지이다”. 그림 9-53과 같이 열에 의해 금속 원자는 격자에 고정된 상태로 진동한다. 온도가 올라가면 원자의 진동이 심해지므로 이를 통과하는 자유 전자들이 원자와 충돌하는 빈도수가 늘어 금속의 저항이 증가하게 되는 것이다. 금속의 온도에 대한 저항 변화는 그림 9-54와 같이 직선적이며 상수 α는 온도 계수로서 물질에 따라 다르다. 이와 같이 온도에 의해 변하는 금속의 저항(R)을 측정하면 역으로 주위 온도(t)를 알 수 있으며 이러한 센서를 측온 저항체(resistance bulb)라 한다. 백금 측온 저항체는 고순도의 백금선을 코일 모양으로 감은 것으로 온도 센서들 중에서 가장 안정되고 정밀도가 높지만 비싸고 대량 생산에 적합치 않다.

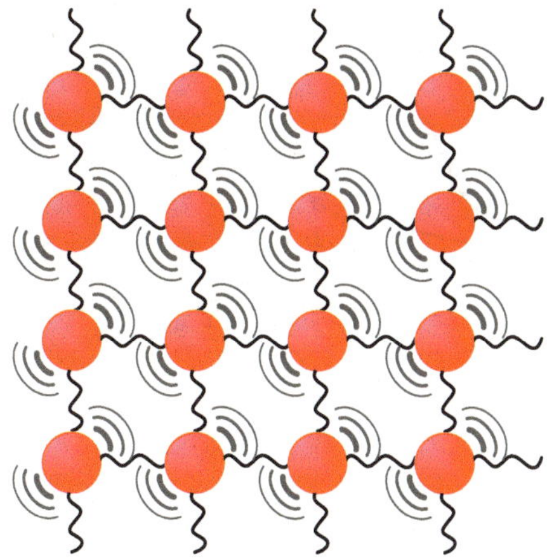

그림 9-53
격자를 중심으로 진동하는 원자

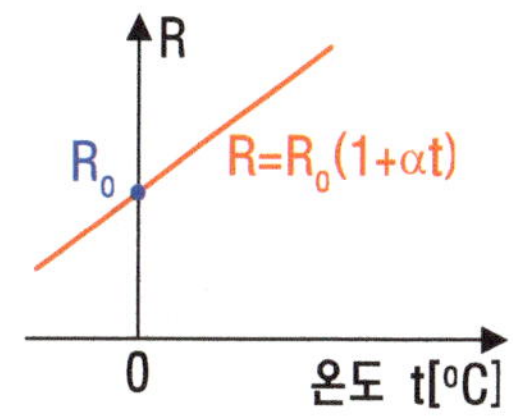

그림 9-54
금속 저항의 온도 특성

서미스터

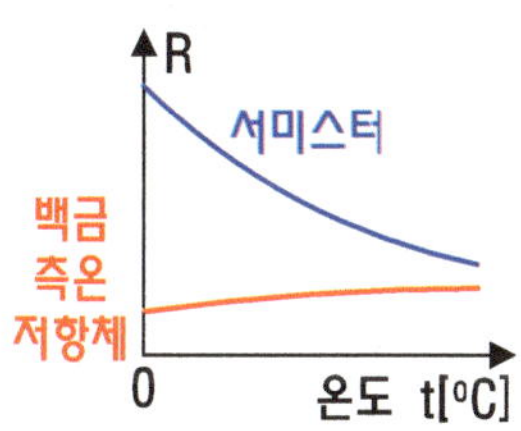

그림 9-55

금속은 온도에 따라 저항이 증가하지만 반도체는 기본적으로 온도가 높을수록 저항이 감소한다. 그 이유는 온도가 높아지면 원자와의 충돌로 저항이 증가하는 것보다, 온도가 올라가면 자유전자와 정공이 늘어나 저항이 줄어드는 효과가 크기 때문이다. 반도체에 금속 산화물(Mn, Ni, Co, Fe, Cu) 분말을 섞어 성형한 것을 서미스터(thermistor)라 하며 현재 가전제품 등을 통해 가장 많이 사용되고 있다(thermistor은 'thermal+resistor'의 합성어이다). 서미스터는 소형일지라도 백금 측온 저항체보다 감도가 10배 정도 우수하며 측온 저항체보다 비교적 낮은 온도에 사용한다. 그림 9-55는 서미스터와 백금 측온 저항체의 온도 특성을 비교한 것이며 서미스터의 외형은 그림 9-56과 같다.

그림 9-56
서미스터 외형

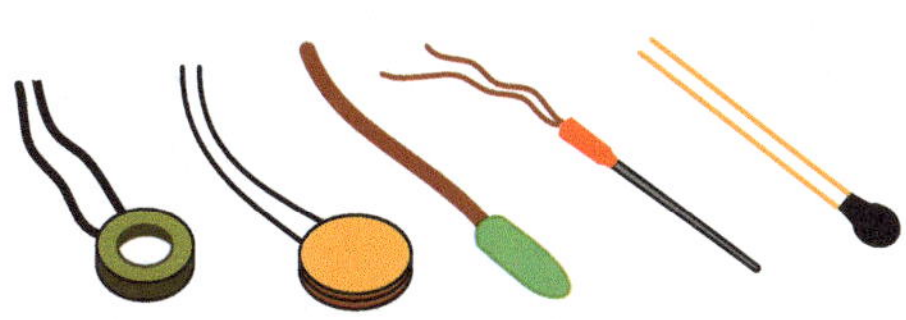

그림 9-57은 서미스터와 브리지 회로를 이용하여 온도를 측정하는 것을 보여준다. 물체의 온도가 0일 때 서미스터의 저항을 R_1이라 하고 $R_1R_4=R_2R_3$가 되어 브리지가 평형이 되도록 저항들을 조정한다(V=0). 물체의 온도에 따라 서미스터의 저항이 R_1에서 $R_1+\Delta R_1$으로 변하면

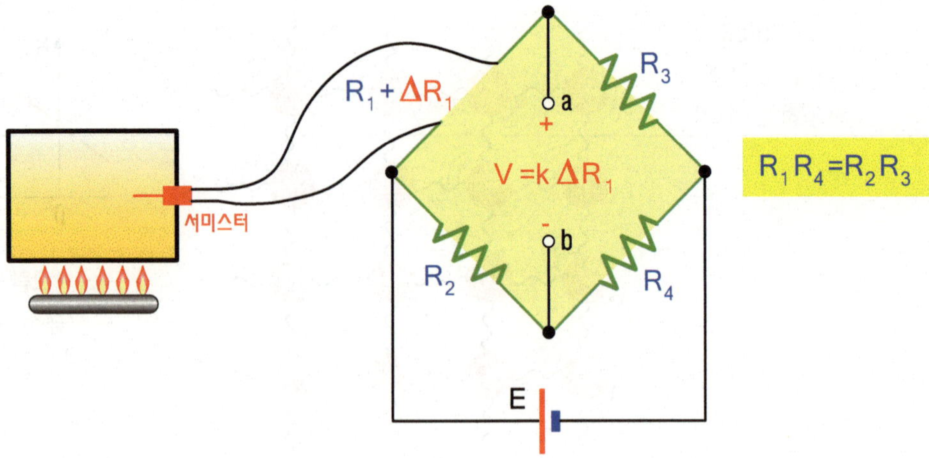

그림 9-57 서미스터와 브리지 회로를 이용하여 온도를 측정하는 센서

브리지 출력 전압 V는 ΔR_1에 비례하며 ΔR_1은 온도 변화에 비례하므로 결국 온도 변화에 비례하는 출력 전압을 얻을 수 있는 것이다.

열전대 온도센서

열전대(thermocouple) 온도 센서는 그림 9-58과 같이 제벡 효과를 이용한 것으로(그림 4-33 참조) 측온 저항체보다 높은 온도를 측정할 수 있으며 매우 견고하다. 서로 다른 금속 A와 B의 두 접점은 온도가 서로 다르며(T_H, T_C) 단자에 나타나는 전압 ΔV는 두 온도의 차인 T_H-T_C에 비례한다(일반적으로 T_C=0으로 하여 기준 온도로 삼는다).

그림 9-58
열전대 온도 센서

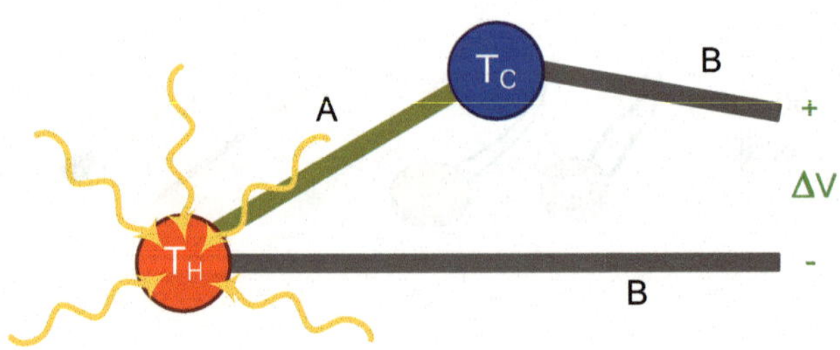

9-10 힘 센서

금속 도선의 저항은 도선의 단면적에 반비례하고 길이에 비례한다. 이는 가늘고 긴 관에 물을 흘릴 때는, 굵고 짧은 관에 물을 흘릴 때보다 더 많은 수압이 필요한 것과 같다. 그림 9-59에서 (a)의 금속선 저항을 R이라 하자. 이 금속선이 그림 (b)와 같이 길이가 ΔL만큼 늘어나면서 단면적이 ΔA만큼 좁아지면 저항은 R+ΔR로 증가한다. 이때 R과 ΔR의 관계는 다음과 같이 주어진다(증명은 생략한다).

$$\frac{\Delta R}{R} = k\frac{\Delta L}{L}$$

위의 식에서 k는 상수이며 게이지(gauge)율이라 부른다.

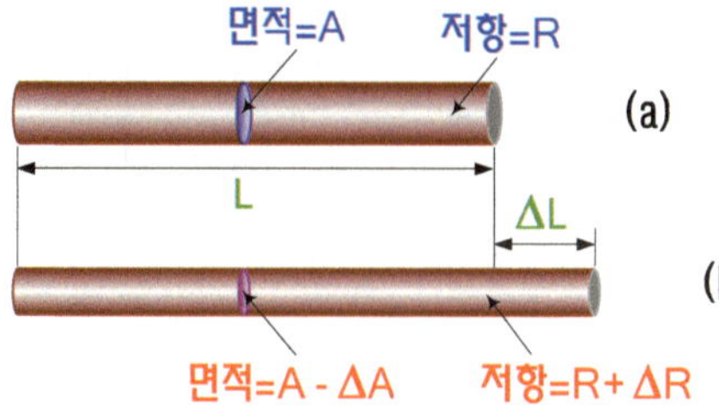

그림 9-59
도체의 저항 변화

압력이나 하중, 변위, 속도, 가속도, 토크 등에 비례하여 금속선의 길이를 변형시킬 수 있으면 이러한 물리량에 비례하는 저항 변화를 얻을 수 있으므로 저항을 측정하여 물리량을 알 수 있다. 이를 이용한 것이 그림 9-60의 변형 게이지(strain gauge)이다. 변형 게이지는 그림과 같이 플라스틱 필름 종이 위에 두께 수 미크론(micron)의 금속박을 붙이고 에칭(etching)으로 매우 가는 저항선(게이지선)을 만든 것이다(게이지선은 길이를 늘리기 위해 지그재그 형태로 한다).

그림 9-61은 변형 게이지와 브리지 회로를 이용하여 물체에 가해지는 압력을 측정하는 것이다(변형게이지는 물체에 단단히 부착되어 있다). 물체에 압력이 가해지지 않을 때 변형 게이지의 저항을 R_1이라 하면 $R_1R_4=R_2R_3$가 되어 브리지가 평형이 되도록 저항들을 조정한다(V=0). 이 상태에서 금속에 압력 P가 가해지면 이에 비례하여 게이지선의 길이에 변화가 생기고 이는 다시 저항 변화 ΔR_1으로 이어진

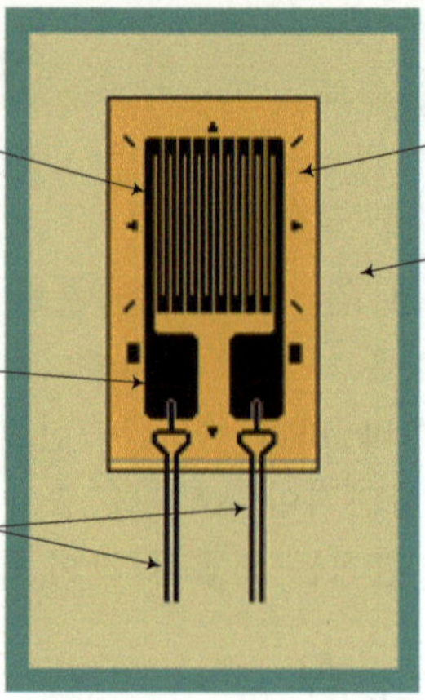

그림 9-60
변형 게이지

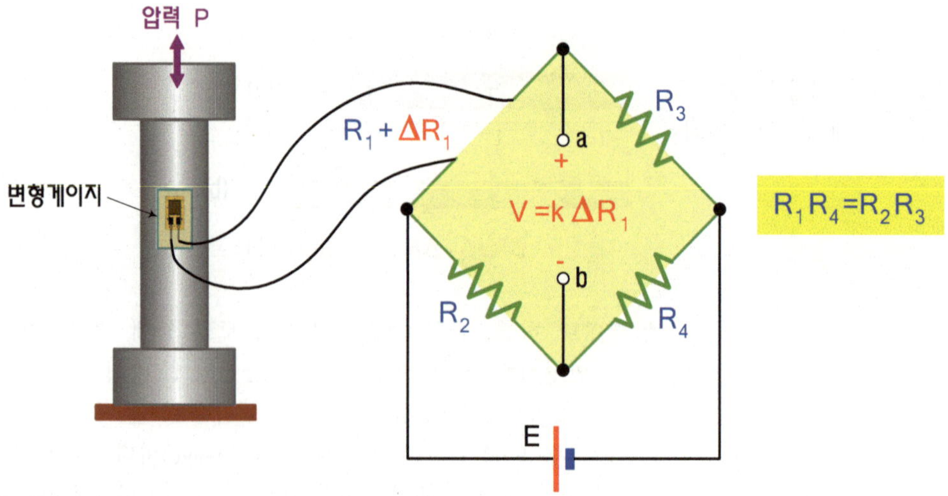

그림 9-61 변형 게이지와 브리지 회로를 이용하여 압력을 측정하는 센서

다. 따라서 ΔR_1에 비례하는 브리지의 출력 전압은 결국 압력 P에 비례하게 된다. 변형게이지는 압력, 하중, 변위, 속도, 가속도, 토크 등의 물리량을 전기량으로 변환시켜 주는 요긴한 센서이다.

10

인체와 전기

10-1 신경은 전선이다

신경 세포

우리 몸의 감각기(예를 들어 피부)를 통한 자극은 신경을 통해 중추신경계(뇌와 척수)에 전달되며 그 매체는 전기이다. 신경은 여러 개의 신경세포에서 나온 신경섬유들의 다발을 가리키며 뉴런(neuron)이라고도 부른다. 그림 10-1의 (a)는 뉴런의 구조이며 신경 세포 본체(간단히 세포체)로부터 수상돌기라고 하는 짧은 신경섬유 여러 개와, 축색돌기라고 하는 가늘고 긴 신경섬유 하나가 뻗어나와 있다(보통 축색돌기를 신경섬유라 부른다). 신경세포는 일반적으로 다른 신경세포로부터 전기신호를 받아서 또 다른 신경세포나 근세포(근육의 수축, 이완을 담당)에 전기신호를 보낸다. 이때 전기신호를 받는 것이 수상돌기이고 보내는 것이 축색돌기이다. 축색돌기는 수초(髓鞘)라 하는 절연체에 둘러싸여 있다. 수초는 연속되는 것이 아니고 일정한 간격으로 중단되어 있으며 그 부분을 랑비에 결절이라 한다. 수초는 척추동물의 신경섬유에만 존재하며 이를 유수신경이라 한다. 그리고 수초가 없는 신경을 무수신경이라 한다. 그림 (a)에서 보듯이 축색돌기의 끝

그림 10-1
뉴런의 구조와 결합

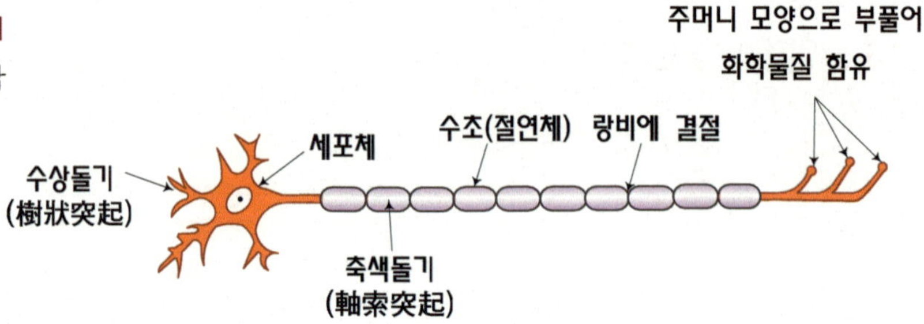

(a) 신경(뉴런)의 구조

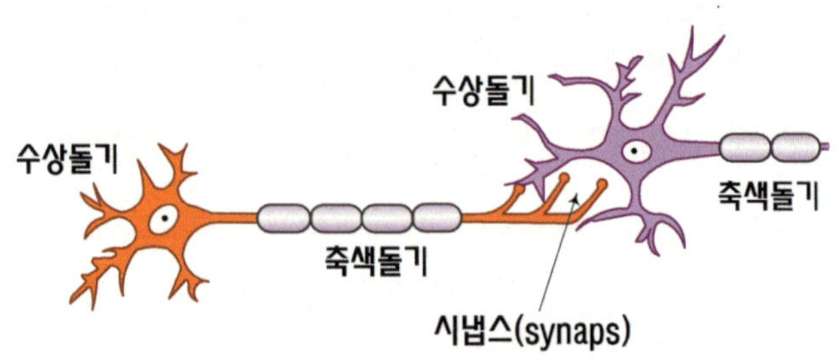

(b) 뉴런의 결합

부분은 공처럼 부푼 형태를 하고 있다. 이 속에는 화학물질이 들어있으며 이는 그림 (b)와 같이 뉴런의 결합에 사용된다. 즉 한 신경세포의 축색돌기 말단은 다른 신경세포의 수상돌기와 결합하며 그 연결부위를 시냅스(synapse)라 한다. 그리고 두 세포는 직접 연결되지 않고 축색돌기 말단에 들어있는 화학물질에 의해 화학적으로 결합된다.

그림 10-2는 감각기와 운동기를 연결하는 신경계를 보여준다. 피부(감각기)에 가해진 신경충격(neural impulse)은 감각뉴런의 수상돌기→감각뉴런의 축색돌기→연합뉴런의 수상돌기→연합뉴런의 축색돌기→운동뉴런의 수상돌기→운동뉴런의 축색돌기 과정을 거쳐 근육(운동기)해 전해져 근육의 수축과 이완을 제어한다. 세포에 전기적 또는 기계적 자극이 없을 때는 세포막의 안쪽 전위가 바깥쪽에 비해 약 65~90 mV 낮으며 이를 휴지전위라 한다(그림 1-8 참조). 그러나 세포에 자극이 가해지면 세포가 흥분하여 세포막 안이 바깥보다 약 30 mV 정도 전위가 높아지는 활동전위가 형성되며 이 현상을 탈분극(depolarization)이라 한다. 탈분극된 세포는 약 1ms 이상이 지나면 원래 휴지전위로 복귀하며 이를 재분극(repolarization)이라 한다.

그림 10-2
신경계

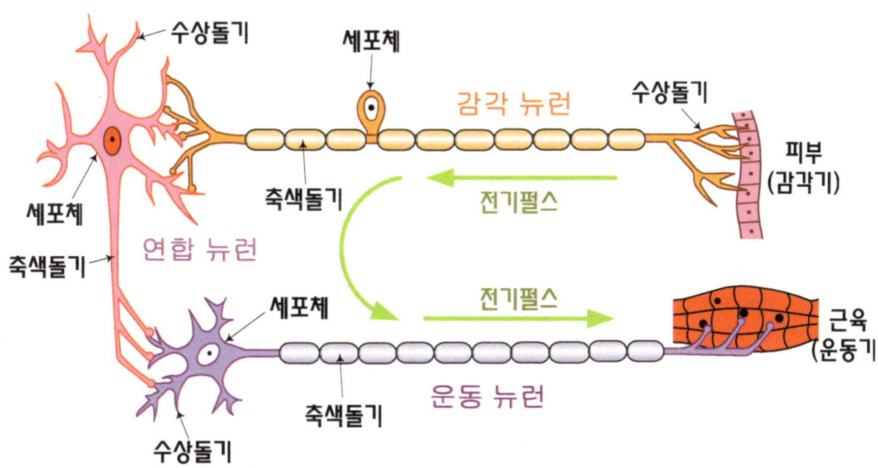

신경충격 전달

그림 10-3과 같이 한 세포의 활동전위는 원래의 휴지전위로 돌아가지만 그 전에 이웃 세포를 자극하여 그 역시 탈분극과 재분극 과정을 거치게 한다. 이러한 과정이 세포들을 통해 계속 전파되므로 전기 펄스신호가 신경섬유를 타고 전달되는 것이다. 그림 10-3은 유수신경의

그림 10-3
신경충격의 전달 과정

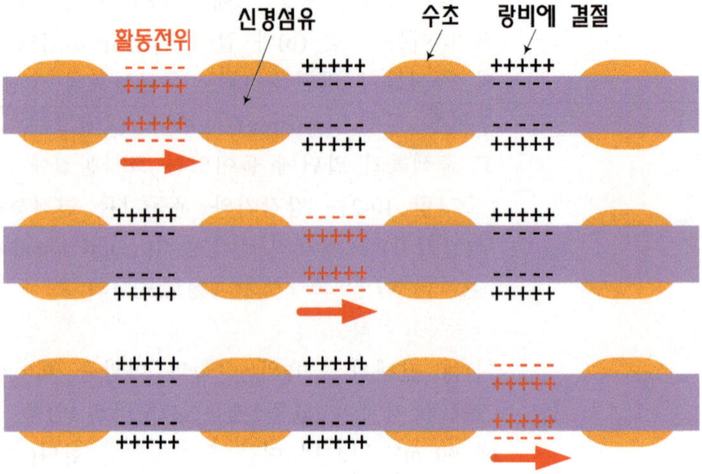

(b) 전기 펄스 전달

경우이며 수초가 절연체 구실을 하여 세포막을 통한 Na^+와 K^+의 이동을 막기 때문에 이 부위에서는 활동전위가 발생하지 않는다. 대신에 활동전위는 수초와 수초 사이에 있는 랑비에 결절에서만 발생하며, 결절에서 결절로 건너뛰는 것처럼 보이므로 도약전도라 한다. 수초가 있는 부위에서는 Na^+ 이온이 세포막 밖으로 흘러나가지 못하고 내부로만 흐르기 때문에 보다 멀리 탈분극, 즉 활동전위를 전달할 수 있다. 따라서 신경 충격의 전도 속도가 무수신경에 비해 대단히 빨라 100m/s 이상이 되기도 한다. 그림 10-4는 신경섬유를 통해 전기펄스가 전달되는 과정을 단계적으로 보여주며 다음과 같다:

그림 (a): 신경섬유 밖에는 Na^+ 이온이 풍부하며 안에는 K^+ 이온이 풍부하며 휴지전위 상태에 있다.

그림 (b): 전기적 또는 기계적인 신경충격이 1번 나트륨 이온통로에 자극을 가하면 나트륨 이온통로가 열려 외부의 나트륨 이온이 내부로 쏟아져 들어오는 탈분극에 의해 활동전위가 형성된다(다른 부분의 막은 여전히 휴지전위 상태에 있다).

그림 (c): 1번 나트륨 이온통로가 닫히고 2번 칼륨 이온통로가 열려 내부의 칼륨 이온이 외부로 쏟아져 나가는 재분극이 일어나므로 1번과 2번 이온통로 부위는 휴지전위로 복귀된다. 한편 앞서 1번의 나트륨 이온통로를 통해 유입된 나트륨 이온이 이웃 부위로 확산되어 3번 나트륨 이온통로에 탈분극을 일으켜 새로운 활동전위가 생긴다.

그림 10-4
전기펄스 전달의 단계적인 과정

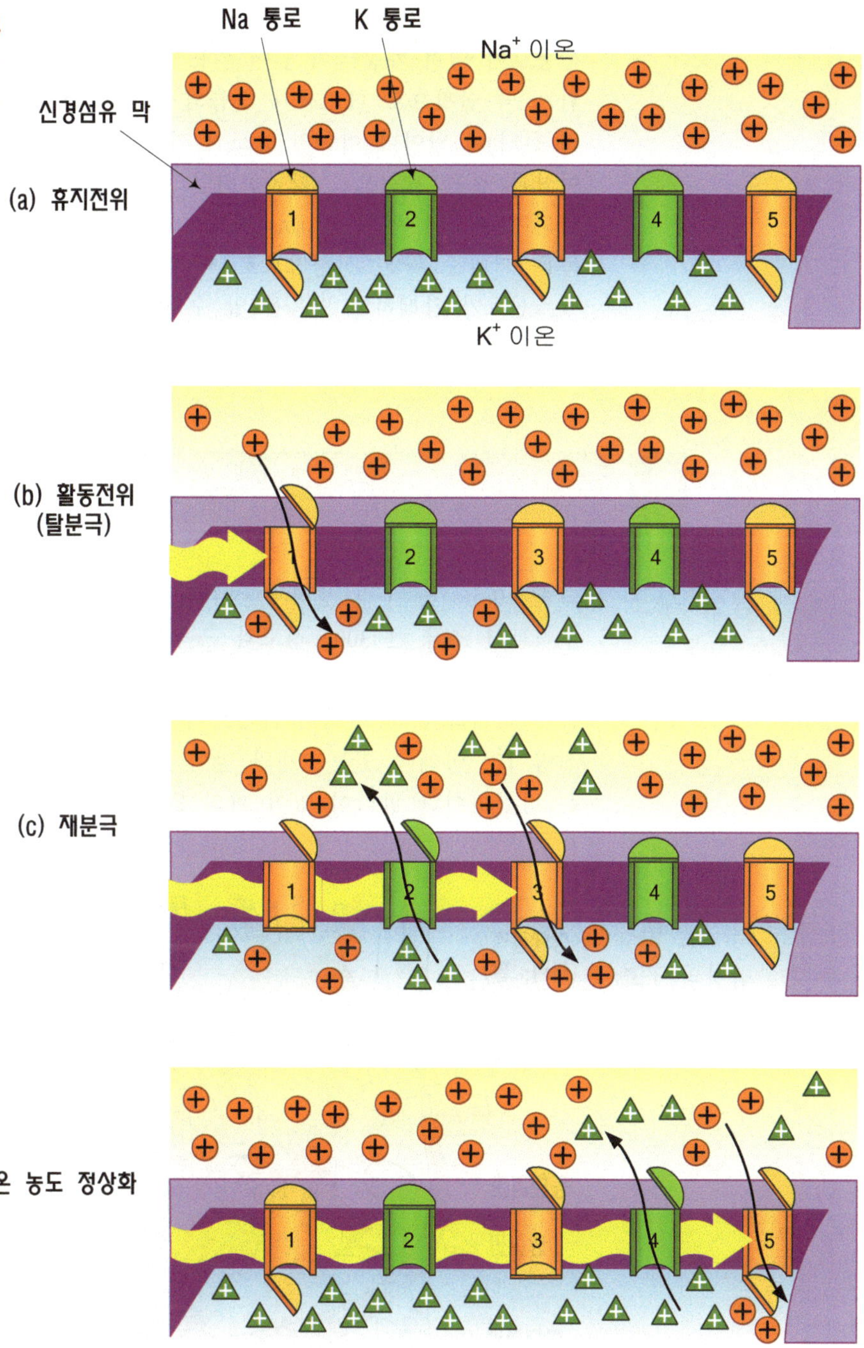

그림 (c): 3번 나트륨 이온통로에 의한 탈분극 다음에 4번 칼륨 이온통로가 열려 재분극이 일어난다. 그 동안에 1번과 2번 이온통로 부위는 막 안팎으로 나트륨과 칼륨의 교환 작용(이를 나트륨-칼륨 펌프라 한다)이 일어나 이온의 농도가 자극전의 정상치로 복귀된다.

이상과 같은 과정으로 활동전위인 전기 펄스신호가 섬유를 타고 전달되며 펄스의 폭은 약 1ms 정도이고 크기는 약 0.1V 정도이다. 우리 몸은 거미줄 같은 신경망으로 짜여 있으며 이를 통해 무수한 전기 펄스신호가 왕래하고 있음을 알 수 있다.

10-2 심장은 자동 펌프

심장 구조 그림 10-5(a)는 우리 생명과 직결되는 심장 구조이다. 사람의 심장은 주먹보다 조금 큰 300g 정도의 근육질의 펌프이며 매일 십만 번 이상 박동하고 7000 리터의 혈액을 펌프한다. 심장의 좌우 방과 실 사이에는 격벽이라 하는 칸막이가 있으며 위에 있는 2개의 방이 우심방, 좌심방이고 아래에 있는 2개의 방이 우심실, 좌심실이다. 심방과 심실은 방실판이란 판막이 있어 피의 흐름을 제어한다. 우심방과 좌심방

그림 10-5
심장의 구조

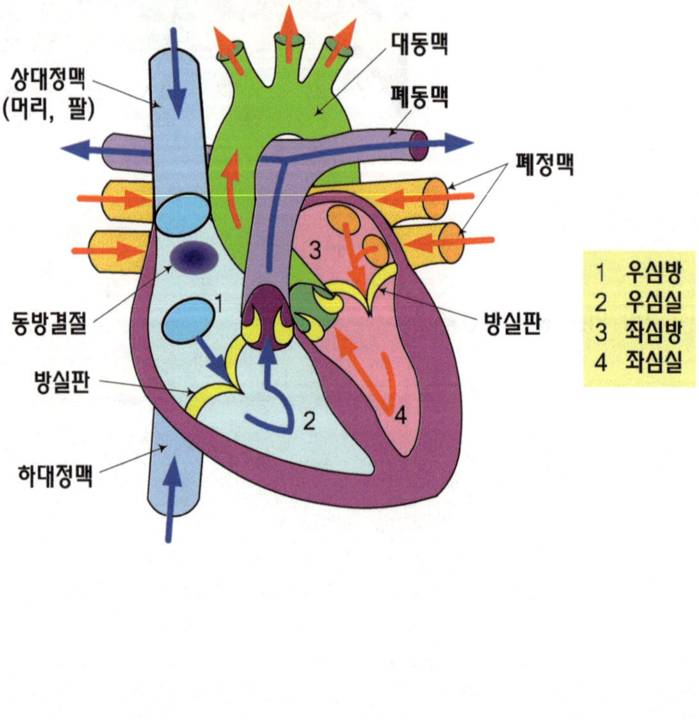

은 각각 조직과 폐로부터 혈액을 받는다. 그리고 우심실은 혈액을 폐로 보내 신선한 산소를 얻고, 좌심실에서는 혈액을 신체 각 부위로 보내진다. 따라서 좌심실이 우심실보다 크고 근육도 더 많다.

활동전위

인체 내에서 가장 중요한 심장 박동도 전기에 의해 제어되며 심장은 대부분이 심근이라는 특수한 근육으로 되어 있다. 일반 근세포는 뇌로부터의 전기 자극에 의해 수축되지만, 심근은 심장 자체의 전기 펄스신호에 의해 수축된다. 즉 심장은 근세포이면서 동시에 활동전위를 발생시키는 신경세포인 것이다. 그림 10-6(a)는 심장박동을 제어하는 활동전위의 전달 경로이다. 활동전위는 우심방에 있는 동방결절 또는 동결절(洞結節)이라 부르는 분화된 세포 덩어리로부터 시작되므로 동방결절을 박동원(pacemaker)이라 한다. 박동원에서 발생된 전기 펄스는 우심방의 박동을 일으킴으로써 심장 박동을 시작하며 이 신호는 모든 심방근 및 방실결절로 전파된다. 방실결절은 심방과 심실 사이에 위치하는 조직으로서 히스 다발과 연결된다. 히스 다발은 심실의 근세포에 전기 신호를 전달하는 분화된 섬유 다발이며 이 전기 신호에 의해 심실이 수축하게 된다. 이상으로 동방결절은 규칙적으로 전기펄스를 생산하는 자동 배터리에 비유할 수 있고 히스 다발은 전선에 비유할 수 있다. 동방결절로부터 시작되는 활동전위를 파형으로 보면 그림 (b)와 같다. 이를 그래프나 오실로스코프로 보인 것을 심전도(心電圖)라 하며 간단히 ECG(electrocardiogram)라 한다. 그림 (b)의 파형을 설명하는 것이 그림 10-7이며 단계별 설명은 다음과 같다:

그림 10-6
심장의 박동과 활동전위

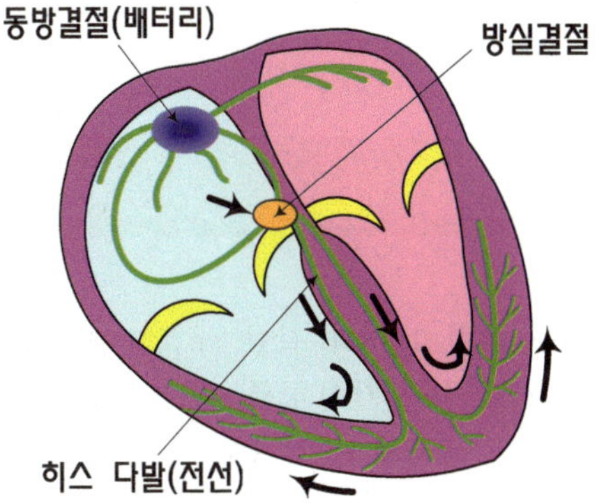

(a) 활동전위 전달 경로

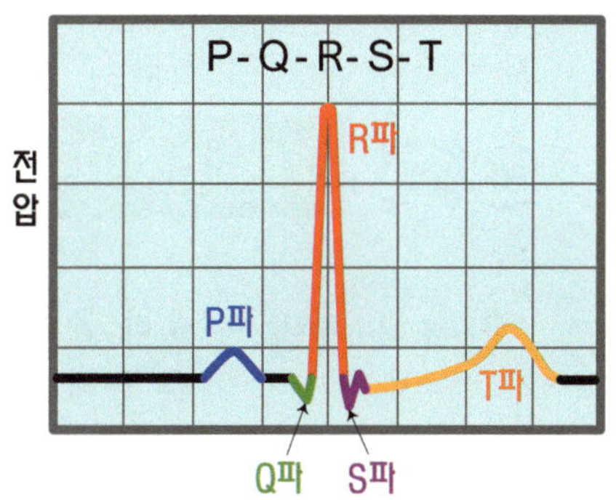

(b) 활동전위의 파형

그림 10-7
활동전위의 전달 과정: 핑크색이 탈분극되는 부분

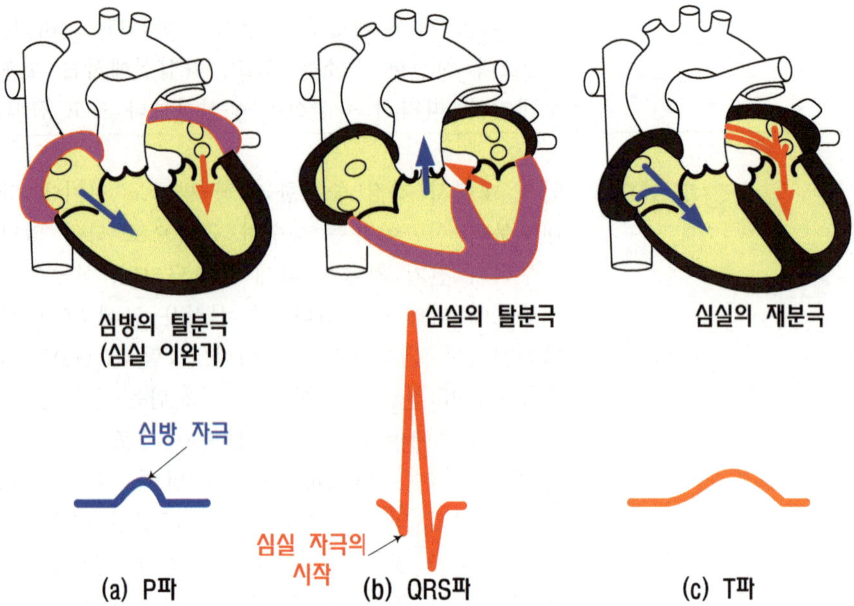

그림 (a) P파: 동방결절로부터 시작된 활동전위는 먼저 심방의 탈분극을 일으켜 심방을 가로질러 오른쪽에서 왼쪽으로 진행된다. 즉 P파의 첫부분은 우심방의 탈분극을, 뒷부분은 좌심방의 탈분극을 나타낸다. 이 기간 동안에는 심실이 이완되어 있는 것이 정상이다.
그림 (b) QRS파: 심실의 탈분극에 의한 것으로 Q파는 심실 자극의 시작을 나타낸다. 좌심실이 우심실에 비해 크고 근육이 많으므로 QRS파의 대부분이 좌심실의 탈분극을 나타낸다.
그림 (c) T파: 심실의 재분극을 나타낸다.

10-3 신경망은 인체 전기회로

인체 신경망

우리 몸의 신경망은 그림 10-8과 같은 구조이다. 모든 장기들이 신경을 통해 척수와 연결되어 전기신호를 주고 받으며, 척수신경의 모든 신호는 뇌에 전달되어 해독되고 실행된다. 이러한 구조는 마치 주변기기가 달린 컴퓨터 구조를 연상케 한다(그림 8-2 참조). 뇌와 척수를 중추신경계라 하며 뇌는 컴퓨터의 CPU에, 척수는 컴퓨터의 버스(데

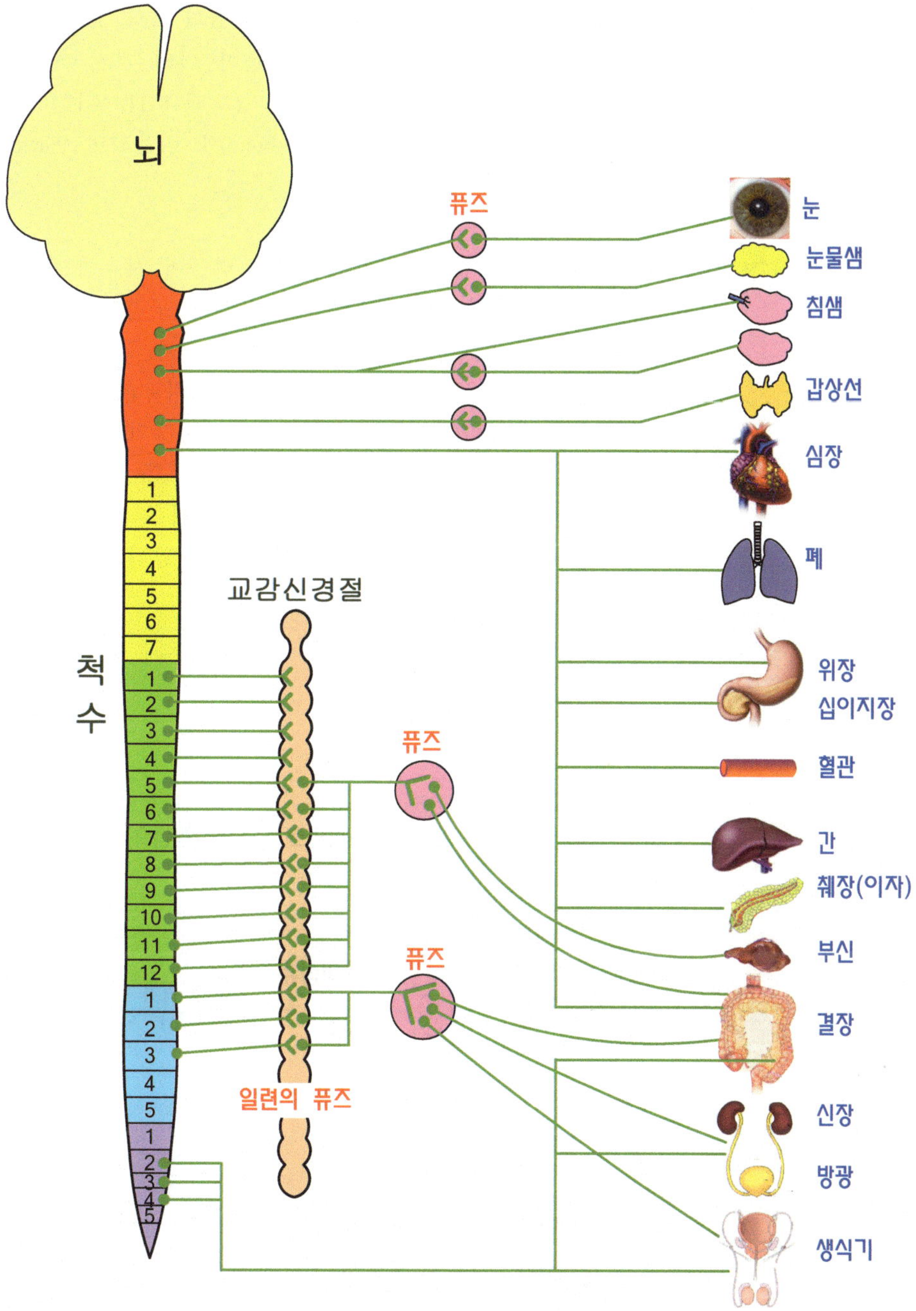

그림 10-8 인체의 신경망

이터 및 주소 버스)에 비유할 수 있다. 그리고 장기들이 척수신경에 연결된 것은 컴퓨터 주변 기기들이 여러 가지 케이블로써 컴퓨터의 I/O 포트와 연결된 것과 흡사하다(그림 8-11, 8-12 참조). 척수는 인터넷의 경우에서 기간(基幹; backbone)에 비유되며 'backbone'은 문자 그대로 등뼈(척추)를 의미한다.

뉴런과 회로

뉴런은 그림 10-9와 같이 우리가 만들어 사용하는 전기 회로와 흡사하다. 즉 신경섬유는 전류를 전달하는 구리선과 같고 절연체인 수초는 전선의 단락(short)을 방지하는 피복과 같다. 그리고 중추신경계는 전원(또는 신호원)과 같으며 시냅스는 퓨즈(fuse)와 같다. 그림 (b)에서 전선의 피복이 벗겨져 단락되면 그 이후의 전선으로는 전류가 전달되지 않는다. 마찬가지로 그림 (a)에서 수초가 바이러스 등에 의해 손상되면 전기신호가 주위 세포들을 통해 누전되어 버린다. 따라서 그 부분 이후로는 전기신호가 더 이상 전달되지 않으므로 부분적 또는 전신적 마비가 오게 되는 것이다.

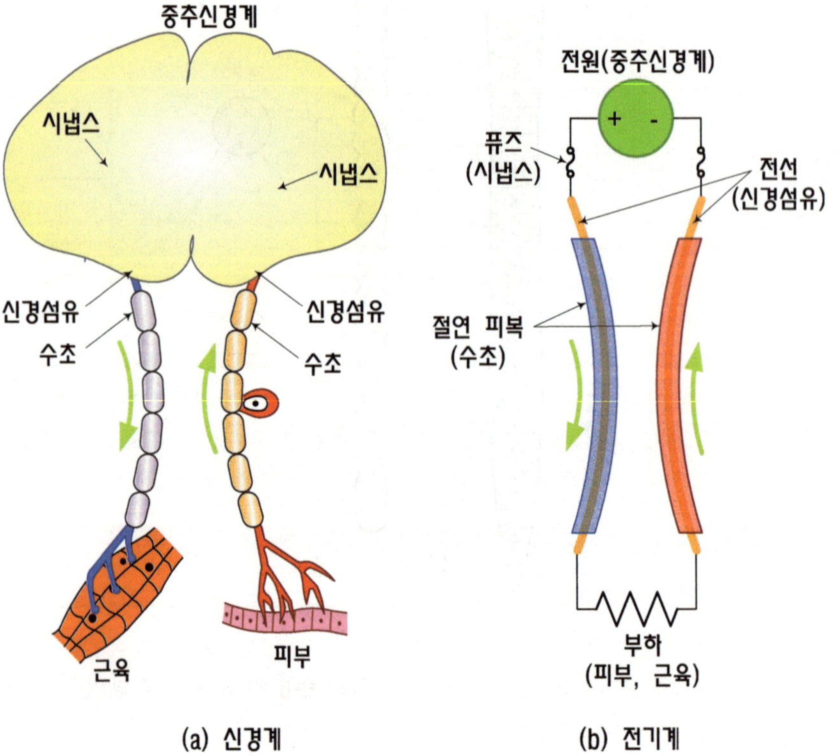

그림 10-9
뉴런과 회로

시냅스와 퓨즈

우리가 사용하는 퓨즈는 한번 끊어지면 다시 교체하는 수밖에 없다. 그러나 인체 내의 무수한 퓨즈인 시냅스는 그렇게 할 수 없으므로 그림 10-10과 같이 세포간의 직접 결합 대신 화학적인 결합을 택하는 것이다. 신경섬유를 통해 전달된 신경충격(전기신호)이 섬유 말단의 시냅스 소포를 자극하면 신경흥분 화학물질(예를 들어 아드레날린이나 아세틸콜린)이 분비된다. 이들이 시냅스 틈을 가로질러 다음 세포체나 수상돌기의 수용기에 전달되면 신경이 흥분하여 다시 활동전위가 유발되는 것이다. 독이 있는 뱀 등에 물리면 사망하는 이유는 독이 화학물질과 결합해 화학물질이 수용기에 도달하지 못하게 하기 때문이다. 즉 퓨즈를 완전히 끊어버려 전기회로를 망가뜨리는 것이다(심장이나 폐의 활동이 정지하여 사망한다). 이상으로 뇌는 가공할 컴퓨터이고 척수는 케이블이며 뉴런은 전선이다. 그리고 이 세 부분이 특수한 전기 퓨즈인 시냅스를 통해 연결됨으로써 인체전기 회로가 과부하로 타버리지 않도록 한다. 이러한 정교한 장치들로 인해 인간 육체 활동의 95% 이상이 인간 간섭 없이 자동적으로 이루어진다.

인간이 지금과 같은 전기전자 회로, 컴퓨터, 수많은 센서들을 개발하였지만 이들은 이미 까마득한 과거부터 우리 몸 속에서 멋있게 작동하고 있었던 것이다. 앞으로 급속히 발전될 로봇 역시 결국은 인간을 흉내내는 것이며 얼마나 인간을 잘 모방하느냐가 그 로봇의 수준이다. 정교한 IC 칩, 다양하고 신뢰성이 높은 센서, 극미소의 물체를 다루는 나노 기술(반도체 기술), 그리고 인체에 관한 생물학적 의학적 지식의 결합이 앞으로의 최첨단 연구분야를 주도할 것이다.

그림 10-10
특수한 퓨즈인 시냅스

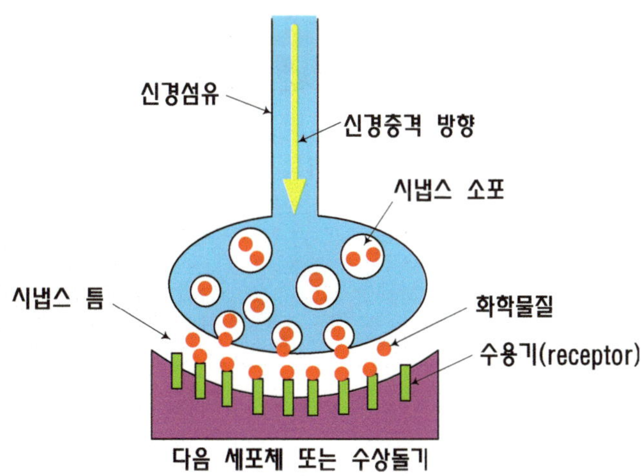

오감(五感)

오감(시각, 청각, 촉각, 미각, 후각)을 통해 느끼는 감각이 절대적인 것이 아니라 모두 전기에 의해 제어된다는 것은 놀라운 일이다. 시각, 청각, 촉각은 물론이고 우리가 음미하는 맛과 냄새 조차 그림 10-11과 같이 전기로 표현된다. 코로 들어온 향기 분자는 후각세포의 말단에 있는 섬모와 같이 생긴 후각 수용기를 자극하면 후각세포에 전기가 발생하며 이 전기신호가 후각관의 후각신경을 통해 뇌로 전달된다. 그리고 침에 의해 용해된 음식물 분자들이 미각 수용기를 자극하면 역시 미각세포에 의해 전기로 바뀐 다음 미각신경을 통해 뇌로 전달된다. 우리가 느끼는 형형 색색의 맛과 향기는 모두 전기로 표현되며 코와 혀는 화학 센서의 원조이다.

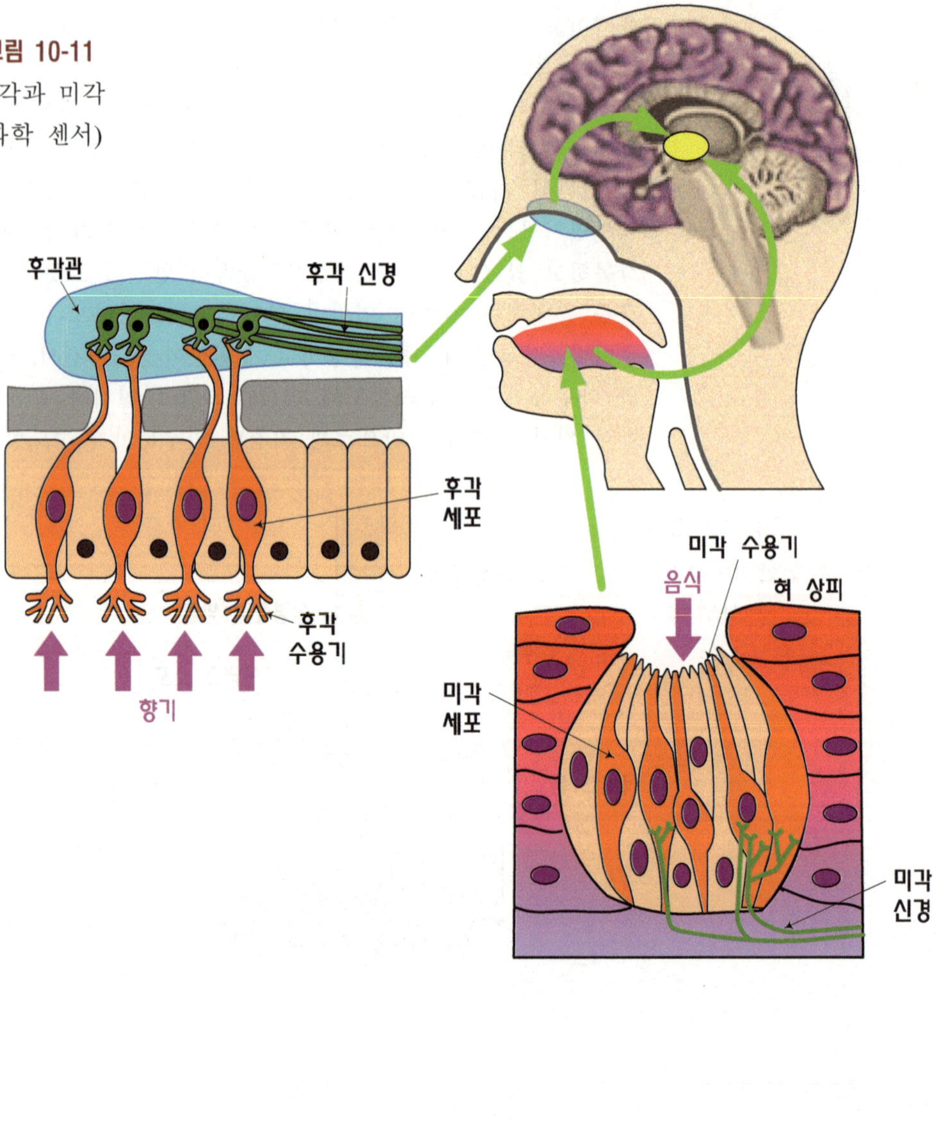

그림 10-11
후각과 미각
(화학 센서)

10-4 피부를 통한 인체 전자기 관찰

피부는 인체 중 가장 큰 기관으로 무게는 체중의 12~16%를 차지하고 면적은 약 $2m^2$에 이른다. 피부에 둘러싸인 인체는 하나의 도체이며 그 속에서는 그림 10-8과 같이 거미줄 같은 전선을 통해 수많은 전기 신호들이 왕래하고 있다. 이러한 내부의 전기신호가 도체인 몸을 타고 미세하나마 피부에까지 전달되므로 피부에서의 인체 전기 신호를 측정하면 내부 상태를 알 수 있게 된다. 피부는 표피, 진피, 내피의 세 층으로 되어 있으며 저항이 $M\Omega(10^6\Omega)$ 정도로 높다. 그러므로 피부의 인체 전기는 전압이 $\mu V(10^{-6}V)$에서 $mV(10^{-3}V)$ 사이의 수준이며 전류는 $2\mu A$를 넘지 않는다. 따라서 피부의 인체 전기를 측정하기 위해서는 증폭기와 피부에 부착하는 특수 전극 등이 필요하다.

심전도(ECG)

심전도 ECG는 그림 10-12와 같이 심장 부근의 피부에 나타나는 인체 전기의 파형을 보여주는 것이다(그림 10-6과 10-7 참조). 심전도는 심근의 활동전류를 임의의 두 점에서 전류계(심전계)에 유도하여 그래프로 얻은 것이며 진단학상 심장질환의 진단에 매우 중요하다. 모니터에 심전도 파형이 나타나지 않으면 공식적인 사망으로 인정된다.

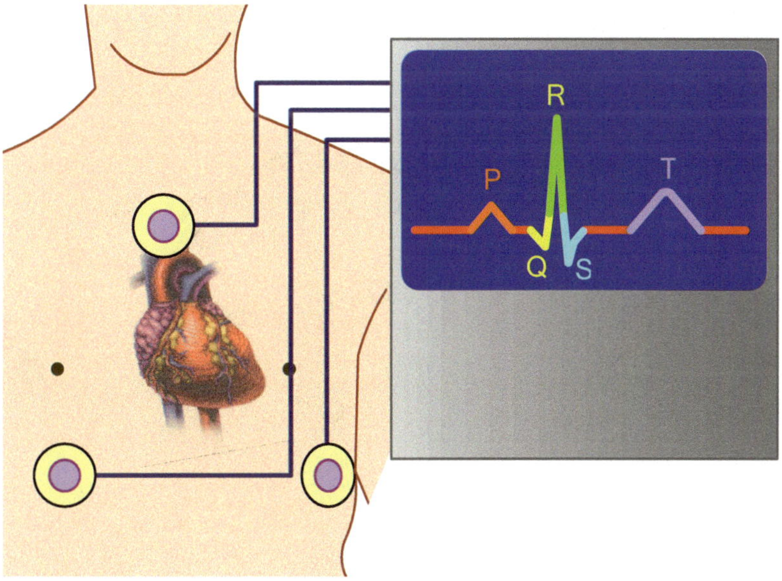

그림 10-12
심전계

뇌전도(EEG)

뇌는 무수한 뉴런의 집합체로서 인체의 모든 정보를 전기신호로 받아 해석하고 다시 지시를 내리는 곳이며 밤낮 없이 활동한다. 뇌를 위시한 중추신경계의 뉴런에서 발생한 전기가 두개골을 통해 피부에 전해진다. 그림 10-13과 같이 두개골 피부에 여러 개의 전극을 부착하여 전기 파형을 그래프로 나타낸 것을 뇌전도(electroencephalogram; EEG)라 하고('encephalo'는 'brain'을 의미) 보통 뇌파라 부른다. 생체 중에서 혈액의 저항이 가장 낮고 뼈는 저항이 가장 높아 거의 전류가 흐르지 않는다. 따라서 갈비뼈를 통해 전해지는 심장 전기나 두개골을 통해 전해지는 뇌 전기는 매우 약하기 때문에 ECG의 경우는 천 배, EEG의 경우는 만 배 정도 증폭하여 얻는다.

뇌파는 그림 10-14와 같이 주파수와 진폭에 따라 몇 가지 유형으로 분류하며 정신의 각성 정도에 따라 다른 파가 나타난다. 뇌파는 뇌 전체의 활동상태, 예를 들면 깨어 있는가, 자고 있는가 하는 의식수준 정도는 상당히 정확히 보여준다. 그러나 뇌파는 뇌 기능의 일부를 표시하는 것이므로 사고·감정·의지 등 고등 정신상태를 판단하기는 아직도 어렵다.

뇌파에는 정상인의 뇌파(정상뇌파)와 병적 상태에서 나타나는 이상뇌파가 있으므로 임상의학면에서 세밀하게 검토된다. 뇌파는 환자에게 고통을 주지 않고 검사할 수 있을 뿐 아니라(이는 ECG도 마찬가지이다) 병 부위나 성질등을 정확하게 알 수 있다는 점에서 뇌의 병변을 진단하는 데 필수적이다.

그림 10-13
뇌전계 전극

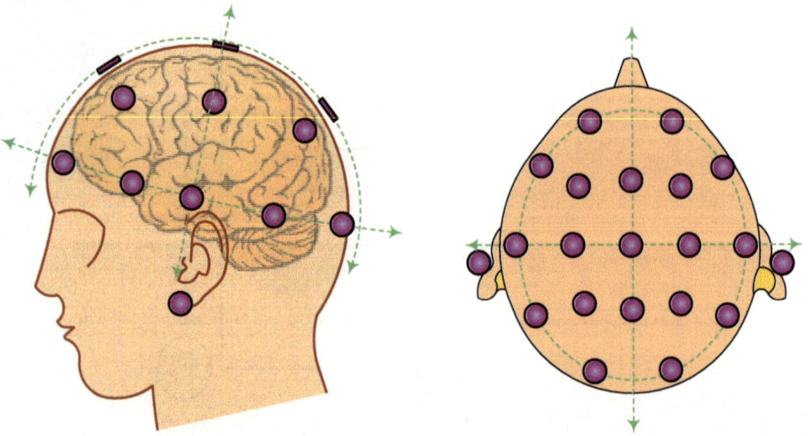

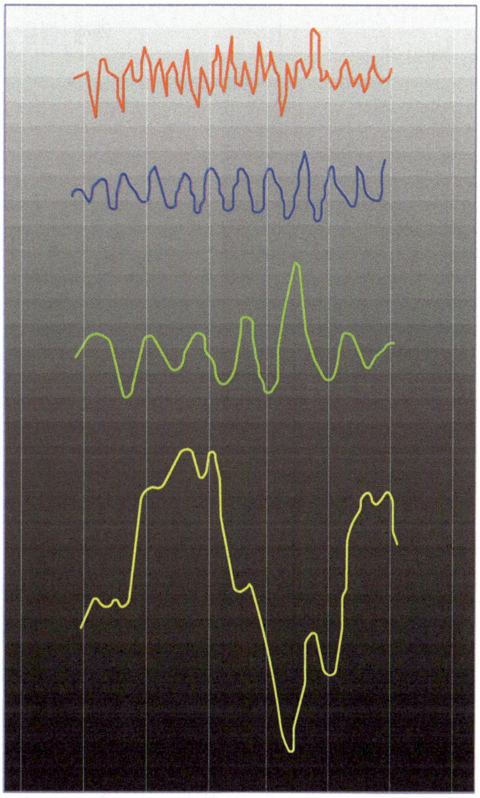

그림 10-14
뇌파

뇌자도(MEG)

신경은 전류가 흐르는 전선과 같으므로 주위에 자장이 형성된다. ECG와 EEG와 같이 인체 전기를 검출하는 대신 인체 자기를 검출하는 것으로 심자도(心磁圖)와 뇌자도(腦磁圖)가 있다. 그림 10-15는 뇌자도(MEG; magnetoencephalogram)를 얻는 장치이며 두피 여러 군데의 자장을 감지하여 뇌의 전기적인 활동을 영상화하는 것이 목적이다. 그러나 인체의 자기는 지자기의 100만 분의 1 정도로 매우 약하므로 (그림 3-38) SQUID를 사용하여야 한다(10^{-14}T까지 측정). 따라서 초전도 현상을 일으키기 위해 그림 10-14와 같이 모든 자기 센서들과 전자 장치들은 액체 헬륨으로 냉각시킨다. 그리고 미세한 인체 자기를 외부의 여러 자기들로부터 보호하기 위해 반드시 차폐실에서 측정하여야 한다. 자기장은 감쇄되지 않고 두개골과 두피를 통과할 수 있기 때문에 MEG는 EEG보다 전류원 위치를 정확하게 포착할 수 있다.

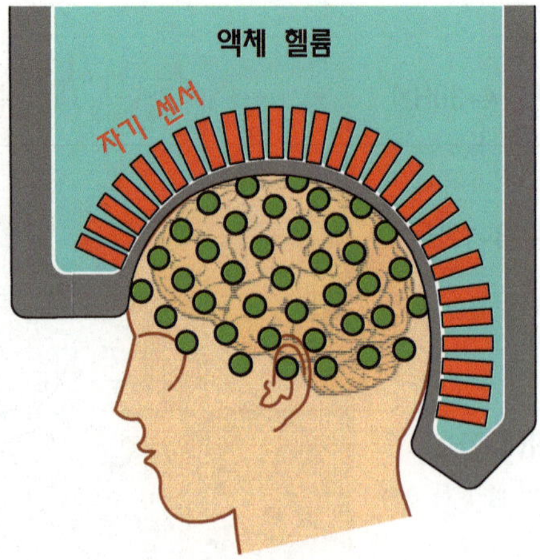

그림 10-15
뇌자계

경락(經絡)

피부 바로 아래에는 경락이라는 신비한 회로가 살아 움직이고 있으며 그림 10-16은 동양의 지혜가 담긴 경락도이다(인체 후면은 그리지 않았다). 경락이란 경맥(經脈)과 낙맥(絡脈)의 총칭으로 경맥은 인체의 상하로 흐르고 있는 큰 줄기이므로 서구에서는 자오선(子午線)이란 뜻의 'meridian'으로 부르고 있다. 그리고 낙맥은 경맥에서 갈라져 나와 그물망처럼 펼쳐져 전신을 감싸고 있는 것이다. 즉 경맥을 큰 강이라 하면 낙맥은 큰 강의 지류에 비유할 수 있다. 경락은 장부의 기능을 조절하는 것으로 알려져 있지만 그 해부학적인 구조는 알려져 있지 않다. 경락의 특징은 각 시작점이나 끝점이 손과 발의 끝 부분에 위치한다는 것이며 이로부터 고래로부터 내려오는 정식 명칭에는 반드시 수(手), 족(足) 등이 붙어있다. 경락에는 인체의 육장(六臟)과 육부(六腑)에 대응하는 12정경(十二正經)이 있다. 그리고 몸의 전면 중앙을 지나가는 임맥(任脈)과 후면 중앙을 지나가는 독맥(督脈) 2경이 있으며 이들을 합쳐 14경이라 한다. 그리고 경락을 순환하는 에너지가 정체되기 쉬운 곳을 경혈(經穴)이라 한다('穴'은 구덩이란 뜻).

현재 물리학자, 의학자, 한의학자들이 경락에 대해 연구하고 있는 중이며 경락의 실체에 대해서는 여러 가지 설이 있다. 그 중에서 경락을 신경과 같은 차원의 전선이라는 주장과 전파를 전달하는 도파관(導波管, waveguide)이란 주장이 있다. 도파관은 전파를 인도하는 관으로서 그 한 예가 광섬유이다(그림 7-12, 7-56 참조). 만일 경락이 전류를 전도하는 전선과 같다면 경혈은 전기 증폭기가 될 것이다. 만일

그림 10-16
경락도

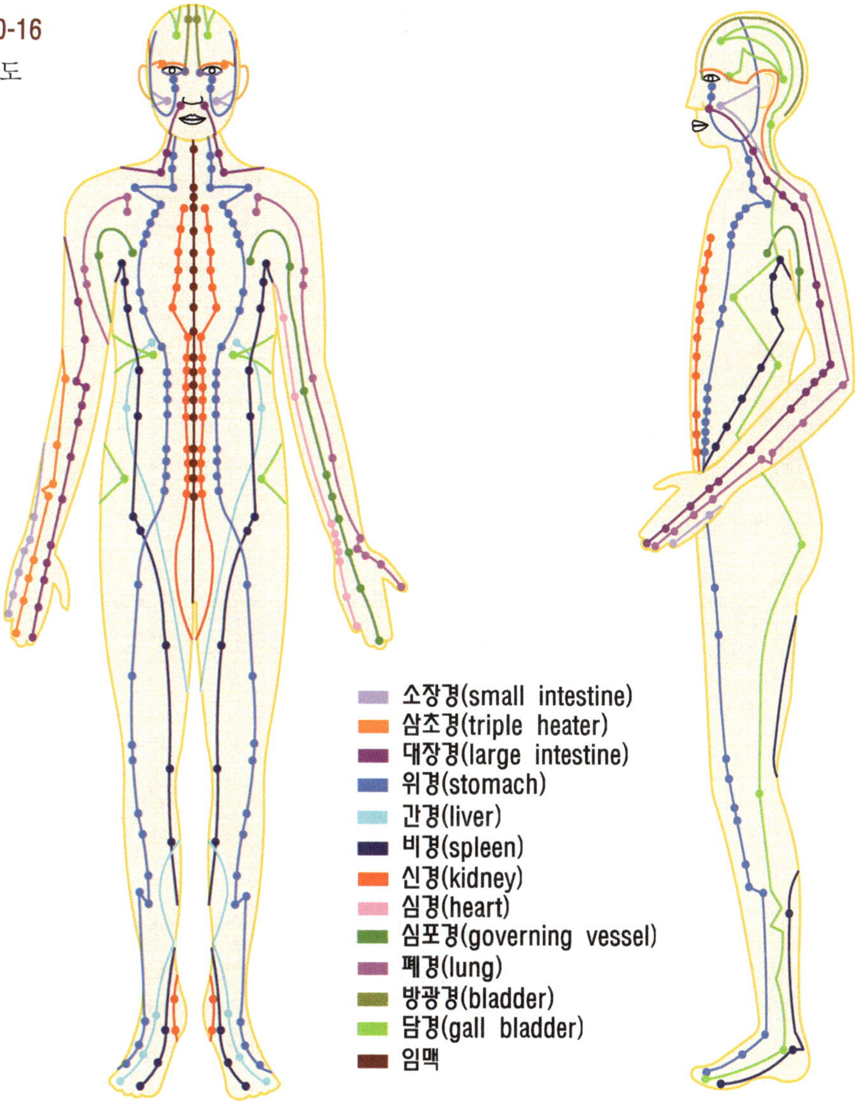

경락이 도파관이라면 대단히 환상적인 광통신 시스템이 구축되어 있는 것이다. 즉 경혈은 광증폭기가 될 것이며 전기를 빛으로, 빛을 전기로 변환시켜 주는 장치들이 인체에 숨어 있을 것이다(그림 7-57 참조). 그리고 경락은 광섬유와 같이 대용량의 정보를 빛속도로 전달할 수 있게 된다(신경의 전류 전도 속도는 초속 100m 정도이다). 어쨌든

우리 인체는 정말로 놀라운 최첨단 전기전자 시스템인 것만은 틀림없다. 따라서 생물이나 의학 등에서 인체를 연구하는 학자들도 전지전자 공학에 대한 기본적인 지식이 반드시 필요할 것이다.

서모그래피

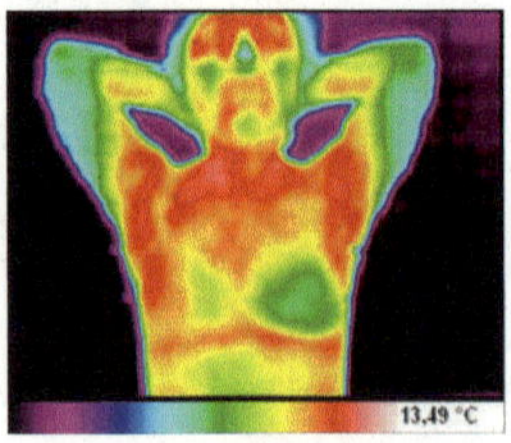

그림 10-17
서모그래피 예

모든 물체는 자체의 열로 인해 적외선을 방출하며 그 세기는 온도에 따라 증가한다. 서모그래프(thermography)는 물체가 발산하는 열을 감지하여 영상으로 표현해주는 장치이다. 우리 몸에 있는 100조 개의 세포들도 활동하기 위한 에너지가 필요하다. 세포는 혈관을 통해 수송된 영양분(땔감)을 산소로 태워 에너지를 얻기 때문에 열이 발생하며, 피부가 열의 배출을 조절하여 체온을 조절한다. 피부에서 발산되는 열은 부위에 따라 또는 질병의 여부에 따라(종기가 나면 열이 난다) 분포가 다르므로 서모그래피를 이용하면 병을 진단할 수 있다(그림 10-17). 서모그래피는 캠코더와 기능이 유사하며 다만 빛 대신 열을 감지하여 영상화하는 것만 다르다. 피부에 땀이 흐르면 저항이 낮아진다(물은 도체이므로). 사람은 거짓말을 하면 땀이 나 피부 저항이 낮아지므로 이를 측정하여 이용하는 것이 거짓말 탐지기이다.

10-5 인체 내부를 보다

피부를 통해 내부를 살피는 것은 한계가 있다. 물체를 투과하는 X선을 이용하여 인체를 포함한 물체의 내부를 촬영하는 방사선 사진법(보통 X선 촬영이라 함)은 3차원 영상을 2차원으로 밖에 표현할 수 없다. 이에 비해 3차원 물체를 파괴하지 않고 내부의 단면을 보는 것을 단층촬영(斷層撮影)이라 하며 CT(computed tomography)라 부른다('tomo'는 'slice' 의미). CT는 인체를 3차원으로 관찰할 수 있으므로 대단히 중요한 진단 수단이며 X선 CT와 MRI CT가 있다.

X-선 CT

그림 10-18은 X선 CT의 원리를 보여준다. 그림 (a)에서 X선 광원에서 발사된 X선은 물체의 단면을 투과하여 반대편에 있는 X선 검출기(여러 개가 한 조를 이룸)에 의해 감지된다. 편의상 물체의 단면을 충분히 작은 일정한 크기의 화소들의 집합으로 생각하자(화소가 작을수록

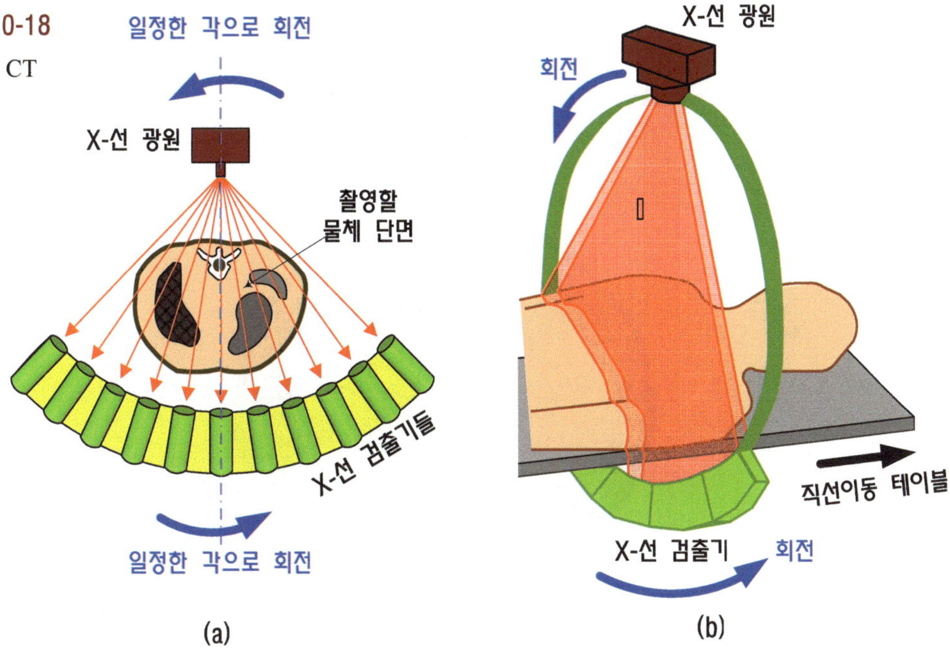

그림 10-18
X선 CT

해상도가 높다). X선은 통과하는 화소의 밀도에 비례하여 감쇠된다. 따라서 광원으로부터 임의의 한 검출기에 이르는 광선의 세기는, 그 광선이 지나온 경로에 있는 모든 화소들의 밀도를 중첩시킨 것에 비례하여 약해지게 된다. 다시 말해 경로상에 겹쳐져 있는 모든 조직들의 밀도를 중첩시킨 결과를 감지하므로 2차원 정보를 1차원으로 밖에 표현할 수 없는 것이다. 이것이 우리가 알고 있는 X선 촬영이다. 여기서 한 걸음 더 나아가 그림 (a)에서 광원과 검출기를 한 조로 하여 전체를 일정한 각도만큼씩 회전시켜 가면서 X선 촬영을 반복하는 것이 X선 CT의 원리이며 그림 (b)가 이를 보여준다. 즉 여러 각도에서 촬영한 1차원의 X선 영상들을 바탕으로 2차원 단면의 밀도 분포(영상)을 만들어 내는 것이며 이를 재구성(reconstruction)이라 한다. 물론 촬영 각도를 세밀히 하면 할수록 더 정밀한 단층 영상을 얻을 수 있다. 그리고 그림 (b)에서와 같이 테이블을 일정한 간격으로 조금씩 이동하여 인체의 각 단면을 계속 촬영하여(마치 빵을 얇게 썰듯이) 종합하면 결국 3차원 영상을 얻을 수 있게 된다. X선 주사에 의해 얻어진 여러 장의 1차원 데이터로부터 2차원 영상을 재구성하는 원리는 매우 복잡한 수학적인 이론을 바탕으로 하므로 여기서는 더 이상 설명할 수 없다. 그림 10-19는 X선 CT로 촬영한 인체의 복부 단면이다. X선은 인체에 해로우므로 여러 번 주사하는 X선 CT는 인체에 해로울 수 밖에 없다. 따라서 X선 CT는 산업용이나 공항에서의 짐 검사 등과 같은 곳에 주로 사용하고 있다.

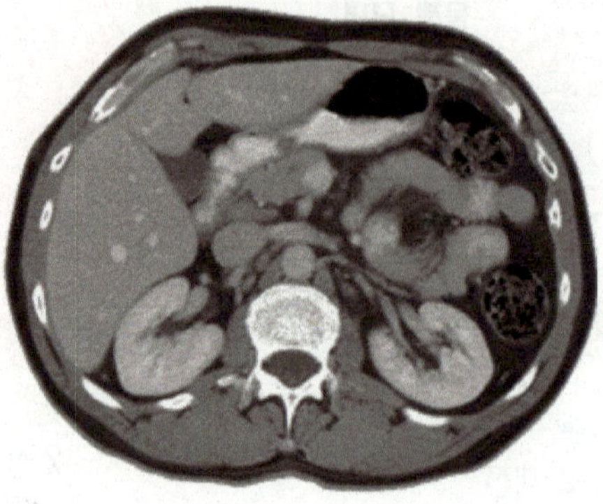

그림 10-19
X선 CT로 촬영한 복부 단면

MRI CT

인체는 60% 이상이 물이므로 수많은 수소 원자가 분포되어 있으며, 각 장기나 조직 세포에 따라 수소 분포가 다르다. 따라서 인체 내의 수소 원자의 농도 분포를 알면 인체 구조(단층 영상)를 알 수 있다. 수소 원자의 분포를 핵의 자기공명(magnetic resonance)을 이용하며 측정하는 것을 핵자기공명, 즉 NMR(Nuclear Magnetic Resonance)이라 한다. 그러나 일반인들이 '핵'이란 단어에 거부감을 느끼기 때문에 지금은 MRI(Magnetic Resonance Imaging)이라 부르고 있다. 물질이 자기를 띠는 주된 원인은 전자의 자전운동과 공전운동(그림 2-10 참조) 및 핵의 회전 운동때문이다. 이 중에서 전자의 자전운동에 의한 자기가 훨씬 크지만 핵자기공명은 핵(특히 수소)의 회전운동을 이용한다. 핵은 그림 10-20(a)와 같이 자신의 축을 약간 벗어난 상태로 회전하므로

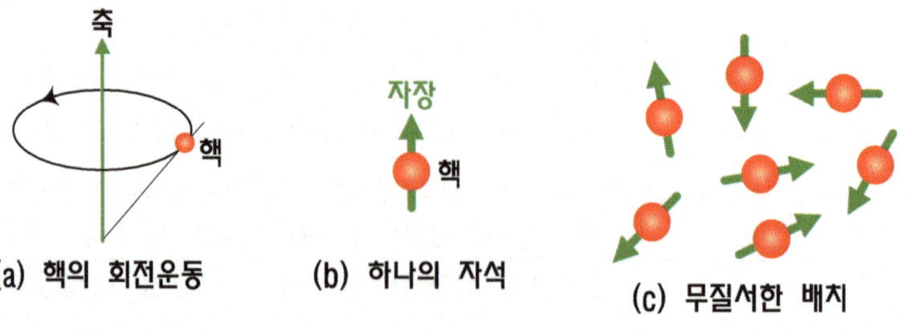

그림 10-20
핵의 회전운동

코일에 흐르는 양전하와 같다. 따라서 회전하는 핵은 그림 (b)와 같이 하나의 자석과 같으며 평상시는 그림 (c)와 같이 원자들의 회전축 방향이 서로 무질서하게 다르다. 이제 그림 10-21과 같은 단계로 수소 원자에 외부 전장을 가해보자. 먼저 그림 (a)와 같이 일정한 외부 자장을 가하면 무질서한 수소 원자들이 자계와 같은 방향으로 자화(배치)된다. 다음으로 일정한 외부 자장에 더하여 그림 (b)와 같이 수소 원자와 잘 공명되는 주파수의 RF 전자파를 가하면 에너지를 받은 핵이 진동하게 된다(공명진동). 그 다음에 그림 (c)와 같이 RF 전자파를 제거하면 수소가 원래대로 돌아가기 위해 공명이 이완되면서 RF 전자파로부터 받은 에너지를 방출하기 시작한다. 이때 수소 농도가 높을수록 전자파 세기가 증가하므로 이를 검출하면 수소 원자의 상대

그림 10-21
핵자기 공명의 원리

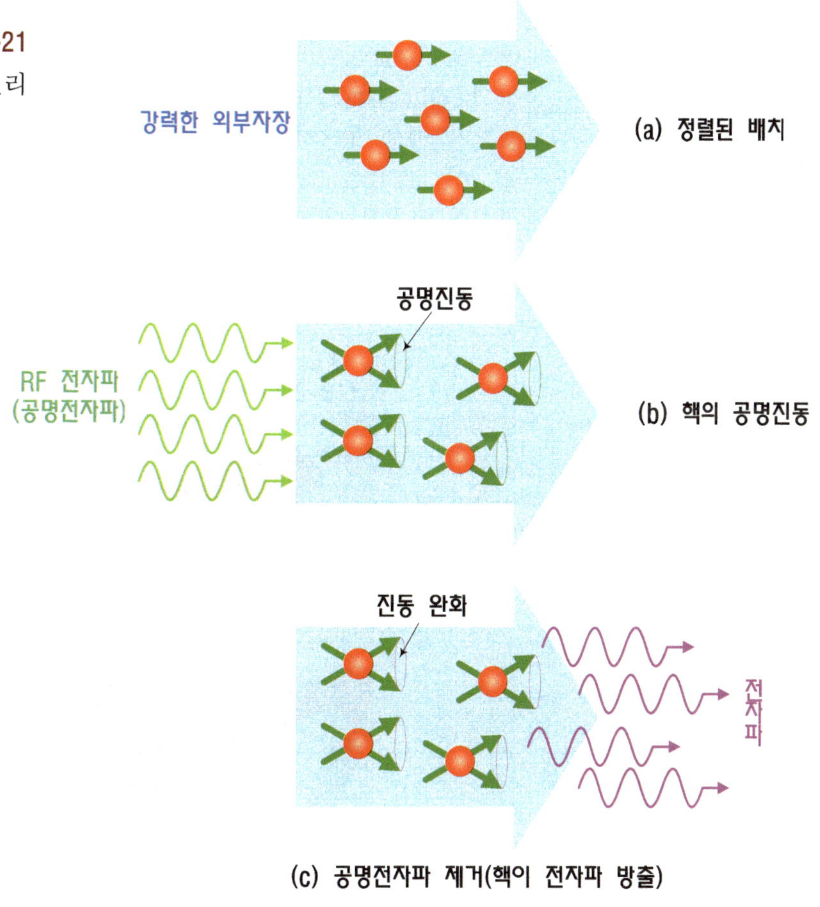

적인 분포를 알 수 있는 것이다. 이상이 핵자기 공명의 원리이다. 그리고 X선 CT는 화소의 밀도를 영상화하지만 MRI는 화소의 수소 농도를 바탕으로 영상화 하는 점이 다르다. MRI는 구조는 그림 10-21과 같다. 주 자석(main magnet)은 강력하고 일정한 자장을 만들어 주며 RF 코일은 공명 전자파인 RF 전자파를 펄스 형태로 만들어 준다. RF 코일의 전자파가 차단된 다음에 인체에서 방출되는 전자파는 RF 코일에 의해 검출되어 컴퓨터로 보내지며, 이러한 1차원 데이터로부터 2차원 영상을 재구성하는 원리는 X선 CT와 근본적으로 같다. MRI의 주 자석은 자장이 대단히 강하여야 하며 약 1.5~4T에 이른다(T는 자장의 단위인 테슬라(Tesla)로서 $1T=10^4G$). 지구의 자장(지자기)이 약 0.5G 정도이고 생체에서 발하는 자장이 지자기의 10만분의 1 정도임을 감안하면 MRI 자장 세기는 엄청난 것임을 알 수 있다. 주 자석은 환자에게 안정적이고 대단히 강력한 자장을 인가하며 경도 자석(gradient magnet)은 가변적인 자장을 만들어 준다. 경도 자석의 세기는 약 18~27mT($1mT=10^{-3}T$) 정도로서 주 자석보다 매우 낮다. MRI는 해상도가 매우 우수하지만 자장이 지나치게 강하므로 환자의 몸에 있는 모든 금속을 제거한 다음 촬영하여야 한다. 그리고 이렇게 강한 자장이 인체에 미칠 수 있는 영향에 대해서는 아직 연구 중이다.

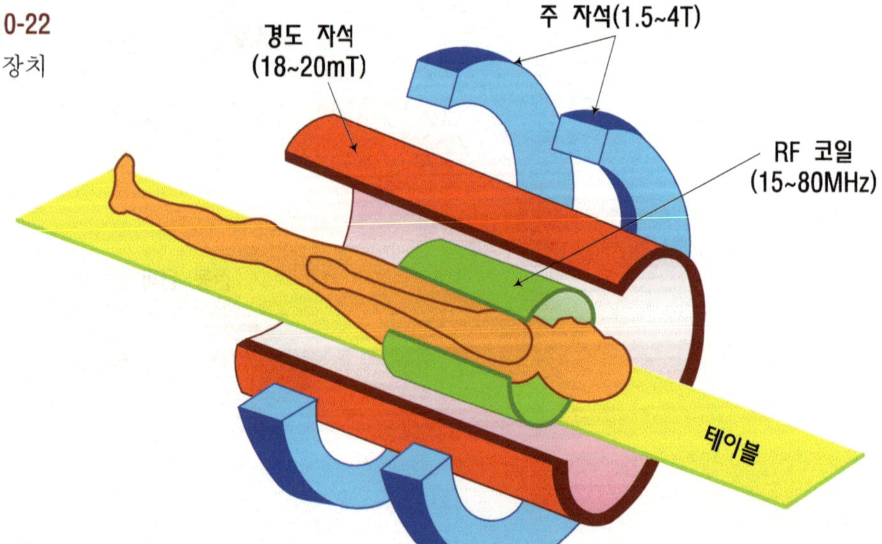

그림 10-22
MRI 장치

초음파 진단기

인체 내부를 들여다 보는 또 하나의 장치가 초음파 진단기이다. 초음파 진단기의 근본 원리는 초음파 탐상기(그림 5-17)와 같으며 물체 내부로 발사된 초음파가 내부로부터 반사되어 돌아오는 것을 검출하여 이를 바탕으로 영상화하는 것이다. 초음파 스캐너는 그림 10-23(a)와 같이 100 개 이상의 압전 변환기(그림 5-11 참조)로 만들어져 초음파 빔을 집속할 수 있도록 되어 있다. 초음파 집속은 컴퓨터의 제어하에 각 압전변환기가 순서에 따라 초음파를 발산함으로써 이루어진다. 그림 (b)와 같이 초음파 진단기의 스캐너가 집속된 빔을 인체에 투사하면 밀도가 다른 조직 사이의 경계에서 초음파가 반사된다. 이 반사파를 압전변환기들로 검출하여(압전변환기는 송수신 겸용) 그 세기와 도달 시간을 알면 조직의 깊이와 밀도를 영상으로 표시할 수 있다. 의료용으로 사용되는 초음파는 주파수가 1~15MHz이며 초음파는 X선이나 전파보다 상대적으로 인체에 무해하므로 많은 의료기에 초음파 스캐너가 활용되고 있다.

그림 10-23
초음파 진단기

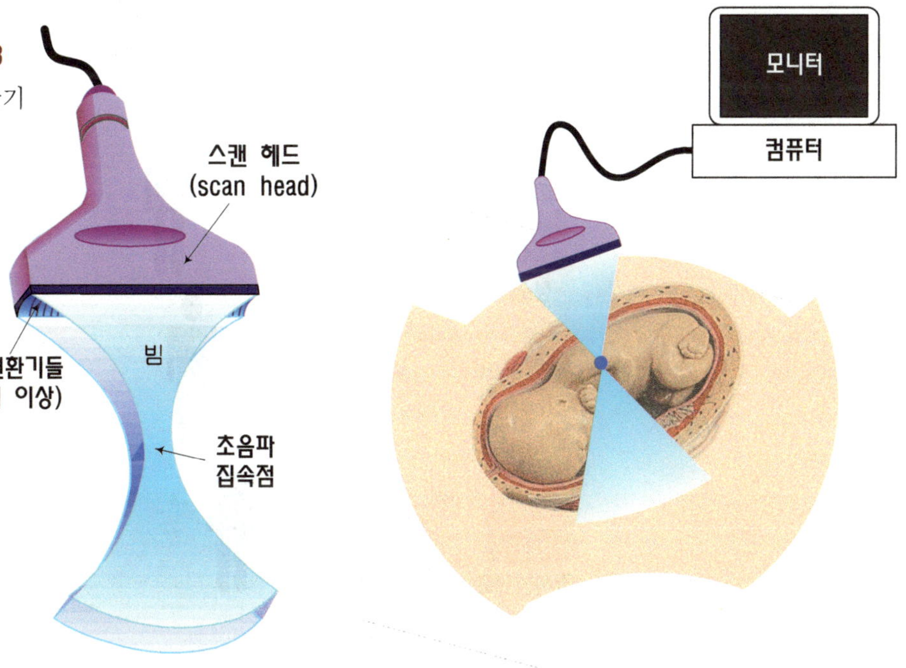

(a) 초음파 스캐너 (b) 초음파 진단

전파 공해

인체는 대단히 정교하고 복잡한 전기 시스템이므로 외부의 유해 전자파에 의해 쉽게 교란될 수 있다. 현대는 유선, 무선의 수많은 전자제품이 범람함으로써 대기가 유해 전파로 가득찬 상태이다. 전자기파가 인체에 미치는 영향에 대해서는 전문가들이 심각하게 연구하고 있으며 여기서 간단히 논할 이야기가 아니라 생각된다. 다만 그림 10-24의 가전제품 안전 거리를 참고로 소개하는 것으로 대신한다.

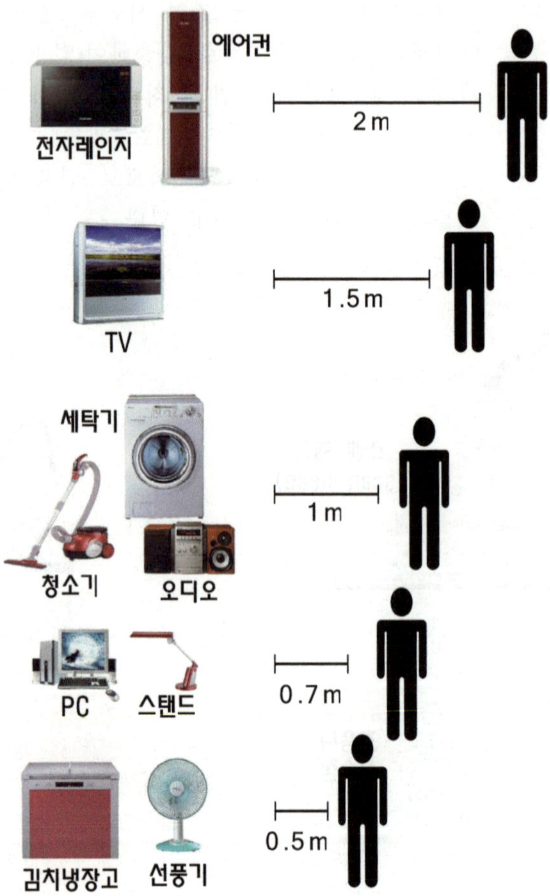

그림 10-24 기전제품의 안전 거리

11

꿈이 있는 미래

11-1 가상현실(VR) 가상현실, HMD, 사이버장갑

11-2 인공지능(AI) 퍼지 이론, 인공지능

11-3 신경회로망 현실의 시스템, 신경회로망, 신경 컴퓨터, 신경회로망 칩

11-4 광컴퓨터

11-5 마이크로 전자기계 시스템(MEMS)

11-1 가상현실(VR)

가상현실 사람들이 영화나 드라마를 보는 것이나 게임기를 즐기는 것은 주인공에 자신을 투영시킴으로써 일종의 대리만족을 얻기 위함이다. 대리만족을 넘어서 몰입 지경에 이르게 되면 거의 주인공과 자신을 일체화시키게 된다. 이러한 경지를 보다 적극적으로 누리게 하는 것이 가상현실(Virtual Reality; VR)이다. 가상현실은 컴퓨터가 만들어 주는 3차원 그래픽 세계 속에서 사용자 스스가 현실 세계에 존재하는 것처럼 느끼게 하는 기술이며 그 대표적인 것이 몰입형 가상현실(immersive VR)이다. 몰입형 가상현실(앞으로는 가상현실로 함)을 만들기 위해서는 대단히 멋지고 자연스러운 3차원 그래픽을 지원할 수 있는 컴퓨터는 물론이고 다음과 같은 두 가지 장비가 필요하다:

(1) HMD(Head Mounted Display); 고글(goggle)과 같이 생긴 디스플레이 장치로서 머리에 착용하면 눈 앞에 컴퓨터가 제공하는 3차원 영상이 보여진다.
(2) 사이버 장갑(cyberglove); 가상현실과 접촉할 수 있는 장치로서 손에 끼는 장갑 형태로 되어 있다.

HMD 머리에 착용하는 HMD는 현실 세계를 눈 앞에서 지워버리고 새로운 가상현실로 대체시켜 준다. 초기의 HMD는 그림 11-1과 같이 소형의 CRT 디스플레이를 사용하였으며 CRT, 반사경, 광학 장치들은 모두 지지대로 일체화 되어 있다. 컴퓨터에서 만들어진 영상은 그림 (a)와 같이 디스플레이 케이블을 통해 CRT에 표시되며 이는 다시 반사경과 광학 장치를 통해 눈에 비치게 된다. 이를 알기 쉽게 보여주는 것이 그림 (b)이다. 디스플레이 두 개를 사용하면 각각의 눈에 다른 영상을 보여줄 수 있으므로 더욱 입체감 있는 영상을 보여줄 수 있다. HMD의 머리 부분에 있는 머리추적 센서는 컴퓨터로 하여금 사용자가 어느 방향으로 머리를 돌리는지 또는 눈 앞에 보이는 영상을 향해 다가가고 있는지 멀어지고 있는지를 감지할 수 있도록 한다. 즉 사용자가 머리를 돌리는 방향이 시선 방향이므로 그 방향에 맞는 영상을 제공해 준다. 그리고 사용자가 눈에 보이는 영상을 향해 다가가면 영상을 확대시켜 보여주고 반대로 멀어지면 영상을 축소시켜 주며 이는 광학장치의 초점을 조절함으로써 이루어진다. HMD의 무게를 줄이기 위해 최근에는 주로 그림 11-2와 같이 LCD 디스플레이를 채용하고 있으며 HMD는 제조 회사마다 다양한 형태로 제공되고 있다.

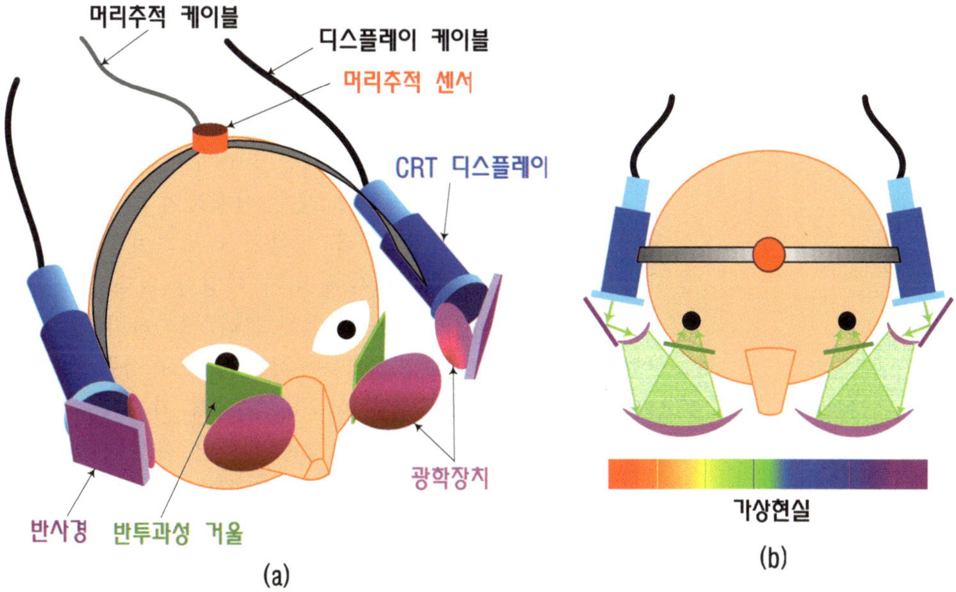

그림 11-1 CRT 디스플레이를 사용하는 HMD

그림 11-2
LCD 디스플레이를
사용하는 HMD

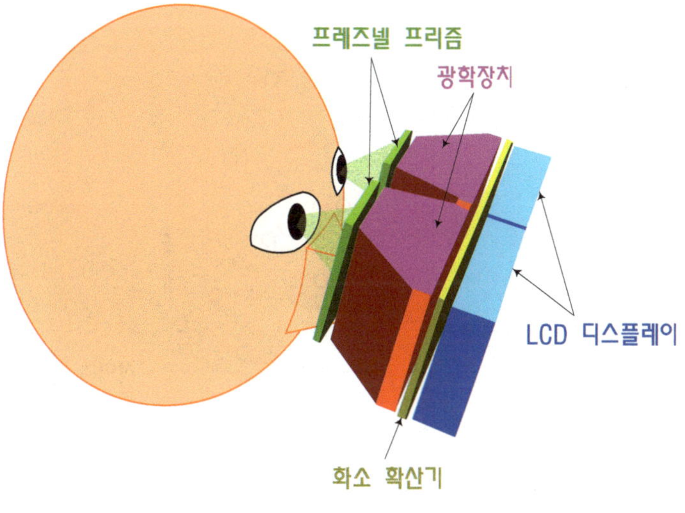

사이버 장갑

사용자가 가상현실에 개입하여 그 환경을 변화시킬 수 있게 하는 것이 사이버 장갑(cyberglove)이며 데이터 장갑(dataglove)이라고도 부른다. 그러나 사실은 사이버 장갑이나 데이터 장갑은 모두 상품 이름이며 유선 장갑(wired glove)이 공식적인 명칭이다(앞으로는 사이버 장갑으로 부르기로 한다). 사이버 장갑은 그림 11-3과 같이 손가락 관절마다 센서를 부착하여 손가락들의 펴고 굽힘(屈伸)을 감지하여 유선으로 컴퓨터에 전달해 준다. 이외에도 손의 위치, 손가락이 가리키는 방향, 손목의 회전 각도 등도 정밀하게 감지한다(물론 이를 위해 컴퓨터에서는 복잡한 수학적인 계산이 이루어진다). 그리고 수화(手話)와 같이 사전에 약속된 손 모양을 이용하여 컴퓨터에 여러 가지 지시를 내릴 수 있으며 컴퓨터는 이를 해독하여 영상을 조작해 준다. 사이버 장갑 역시 제조 회사에 따라 다양한 형태가 제공되고 있다.

가상현실은 아직 일반인에게는 그리 친숙하지 않지만 군사용이나 항공우주 분야 그리고 교육 등에서는 대단히 유용하다. 군사용으로는 다양한 환경의 가상현실을 이용하면 여러 가지 훈련이 가능하다. 항공우주 분야에서는 다른 행성, 예를 들면 화성의 환경을 가상현실로 꾸며 놓고 우주 비행사들로 하여금 충분히 익숙하도록 훈련시킬 수 있는 것이다. 그리고 해부학이나 외과 수술을 가상현실로 꾸며 놓고 그 속에서 사이버 장갑으로 해부하거나 수술할 수 있다면 대단한 교육적인 효과를 거둘 수 있을 것이다. 이 모든 것은 엄청난 비용을 절감시켜 주기 때문에 가상현실 기술에 많은 투자와 연구가 예상된다.

그림 11-3
사이버 장갑

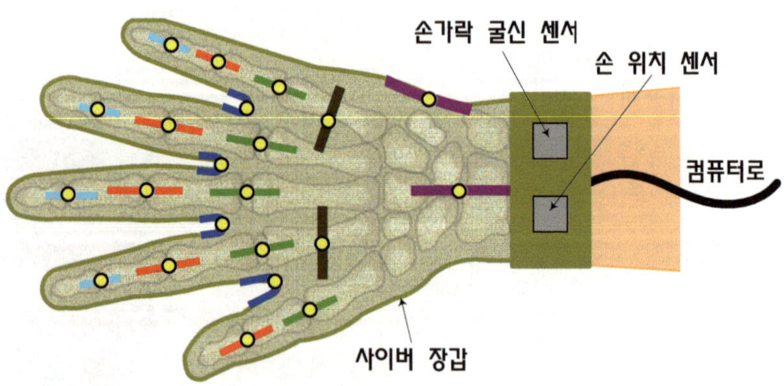

11-2 인공지능(AI)

퍼지 이론 기계, 특히 컴퓨터는 모든 정보를 수치로 객관화시키므로 매우 정밀한 동작이 가능하다. 그러나 컴퓨터에 프로그램을 입력시킬 경우 단 한자, 단 하나의 부호만 틀려도 가차없이 오류 메시지를 내보내거나 전혀 엉뚱한 결과를 내놓는다. 이것은 컴퓨터의 속성이 '예/아니오'라는 냉혹한 이분법(흑백논리)를 바탕으로 하기 때문이며 이러한 특성이 오늘날의 기계 문명의 원천이 된 것이 사실이다. 그러나 이제 컴퓨터를 인간과 더욱 친숙한 존재로 만들기 위해, 즉 인간이 컴퓨터와 대화를 하기 위해서는 컴퓨터를 인간의 속성에 보다 가깝도록 만들 필요가 있다. 왜냐하면 인간의 사고 중에는 애매모호한 속성을 띤 것이 너무 많기 때문이다(자연계도 마찬가지이다). 예를 들어 '~했으면 좋겠다'라 든지 '~할 것 같다'든지 하는 것들은 '예/아니오'로 엄밀하게 판단할 수 있는 내용이 아니다. 자연의 경우에도 '날씨가 좀 춥다'든지 '비가 올 것 같다' 등 역시 애매모호한 내용이며 무지개 색깔의 경계나 사계절의 경계 그리고 황혼의 색조 역시 애매모호하다. 이러한 애매모호한 속성을 다루는 것을 퍼지(fuzzy)이론이라 하며 퍼지이론에서는 답이 여러 개 나올 수 있음을 인정하므로 다치(多値) 논리(multivalued logic)라 부르기도 한다. 사실 우리나라 사람들은 '누리끼리하다', '불그스럼하다', '푸르죽죽하다'든지 '두어 개', '여남은 개', '대여섯 개' '서너너덧 개'등 퍼지이론에 매우 익숙하다. 어찌보면 퍼지 상태에 가까울수록 더욱 인간적이며 자연스러울지 모른다. 왜냐하면 인간과 자연의 복잡한 속성을 객관적으로 수치화하기에는 너무나 우리 지식이 빈약하기 때문이다.

인공지능 현대인들은 인공지능(AI; Artificial Intellegence)이란 용어를 흔히 접하고 산다. 인공지능이란 한 마디로 '인공적인 존재(대표적으로 컴퓨터)가 보여주는 지능'이란 뜻이다. 인공지능의 목적은 사람이 따라갈 수 없는 컴퓨터의 계산 능력에 사람의 사고 방식을 접목시키는 것이 목적이다. 인공지능의 적용 분야 몇 가지를 소개하면 다음과 같다:

(1) 자연언어 처리(natural language processing): 사람이 컴퓨터와 대화하며 정보를 교환할 수 있게 하는 것이 목적이며 현재는 자동번역과 같은 시스템이 실용화되고 있다.

(2) 전문가 시스템(expert system): 인간이 하고 있는 여러 가지 전문적인 직업(한 예로 의사)을 컴퓨터가 대신할 수 있도록 하는 것이 목적이며 어떤 분야보다 가장 먼저 인공지능이 적용되어 왔다.

(3) 패턴 인식(pattern recognition): 컴퓨터가 음성을 인식하는 음성인식, 영상을 인식하는 영상인식, 문자를 인식하는 문자인식 등이 여기에 속하며 로봇 공학 등에 핵심적인 기술이다.

(4) 신경회로망(neural network): 시스템을 수학적인 논리로 구현하거나 표현하는 대신 인간 두뇌의 신경망을 모방하여 구현하는 것이 목적이며 비교적 근래에 등장한 것이다.

어린이가 지각이 생기면서 말귀를 알아듣고(음성인식) 사물을 분간하기 시작한다(영상인식). 음성인식(speech recognition)은 말의 의미를 인식하는 것이며 말하는 사람이 누구인지를 인식하는 것을 화자인식(speaker verification)이라 한다. 여러분들에게 전혀 생소하지는 않지만 비교적 낯선 음성의 사람이 전화를 걸어왔다고 생각해 보자. 여러분은 순간적으로 그 사람 목소리의 특징, 즉 남성인지 여성인지 저음인지 고음인지 쉰듯한 목소리인지 등을 먼저 살피게 되며 이를 전문용어로 특징추출(feature extraction)이라 한다. 그런 다음 이를 여러분의 뇌에 기억되어 있는 많은 사람들의 음성특징 유형(pattern)들과 비교하게 되며 이를 패턴매칭(pattern matching)이라 한다. 패턴매칭 결과 가장 유형이 가까운 사람으로 최종 판단하게 되는 것이다.

컴퓨터에 의한 화자인식도 위와 같은 과정을 거치며 그림 11-4가 이를 간단히 보여준다. 인식 대상인 사람은 마이크를 통해 반드시 사전에 정해진 단어 또는 문장을 컴퓨터에 입력시킨다. 컴퓨터는 음성을 분석하여 특징을 추출하며 유성음일 경우 가장 대표적인 추출 대상이 자연 주파수와 피치이다(그림 6-5 참조). 동일한 유성음에 대해서도 사람에 따라 자연 주파수와 피치가 고유하며 이를 성문(聲紋, voiceprint)이라 한다. 컴퓨터 내부에는 그림과 같이 인식 대상인 사람들의 특징을 모두 저장해 놓고 있으므로 특징추출 단계가 끝나면 저장된 특징들과 비교하는 패턴매칭 단계에 들어간다. 패턴매칭은 비교적 단순한 작업으로서 분석된 특징을 다른 특징들과 일일이 대조해 본 다음 가장 가까운 패턴의 사람으로 판단한다. 컴퓨터가 말을 한다면 '이 사람인 것 같습니다'라 할 것이며 이것이 바로 인간의 정서인

그림 11-4
인공지능의 한 예인 화자인식 과정

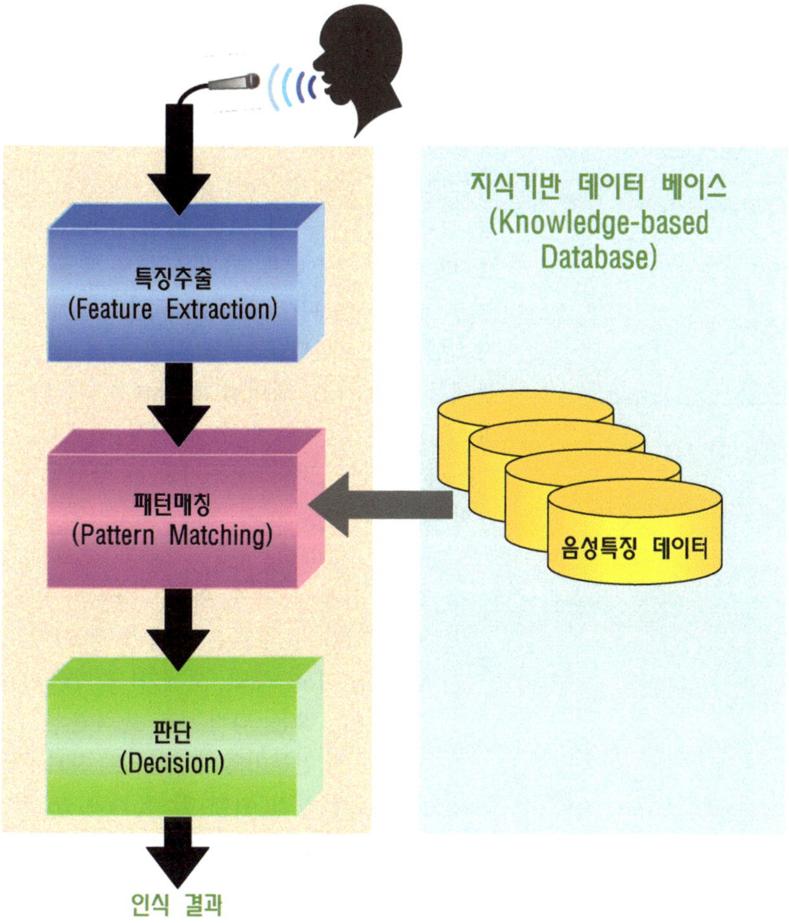

퍼지이론과 부합되는 것이다. 예를 들어 범죄수사 영화 등에서 지문 검색시 컴퓨터는 '몇% 일치' 등과 같은 메시지를 보여주지 '예/아니오'로 판단하지 않는다. 이상으로 인공지능의 예로 화자인식에 대해 알아보았다. 그림 11-4에서 화자인식 대상인 사람은 모두 음성특징이 데이터베이스에 구축되어 있어야 함은 물론이다. 만일 새로운 사람을 추가하기 위해서는 그 사람의 목소리를 컴퓨터에 입력시켜 그 특징을 데이터베이스에 저장시켜야 하며 이를 '학습'이라 한다. 인공지능의 핵심은 '컴퓨터를 학습시키는' 작업이다. 사람도 학습을 많이 하면 지식이 늘듯이 컴퓨터도 좋은 프로그램으로써 학습을 많이 시킬수록 지식기반이 넓어지며 이를 지식기반 데이터베이스라 부른다.

11-3 신경회로망

현실의 시스템

자연계에 존재하는 것은 크든 작든 모두 시스템(system)이다. 지구도 시스템이고 인체도 시스템이고 사회도 시스템인 것이며 시스템은 그림 11-5와 같이 각기 고유한 입력 및 출력들로 표현할 수 있다. 문제는 바로 이 시스템의 원리를 어떻게 알아내고 그것을 어떻게 표현하는가 하는 것이다(그렇게만 되면 그 시스템은 즉시 모방할 수 있다). 시스템을 표현한다(또는 묘사한다)는 것은 입력들과 출력들간의 상호관계를 규명하는 것이며 사람들은 이러한 관계를 깔끔하고 멋진 수학 방정식들로 나타낼 수 있기를 원한다. 그러나 그렇지 않은 경우가 너무나 많다는 것이 전문가들을 끊임없이 괴롭혀 왔으며 다음이 비근한 예들이다.

(1) 증시 예측: 증권 시세가 오르고 내리는 것만 예측할 수 있으면 쉽게 부자가 될 수 있지만 증권 시세는 국내 및 국제 정세와 맞물려 수많은 변수들에 의해 좌우된다. 이러한 변수들이 입력이 되고 증권 시세가 출력이 되는 것이다. 그러면 이렇게 복잡하고 많은 입력들과 출력간의 관계를 쉽게 묘사할 수 있는가? 많은 전문가들이 지나간 자료들을 바탕으로 증시라는 시스템을 묘사하기 위해 땀 흘리게 노력하고 있을 뿐이다.

(2) 신용대출: 은행에서 신용 대출을 받을 경우 고객의 연령, 교육수준, 직업, 현재까지의 채무 이행 등이 입력 자료가 되며 은행측의 대출여부 판단이 출력이 된다. 이를 하나의 시스템으로 정확히 모델링할 수 있다면 신용 불량자가 생기겠는가?

(3) 건강진단: 사람의 건강과 관련된 징후로 심장 박동수, 혈액내의 당, 호흡수, 맥박, 오줌, 대변 등등 많은 변수들이 있다. 이들을 입력으로 하고 건강 상태를 출력으로 하여 정확한 시스템을 모델링할 수 있으면 환자 수가 크게 줄것이다.

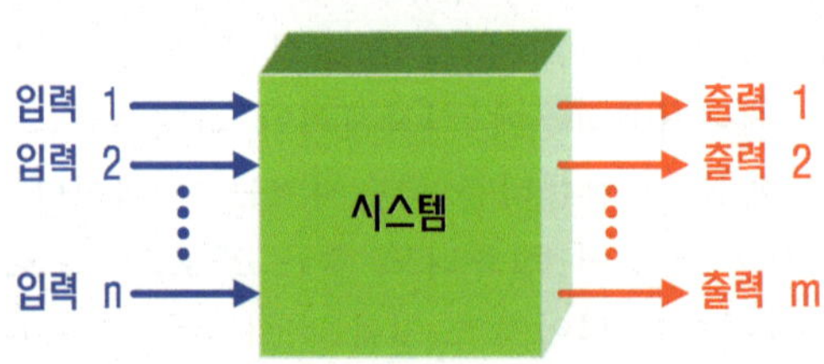

그림 11-5 시스템의 블록선도

이와 같은 예는 수도 없이 많으며 표현할 수 있는 시스템보다 할 수 없는 시스템이 훨씬 많다. 그래서 과학자들이 눈을 돌리게 된 것이 바로 뇌 속의 뉴런 덩어리였다.

신경회로망

뇌야 말로 인간이 물질계에서 도전할 마지막 영역일지 모른다. 인체의 모든 정보는 전기 형태로서 뇌에 전달된다는 것을 알았으며 그 중간 매개체가 뉴런이다. 사람의 뇌는 약 1백40억 개의 뉴런으로 구성되어 있고 수천 개 또는 그 이상의 뉴런들이 그림 11-6과 같이 상호 결합되어 하나의 소집합체를 이루고 있음이 밝혀졌다. 뉴런은 시스템 차원에서 보면 극히 단순한 구조이면서 수는 극히 많다. 뉴런의 수상돌기는 신경충격(전기신호)을 받기만 하고 축색돌기는 다른 뉴런으로 전송하기만 한다. 그리고 한 뉴런의 수상돌기는 시냅스를 통해 한 개 이상 뉴런들의 축색돌기와 결합된다.

시냅스를 통해 수상돌기에 입력된 전기신호들의 합이 일정 수준을 넘게되면 해당 뉴런은 흥분하여 전기신호(활동전위)를 발하며 이는 축색돌기를 통해 전송된다. 여기서 흥미로운 것은 것은 스냅스의 결합력이다(시냅스는 그림 10-10 참조). 저명한 신경 학자들에 의하면 '학습'에 의해 시냅스의 크기와 결합력이 변한다고 주장되고 있다. 이해를 돕기 위해 잘 알려진 파브로프의 조건반사를 예로 들어보자. 개

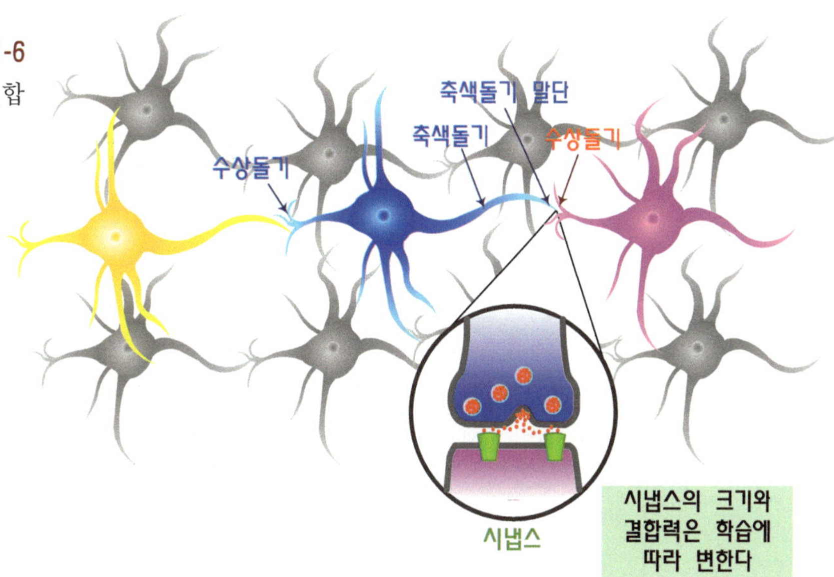

그림 11-6
뉴런의 상호결합

에게 밥을 주기 전에 항상 종을 울려주면 개는 점차 종과 먹이 간의 관계를 배우게 된다. 이러한 학습이 계속되면 개의 청각 기관과 침샘 사이를 연결하는 시냅스 결합들이 점점 강화되어 마침내 종 소리만 들어도 침이 흐르게 된다는 것이다. 즉 청각 기관과 침샘 사이에 신경망이 확고하게 구축되는 것이다. 과학자들은 이러한 사실을 바탕으로 뉴런을 그림 11-7과 같이 간결하게 묘사하기로 하였다.

그림 11-7(a)는 두 개의 뉴런이 결합된 모델이다. 원은 뉴런이며 원에 들어오는 화살은 수상돌기를 통해 입력되는 신호이고 원을 떠나는 화살은 축색돌기를 통해 전송되는 신호이다. 그리고 입력에 대한 비중치는 시냅스의 결합 정도를 나타내며 입력에 비중치를 곱한 것이 뉴런에 대한 자극이다. 이 크기가 어느 한도(이를 문턱이라 한다) 이상이면 뉴런은 활동전위를 발하고 그렇지 않으면 휴지전위 상태가 되며 이것이 그림상의 판단 기능이다. 그림 (b)는 두 개의 뉴런이 하나의 뉴런과 결합된 모델이다. 각 입력에 해당 비중치를 곱한 것의 합이 뉴런에 대한 자극이 되며 그 이후는 그림 (a)와 같다(2개 이상의 결합도 이와 같다). 여기서 입력과 출력 신호는 활동전위이거나('1') 휴지전위('0') 중 하나이므로 신호는 디지털 방식이다. 단 비중치는 부호가 (+) 또는 (–)가 될 수 있으며 크기도 아날로그 값이다.

그림 11-7
뉴런에 대한 모델

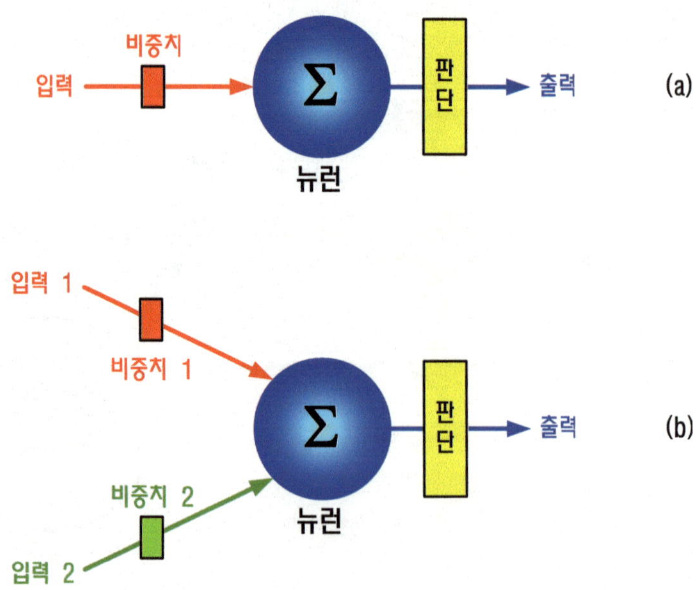

그림 11-7의 뉴런에 대한 모델을 확장한 것이 그림 11-8 형태의 신경회로망이며 이러한 구조를 퍼셉트론(perceptron)이라 부르기도 한다. 입력층과 출력층은 각각 입력과 출력이 연결되는 뉴런들로 이루어진 층이며, 그 사이의 숨은 층은 뉴런의 개수와 층 수를 임의대로 확장할 수 있다. 출력을 나타내는 화살표를 제외하고 모든 화살표에는 비중치가 포함되어 있다. 단 실제 뉴런에서는 신호는 디지털이고 비중치는 아날로그이지만 신경회로망에서는 신호도 아날로그로도 할 수 있다. 입력수와 출력수 및 기타 전문가적인 지식을 바탕으로 입력층과 숨은 층 및 출력층이 정해지면 남은 문제는 각 비중치를 결정하는 일이다. 이를 위해 주어진 지식기반 데이터로써 신경회로망을 학습시키며 이는 적응 알고리듬에 의해 이루어진다. '적응'은 '학습'과 통하는 말이며 적응 알고리듬은 학습 알고리듬이라고도 한다.

그림 11-8
신경회로망 구조
(퍼셉트론)

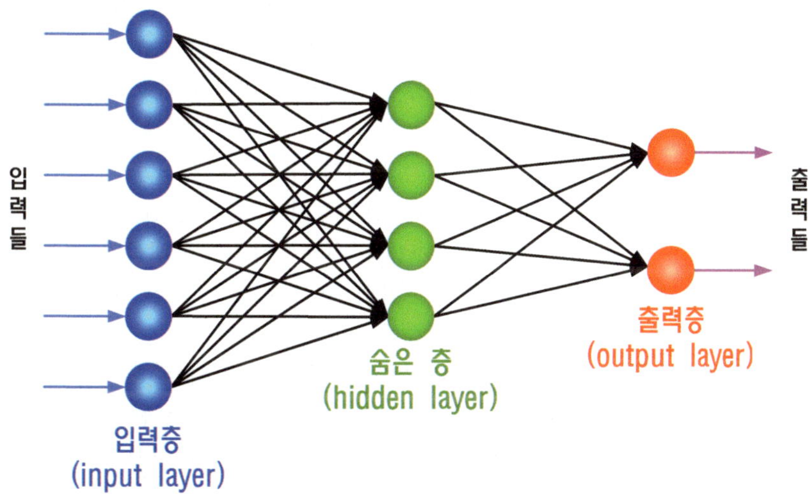

그림 11-9를 한 예로 들어보자. 어떤 식물이 생산하는 물, 산소, 열매(이상은 출력)는 환경 요소인 빛, 온도, 습도, 이산화탄소, 양분 및 나이 등의 변수(이상은 입력)에 의해 결정되며 그 관계를 구하고자 하는 것이 그림 11-9 신경회로망이다. 장시간에 걸친 관찰로써 입력과 출력에 대한 충분한 지식 데이터가 구축되어 있다고 가정한다. 즉 {빛, 온도, 습도, CO_2, 양분, 나이}의 입력 세트와 각 입력 세트에 대응되는 {물, 산소, 열매}의 출력 세트가 다수 구비되어 있는 상태에

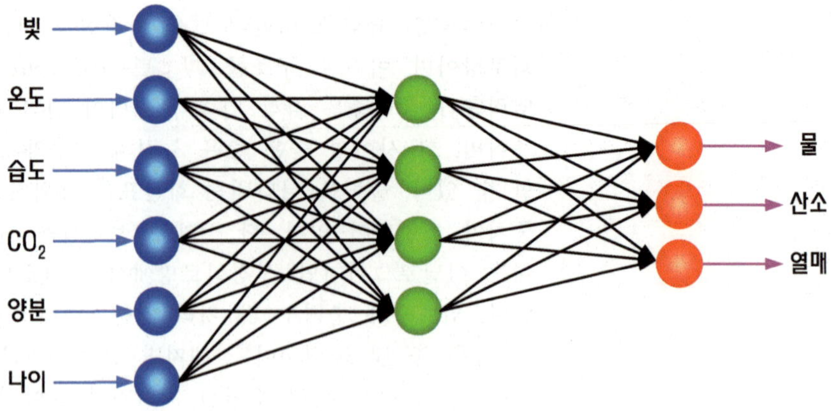

그림 11-9 신경회로망의 응용 예

서(물론 세트 수가 많을수록 유리하다) 이들의 관계를 맺어주는 신경회로망의 비중치를 찾는 것이 목적이다. 먼저 각 비중치를 임의대로 정한 다음 첫 번째 입력 세트를 입력시키면 그에 대한 신경회로망의 출력 세트를 얻을 수 있다. 실제 출력 세트와 신경회로망의 출력 세트간의 오차가 있으면 오차를 줄이는 쪽으로 비중치를 한 번 조정한다(이를 적응이라 한다). 다음으로 두 번째 입력 세트를 입력시켜 같은 과정을 반복하여 비중치를 또 한 번 적응시킨다. 이와 같은 과정을 모든 입력 세트에 대해 수행하면 신경회로망의 출력 세트와 실제 출력 세트간의 오차가 점차 줄게 된다. 적절한 신경회로망을 통해 충분한 학습이 이루어졌다면 그 오차는 무시할 수 있는 정도까지 줄어들게 될 것이며 결국 비중치는 우리가 원하는 최적치로 수렴하게 된다. 오차를 줄이는 작업은 특수한 적응 알고리듬에 의해 이루어진다. 이상으로 적응 알고리듬은 주어진 지식기반 데이터를 바탕으로 신경회로망을 학습시키는 것이다. 페셉트론의 인식 능력에 대한 한계가 이론적으로 밝혀짐으로써 연구가 일시 주춤하였다. 그러나 최근에 들어 반도체 집적 기술의 눈부신 발전으로 퍼셉트론 구조를 대규모로 집적화하여 하드웨어로 만들 수 있게 되었으며(초기 연구 단계에서는 퍼셉트론의 기능을 소프트웨어를 위주로 실현하고자 하였다) 제어를 비롯한 여러 분야에 응용하고자 하는 연구가 활발히 진행되고 있다.

신경컴퓨터

신경컴퓨터(neurocomputer)는 신경회로망인 퍼셉트론 구조를 전자회로로 구현하여 인간 두뇌에 가깝게 한 컴퓨터이다. 기존의 컴퓨터는 정해진 프로그램(명령)에 따라 명령을 하나씩 순차적으로 수행하는 기계적인 구조이며 이를 폰 노이만(Von Neuman) 방식이라 한다. 이에 비해 신경컴퓨터는 수백 가지 변수들의 미묘하고 복잡한 패턴과 경향을 파악하는 놀라운 능력을 지니고 있으며, 뉴런소자들이 스스로 정보를 상호 통신함으로써 병렬적으로(동시 다발적으로) 처리한다는 점이 특징이다. 나아가 신경컴퓨터는 학습을 통해 스스로 적응하므로 흘려 쓴 필기체나 일부가 찢겨 나간 사진 등과 같이 모호하거나 손상된 데이터도 정확하고 효율적으로 처리할 수 있다. 뿐만 아니라 일부의 기능이 손상돼도 전체의 성능에 장애를 받지 않는 능력까지 갖추고 있다. 기존의 컴퓨터는 하드웨어(hardware), 소프트웨어(software) 등으로 부르지만 신경컴퓨터는 웻웨어(wetware)라 부른다. 머지않은 장래에 단순하지만 신경컴퓨터로 인조 뇌를 구성하여 여러 가지 패턴 인식(음성인식, 영상인식 등)에 활용할 것으로 기대된다.

신경회로망 칩

신경회로망 칩은 신경회로망(퍼셉트론)을 그림 11-10과 같이 반도체 칩으로 설계한 것으로 많은 수의 간단한 뉴런소자들을 시냅스 통신으로 연결하고 이를 통해 정보를 표현하고 기억할 수 있도록 만들어진다. 특히 입력된 데이터를 학습하여 자기 자신의 프로그램을 제작할 수 있는 능력을 지니고 있으므로 인공지능(음성인식, 문자인식, 영상인식, 자연언어 이해 등)의 핵심 기술로 사용된다.

그림 11-10
신경회로망 칩

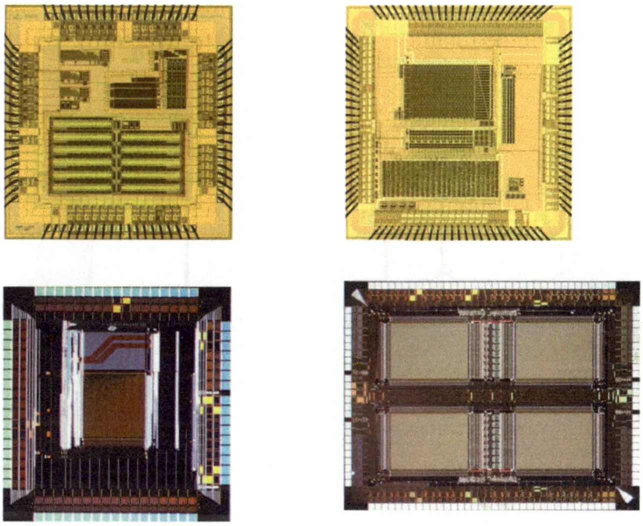

11-4 광컴퓨터

우리가 현재 사용하고 있는 컴퓨터는 모든 정보를 전자로 전달하는 전자 컴퓨터(electronic computer)이며 전자 컴퓨터는 인간 생활을 크게 향상시킨 주역이다. 그러나 폭발적으로 늘어나는 복잡한 작업을 수행하기 위해서는 더욱 고밀도의 집적회로(IC; Integrated Circuit)가 요구됨으로써 소자들에 의한 발열이 증가하고 있다. 더구나 집적도가 증가하면 내부의 전기 배선이 더욱 가늘어지므로 저항이 높아지며 이에 따라 열 발생이 더욱 증가한다(컴퓨터 CPU의 성능이 향상될수록 더 강력한 쿨러가 필요하다). 현재까지의 기술로는 실리콘칩 하나에 30억 개의 트랜지스터까지 집적할 수 있지만 더 높은 집적도는 여러 가지 면에서 한계 상황에 이르고 있다. 이러한 전자 컴퓨터에 대한 탁월한 대안이 빛을 이용하는 광컴퓨터(optical computer)이다. 광컴퓨터는 광섬유를 통해 정보를 빛으로 전달하고 저장하는 것으로 전자 컴퓨터보다 유리한 점들은 다음과 같다:

(1) 전자기 간섭을 받지 않으며 속도가 광속이고 열이 거의 없다.
(2) 대역폭이 대단히 넓으며 하나의 광섬유를 통해 여러 주파수의 빛을 동시에 보낼 수 있으므로 병렬 처리가 쉽다.
(3) 신호가 빛이므로 서로간에 간섭이나 누화(crosstalk)가 일어나지 않으며 3차원 교차 배선을 배제할 수 있다(그림 11-11).
(4) 2차원 영상 처리나 인공지능 등과 같은 복잡한 기능을 훨씬 빨리 처리할 수 있다.

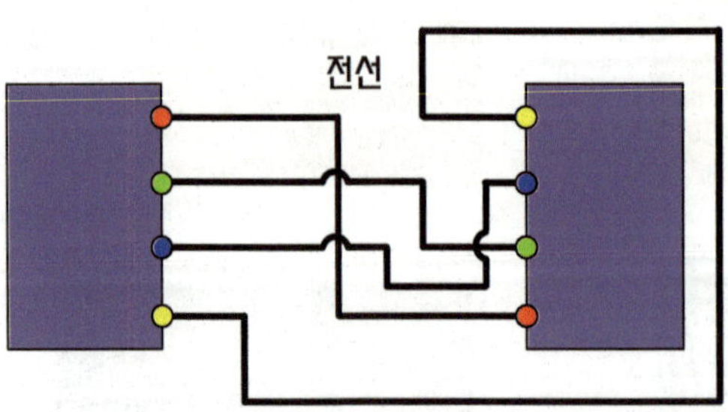

(a) 전선 배선에는 3차원이 필요

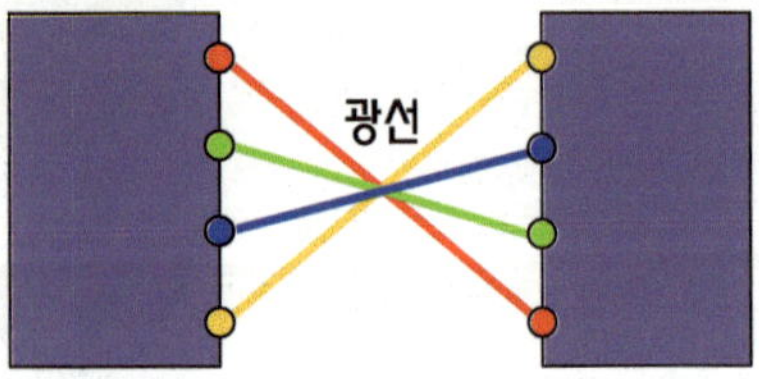

(b) 광선 연결은 2차원(간섭이 없음)

그림 11-11

그러나 광컴퓨터는 다음과 같은 단점이 있다:
(1) 칩상에서 광섬유의 폭이 전기 배선보다 훨씬 넓다.
(2) 트랜지스터에 비해 광소자들이 훨씬 크다.
(3) 레이저광을 만드는데 높은 전력이 필요하다.
(4) 컴퓨터를 설계하고 가동시키는 소프트웨어상의 문제.

현재는 순수한 광컴퓨터는 아직 이르며 전자와 혼합한 전자-광 혼성 컴퓨터(electro-optical hybrid computer) 연구가 진행되고 있다.

11-5 마이크로 전자기계 시스템(MEMS)

마이크로전자(microelectronic) IC를 제조하는 반도체 기술을 마이크로 기계(micromachine) 제조에 적용하여 실리콘 기판 위에 1nm(10^{-9}m) 정밀도의 기계 구조물을 만들 수 있게 되었다. 그림 11-12는 그 예들이며 마이크로기계는 그 역할에 따라 감지 장치인 마이크로 센서, 구동 장치인 마이크로 액츄에이터(actuator) 및 에너지 전달 역할을 하는 미니어쳐(miniarture) 기계 등으로 나눌 수 있다. 전자 시스템과 기계 시스템을 칩 안에 한꺼번에 집어넣은 것을 마이크로 전자기계 시스템(microelectromechanic system; MEMS)이라 한다. MEMS에서 마이크로전자는 사람의 두뇌 역할을 하고 마이크로기계는 오감 기능을 담당하는 것과 같으며, MEMS는 소위 나노기술(Nanotechnology) 단계에 접어들고 있다. MEMS는 기존의 부피가 큰 기계 구조물을 극히 작게 만듦으로써 더욱 빠르고, 정밀하며 신뢰도가 높은 기능이 가능하게 되었다. 이와 같이 MEMS의 고성능, 소형, 비용 절감 능력으로 인해 응용범위가 거의 무한정으로 넓어질 수 있으며 대표적인 분야는 다음과 같다:
(1) 관성 측정: 가속도계, 자이로스코우프(gyroscope), 진동 센서 등
(2) 압력 측정: 타이어 압력 센서, 일회용 혈압계, 다양한 산업 응용
(3) 디스플레이 기술: 플라즈마 디스플레이, 내시경 등
(4) RF 기술: 필터, 스위치, 안테나, 커페시터 및 인덕터 등
(5) 화학 측정: DNS 시험, 유해 화학물질 검출기 등

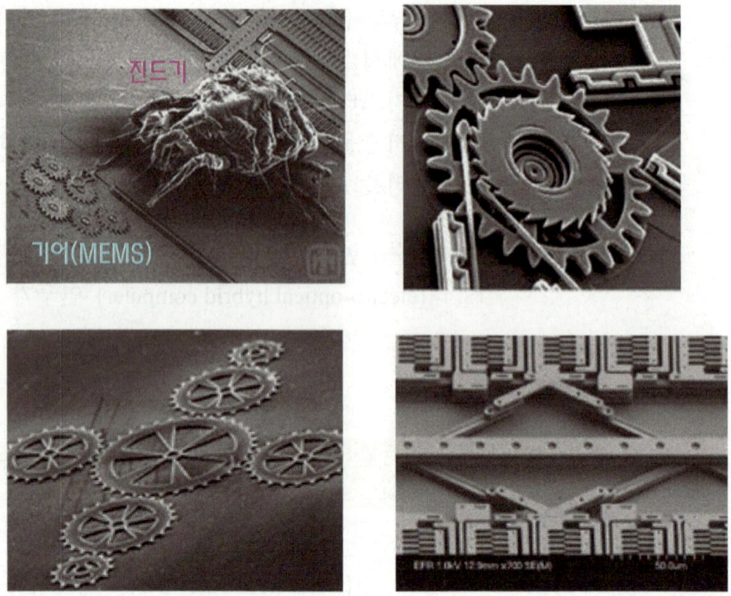

그림 11-12
MEMS 예

MEMS의 응용 중 가장 먼저 기대되는 것이 의료 분야이다. 마이크로 로봇을 체내에 투입하여 특정 부위를 진단하거나 미세한 수술을 수행한다. 나아가 특정한 부위에 약물을 전송하여 방출함으로써 수술을 대신하는 획기적인 치료법의 전기를 만들 수 있다.

찾아 보기

ㄱ

ㄴ

ㄷ

ㅈ

ㅊ

저자약력

신윤기

- 서울대학교 공과대학 전자공학과 졸업
- 서울대학교 공과대학 전자공학과 석사
- 서울대학교 공과대학 전자공학과 박사
- 前)부산대학교 전자공학과 교수
- 現)대진대학교 전자공학과 교수

생활과 전기전자

2017년 02월 01일 초판 인쇄
2025년 04월 30일 2쇄 발행

저 자	신윤기
발 행 인	송기수
발 행 처	도서출판 GS인터비전
편 집 처	도서출판 GS인터비전
인 쇄 처	트윈벨미디어
등록번호	제 25100-2016-000050 호
I S B N	979-11-5576-021-5(93560)
주 소	서울시 은평구 증산로15길 69 2층
전 화	02-976-7898
팩 스	02-6468-7898
홈페이지	gsintervision.kr
E-Mail	gsinter7@gmail.com

정가 35,000원